量子力学原理及其应用

文　军　编著

科学出版社
北　京

内 容 简 介

本书依据初学者的思维模式和认知特点，循序渐进地阐述了非相对论量子力学的基本原理及其在原子、分子与低维物理中的应用，主要内容包括量子力学的建立，薛定谔方程及一维势场问题，表象理论，角动量理论，中心力场以及带电粒子在电磁场中的运动，量子力学中的近似方法，量子力学与原子、分子及量子阱。

本书可作为普通高等院校物理学专业及相近专业的本科生学习量子力学的参考书。

图书在版编目（CIP）数据

量子力学原理及其应用/文军编著. —北京：科学出版社，2018.1

ISBN 978-7-03-055320-1

Ⅰ. ①量… Ⅱ. ①文… Ⅲ. ①量子力学 Ⅳ. ①O413.1

中国版本图书馆 CIP 数据核字（2017）第 280298 号

责任编辑：宋无汗 杨 丹 焦惠丛 / 责任校对：孙婷婷
责任印制：张 伟 / 封面设计：陈 敬

科学出版社出版
北京东黄城根北街 16 号
邮政编码：100717
http://www.sciencep.com

北京中石油彩色印刷有限责任公司 印刷
科学出版社发行 各地新华书店经销

*

2018 年 1 月第 一 版 开本：720 × 1000 B5
2020 年 1 月第三次印刷 印张：16 1/4
字数：325 000

定价：98.00 元

（如有印装质量问题，我社负责调换）

前　言

量子力学是现代最重要的科学理论之一。随着科学技术的不断发展与进步，量子力学已被证明是处理原子、分子、凝聚态物质以至原子核和基本粒子等领域较为成熟的基本理论，也是核技术、激光技术、纳米技术、集成电路、现代通信等领域的理论基础。近年来，伴随着我国高校专业设置改革的不断深化，量子力学已成为各高校物理学及其相关专业（应用物理、光电信息科学与工程、核工程与核技术等）必需的专业基础课，这就要求学生必须系统地学习和掌握量子力学的基本知识和基本原理。

然而，高等学校各个专业课学时普遍压缩，学生的数学基础薄弱，制约和影响了量子力学的教学。在多年的量子力学教学实践中，我们注重阐明经典物理在解释量子现象时的困难，借助于量子力学基本原理对量子现象给出的合理解释，加深学生对量子力学基本原理的理解；注重对量子力学基本原理和基本概念的讲解，阐明物理思想，剖析物理内涵；在必要的量子力学公式的推导中，尽量避免烦琐冗长的数学过程，力求给出清楚简洁的结果。在量子力学应用方面，从简单模型出发，给出了量子力学在处理原子、分子问题和低维物理体系方面的应用。

考虑到物理及相关专业知识体系的要求，以及学生考研方面的需要，本书涵盖初等量子力学的全部内容，注重量子力学的实际应用，使初学者通过本书学习，在掌握量子力学基本原理的同时学会应用量子力学处理简单的物理问题。

书中的函数曲线由儿子文宸宇博士绘制，在此表示衷心感谢。感谢妻子陈兰平的支持，感谢所有同事和朋友的帮助，感谢渭南师范学院出版基金对本书的资助。

由于作者水平所限，本书难免存在疏漏和不妥之处，希望大家批评指正。

文　军
2017 年 6 月

目　录

第 1 章　量子力学的建立

量子力学是关于微观世界结构、运动和变化规律的科学，是研究原子、分子、凝聚态以至原子核和基本粒子的基础理论。19 世纪末 20 世纪初，随着对微观世界越来越深入的探索，新的物理现象和实验事实，如黑体辐射、光电效应、康普顿效应、氢原子光谱、固体低温下的比热容等，已不能用经典物理规律给出正确的解释，量子力学就是在这些新物理现象和经典物理不断发生磕碰的过程中由年轻一代物理学家所创立的。量子力学的问世彻底改变了人们对物质世界的认识，改变了人们看待世界的方式，促进了近现代哲学基本问题的发展，给人们观念带来极大的冲击。

量子力学的核心观念是物质的波粒二象性。波粒二象性的发现以及较好地描述物质波粒二象性的动力学理论的架构，引导着量子物理的研究及其在各个方面的成功运用。

1.1　经典物理的辉煌成就

19 世纪末以前的物理学统称为经典物理学，它以经典电磁理论的建立为标志。经典物理学经过两个多世纪的发展，到 19 世纪末达到了鼎盛，表现为物理学各分支学科的建立和完善，经典物理学几乎可以解释一切当时已知的物理问题。经典物理学的基本学术思想适用于研究宏观或低速运动物体的物理规律。

1.1.1　经典力学

力学是物理学中发展最早的一个分支，它和人类的生活与生产联系最为密切。古代，人们在生产劳动中应用了简单机械，促进了静力学的发展，形成了一些基本物理概念。16 世纪以后，从英国物理学家牛顿（Newton）建立牛顿力学开始，经典物理学在各个方面迅速发展，在宏观物理领域内取得了广泛的成功。经典物理取得伟大成功的标志是牛顿于 1687 年出版的《自然哲学的数学原理》一书，这是物理学发展史上的一部光辉的经典著作。牛顿在这本书中阐明了力学原理，提出了著名的运动三定律[1]。

第一定律：每个物体都保持其静止或匀速直线运动的状态，除非有外力作用于它迫使它改变那个状态。

第二定律：运动的变化正比于外力，变化的方向沿外力作用的直线方向。

第三定律：每一种作用都有一个相等的反作用，或者两个物体间的相互作用总是相等的，而且指向相反。

牛顿第一定律引入了惯性和力两个重要概念。力是一个物体对另一个物体的作用，这种作用能迫使物体改变它的运动状态。把物体都具有保持其静止或匀速直线运动状态不变的性质称为惯性，它是物体的本质属性。要使物体的运动状态改变，必须施加外力的作用。也就是说，牛顿第一定律指出了作用于物体的力是物体运动状态改变的原因。

牛顿第二定律说明了受外力作用的物体的运动状态改变与作用外力的关系。牛顿第二定律中的“运动”就是我们现在熟悉的“动量”，牛顿认为力的作用同运动（动量）的变化成正比，这是不完全的。瑞典科学家欧拉（Euler）于 1750 年指出，外力与动量的时间变化率成正比，数学表示为

$$\boldsymbol{F} \propto \frac{\mathrm{d}\boldsymbol{p}}{\mathrm{d}t} \tag{1.1.1}$$

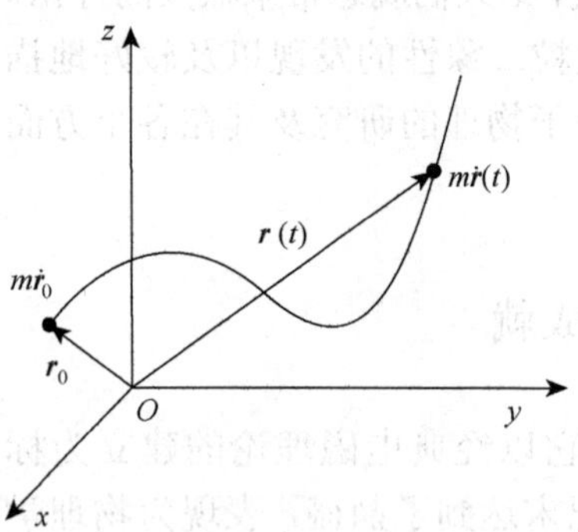

图 1.1.1 牛顿力学的物理图像——物体运动的轨迹

式中，$\boldsymbol{p} = m\boldsymbol{v} = m\dot{\boldsymbol{r}}$ 是动量，m 是质量；$\boldsymbol{F}$ 是物体受到的合力。说明无论物体在外力作用下如何运动，只能改变物体的位置与速度，不能改变其质量。

牛顿的研究思路表明：只要知道了物体初始时刻的位移 $\boldsymbol{r}_0$ 和初始时刻的动量 $m\dot{\boldsymbol{r}}_0$，通过求解微分方程式（1.1.1），就可得到任意时刻物体的位移 $\boldsymbol{r}(t)$ 和动量 $m\dot{\boldsymbol{r}}(t)$。如果消去时间 t 参量，就得到物体的轨迹方程。由此可知，牛顿力学的物理图像是物体运动的轨迹（图 1.1.1）。物理学家也乐观地坚信，力学问题就是求解不同情况下的微分方程。

（1）考虑在恒力 $\boldsymbol{F}$ 作用下物体的运动，由运动方程式（1.1.1）可得

$$m\frac{\mathrm{d}\boldsymbol{v}}{\mathrm{d}t} = \boldsymbol{F} = \mathrm{const} \tag{1.1.2}$$

以及初始时刻的位移、速度

$$\boldsymbol{r} = \boldsymbol{r}_0, \quad \frac{\mathrm{d}\boldsymbol{r}}{\mathrm{d}t} = \boldsymbol{v}_0 \tag{1.1.3}$$

积分得

$$\boldsymbol{r}(t) = \boldsymbol{r}_0 + \boldsymbol{v}_0 t + \frac{1}{2}\left(\frac{\boldsymbol{F}}{m}\right)t^2 \tag{1.1.4}$$

若物体不受外力作用，即 $\boldsymbol{F} = 0$，由式（1.1.4）得

$$\boldsymbol{r}(t) = \boldsymbol{v}_0 t + \boldsymbol{r}_0 \tag{1.1.5}$$

式（1.1.5）说明物体做匀速直线运动。

（2）如果作用物体的力 $\boldsymbol{F}$ 是变力，①若力是位移 $\boldsymbol{r}$ 和速度 $\boldsymbol{v}$ 的函数，运动方程要难解得多；②若力只是时间的函数，由运动方程（1.1.1）很容易得到

$$\boldsymbol{r}(t)=\boldsymbol{v}_0 t+\boldsymbol{r}_0+\frac{1}{m}\int_0^t \mathrm{d}t'\int_0^{t'}\mathrm{d}t''\boldsymbol{F}(t'') \tag{1.1.6}$$

牛顿第三定律指出了物体之间的作用力总是相互的，属于同一性质的力。作用力与反作用力总是同时出现，同时消失，分别作用在相互作用着的两个物体上。

牛顿运动定律在解决无数工程问题中取得了巨大的成功，在阐明组成太阳系的行星运动方面，也获得了伟大的成就。

日、月、星辰每天交替是最常见的天文现象。理解这种现象，历史上经过了漫长曲折的道路。古希腊人托勒密（Ptolemaeus）认为地球位于宇宙中心，其他星球都在其圆形轨道上绕着地球转动（图 1.1.2）。托勒密的地心学说成为中世纪神学世界的精神支柱，而天文学的发展暴露出了这个理论的荒谬。在公元 16 世纪，波兰天文学家哥白尼（Copernicus）分析了托勒密的地心体系，经过多年研究，建立了太阳中心学说，揭开了自然科学的序幕（图 1.1.3）。根据哥白尼的日心学，“只要一套规律就可以既适用于天体物理学又适用于地上的物理学”[2]。

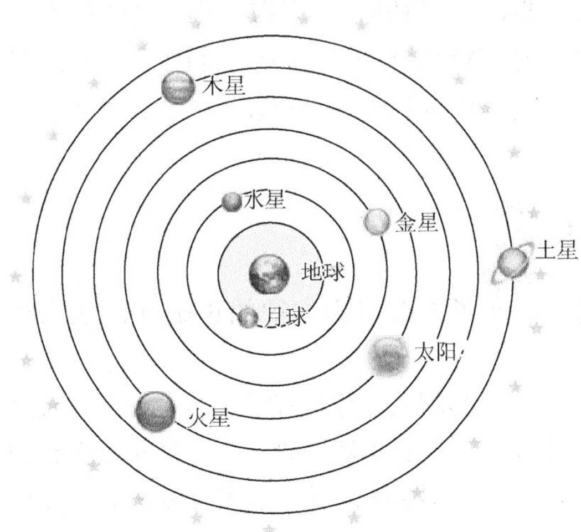

图 1.1.2　地心说

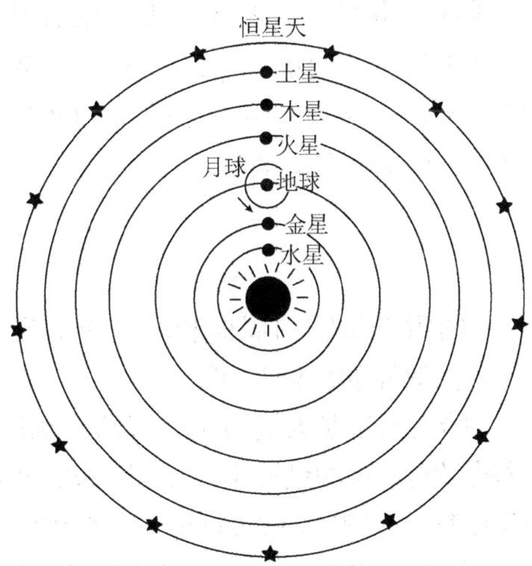

图 1.1.3　日心说

不过，哥白尼的日心学也存在着两方面的错误。第一，他把太阳当成宇宙的中心。实际上宇宙是无限的，根本没有什么中心。第二，他认为天体轨道都是圆

形。这主要是受古希腊唯心主义哲学的影响，错误地认为天体只在完美的圆形轨道上运动。

日心说对德国天文学家开普勒（Kepler）产生了巨大的影响，他毕生致力于用日心说去解释天文观察。他利用丹麦天文学家布拉赫（Brahe）的观测资料，用椭圆轨道替换了哥白尼的圆形轨道，提出了关于行星的运动定律，即所谓的开普勒定律[3]。

第一定律：行星绕太阳的轨道不是圆，而是椭圆，太阳位于它的一个焦点上。

第二定律：行星不是做匀速运动，太阳到行星的连线在相等的时间内扫过相等的椭圆面积。

第三定律：行星绕太阳运动的周期的平方和轨道半长轴的立方成比例。

哥白尼的日心学为牛顿力学的建立提供了基础。

牛顿认为地球吸引月球，使它维持在一定轨道上运动，那么行星由于受到太阳的吸引而维持在轨道上运动，于是

$$T^2 = \frac{4\pi^2 r}{g(r)} \tag{1.1.7}$$

式中，T 是行星绕太阳运动的周期；$g(r)$是距离太阳 r 处的行星受太阳吸引所具有的加速度。

开普勒第三定律认为$T^2 \propto r^3$。可见，只要$g(r) \propto 1/r^2$，就能用引力吸引作用来解释这一事实。由于行星质量差别很大，要使开普勒第三定律成立，$g(r)$是不能依赖于行星质量的。于是，有理由假定：若两物体之间的引力与其中之一的质量成正比，也必须与另一个物体的质量成正比。根据这样的推理，牛顿得到了著名的万有引力定律，即

$$F = G\frac{Mm}{r^2} \tag{1.1.8}$$

哈雷彗星回归周期和海王星的发现，证实了万有引力定律的正确性，从而得到了科学界的广泛认可。

哈雷彗星是人类最早发现的一颗周期彗星。英国天文学家哈雷（Halley）在整理彗星观测记录的过程中，发现 1682 年出现的一颗彗星就是 1607 年开普勒观测到的和 1531 年阿皮昂（Apianus）观测到的彗星。哈雷运用万有引力定律反复推算，发现这三次彗星出现的时间间隔约为 76 年，并预言它将在 1759 年再次出现。1759 年 3 月，全世界的天文台在等待中迎来了哈雷预言的彗星，这是天文学史上一个惊人成就，这颗彗星因而被命名为哈雷彗星。哈雷彗星回归是人们十分关注的一种天文现象。1986 年 2 月 9 日是哈雷彗星又一次回归地球，全世界科学家和天文爱好者都观察到这一重要的天文现象，图 1.1.4 是哈雷彗星 1986 年回归地球的照片。

图 1.1.4　哈雷彗星（图片来源：https：//commons.wikimedia.org/wiki/File: Lspn_comet_halley.jpg）

海王星作为太阳系的第八行星，它的发现是牛顿力学重要的成果。人们发现天王星轨道的理论计算总同实际观测不相符，法国的勒维列（le Verrier）和英国的亚当斯（Adams）都认为这是一颗未知行星对它摄动的结果，他们根据万有引力定律推测太阳系还应该有一颗未知行星，并计算出这颗未知行星的位置，柏林天文台的加勒（Galle）第一次观测到了海王星。这是人们第一次依靠数学计算，在笔尖上“看”到的新行星，是牛顿理论的伟大成就。

万有引力定律是牛顿运动定律的必要补充，牛顿运动定律和万有引力定律加在一起，非常完满地解释了天体的运动规律，实现了科学史上的第一次大综合。

1.1.2　热力学

经典物理中另一个重要的学科是热力学，它是研究与热现象有关的学科，主要讨论物质的能量变化与平衡性质。

通过长期对热现象的观察、实验与分析，总结出了热现象的基本规律，即热力学第一定律、第二定律、第三定律，以这三个定律为基础，应用数学方法，通过逻辑演绎可以得出有关物质各种宏观性质间的关系，以及判断宏观物理过程进行的方向等问题。

经典热力学的三大定律为[4]：

热力学第一定律给出了在热现象过程中能量的变化关系，它表明在热现象过程中能量是守恒的。热力学第一定律的数学表达式为

$$U_1 - U_2 = Q + W \tag{1.1.9}$$

式中，U_1 和 U_2 分别是系统初态、终态的内能；Q 是外界传递给系统的热量；W 是外界对系统做的功。该式表明，对于一个封闭系统，当外界条件发生变化时，系统状态将发生变化。在这个过程中，系统初态、终态的内能差等于外界对系统

做的功 W 和外界传递给系统的热量 Q 的和。

热力学第一定律只是在宏观范围内表述了能量守恒，事实上能量守恒定律对于一切微观过程也是成立的。从微观的角度看，系统的内能无非是系统中所有分子（或原子）的动能和势能的总和，其数学表示为

$$U = \sum_{i=1}^{N} \frac{1}{2} m_i v_i^2 + \frac{1}{2} \sum_{i}^{N} \sum_{j \neq i} V_{ij} \tag{1.1.10}$$

式中，N 是分子总数；m_i 与 v_i 分别是第 i 个分子的质量与速率；V_{ij} 是第 i 个分子与第 j 个分子相互作用的势能。

热力学第二定律指出了一切与热现象有关的宏观过程的不可逆性。热力学第二定律的表述是很多的，最常用的两种经典标准表述是克劳修斯（Clausius）表述和开尔文（Kelvin）表述。

克劳修斯表述：不可能把热量从低温物体传到高温物体而不引起其他变化。

开尔文表述：不可能从单一热源吸收热量，使之完全变成有用功而不引起其他变化。

热力学第二定律的两种不同表述，虽然描述的是两种不同的现象，表述亦不相同，但二者都强调了不可逆过程。克劳修斯表述实质上是说热传导过程的不可逆，开尔文表述实质上是说功转化为热过程的不可逆。两种表述是完全等效的，只要其中一种表述成立，另一种表述也成立。

热力学第二定律是物理学中一个重要的、特殊的定律。正是各种不可逆过程的内在联系，使得热力学第二定律的应用远远超出热功转换的范围，超出了平衡态的范围，给出了系统处于非平衡态时不可逆过程进行的方向，成为自然科学中的一条基本定律。

由于热现象总是与大量分子的无规则热运动相联系，所以热力学过程总是从概率小的状态向概率大的状态进行，总是从包含微观数目少的状态向包含微观数目多的宏观状态进行。克劳修斯从这个定律出发，找到了表征不可逆过程进行方向的物理量——熵。熵定义为

$$S = k_{\mathrm{B}} \ln W \tag{1.1.11}$$

式中，W 是微观状态数目；$k_{\mathrm{B}} = 1.381 \times 10^{-23}\,\mathrm{J \cdot K^{-1}}$ 是玻尔兹曼（Boltzmann）常量。熵的定义把统计力学的微观状态量与热力学宏观量定量地联系起来了。根据熵函数的性质，可以判断不可逆过程自发进行的方向，这就是熵增加原理。当热力学系统从一平衡态经绝热过程到达另一平衡态时，它的熵永不减少。根据熵增加原理，热力学第二定律可以表示为

$$\mathrm{d}S \geqslant \frac{\mathrm{d}Q}{\mathrm{d}T} \tag{1.1.12}$$

式中，等号对应于可逆过程；不等号对应于不可逆过程。

克劳修斯引入态函数熵，是考虑到“熵”的物理意义与“能”关系相近，他用字意为“转变”的希腊字“$\eta\tau\rho o\pi\eta$”，称S为物体的“熵”，“熵”的德文同音词为“entropie”（英文为 entropy），与“能”的德文“energie”（英文为 energy）在字形上接近。

“熵”的中文字源于1923年5月25日，普朗克（Planck）来华讲学[5]。普朗克出生于乌克兰，曾是波兰丹齐克（Dantzig）工业大学的热学教授，德国卡尔斯鲁厄（Karsruhe）工业大学的机械学教授，以及美国哥伦比亚大学的客座教授，他长期致力于热力学的研究。1923年5月25日普朗克教授在南京大学讲学，著名物理学家胡刚复教授担任翻译工作，他首次将“entropy”译为“熵”。由于“entropy”这个概念太复杂了，且为克劳修斯所造，没有一个与此贴切的中文字，胡刚复先生想了一个简单的方法，根据公式$\mathrm{d}S=\mathrm{d}Q/\mathrm{d}T$，$S$是热量与温度之商，而且此概念与火有关（象征着热），于是在商字旁边加上“火”，构成了一个新字“熵”。至此，“entropy”有了中文名“熵”。“熵”颇为形象地表达了态函数“entropy”的物理概念，同时浩瀚的汉字中又增加了一个新字。

热力学第三定律是在研究低温现象中得到的一个普遍规律，它的主要内容是能斯特（Nernst）定理与绝对零度（零开）不能达到原理。由于能斯特定理只能用于晶体，因此一般把绝对零度不能达到原理称为热力学第三定律。

经典热力学不考虑物质的微观结构，把物质看成连续介质，用连续函数表述物质性质，因此不能解释宏观性质的涨落现象，这是经典热力学的局限性。统计物理学是研究热运动的微观理论，它从物质是由大量微观粒子组成的这一基本事实出发，认为物质的宏观性质是大量微观粒子热运动的平均效果，把宏观量看成是微观量的统计平均值，因此成功地解释了涨落现象。在统计物理学中根据物质结构与粒子热运动的特点，对具体物质作一些简化的假设，提出物质的微观模型，在这个基础上运用统计物理理论，求得具体物质的特性。统计物理中需要给定的量是微观粒子的属性，根据粒子属性得到系统平衡时的几率分布，再运用统计平均的方法，从理论上求得系统的宏观性质。统计物理是把物质微观结构与它的宏观特性联系起来的一门学科，它从微观层次更深入地揭示了物质宏观特性的物理本质。

1.1.3 电磁学与光学

电磁学是研究物质电磁现象及其运动规律和应用的学科，电磁运动是物质的又一种运动形式。电和磁最早是作为两种独立的自然现象分别被人们研究。法国物理学家库仑（Coulomb）直接由实验总结出电荷间作用力的库仑定律，奠定了静电理论的基础。真空中两个电荷之间的作用力是通过其中一个电荷所激发的电场对另一个电荷的作用来传递的。有电荷存在的区域，就有电荷激发的电场存在。磁现象的研究，首先揭示了天然磁石（铁）的各种基本性质。如磁石（铁）都有 N 极和 S 极，同号磁极之间相互排斥，异号磁极之间相互吸引，自然界不存在独立的 N 极和 S 极。随着实验条件的不断完善，1819 年，丹麦物理学家奥斯特（Oersted）发现放在载流导线周围的磁针受到磁力的作用而偏转；而法国物理学家安培（Ampère）发现放在磁铁附近的载流导线也会受到磁力的作用而移动，随后他又发现了载流导线之间也有相互作用，并总结出两电流之间作用力和两磁铁之间作用力同属磁作用力；这时人们才认识到磁现象和电荷的运动有密切关系，一切磁现象都源于电荷的运动。1922 年安培提出了“分子电流”的假设来说明物质磁性的来源，这个假说与现代对物质磁性的理解是相符合的。载流导线之间、磁铁之间以及载流导线和磁铁之间都存在相互作用，传递这种作用的是磁场。激发电场和磁场的源是电荷，电场和磁场之间存在着相互联系、相互制约的关系。受此启发，英国物理学家法拉第（Faraday）发现电磁感应现象并提出了位移电流的概念，阐明了变化的磁场能够激发电场，变化的电场也能够激发磁场，充分揭示了电场和磁场的内在联系及依存关系。麦克斯韦（Maxwell）在总结这些实验规律的基础上，以麦克斯韦方程组的形式总结了普遍而完整的电磁场理论。

麦克斯韦方程组为

$$\nabla\times\boldsymbol{E}=-\frac{\partial\boldsymbol{B}}{\partial t}\tag{1.1.13a}$$

$$\nabla\times\boldsymbol{H}=\boldsymbol{J}+\frac{\partial\boldsymbol{D}}{\partial t}\tag{1.1.13b}$$

$$\nabla\cdot\boldsymbol{D}=\rho\tag{1.1.13c}$$

$$\nabla\cdot\boldsymbol{B}=0\tag{1.1.13d}$$

电磁波都是在一定介质中传播，还必须考虑介质的电磁性质和电磁场的关系，即

$$\boldsymbol{D}=\varepsilon\boldsymbol{E}\tag{1.1.14a}$$

$$\boldsymbol{B}=\mu\boldsymbol{H}\tag{1.1.14b}$$

$$\boldsymbol{J}=\sigma\boldsymbol{E}\tag{1.1.14c}$$

式（1.1.13）中，$\boldsymbol{D}$ 是电位移矢量；$\boldsymbol{E}$ 是电场强度；$\boldsymbol{B}$ 是磁感应强度；$\boldsymbol{H}$ 是磁场强度；$\boldsymbol{J}$ 是传导电流密度；ρ 是自由电荷密度。式（1.1.14）中，ε、μ、σ 分别是介质的介电常量、磁导率、电导率。

麦克斯韦电磁理论非常完善地解决了带电体的所有电磁现象，成功地预言了电磁波的存在。赫兹（Hertz）通过实验证实了电磁波的存在，变化的电磁场以波的形式按速度 c 在空间传播。

取式（1.1.13a）的旋度，并利用式（1.1.13b）和式（1.1.14）得

$$\nabla\times(\nabla\times\boldsymbol{E})=-\frac{\partial}{\partial t}\nabla\times\boldsymbol{B}=-\mu\sigma\frac{\partial\boldsymbol{E}}{\partial t}-\mu\varepsilon\frac{\partial^2\boldsymbol{E}}{\partial t^2}\tag{1.1.15}$$

根据矢量分析公式以及式（1.1.13c），得到

$$\nabla\times(\nabla\times\boldsymbol{E})=\nabla(\nabla\cdot\boldsymbol{E})-\nabla^2\boldsymbol{E}=\frac{1}{\varepsilon}\nabla\rho-\nabla^2\boldsymbol{E}\tag{1.1.16}$$

假设自由电荷密度 ρ 为常数，由式（1.1.15）和式（1.1.16）得电场方程

$$\mu\sigma\frac{\partial\boldsymbol{E}}{\partial t}+\mu\varepsilon\frac{\partial^2\boldsymbol{E}}{\partial t^2}=\nabla^2\boldsymbol{E}\tag{1.1.17}$$

同理可得到磁场方程

$$\mu\sigma\frac{\partial\boldsymbol{H}}{\partial t}+\mu\varepsilon\frac{\partial^2\boldsymbol{H}}{\partial t^2}=\nabla^2\boldsymbol{H}\tag{1.1.18}$$

式（1.1.17）和式（1.1.18）中的一阶项表征了系统的损耗，如吸收、衍射、散射等。如果系统的损耗为零，则式（1.1.17）和式（1.1.18）变为

$$\nabla^2\boldsymbol{E}-\frac{1}{c^2}\frac{\partial^2\boldsymbol{E}}{\partial t^2}=0\tag{1.1.19}$$

$$\nabla^2\boldsymbol{H}-\frac{1}{c^2}\frac{\partial^2\boldsymbol{H}}{\partial t^2}=0\tag{1.1.20}$$

这是电磁场的波动方程。其中，$c=\sqrt{1/(\mu\varepsilon)}$ 正是电磁波的传播速度。真空中 $c=299\,792\,458\mathrm{m\cdot s^{-1}}$，一切电磁波（包括各种频率范围的电磁波，如无线电波、光波、X 射线和 γ 射线等）都以速度 c 传播（图 1.1.5），c 是最基本的物理常量之一。

麦克斯韦电磁理论还揭示了光的电磁本质，从而把电磁现象和光现象联系了起来，使光学成为电磁理论的一个分支。

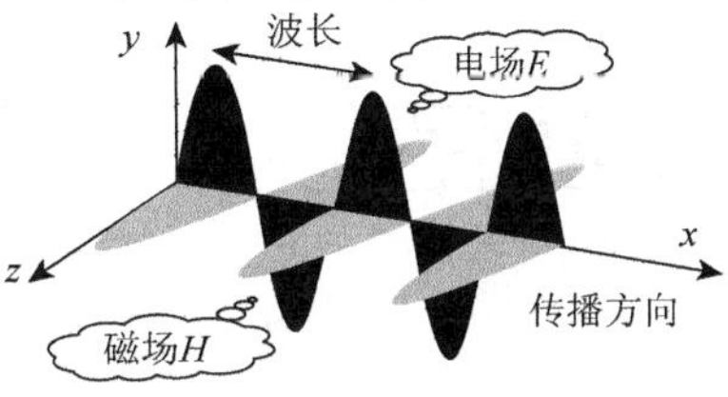

图 1.1.5　电磁波

光学是物理学中古老而又最活跃的领域。光本性以及光现象问题一直是人们关心和热衷探讨的问题。费马（Fermat）首先指出光在介质中传播时所走的光程取极值的原理，这个原理的数学表示式为

$$\delta\int_A^B n\mathrm{d}s=0\tag{1.1.21}$$

应用费马原理可以推出光在均匀介质中沿直线传播，光在通过两种不同介质的分界面时所遵从的反射定律和折射定律，从而奠定了几何光学的基础。

牛顿在光学领域也做出了很大的贡献。他首次证明了白光是由不同颜色的光复合而成，只要使一束白光通过棱镜，便得到了七种不同颜色的光：红、橙、黄、绿、蓝、靛、紫。牛顿还发现了白光在空气薄膜上干涉时产生的牛顿环，即将一块曲率半径 R 较大的平凸透镜放在一块玻璃平板上，透镜与平面玻璃间形成了很

薄的空气隙，用单色光垂直照射透镜与玻璃板，就可以观察到一些明暗相间的同心圆环。图 1.1.6 中，（a）是牛顿环原理，（b）是牛顿环花样。

光是什么？牛顿认为光由微粒组成。他在《论光》一书中根据光的直线传播性质，提出了光是微粒流的理论，认为光微粒从光源发出，依惯性在真空或在均匀介质中做匀速直线传播，并解释了光的直线传播、反射和折射现象。然而牛顿用光微粒理论在解释牛顿环和光的衍射现象时却遇到了困难。

荷兰物理学家惠更斯（Huygens）反对光的微粒说，他在《光学》一书中提出了光的波动说，认为光以波的形式在空间传播，并运用波动理论中的次波假设阐述光的传播现象，建立了惠更斯原理。惠更斯原理表述如下[6]：任何时刻波面上的每一点都可作为次波波源，各自发出球面次波，在以后的任何时刻，所有这些次波波面的包络面形成整个波在该时刻的新波面。图 1.1.7 说明了这个原理，图中 S_0 是从光源 S 发出的光波在 0 时刻的波面，其上每一点为新的次波波源发出球面波，经过时间 t_1 后，次波传播距离 ct_1，于是各次波的包络面 S_1 就是 t_1 时刻的波面。根据这个原理，惠更斯解释了光的反射和折射定律以及方解石晶体的双折射现象，开创了物理光学的先河。

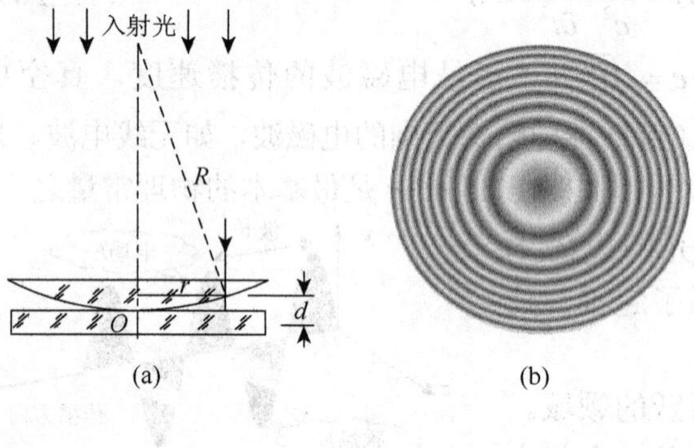

图 1.1.6　牛顿环原理（a）和牛顿环花样（b）

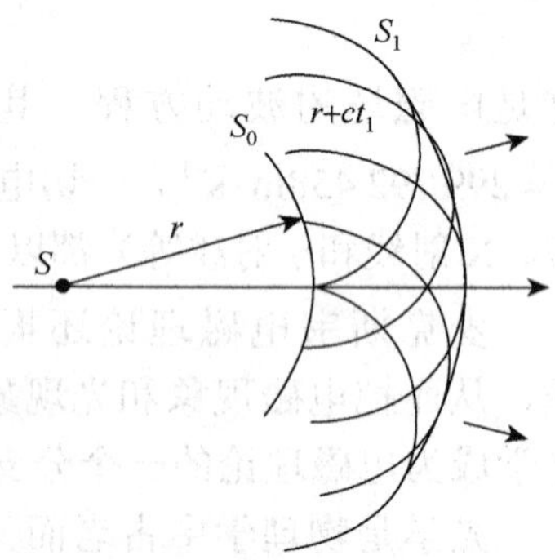

图 1.1.7　惠更斯原理

物理光学的典型实验是英国物理学家托马斯·杨（T. Young）做的著名的杨氏双缝干涉实验。如图 1.1.8 所示，（a）是杨氏双缝干涉实验原理图，（b）是干涉花样图。从光源发出频率为 ω 的单色光照射到开有小孔 S 的遮光板上，后面放置开有两个小孔 S_1 和 S_2 的光阑，在距离光阑 D 处的接收屏上发生了干涉，可以观察到明暗相间的条纹。

用光的波动性可以解释干涉现象。通过狭缝 S_1 和 S_2 的两束光的振幅表示为

$$\boldsymbol{E}_1 = \boldsymbol{E}_0 e^{i(\boldsymbol{k}\cdot\boldsymbol{r}_1 - \omega t)} \tag{1.1.22a}$$

$$\boldsymbol{E}_2 = \boldsymbol{E}_0 e^{i(\boldsymbol{k}\cdot\boldsymbol{r}_2 - \omega t)} \tag{1.1.22b}$$

式中，$\boldsymbol{k}$ 是波矢量。由光的叠加原理，P 点的光振幅为 $\boldsymbol{E}=\boldsymbol{E}_1+\boldsymbol{E}_2$，该点的光强为

$$I=4|\boldsymbol{E}_0|^2\cos^2\left[\frac{\pi}{\lambda}(r_2-r_1)\right] \tag{1.1.23}$$

式中，λ 是该单色光的波长。从式（1.1.23）可以看出，当 P 点位置满足

$$r_2-r_1=n\lambda \quad (n=0，\pm1，\pm2，\cdots) \tag{1.1.24}$$

时，该点的光强最大，$I=4|\boldsymbol{E}_0|^2$，由此圆满解释了双缝干涉。

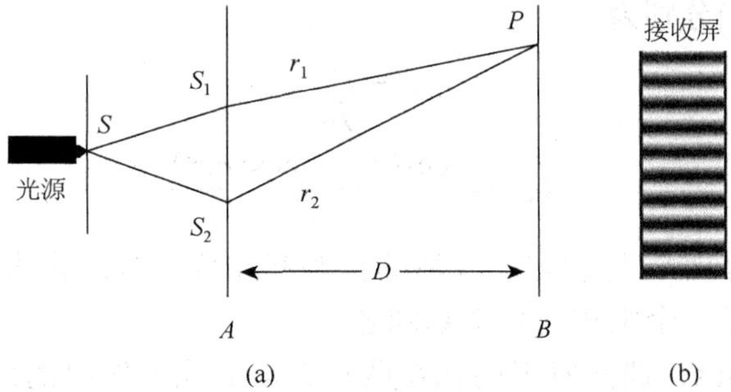

图 1.1.8　双缝干涉原理（a）和干涉花样（b）

惠更斯原理不涉及光的波长、振幅和相位，不能解释光的衍射现象。波动光学的奠基人法国物理学家菲涅耳（Fresnel）补充了描述次波基本特征的相位和振幅，根据干涉原理增加了次波相干叠加，使之发展成为惠更斯-菲涅耳原理。这个原理的表述为：波面 S 上每个面积元 dS 都可以看成新的波源，它们均发出次波。波前方空间 P 点的振动由波面 S 上所有面元发出的次波在该点叠加后的合振幅表示（图 1.1.9）。它的数学表示式为

$$U(P)=C\int_S\frac{K(\theta)A(Q)}{r}\mathrm{e}^{\mathrm{i}(\boldsymbol{k}\cdot\boldsymbol{r}-\omega t)}\mathrm{d}S \tag{1.1.25}$$

式中，C 是比例系数；$A(Q)$ 是波面 S 上的振幅分布函数；$K(\theta)$ 是倾斜因子（它与面元 dS 的法线方向 n 和 dS 到空间 P 点连线的夹角 θ 有关）；r 是面元 dS 到空间 P 点的距离；$\boldsymbol{k}$ 是波矢量；ω 是光波的频率。

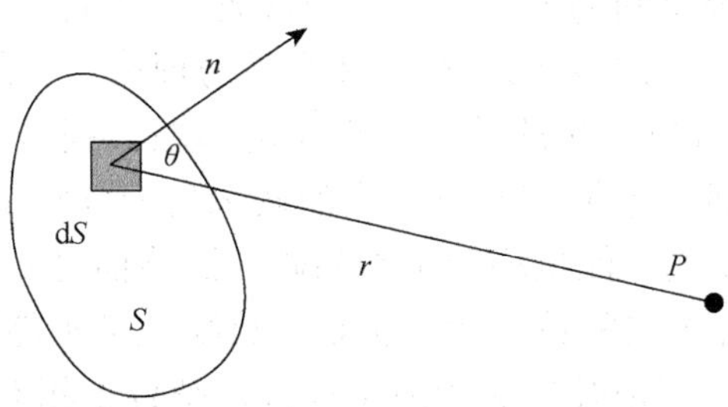

图 1.1.9　惠更斯-菲涅耳原理

菲涅耳对次波所作的假设是虚构的，它并不是一个实际的点光源，作这一假设的目的是用它来形象地描述光波传播行为，并没有实际的物理意义。基尔霍夫（Kirchhoff）用标量场理论严格地推导出了基尔霍夫衍射公式

$$U(P)=\frac{A}{j\lambda}\int_S\left[\frac{\cos(n,r)-\cos(n,r')}{2}\right]\frac{e^{i(\boldsymbol{k}\cdot\boldsymbol{r}-\omega t)}}{r}dS \tag{1.1.26}$$

比较式（1.1.25）和式（1.1.26），基尔霍夫给了出式（1.1.25）中 C 和 $K(\theta)$ 明确的数学表示，它们分别为

$$C=\frac{1}{j\lambda} \tag{1.1.27}$$

$$K(\theta)=\frac{\cos(n,r)-\cos(n,r')}{2} \tag{1.1.28}$$

从而成功地证明了菲涅耳假定的次波的振幅和相位。基尔霍夫的工作将惠更斯-菲涅耳原理放在了一个坚实的数学基础之上。

马吕斯（Malus）偶然发现的光在两种介质界面反射时的偏振现象，说明了光的横波性。法拉第发现光的振动面在强磁场中的旋转，揭示了光学现象和电磁现象的内在联系。韦伯（Weber）和柯尔劳斯（Kohlrausch）从实验中发现电磁单位和静电单位的比值等于光在真空中的传播速度。这些实验发现启示人们，在研究光学现象时，必须把光学现象和其他物理（电磁）现象联系起来。麦克斯韦电磁理论指出，电场和磁场的改变不会局限在空间某一部分，而是以数值等于电荷的电磁单位与静电单位的比值的速度传播，即电磁波以光速传播，这说明光是一种电磁现象。麦克斯韦把电磁现象和光现象联系起来，光学成了电磁理论的一个分支。

1.2　经典物理的困难

物理学发展到 19 世纪末期，可以说是达到相当完美、相当成熟的程度，以经典力学、麦克斯韦电磁场理论和经典统计力学为三大支柱的经典物理学大厦已经建成。许多物理学家都感到物理学已“大功告成”。然而，开尔文勋爵于 1900 年 4 月 27 日在英国皇家学会发表的《在热和光动力理论上空的 19 世纪的乌云》中认为，“动力学理论断言热和光都是运动的方式，现在这种理论的优美性和明晰性被两朵乌云遮蔽得黯然失色了。”[7]开尔文的两朵乌云分别是：以太漂移速度的测定问题（以太危机）和关于能量均分定理问题（黑体辐射）。当然，物理学的乌云不只是这两朵，还有许多实验数据和事实是经典物理学不能解释的，如光谱问题、放射性问题等。然而，正是开尔文的两朵乌云，孕育了相对论和量子论这两个伟大的革命性物理学理论。

1.2.1　黑体辐射问题

自然界的物体丰富多样，各种物体由于其结构差异，对外来电磁波的吸收，以及它们本身辐射的电磁波都不相同。物理学家为系统研究物体的热辐射问题，建立辐射定律，自然地想到了黑色物体，但黑色物体黑的程度存在差别，于是他们提出了理想黑体。所谓理想黑体就是在任何温度下能够吸收投射在它上面的一切电磁辐射而无反射的理想物体。

维恩（Wien）设计了一个空腔模型，它几乎能完全吸收投射到它上面的辐射。维恩的空腔模型是在一个完全不透明绝热材料做成的空腔上开一个很小的孔，当外界辐射进入小孔后，经过空腔壁的多次反射而吸收的辐射能量远远大于从小孔反射出去的能量，反射出去的能量完全可以忽略不计，这就是黑体模型。

黑体具有一定的电磁学和热力学特征，它能够吸收投射在它上面的一切电磁辐射而无反射，黑体辐射与辐射体的温度有关。物理学家从实验和理论两方面研究了各种温度下的黑体辐射，测量了辐射能量按波长分布的情况，得到了图 1.2.1 所示的实验曲线。从实验曲线看出，辐射有一个极大值，随温度升高，辐射能量将迅速增大，并且辐射极大值逐渐向短波方向移动。黑体辐射与材料无关，只依赖于物体的温度。

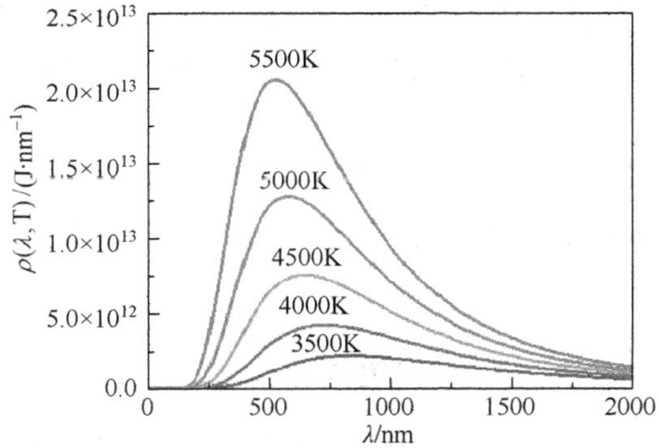

图 1.2.1　黑体辐射曲线

为了说明黑体辐射的规律，说明黑体辐射强度按波长分布的实验曲线，1896 年维恩根据热力学理论，认为辐射按频率的分布类似于分子按速率的分布，服从麦克斯韦速率分布律。在分析实验数据的基础上，得到了如下的辐射分布的半经验公式

$$\rho_\nu(\nu,T)=c\nu^3 f\left(\frac{\nu}{T}\right) \tag{1.2.1}$$

式中，c 是真空中的光速；f 是以 ν/T 为宗量的函数。对于给定的温度 T，$\rho_\nu(\nu, T)$ 有一个极大值，这个极大值由辐射的波长 λ_m 决定，根据 $\frac{d\rho_\nu(\lambda,T)}{d\lambda}=0$ 得到

$$T\lambda_m = b \tag{1.2.2}$$

式中，$b = 2.8978\times10^{-3}$m·K，是一个与温度无关的量。式（1.2.2）称为维恩位移定律，维恩位移定律说明，当温度 T 升高时，λ_m 向短波方向移动，这个公式在短波领域同实验结果完全相符。

1900 年，瑞利（Rayleigh）和金斯（Jeans）把能量均分定理应用到电磁辐射能量密度按频率分布的情况中，他们认为黑体辐射源于带电粒子的振动，当黑体处于热平衡状态时，振子数目按能量的分布遵循玻尔兹曼分布，经过理论分析，得到了如下公式

$$\rho_\nu(\nu,T) = \frac{2\pi}{c^2}\nu^2 kT \tag{1.2.3}$$

式中，c 是真空中的光速；$k = 1.38\times10^{-23}$J·K^{-1} 是玻尔兹曼常量。该公式称为瑞利-金斯公式。瑞利-金斯公式在长波区域和实验符合得很好。但随着频率的增大，与实验差别越来越大。特别是在频率 $\nu\to\infty$（即波长 $\lambda\to0$）的短波时，瑞利-金斯公式给出的结果与实验结果完全相反，辐射 $\rho_b(\nu, T)\to\infty$，这显然是荒谬的结论。瑞利-金斯公式是严格按照经典统计物理学和经典电磁理论推得的，它在短波区域与实验结果的背离，给经典物理学带来了极大的困难，通常把经典物理的这一失败称为“紫外灾难”。

以上事实说明黑体辐射规律无论是用热力学理论，还是用经典电磁理论、统计理论，都不能给出满意的解释。于是开尔文大声惊呼：“热理论已经到了发疯的程度。”[8]

1.2.2　光电效应

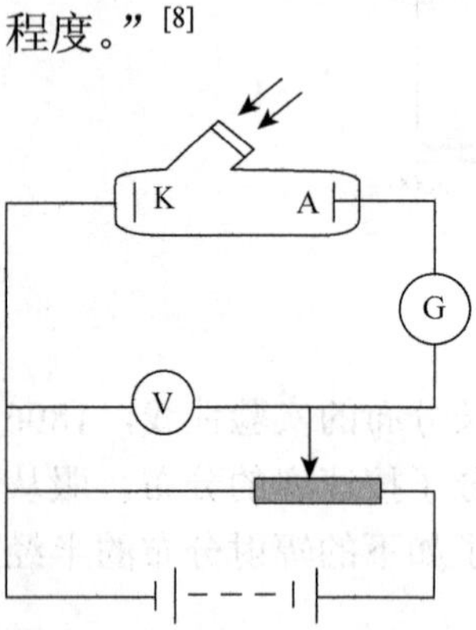

图 1.2.2　光电效应

1887 年，德国物理学家赫兹用紫外线照射火花隙间的阴极时发现了放电现象；1900 年，林纳德（Lenard）用实验证明，这是由于紫外线照射金属表面时，大量电子逸出了金属表面，这种现象称为光电效应。光电效应实验装置如图 1.2.2 所示，封闭在真空管中的阴极 K 和阳极 A 之间加一可变电压，用来加速或阻挡释放出来的光电子。光通过石英小窗照射在阴极 K 上，在光作用下电子从阴极 K 上逸出，并受到电场加速而形成光电流。

光电效应的实验规律为：第一，光和光电流之间有一定的依存关系，在入射光强度与频率不变的条件下，当加速电压增加到一定值时，光电流达到饱和。饱和光电流的大小与入射光的强度成正比，也就是单位时间内逸出的光电子数目与入射光的强度成正比。第二，当电压减小到零并开始反向时，光电流并没有减小到零，表明从金属表面逸出的光电子具有初动能，使光电流减小到零的电压称为遏止电压。光电子的遏止电压与入射光的强度无关，只与入射光的频率有关。频率越高，光电子的动能就越大。第三，当用不同频率的光照射时，出现截止频率 ν_0，材料不同，截止频率不同。用低于截止频率 ν_0 的光照射时，无论光的强度多大，照射时间多长，都不能使光电子逸出。第四，光的照射时间和光电子的逸出几乎是同时的，在测量精度的范围内（$<10^{-9}$s）观察不到两者间存在的滞后现象。

根据光的经典电磁理论，①当光照射到金属上，金属内部的电子受光电场作用作简谐振动。入射光越强，电子接收的能量就越多，从金属内部逸出的光电子的动能就越大，光电流就越强，光的强度决定了光电子的数目，实验观察到光电子的能量仅依赖于照射光的频率。②光能量均匀分布在它的传播空间，由于电子截面很小，电子要积累足够能量必须经过较长的时间，才能释放出来。

光电效应现象无法从经典物理学理论得到解释。

1.2.3　固体比热容

比热容是化学家和物理学家共同关心的一个问题，不少化学家在测量比热容及有关理论方面作出过贡献。1819 年，原为化学家的杜隆（Dulong）与物理学家珀蒂（Petit）长期合作，他们在研究物质的物理性质和原子特性的关系之后，进行了一系列的比热容实验。他们选择的对象是各种固体，想通过比热容研究其物理性质。在大量实验数据的基础上发现，在常温下任何固体的比热容（即摩尔热容）是一个与温度无关的常量。由此得出“所有简单物体的原子都精确地具有相同的热容量”的经验定律，即杜隆-珀蒂定律，这个经验定律在分子运动论中得到解释。当处于热平衡状态时，构成固体的各个原子都在各自的平衡位置附近作微小的简谐振动，并假定各个谐振动是彼此独立的。根据经典热力学中的能量均分原理，每个振动自由度占有相同的平均能量 kT，因此，1mol 原子的总能量为

$$U = 3N_{\mathrm{A}}kT \tag{1.2.4}$$

其定容摩尔热容量为

$$C_V = \left(\frac{\partial U}{\partial T}\right)_V = 3N_{\mathrm{A}}k = 3R \tag{1.2.5}$$

式中，k 是玻尔兹曼常量；T 是热力学温度；$N_{\mathrm{A}} = 6.0221367 \times 10^{23}\mathrm{mol}^{-1}$ 是阿伏伽德罗常量；$R = N_{\mathrm{A}}k = 8.3149\mathrm{J \cdot mol^{-1} \cdot K^{-1}}$ 是摩尔普适气体常量。

经典能量均分定律解释了固体定容摩尔热容量，在室温和较高温度下与杜隆-珀蒂定律符合得较好。但在低温时热容的实验值小于理论值，而且随温度的降低减小得很快，当温度趋于零开时比热容也趋于零。上述经典理论无法解释固体比热容随温度而变的实验规律，经典能量均分定律受到了严重的挑战。

1.2.4 光谱与原子结构

自从牛顿分光实验得到了太阳光谱后，很多科学家开始对光进行研究。沃拉斯顿（Wollaston）于 1802 年首先发现了太阳光谱中存在暗线。夫琅禾费(Fraunhofer)于 1814 年注意到太阳光谱的某些暗线与火焰光谱中一些亮线的位置一致，并对观测到的太阳暗线进行了命名。这些暗线称为夫琅禾费线，有关这些暗线起源的问题也提出来了。1859 年，基尔霍夫和本生（Bunsen）对光谱进行了深入的研究，发现光谱线不受外部条件（温度、湿度）影响，也不受其他物质的干扰而变化，光谱线是元素独一无二的标签。他们继续研究了火焰和火花的光谱，通过“将含有食盐的火焰插入太阳光谱和探测器之间”，指出与暗线对应的那些分立谱线被太阳大气吸收，发现了物体吸收和发射本领之间的联系，得出每种元素都有其独特的光谱的结论，基尔霍夫也从理论上解释了这些现象[9]。之后光谱分析成为一种重要的研究手段。

19 世纪末，人们已经观察到了氢光谱可见光区波段的 4 条谱线，而且经过了阿姆斯特朗（Ängström）等的精确测定。通过观测恒星光谱也发现了氢的紫外波段的 10 条光谱线，然而它们波长的规律尚不为人所知，这些光谱数据是零散的、没有规律的。巴耳末（Balmer）开始寻找氢原子光谱的规律，他从氢原子可见光波段 4 条谱线波长的公共因子和比例系数入手，发现这些看似没有规律的数字却包含有公共因子，他用几何方法确定出了公共因子，得到了巴耳末公式，即

$$\lambda = B\frac{n^2}{n^2-4} \quad (n=3,4,5,\cdots) \tag{1.2.6}$$

式中，$B=3.6546\times10^{-7}\text{m}$ 是常数。巴耳末于 1884 年公开发表了这个公式。巴耳末公式是一个经验公式，公式计算所得的波长在实验误差范围内同测得的数值是一致的。1889 年里德伯（Rydberg）将巴耳末公式改写为

$$\tilde{\nu} = R_{\text{H}}\left(\frac{1}{2^2}-\frac{1}{n^2}\right) \tag{1.2.7}$$

式中，$\tilde{\nu}=1/\lambda$ 称为波数；$R_{\text{H}}=4/B=1.0967758\times10^{7}\text{m}^{-1}$ 称为里德伯常量。式（1.2.7）称为里德伯方程。巴耳末公式和里德伯方程只是对氢原子光谱规律的总结，人们受此启发，相信如此简单的物理规律之后必然隐藏着简单而深刻的物理本质，因此必须首先获得关于物质的组分和应用于它们的定律的本性的一些信息。在这个问题上，德国物理学家索末菲（Sommerfeld）认为，“自从发现光谱以来，任何有见识

的人都不会怀疑，只要学会理解光谱语言，原子问题就将能解决，……。”[9]也就是说光谱反映着原子内部结构的重要信息。

英国物理学家汤姆孙（Thomson）提出原子结构的葡萄干布丁模型，他设想原子中带正电部分是一个原子那么大，正电荷在原子中均匀分布，电子就像葡萄干一样镶嵌其中，电子带的负电荷与正电荷相互抵消。该模型认为原子中的电子能够在它们的平衡位置作简谐振动，观察到的原子所发出光谱的各种频率就相当于这些振动的频率。1903 年日本物理学家长岗半太郎（Nagaoka Hantara）发表题为“说明线状和带状光谱及放射性现象的原子内的电子运动”的论文。文中批评了汤姆孙关于原子结构的葡萄干布丁模型，认为正负电荷不能相互渗透，而提出了原子结构的土星模型。他认为电子在围绕一个中心体的一个或多个圆环上运动，光谱是由电子在圆环运动中不同的摄动所致。汤姆孙原子模型和长岗半太郎原子模型虽然能够解释一些实验现象，但都不是原子结构的正确模型。

英国物理学家卢瑟福（Rutherford）通过α粒子散射实验，确立了原子结构的行星模型，卢瑟福假设“电子像行星绕着太阳旋转那样围绕原子核旋转”[10]。图 1.2.3 所示是α粒子散射实验装置示意图，从α粒子源 S 发散的一束α粒子，经过 D_1、D_2 准直后，打在金属铂薄膜 F 上，经过铂薄膜散射的α粒子被探测器 M 记录。M 可以转到不同方向对散射的α粒子进行观察，并记录某一时间内在某一方向散射的α粒子数。卢瑟福根据α粒子散射实验的结果和理论分析得出，原子中有一个带正电荷的中心体（原子核），所带正电荷的数值是原子序数乘单位电荷值，原子核的半径在 10^{-15}～10^{-14}m，原子核外边散布着带负电荷的电子。原子质量的绝大部分是原子核的质量。

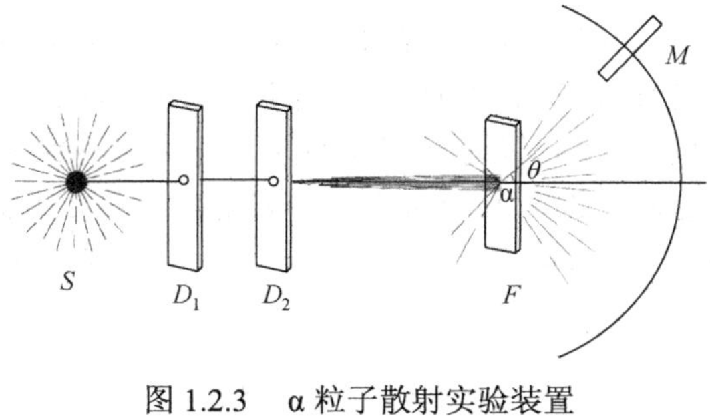

图 1.2.3　α 粒子散射实验装置

卢瑟福原子结构模型中，核外电子必须运动，否则，带负电的电子无法抗拒核的引力而被拉向原子核。那么，核外电子受原子核静电引力作用而做周期性圆运动，电子圆周运动的向心力就是原子核和电子之间的静电力，即

$$\frac{m_e v^2}{r}=\frac{1}{4\pi\varepsilon_0}\frac{Ze^2}{r^2} \tag{1.2.8}$$

由式（1.2.8）可以求得电子轨道运动的频率为

$$f=\frac{v}{2\pi r}=\frac{e}{2\pi}\sqrt{\frac{Z}{4\pi\varepsilon_0 m_e r^3}} \tag{1.2.9}$$

原子能量由电子运动的动能和体系的势能构成（假设原子核不动），结合式（1.2.8）求得原子的总能量为

$$E=-\frac{1}{4\pi\varepsilon_0}\frac{Ze^2}{2r} \tag{1.2.10}$$

式（1.2.8）～式（1.2.10）中，Z 是原子序数；e 是电子电荷量；ε_0 是真空中的介电常数；m_e 是电子质量；v 是电子运动的速度；r 是电子运动轨道半径。

按经典电磁理论，带电粒子做加速运动，它会以电磁辐射的形式不断地损耗能量，其电磁辐射频率等于带电粒子运动的频率。绕原子核运动的电子由于其轨道半径 r 不受限制，在实验室加速运动的过程中，连续不断地以电磁波的形式向外辐射能量。由于原子不断地向外辐射能量，原子能量持续减小，电子轨道半径也将连续缩小，最终将会落到核上，也就是说所有原子将“崩塌”。这与实验事实相矛盾，大量原子的光谱都是分立的线光谱，而且原子十分稳定没有“崩塌”，所以经典物理理论无法解释原子的运动以及原子光谱问题。

1.3 量子物理的诞生

1.3.1 能量子与普朗克公式

19 世纪末，经典物理理论已经不可能对物理实验所得到的新现象给出合理的解释，经典物理陷入了和实验进展磕碰的困境，从而导致了 1900 年量子论的发现。量子理论首先在黑体辐射问题的研究中被德国物理学家普朗克（Planck）提出。

基尔霍夫在对吸收光谱和辐射光谱问题的研究中，得到基尔霍夫定律：一个处于热平衡的物体，在单位时间和单位面积上发射的在频率区间 $\mathrm{d}\nu$ 内的辐射能量 $\rho_\nu\mathrm{d}\nu$，与该物体的吸收系数 a_ν 之比，仅仅依赖于频率 ν 和热力学温度 T，而与物体的任何其他特性无关，即

$$\rho_\nu/a_\nu=f(\nu,T) \tag{1.3.1}$$

对于一定频率和温度，$f(\nu, T)$ 是与物体性质无关的普适函数。在基尔霍夫发现辐射问题的普适函数以及指出这个函数形式的近 40 年间，许多物理学家尝试找出这个普适函数，并试图给出黑体辐射问题的理论解释。其中，斯特藩（Stefan）和玻尔兹曼从实验和理论上给出了斯特藩-玻尔兹曼定律

$$\rho(T)=\int_0^\infty\rho_\nu(\nu,T)\mathrm{d}\nu=\sigma T^4 \tag{1.3.2}$$

其中，σ 称为斯特藩-玻尔兹曼常量，实验测得的值为：$\sigma = 5.670\,51\times10^{-8}\mathrm{W\cdot m^{-2}\cdot K^{-4}}$。该定律只给出了黑体发射的所有频率的辐射总能量，没有得到单位频率内的辐射能量。

维恩认为辐射按频率的分布类似于分子的麦克斯韦速率分布律，从而得到半经验的维恩位移定律（公式）

$$\rho_\nu(\nu,T)=c\nu^3 f\left(\frac{\nu}{T}\right) \tag{1.3.3}$$

式中，c 是真空中的光速，确定了 f 是以 ν/T 为宗量的函数。式（1.3.3）描述了短波区域的辐射情况。

瑞利和金斯把能量均分定理应用到辐射能量密度按频率分布的情况中，得到瑞利-金斯公式

$$\rho_\nu(\nu,T)=\frac{2\pi}{c^2}\nu^2 kT \tag{1.3.4}$$

式（1.3.4）在长波区域和实验符合得很好，在短波区域与实验结果的背离，导致“紫外灾难”。

面对黑体问题的困惑，普朗克通过热力学方法，分析当时已知的辐射关系，他发现对于一定频率为 ν 的电磁辐射，物体能量只是 $h\nu$ 的整数倍，以 $h\nu$ 为单位一份一份地吸收或发射辐射，他大胆地假设：黑体辐射的能量不能连续地变化，而只能处于某些特殊的状态，这些特殊状态的能量取分立值，即 0，ε，2ε，…，$n\varepsilon$，…，分立能量的最小单位 ε 称为能量子。能量子与频率成正比，即

$$\varepsilon = h\nu \tag{1.3.5}$$

式中，$h=6.626\,176\times10^{-34}\mathrm{J\cdot s}$ 是普适常量，称为普朗克常量。普朗克根据经典电动力学和经典统计热力学，从理论上推导出了黑体辐射的普朗克公式

$$\rho_\nu(\nu,T)\mathrm{d}\nu=\frac{8\pi h\nu^3}{c^3}\frac{1}{\mathrm{e}^{\frac{h\nu}{kT}}-1}\mathrm{d}\nu \tag{1.3.6}$$

式（1.3.6）称为普朗克黑体辐射公式。普朗克公式与实验结果完全符合，它揭示了物体吸收或发射辐射时以“能量子”的方式进行。普朗克把不连续性引入了物理学，第一次提出能量不连续的概念，突破了经典物理学的连续性，这是革命性的，是 20 世纪物理学的一个崭新的概念。

由于经典物理学的观念已经根深蒂固地深植于普朗克的思想之中，他花费了近乎 10 年的时间试图在经典物理学的框架中为“能量子”找到一个合理的理论解释，但尝试都失败了。普朗克作为量子论的开创者和成功解释黑体辐射的理论而获得 1918 年诺贝尔（Nobel）物理学奖。普朗克的作用量子概念为爱因斯坦光量子概念的建立奠定了基础，后辈年轻的物理学家建立了量子力学。

1.3.2　光量子与光电效应

1905年爱因斯坦（Einstein）对黑体辐射进行理论分析，发展了普朗克能量子的概念，成功地解释了光电效应，也深刻地揭示了普朗克能量子的深远意义。爱因斯坦假设，光不仅以 $h\nu$ 的形式一份一份地发射出来，而且以同样的方式一份一份地吸收。[11]爱因斯坦使能量子概念更加“粒子化”，光在传播过程中具有波动的特性，光与物质作用的过程中，光能量是集中在一些叫做光量子（简称光子）的粒子上的。根据这个假设，光子的能量与光的频率成正比，与光的强度无关。从光子的观察来看，光电效应中的入射光是由一粒粒的光子组成的，每个光子的能量是 $h\nu$。当光子与金属内部的电子作用时，光子的能量全部被金属内部的电子所吸收。电子把这能量的一部分用来克服金属表面对它的束缚能，另一部分就是电子离开金属表面的动能，即

$$\frac{1}{2}m_e V^2 = h\nu - w_0 \tag{1.3.7}$$

式中，m_e 是电子的质量；V 是电子脱出金属表面后的速度；w_0 是金属对电子的束缚能。

光的频率决定了光子的能量，如果电子所吸收光子的能量 $h\nu$ 小于 w_0，则电子不能脱出金属表面，因而没有光电子产生，也就没有光电流。对于确定金属（束缚能 w_0 一定），光子的频率越高，光电子获得的能量就越大。光的强度取决于单位时间到达金属表面的光子的数目，光子越多，产生的光电子也就越多，光电流也就越强。金属中的电子能够一次全部吸收入射的光子，因此光电效应的产生无需时间的积累。

光子不但具有确定的能量 $\varepsilon = h\nu$，而且还应具有动量 p。由狭义相对论可知，以速度 V 运动的粒子的能量为

$$E = \frac{m_0 c^2}{\sqrt{1 - \frac{V^2}{c^2}}} \tag{1.3.8}$$

其中，m_0 是粒子的静质量，对光子而言 $V \equiv c$，则要求光子的静质量 $m_0 = 0$。再根据相对论能量动量关系

$$E^2 = c^2 p^2 + m_0^2 c^4 \tag{1.3.9}$$

得到光子能量动量 $E = cp$。因此，光子的能量 $E = h\nu = \hbar\omega$，动量 $\boldsymbol{p} = \frac{h\nu}{c}\boldsymbol{n} = \hbar\boldsymbol{k}$，即所谓的爱因斯坦关系

$$E = \hbar\omega, \quad \boldsymbol{p} = \hbar\boldsymbol{k} \tag{1.3.10}$$

爱因斯坦关系把光的两重性质——波动性和粒子性联系起来，关系式（1.3.10）左边的动量和能量是描写粒子特征的物理量，右边的频率和波长则是描述波特性的物理量。光量子理论直到 1924 年被美国物理学家康普顿（Compton）所做的物质的 X 射线散射实验（康普顿效应）证实之后，才被物理学界接受。爱因斯坦关于光子的观点不仅成功地解释了光电效应，还成功地解释了经典物理所不能解释的其他实验，如低温下固体的比热容、康普顿效应等，从而被确认为爱因斯坦光子理论。

1.3.3　固体比热容的量子理论

在量子论初期史中，固体比热容的研究是继黑体辐射和光电效应之后的又一重大课题。1906 年爱因斯坦进一步把能量子概念用于固体比热容，根据量子理论求得了固体比热容的公式，克服了经典理论的又一困难，并及时得到了能斯特的实验验证和大力宣传，使量子论开始被人们认识。

1906 年爱因斯坦根据普朗克能量子假说，认为晶格原子的振动能量是量子化的。他假设固体中有 N 个原子，每个原子的自由度为 3，整个固体的自由度为 $3N$，对应 $3N$ 个简正坐标，它们都以同一频率 ν 振动，其振动能量是量子化的，整个固体的振动能量为

$$E = 3N\frac{h\nu}{e^{\frac{h\nu}{kT}} - 1} \tag{1.3.11}$$

式中，h 是普朗克常量；T 是热力学温度。固体的定容热容为

$$C_V = \left(\frac{\partial E}{\partial T}\right)_V = 3kN\left(\frac{h\nu}{kT}\right)^2 \frac{e^{\frac{h\nu}{kT}}}{\left(e^{\frac{h\nu}{kT}} - 1\right)^2} \tag{1.3.12}$$

若固体为 1mol 原子，式中有 $N = N_A$，则固体的摩尔定容热容为

$$C_V = 3R\left(\frac{h\nu}{kT}\right)^2 \frac{e^{\frac{h\nu}{kT}}}{\left(e^{\frac{h\nu}{kT}} - 1\right)^2} \tag{1.3.13}$$

爱因斯坦的固体比热容理论，假设所有原子的振动频率都相等，模型过于简化，经德拜（Debye）等提出更接近于实际的德拜模型并完善相应理论之后，所得结果与实验结果较为精确符合。但爱因斯坦处理固体比热容的思想是正确并有开创性的，这也是爱因斯坦科学研究的主要特色。

1.3.4 康普顿效应

1924 年，康普顿在研究碳、石蜡等物质对 X 射线的散射现象时，发现散射的 X 射线中除了波长和原射线相同的成分以外，还有一些波长较长的成分，两者差值的大小随着散射角的大小而变，其间有确定的关系。这种波长改变的散射称为康普顿效应，图 1.3.1 所示是康普顿效应实验装置示意图。

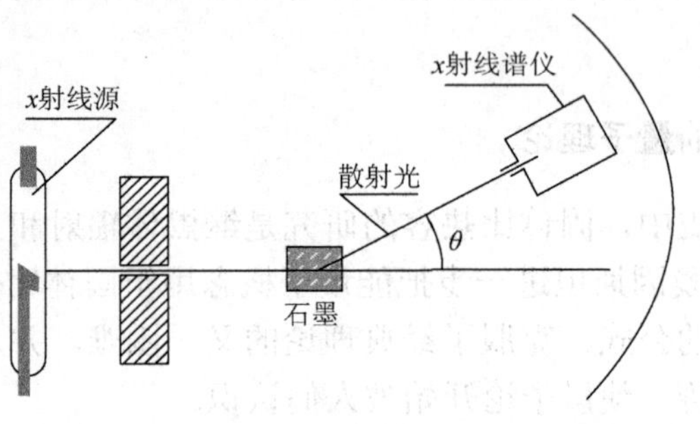

图 1.3.1 康普顿效应实验装置示意图

图 1.3.2 中，设入射 X 射线由能量为 $h\nu$、动量为 $h\nu/c$ 的光子组成，经碳、石蜡等物质散射的光子的能量为 $h\nu'$，动量为 $h\nu'/c$。散射前近似地认为物质中的电子是静止的，静止能量为 m_0c^2、动量为 0，散射后电子以速度 $\boldsymbol{V}$ 运动。相对论质量为 $m_0/\sqrt{1-V^2/c^2}$，能量为 mc^2、动量为 $m\boldsymbol{V}$。

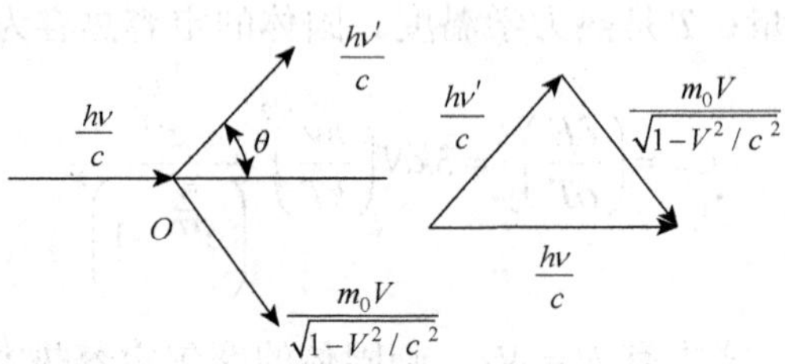

图 1.3.2 康普顿散射原理图

散射前后能量守恒

$$h\nu + m_0c^2 = h\nu' + mc^2 \tag{1.3.14}$$

动量守恒

$$m^2c^2V^2 = h^2\nu^2 + h^2\nu'^2 - 2h^2\nu\nu'\cos\theta \tag{1.3.15}$$

把式（1.3.14）移项平方，得

$$m^2c^4 = h^2\nu^2 + h^2\nu'^2 - 2h^2\nu\nu' + m_0^2c^4 + 2m_0c^2h(\nu-\nu') \tag{1.3.16}$$

式（1.3.16）减式（1.3.15），得

$$m^2c^4(1-V^2/c^2)=m_0^2c^4-2h^2\nu\nu'(1-\cos\theta)+2m_0c^2h(\nu-\nu') \tag{1.3.17}$$

由相对论质量 $m=m_0/\sqrt{1-V^2/c^2}$ 得知式（1.3.17）左边等于 $m_0^2c^4$，于是

$$\frac{c}{\nu'}-\frac{c}{\nu}=\frac{h}{m_0c}(1-\cos\theta)\text{ 或 }\Delta\lambda=\lambda'-\lambda=2\frac{h}{m_0c}\sin^2\left(\frac{\theta}{2}\right) \tag{1.3.18}$$

该式表示在康普顿散射时，散射的 X 射线的波长的改变与原来波长的大小无关，只与散射角度有关，当散射角 $\theta=90°$时，$\Delta\lambda=0.024\,262\,1\times10^{-10}$m。这与实验测定完全一致。

康普顿散射的两点说明：①电子的“自由”与“静止”是相对的，电子在原子中的束缚能量同入射光子的能量相比可以忽略。②在讨论中仅考虑了光子和电子之间的能量守恒和动量守恒，未考虑到原子核的运动。这一理论分析认为电子处于非紧束缚近似，电子是自由电子，光与电子发生了碰撞，这只对轻元素靶原子的电子或一般原子的外层电子才精确。考虑到散射物质的内层紧束缚电子，一般不再视为自由电子，光子将不是与电子，而是与整个原子交换能量和动量。由于原子的质量远大于电子质量，光子一般不会将能量传递给原子，从而入射光子散射后频率 ν 不发生改变，这就是在散射方向上观察到入射光波长 λ 的原因。康普顿效应是高能光子被低能电子散射时，高能光子把一部分能量给予电子，成为低能光子，从而使光子频率 ν 变小，波长 λ 变大。若与低能光子散射的是高能电子，则电子也可将其部分能量给予光子，从而使光子能量变大，ν 变大，λ 变小。这种过程称为反康普顿辐射，在高能粒子物理、同步辐射、天体物理、星系核的反射线等方面有重要应用。

普朗克和爱因斯坦的理论揭示了光粒子性，但并不否定光的波动性，后者早已被光的干涉、衍射等实验事实所证实。那么，光到底是波还是粒子？爱因斯坦认为：“单独地应用这两种理论的任何一种，似乎已不能对光的现象做出全面而彻底的解释了。有时得用一种理论，有时得用另一种理论，有时又要两种理论同时并用。”[12]也就是说光既具有粒子性又具有波动性，这种波粒二象性是光的量子本性。光的波粒二象性使许多物理学家感到前所未有的困惑，英国物理学家布拉格（Bragg）说[13]“上帝用波动理论在星期一、三、五管控电磁学，魔鬼用量子理论在星期二、四、六操纵电磁学（God runs electromagnetics on Monday，Wednesday，and Friday by the wave theory，and the devil runs them by quantum theory on Tuesday，Thursday，and Saturday）。”

爱因斯坦光量子关系式（1.3.10）给出了光的粒子性（E，p）与波动性（ω，k）之间的联系，从光的干涉和衍射的事实出发，其亮条纹必是光波强度大或光子

数目多的区域，因此又可建立光波强度和光子数密度的联系，这是光的波粒二象性之间的又一联系。

1.4　原子结构的玻尔理论

1.4.1　原子光谱规律

原子是一个非常稳定的系统，每种元素的原子在一定条件下都能发射或吸收光。氢原子是最简单的原子，氢原子光谱也是最早被研究的，它由许多分立的谱线组成，巴耳末总结出了氢原子光谱谱线的巴耳末公式［式（1.2.6)]，由巴耳末公式计算得到的一组谱线称为巴耳末系。氢原子其他线系也先后被发现，分别是莱曼（Lyman）发现位于紫外区的莱曼系，帕邢（Paschen）、布拉开（Brackett）、普丰特（Pfund）等分别发现位于红外区的帕邢系、布拉开系、普丰特系等，如图 1.4.1 所示。

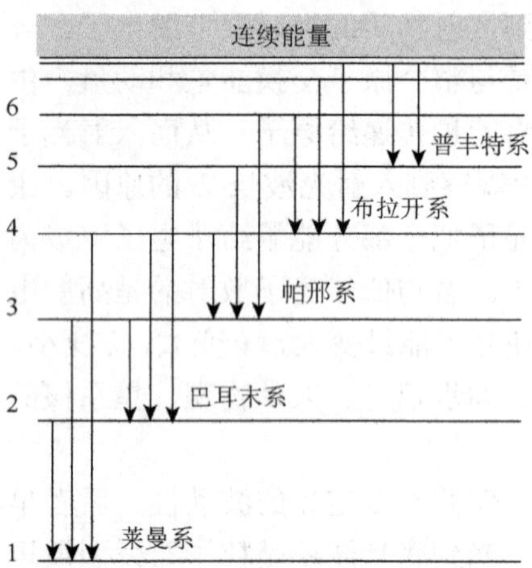

图 1.4.1　氢原子光谱系

氢原子光谱的规律用广义巴耳末公式表示，即

$$\tilde{\nu} = R_{\rm H}\left(\frac{1}{n^2} - \frac{1}{m^2}\right) \qquad (1.4.1)$$

式中，n、m 都是正整数，且 $n<m$；$R_{\rm H}$ 是里德伯常量。波数 $\tilde{\nu}$ 也可以写为两整数函数 T 之差

$$\tilde{\nu} = T(n) - T(m) \qquad (1.4.2)$$

式中，$T(n) = R_{\rm H}/n^2$ 称为光谱项。如果光谱中有波数为 $\tilde{\nu}_1$ 和 $\tilde{\nu}_2$ 的两条谱线，则常常还有波数为 $\tilde{\nu}_1 + \tilde{\nu}_2$ 或 $|\tilde{\nu}_1 - \tilde{\nu}_2|$ 的谱线，这个规律是里兹（Ritz）的并合原则。每种元素的原子都有特定的谱线系，光谱线必然反映着原子的内部特征，且一定与原子内部运动的性质相关。

1.4.2　玻尔理论

1911 年，丹麦物理学家玻尔（Bohr）来到英国曼彻斯特，在卢瑟福指导下进行原子结构的研究，他敏锐地觉察到经典理论已经不适用于原子的内部结构，他认为：“按照原子结构的卢瑟福模型，原子结构问题就和天体力学问题很相似了”。然而，更详细的考虑很快就显示出来，在一个原子和一个行星体系之间是存在着一种根本的区别的。原子必须具有一种稳定性，这种稳定性显示出一种完全超出力学理论之外的特点。例如，力学定律允许运动变化是连续性的，这种变化和元素属性的确定性完全矛盾。”[14]

1913 年，玻尔在普朗克、爱因斯坦等已发展的量子论的基础上，抛弃了经典的辐射理论，提出了原子结构的玻尔理论，玻尔理论的两个核心概念是电子的定态假设和跃迁。

1）定态假设

电子在原子中不可能沿经典理论所允许的轨道运动，而只能沿着一组特殊的轨道运动，沿这一组特殊轨道运动的电子处于稳定状态（简称定态）。为了确定电子运动的特殊轨道，玻尔提出了量子化条件

$$L = n\hbar,\quad n = 1,\ 2,\ 3,\ \cdots \tag{1.4.3}$$

即电子的轨道角动量必须是 $\hbar$ 的整数倍。

玻尔定态理论中只考虑了电子圆周轨道，即电子只有一个自由度的简单情况。后来索末菲等将玻尔的量子化条件推广到多自由度的复杂情况，推广后的量子化条件为

$$\oint p\mathrm{d}q = \left(n + \frac{1}{2}\right)h,\quad n = 0,\ 1,\ 2,\ 3,\ \cdots \tag{1.4.4}$$

式中，q，p 是电子的广义坐标和广义动量；积分回路为相空间的轨道环路；n 为量子数。

推广后的量子化条件称为玻尔-索末菲量子条件，1916 年，荷兰物理学家埃伦费斯特（Ehrenfest）从玻尔兹曼的绝热原理推导出玻尔-索末菲量子条件，认为电子在量子轨道上不辐射能量，是因为它处于“绝热”的周期性热力学系统中，与外界不发生能量交换，所以它是稳定的，从而为玻尔的定态概念提供了理论证据[15]。应用量子化条件，不仅解释了氢原子光谱，而且也很好地解释了只有一个价电子的碱金属原子光谱。

2）跃迁

当电子从某一定态跃迁到另一定态时，才能发生辐射或吸收现象。电子由能量为 E_n 的定态跃迁到能量为 E_m 的定态时所辐射或吸收一个能量为 $h\nu$ 的光子，辐射频率 ν 满足下面关系

$$\nu = \frac{|E_n - E_m|}{h} \tag{1.4.5}$$

根据定态和跃迁假设，比较式（1.4.1）和式（1.4.5），可以得到关系

$$E_n = -\frac{hc}{n^2}R_{\mathrm{H}} \tag{1.4.6}$$

由于 n 是整数，这样原子能量只具有一系列确定的、彼此分隔的、不连续的值。式（1.4.6）中含有实验值 R_{H}，它只是一个半经验公式。

玻尔应用他的量子化条件从理论推出原子能级公式。电子绕核的角动量是$m_e vr$，代入式（1.4.3）得

$$m_e vr = n\hbar \tag{1.4.7}$$

联立式（1.4.7）和式（1.2.8），消去速度v，即有

$$r = 4\pi\varepsilon_0 \frac{n^2\hbar^2}{m_e Ze^2} \tag{1.4.8}$$

将式（1.4.8）代入式（1.2.10）中，得

$$E_n = -\frac{1}{2}\frac{Z^2}{(4\pi\varepsilon_0)^2}\frac{m_e e^4}{n^2\hbar^2} \tag{1.4.9}$$

式（1.4.9）是理论得出的电子能量表示式。比较式（1.4.6）和式（1.4.9），令$Z=1$，得到里德伯常量的表示式

$$R_{\rm H} = \frac{1}{4\pi}\frac{1}{(4\pi\varepsilon_0)^2}\frac{m_e e^4}{\hbar^3 c} \tag{1.4.10}$$

由式（1.4.10）计算得到的值与实验值符合得相当好。

玻尔理论用于单电子原子，获得了极大的成功。它不仅解释了巴耳末光谱，给出了里德伯常量的理论表示式，还能解释或预测其他广泛的光谱现象。例如，当氢原子谱线的精细结构成为一个重要问题的时候，经索末菲引入的椭圆轨道与相对论修正之后，该理论能够对此做出很好的解释。对于多电子原子，玻尔将核外电子设想为绕原子核做环形运动的平面系统，这种电子平面系统与实验结果特别是原子光谱数据不符，以及与元素的化学性质相悖。同时代的其他科学家在此基础上提出了立体原子模型，认为原子核外电子运行在离心率不同的多条和谐地交织在一起的椭圆轨道上，这些椭圆轨道不会闭合，而是产生缓慢的进动。玻尔接受立体原子模型，应用此模型不仅解释了从氢元素到镭元素等一系列所有已知的元素的原子光谱，还用其来构造原子序数大于 92 的元素的原子光谱。

玻尔和索末菲关于原子结构的理论取得了巨大的成功，解决了原子稳定性的问题，求出了氢原子中电子的轨道半径和能级。根据玻尔理论，不仅从理论上得出了氢原子的可见光的巴耳末线系和红外光谱的帕邢线系，而且预言了存在于紫外区 1914 年被莱曼所观测证实的莱曼线系。玻尔理论把 1897 年皮克林（Pickering）在天文学上观测到的与氢原子光谱规律相似的皮克林线系解释为He^+光谱。

玻尔关于原子具有分立能级的概念，也在 1914 年被弗兰克（Franck）与赫兹二人所做的弗兰克-赫兹实验中证实。玻尔理论打开了人们认识原子结构的大门。玻尔理论中定态、跃迁、对应原理是其正确的方面，是量子物理学的基石。但是，玻尔理论还存在着许多重大缺陷，这些缺陷在它的发展中愈来愈明显地表现出来。玻尔理论明显地带有半经典的特征，只能计算氢原子光谱线的频率，无法算出氢原子光谱线的强度；解释氦原子光谱及多电子原子光谱时，其结果与实验不符；

只是从经典理论到量子理论过渡的桥梁，它超越了经典物理的限制，指出了物理学前进和发展的方向。

1.5　德布罗意物质波与实验证实

1.5.1　德布罗意物质波

实物粒子的波动性是量子力学建立的重要依据之一。德布罗意（de Broglie）在光具有波粒二象性的启示下提出了物质波的假设。他认为 19 世纪在对光的研究上，重视了波动性，忽视了粒子性；在对实物粒子的研究上则发生了相反的错误，把关于粒子的图像考虑得太多，而过分忽视了波的图像。他仔细地研究了光的微粒说与波动说发展的历史，注意到几何光学的最小光程原理与经典质点力学的最小作用原理有很大的相似性。根据这一相似性作类比推理，德布罗意认为波粒二象性不仅是光子这一静止质量为零的特殊微观粒子的性质，也是静止质量不为零的实物粒子的性质，是一切微观粒子的共性。这就是说，像与光波相联系的光子一样，与实物粒子相联系的有物质波。基于这种考虑他提出了所有微观粒子都有波粒二象性的假设。在 1923 年 9 月和 10 月间，德布罗意提交给巴黎科学院的三篇短文中表述了他的波粒二象性的主要思想：[9]

（1）由于相对论量子原理（$h\nu_0 = mc^2$），每个（静止）质量为 m_0 的粒子得到一个内部频率 ν_0。

（2）对以速度 V 运动的粒子，存在有两个频率 $\nu = \nu_0(1 - V^2/c^2)^{-1/2}$ 和 $\nu_1 = \nu_0(1 - V^2/c^2)^{1/2}$，它们是相同的［由于 $\nu_1 = \nu(1 - V^2/c^2)$ ！］。它们描述一个与每个运动粒子相联系的相速度为 $V_{ph} = c^2/V^2$ 的“虚构的波”。

（3）将这个“虚构的波”或“相位波”应用到玻尔的最简单的原子模型（一个电子环绕原子核做圆周运动），则定态由 n 个节点的驻波表示，其中 n 与主量子数相同。

德布罗意得到的结论是：相位波导引着物质粒子的运动，像光量子的传播一样，即“相位波的射线与动力学上可能的轨道重合”。

1924 年，德布罗意在另一篇题为“论波和（粒子）运动之间的对应性的一般定义”的短文中，完成了对其观念的表述。他在此文中写出了表示相对论性粒子的能量 E、动量 p 和速度 V 的基本关系，即 $E = h\nu$，$p = h\nu/V_{ph}$，$V = \partial\nu/\partial(\nu/V_{ph}) = V_{gr}$，其中 V_{gh} 和 V_{gr} 是“物质波”的相速度和群速度。同时，他的博士学位论文中给出理论诸方面的详尽推导和写作动机。文中还有一个将波长 λ 与一个质量为 m_0 的非相对论粒子的速度 v 联系起来的著名关系式，即

$$\lambda = h / m_0 v \tag{1.5.1}$$

对于给定能量和动量的粒子，相联系的波的频率ν和波长λ之间的关系为

$$E = h\nu = \hbar\omega \tag{1.5.2}$$

$$\boldsymbol{p} = \frac{h}{\lambda}\boldsymbol{n} = \hbar\boldsymbol{k} \tag{1.5.3}$$

式（1.5.2）和式（1.5.3）称为德布罗意公式，或德布罗意关系。在德布罗意公式中，普朗克常量h的重要性再一次表现出来了。当初普朗克把这一常数引进物理学时，是用作能量不连续程度的量度单位，即能量量子化的量度。现在我们看到，所有的微观粒子，不管其静止质量是否为零，都具有波粒二象性，而把反映粒子特征的能量E和动量p同反映波动特征的频率ν和波长λ联系起来的仍然是普朗克常量h。量子化和波粒二象性是量子力学中两个最基本的概念，而在这两个概念中普朗克常量h起着关键性作用。因此，凡是普朗克常量h在其中起重要作用的现象，就必然具有量子力学特征。

不受任何外场作用的粒子称为自由粒子。自由粒子有确定的能量和动量，由德布罗意关系可知与它相应的波的频率ν和波长λ都不变。因此，与自由粒子相联系的波是平面波。确定频率ν和波长λ，沿x轴方向传播的平面波表示为

$$\psi(x,t) = A\cos\left[2\pi\left(\frac{x}{\lambda} - \nu t\right)\right] \tag{1.5.4}$$

如果波沿任意方向（单位矢量为$\boldsymbol{n}$）传播，则

$$\psi(\boldsymbol{r},t) = A\cos\left[2\pi\left(\frac{\boldsymbol{r}\cdot\boldsymbol{n}}{\lambda} - \nu t\right)\right] = A\cos[\boldsymbol{k}\cdot\boldsymbol{r} - \omega t] \tag{1.5.5}$$

式（1.5.5）改写成复数形式

$$\psi(\boldsymbol{r},t) = A\mathrm{e}^{\mathrm{i}(\boldsymbol{k}\cdot\boldsymbol{r} - \omega t)} \tag{1.5.6}$$

把式（1.5.2）代入式（1.5.6），得到了与自由粒子相联系的平面波

$$\psi(\boldsymbol{r},t) = A\mathrm{e}^{\frac{\mathrm{i}}{\hbar}(\boldsymbol{p}\cdot\boldsymbol{r} - Et)} \tag{1.5.7}$$

把这种波称为德布罗意物质波。

微观粒子的德布罗意物质波是用复指数函数描述的波，它的波长与空间坐标无关而仅取决于粒子的动量，它的相位由动量和能量共同确定。所以，德布罗意物质波与经典波在本质上是完全不同的波。德布罗意物质波提出之后，首先被薛定谔（Schrödinger）用于解决氢原子问题并取得了成功。在氢原子中，电子受库仑势场的作用而处于束缚态。德布罗意认为，与这种束缚态相联系的物质波是一个驻波，量子条件是电子形成驻波的条件，玻尔电子轨道周长是驻波波长

的整数倍，越外层的轨道所含的波数越多。图 1.5.1 所示为德布罗意驻波。根据这一观点阐明了氢原子中电子运动轨道的量子化，以及求出轨道角动量量子化条件。

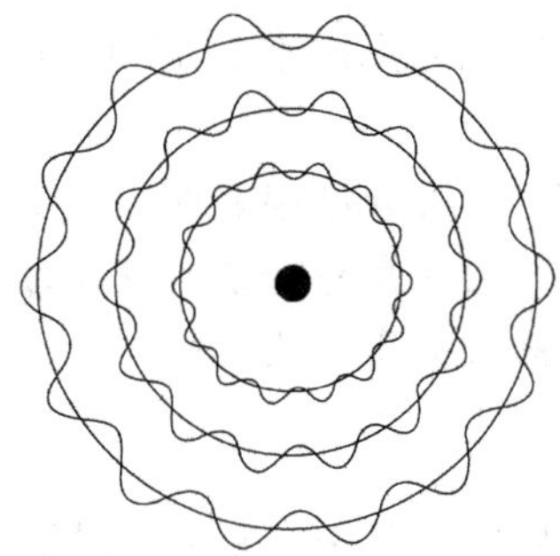
图 1.5.1　德布罗意驻波

驻波条件要求波绕原子核传播一周后首尾应光滑地连接起来，这才能够形成稳定的波，即对应电子的稳定状态，否则叠合的波将因相互干涉而抵消掉。这个条件对电子的运动提出了严格的限制，即电子圆周运动轨道的周长应该为波长的整数倍，即

$$2\pi r = n\lambda, \quad n = 1, 2, 3, \cdots \tag{1.5.8}$$

其中，r 为电子做圆周运动的轨道半径。利用关系 $\lambda = h/p$，即可得到角动量量子化关系

$$L = rp = n\frac{h}{2\pi} = n\hbar \tag{1.5.9}$$

式（1.5.9）就是玻尔提出的量子化条件。这里运用德布罗意物质波的概念自然地得到了氢原子轨道的量子化条件，量子化条件就是微观粒子波粒二象性的表现。

1.5.2　德布罗意物质波的实验证实

德布罗意物质波存在的直接证明是在它被提出三年之后实现的。1927 年戴维孙（Davisson）和革末（Germer）通过电子在镍单晶上的衍射实验证实了电子的波动性（图 1.5.2）。实验中，他们把镍单晶体对称地切去一个角后形成了一个三角形平面，用它作为电子的入射面。让一束电子以预先确定的速度正对着这个入射面射来，而镍单晶体本身以入射电子束为轴转动，这样便可以测量晶面前方任何方向上的电子弹性散射的强度。根据衍射电子束的角度和晶体常数便可以计算出电子的物质波波长，这个波长和用德布罗意关系式（1.5.2）和式（1.5.3）计算出的结果相同，此后德布罗意物质波理论才引起物理学界的普遍注意。

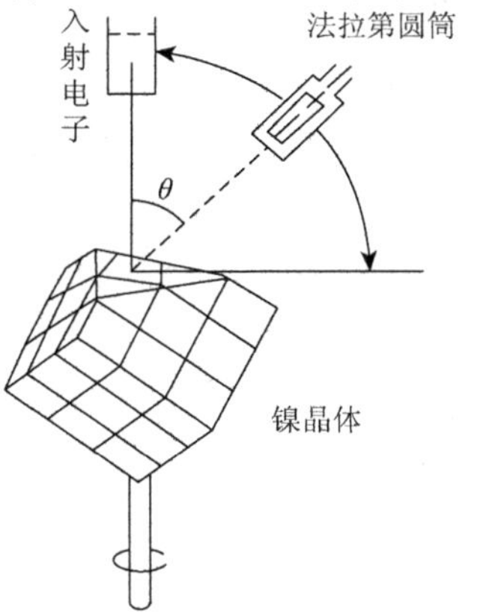

图 1.5.2　戴维孙和革末电子衍射实验

戴维孙和革末的实验中，从电子枪发射能量约为 50eV 的电子束垂直射向镍晶体表面，然后从晶体表面散射到各个不同方向，散射时忽略深入晶体内部的电子，故认为散射发生于晶体表面。晶体表面整齐地排列着大量的原子，晶体表面的原子可以看成线性光栅，因此晶体表面就是许多线性光栅的集合，不同“晶面”

相应的光栅常数不同，在电子垂直入射的情况下，镍单晶表面等效于一个反射型光栅。

实验结果表明，在某些角度上有大量的电子出现，即在这些散射角度上电子的数目具有峰值，这个现象与 X 射线的晶体衍射现象相同。根据衍射理论，衍射最大值由公式

$$n\lambda = d\sin\theta \tag{1.5.10}$$

确定。其中，n 是衍射最大值的序数；λ 是衍射射线的波长；d 是晶体光栅常数。

戴维孙和革末反复做了多次这样的实验，理论和实验的差别在实验允许的误差以内。随着实验精确度的提高，符合程度更好。理论和实验的符合，证实了电子确实具有德布罗意所预测的波动性的一面。同年，J. J. 汤姆孙之子 G. P. 汤姆孙（G. P. Thomson）成功地获得了电子束穿过金属箔所形成的衍射花纹图像（图 1.5.3），也证实了德布罗意关系的正确性。G. P. 汤姆孙和戴维孙因电子散射的研究获得 1937 年的诺贝尔物理学奖。

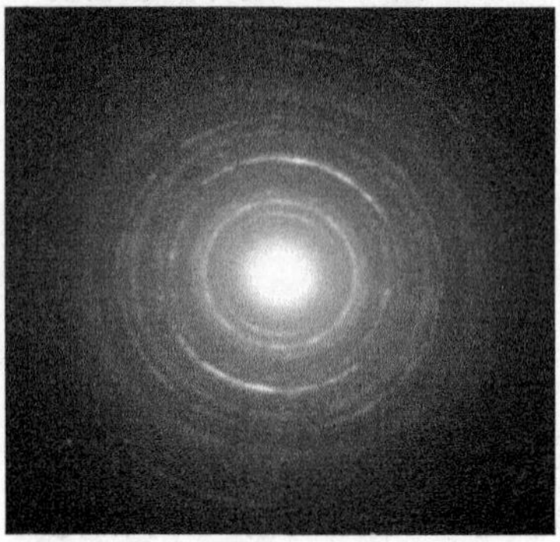

图 1.5.3　电子被晶体衍射图片

电子干涉实验是费曼（Feynman）最早想象的一个理想实验[16]。这一理想实验现在已被电子双缝干涉实验实现，电子双缝干涉实验是电子具有波动性的实验验证。图 1.5.4 是电子双缝干涉示意图，电子枪发出的电子束通过开有狭缝 S 的屏 A 准直，然后再通过开有双狭缝 S_1 和 S_2 的屏 B，用计数器在屏 D 上接收电子。如果电子具有波动性，以 E_1 和 E_2 分别表示穿过狭缝 S_1 和 S_2 到达屏 D 上 P 点的电子波振幅

$$E_1 = E_0\cos\omega t \tag{1.5.11}$$

$$E_2 = E_0\cos\left(\omega t + \frac{2\pi d}{\lambda}\sin\theta\right) \tag{1.5.12}$$

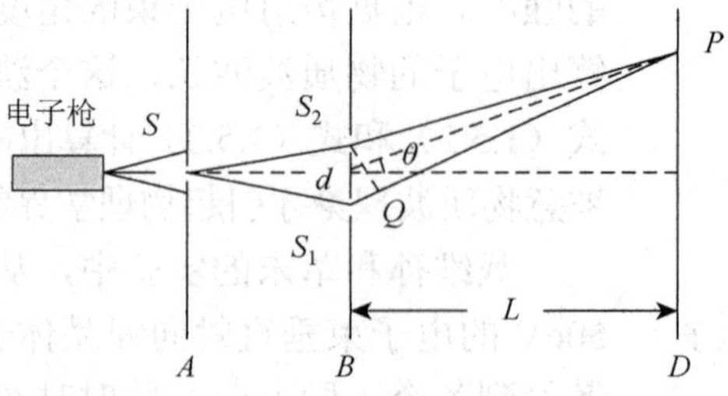

图 1.5.4　电子的双缝干涉示意图

图 1.5.4 中，光程差 $S_2Q = d\sin\theta$，P 点电子波振幅为

$$E = E_1 + E_2 = 2E_0 \cos\left(\frac{\pi d}{\lambda}\sin\theta\right)\cos\left(\omega t + \frac{\pi d}{\lambda}\sin\theta\right) \tag{1.5.13}$$

可得到电子在 P 点的强度

$$I = 4I_0 \cos^2\left(\frac{\pi d}{\lambda}\sin\theta\right) \tag{1.5.14}$$

当

$$\sin\theta = n\frac{\lambda}{d}, \quad n = 0, 1, 2, \cdots \tag{1.5.15}$$

时，电子束强度为极大，其中 λ 由德布罗意关系给出。

此后，人们通过电子束的单缝或双缝衍射现象的观测，对电子的波动性做了更仔细的研究；对质子、中子、原子和分子等微观粒子的波动性也有许多直接的实验观察和研究。在 1994 年人们观察到了范德瓦耳斯（van der Waals）团簇束的干涉现象[17]。

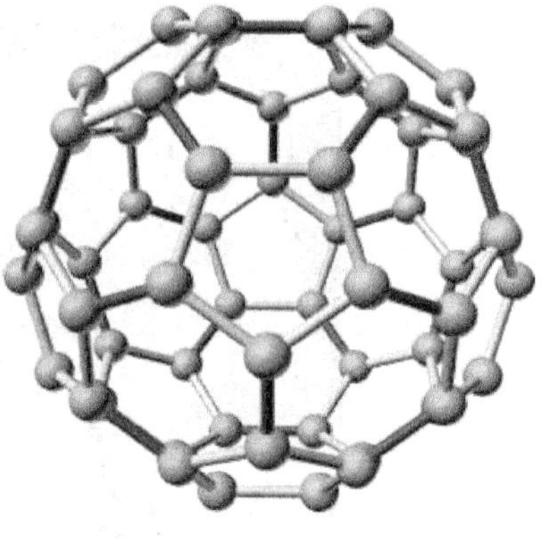

图 1.5.5　C_{60} 分子（图片来源：https://commons.wikimedia.org/wiki/File:Buckminsterfullerene-perspective-3D-balls.png）

1985 年 9 月，得克萨斯州休斯敦赖斯大学的科学家克罗托（Kroto）等在用大功率的激光轰击石墨靶做碳的汽化实验时发现了 C_{60} 的球状分子（图 1.5.5）。C_{60} 分子的质量 $m = 1.96\times10^{-24}$kg，直径 1nm，俗称"足球分子"。1999 年维也纳大学的 Zerilinger 小组成功地观察到了 C_{60} 分子的衍射效应。从高温炉中发射出来纯度为 99.5%的 C_{60} 分子，通过狭缝准直，射向一衍射光栅，在光栅后的探测器中得到了图 1.5.6 所示的 C_{60} 分子的衍射图样[18]。

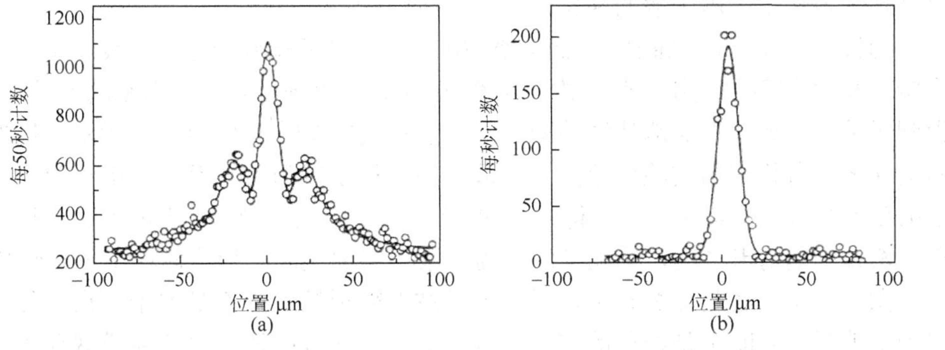

图 1.5.6　C_{60} 分子的干涉图像（实线是用基尔霍夫理论拟合的结果）

（a）设置光栅，光栅常数 100nm，缝宽 50nm，每 50 秒计数的结果；（b）不设置光栅的情况，每秒计数的结果

1993 年，美国 IBM 研究中心的克罗米（Crommie）等，在 4K 温度下用电子束将单层 Fe 原子蒸发到清洁的 Cu（111）表面，然后用扫描隧道显微镜操纵这些 Fe 原子，使它们一个个定位在铜表面上，从而构造出形状各异的闭合图样。由于这些图样像栅栏一样将金属表面态电子包围，所以称其为“量子围栏”。对于处在围栏内部的表面态电子而言，这个由原子排列而成的围栏便成了一个横向势垒，它们被束缚在围栏内，电子波如传播到围栏处，就会因 Fe 原子的强烈散射而被挡回去，从而在栏内形成电子驻波。图 1.5.7 所示是圆形量子围栏内电子驻波的实验结果，这是世界上首次用实验方法形象地显示势阱内电子波的驻波的直观形态，是微观粒子具有波动性的又一有力的实验证据。

图 1.5.7　圆形量子围栏内电子驻波实验
（图片来源：http：//www.nisenet.org/catalog/scientific-image-quantum-corral-top-view）

微观粒子的干涉、衍射与经典波的干涉、衍射在图像上并无差异，但在探测屏上记录到的都是一个一个的粒子，实验结果表明了微观粒子具有波粒二象性，这是量子力学中很难理解的现象。

约翰·惠勒（J. Wheeler）20 世纪 80 年代提出了检验光行为是波还是粒子的实验。2012 年阿尔贝托·佩鲁佐（A. Peruzzo）等改进了约翰·惠勒的实验方案，得到了单光子连续不断地从波的形式向粒子形式转变[19]。图 1.5.8 所示是根据阿尔贝托·佩鲁佐等的实验想象的光由波行为向粒子行为的转变。图中远处为一正弦振荡的光波（光表现为波动特性），近处是粒子形式的光（光表现出粒子特性）。在这两种极端情形之间，单光子的行为连续不断地从波的形式向粒子形式转变。

微观粒子到底是什么？是粒子？还是波？微观粒子既不是粒子，也不是波，更确切地说，它既不是经典的粒子，也不是经典的波；还可以认为微观粒子既是粒子也是波，它是粒子和波动两重性矛盾的统一，但这个波不再是经典概念的波，粒子也不是经典概念中的粒子。波粒二象性是微观粒子的普遍特性，这已成为近代物理学的基本结论。

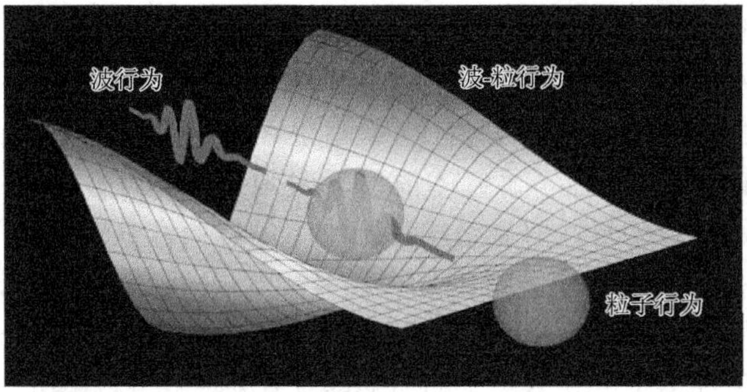

图 1.5.8　单光子连续不断地从波的形式向粒子形式转变
（图片来源：http：//www.cyberphysics.co.uk/topics/atomic/DeBroglie/DeBroglie.htm）

1.6　量子力学的建立及发展

量子力学是众多物理学家在不同地方、从不同角度、按不同思路发展起来的，是集体智慧的结晶；也是这些物理学家在研究微观物理现象的基础上，根据假设通过逻辑推理和数学运算建立的理论。它有两条主要线索：德国物理学家海森伯（Heisenberg）于 1925 年建立的矩阵力学继承了玻尔的对应原理；奥地利物理学家薛定谔于 1926 年建立的波动力学，则是为了说明德布罗意物质波遵循的规律。薛定谔随即论证了矩阵力学和波动力学的等价性。英国物理学家狄拉克（Dirac）用算符形式重新表述了量子力学，因此可以看成是量子力学的发展的第三条线索。海森伯因创立量子力学获得了 1932 年的诺贝尔物理学奖，薛定谔和狄拉克共同分享了 1933 年的诺贝尔物理学奖。

1.6.1　“旧量子理论”的失败

在 20 世纪之物理学新旧交替的阶段，新的实验事实不断被发现，经典物理学在解释新实验事实时出现了困难。围绕解决经典物理学中的困难，普朗克、爱因斯坦、玻尔、索末菲、德布罗意等一大批物理学家对旧量子理论的建立做出了贡献。旧量子理论实质上是由加入了量子化条件［式（1.4.1）］的经典力学定律，德布罗意关系［式（1.5.2）和式（1.5.3）］，违反电动力学定律的无辐射的定态电子轨道假设，以及一系列附加的规则或原理（玻尔的对应原理）组成，这些规则或原理用来处理物理学新实验事实（如原子系统问题和估算原子辐射问题等），取得了一定成功。普朗克首先引入能量子概念获得黑体辐射规律。爱因斯坦发展了普朗克能量子，以光量子假设解释了光电效应，同时获得固体比热容的规律。德布罗意关于实物粒子具有波粒二象性的假设，被戴维孙和革末的电子散射实验所证实。玻尔的量子化条件与定态假设成功解释了氢原子光谱，以及运用这些规则或原理，在 1912 年成功地建立了元素周期表的“理论”，即对自然界存在的 1 至 92 号元素原子的物理和化学性质进行描述。

在旧量子理论取得成就的同时，也暴露出它的不足和问题所在。旧量子理论在处理氦原子和更复杂的原子系统的情形下失效了，而且甚至不能解释氢原子在电场（斯塔克效应）、磁场（塞曼效应）影响下的行为。美国物理学家范 · 弗莱克（van Vleck）和荷兰物理学家克拉默斯（H. Kramers）运用玻尔理论计算得到的氦电子轨道不满足稳定性要求，得到的基态能量比实验值高出了 3.9eV。于是他们认为：“要么量子条件错了，要么电子的运动即使在定态下也不满足力学方程。”[9]多电子原子呈现的困难比简单原子系统更明显，多电子原子复杂的多重谱线不能根据玻尔原子理论来论证。索末菲指出：“至今所作的解决中性氦原子难题的全部尝试，都被证明是不成功的。”[20]他甚至抱怨：“和含有一个以上电子的原子打交道，实在是在受一场大罪。”[9]

面对旧量子理论无法解释的新实验现象，以海森伯、薛定谔为代表的物理学家舍弃了旧量子理论的观念，从根本上颠覆了玻尔理论中电子轨道的旧图像和半经典的方法，建立了量子力学。狄拉克回忆这段历史时说：“在 1925 年前，人们是用玻尔轨道工作的……，它们提供了原子的一幅令人满意的非相对论图像，……，但是在理解两个电子如何相互作用时遇到了巨大的困难，……，这些困难在人们试图解释氦原子光谱时极清晰地表现出来。……，毫无疑问，若不是海森伯和薛定谔的工作，他们将会继续沿着这条路走下去。”[9]

1.6.2　矩阵力学

从 1900 年到 1925 年间，在一大批物理学家的不懈努力下，形成了现代科学中最持久的革命时期。这场革命结束是以海森伯论述量子力学的第一篇论文《关于运动学和动力学关系的量子论解释》开始的。海森伯在论文中指出：尝试为一种量子理论力学建立基础，它只以原则上可观察的那些量之间的关系为出发点。[20]海森伯认为原子光谱线的频率和强度是原子内部发生情况中唯一可观测的数据，经典辐射完全由系统的初状态决定，而量子跃迁则是由初状态和末状态共同决定的，两者之间具有明显的矛盾。要完全解释原子光谱问题，需要一个不同于经典物理学的新理论。这个新理论本质上应该是离散的，以便与原子光谱的实验结果相适应。另外，新理论与经典物理学又应该具有某种统一性，这种统一性表现为对应原理，即在大量子数时状态间的跃迁用经典描述也是有效的。从实验的角度看，并不确切地了解原子内电子运动的状态，所谓定态轨道只是根据经典力学的一个推断，实际测量到的只是原子辐射光谱线的频率，以及偏振和强度。

在这个时期海森伯的工作都基于玻尔的对应原理，他继承了玻尔理论中合理的内容（定态、量子跃迁、频率条件等），摈弃了轨道概念。因为电子轨道的概念没有实验根据，而光谱线的频率和强度是可以直接测量的物理量，应该以这些原则上可测量的物理量作为建立新理论的依据。海森伯在这种思想的指导下，把注意力集中在电子发生能级跃迁时，产生谱线的频率和相对强度上。对于电子从能级 E_m 到 E_n 的跃迁，可以得到跃迁概率 a_{mn} 和发射频率为 ν_{mn} 的光谱线，海森伯经过理论计算，推出跃迁概率 a_{mn} 和频率为 ν_{mn} 分别对应牛顿力学中的所有可观测量（位置和动量）。

海森伯在 1925 年 7 月完成了著名论文《关于运动学和动力学关系的量子论解释》。海森伯把论文交给了玻恩（Born），要玻恩审视其是否有价值。玻恩马上意识到文章中海森伯物理思想的重要。他与数学家约当（Jordan）一起继续进行研究，完善数学计算，很快于 1925 年 9 月发表了《关于量子力学》的研究成果。在这篇文章中，玻恩和约当采用海森伯的方式，把广义坐标 q 和广义动量 p 全部用矩阵加以表示，从量子化条件出发，利用对应原理，得到新力学中的对易关系

$$pq - qp = \frac{h}{\mathrm{i}} I \tag{1.6.1}$$

式中，I 是单位矩阵。

随后，玻恩、约当和海森伯合作，于 1925 年 11 月完成了另一篇著名论文《关于量子力学（Ⅱ）》。论文较全面地阐述了矩阵力学的原理和方法，并把原来一个自由度的体系推广到任意有限个自由度，引入正则变换，建立了定态微扰和含时微扰的理论，从矩阵力学的观点讨论了动量、谱线强度和选择定则等。

1.6.3　波动力学

物质粒子既然具有波动性，为什么在过去实践中将其视为经典粒子而没有出现错误？这是因为在经典物理范围内物质波的波长很短，其波动性显示不出来。那么，时空中的物质波是以什么形式演化的？德布罗意并没有给出答案，也就是说德布罗意对物质波的描述是很不完备的，缺少一个决定存在于时空中的物质波的波动方程。薛定谔清楚德布罗意物质波和粒子的联系，他认为物质波与相速度相联系的是一群“波包”，与群速度相联系的是粒子本身。薛定谔注意到，光学中有几何光学和波动光学两部分，而几何光学是波动光学在一定条件下的近似；另外，力学中的最小作用原理的数学形式同几何光学中的最小光程原理很相似。就力学来说也应该有一种与波动光学相应的波动力学，而经典力学恰好是它的极限情况。按照德布罗意的物质波思想，微观粒子具有波动性。基于这种思想，他利用哈密顿-雅可比微分方程针对氢原子的具体情形，导出了一个与时间无关的 ψ 函

数的本征值方程

$$\nabla^2\psi + \frac{2m}{K^2}\left(E + \frac{e^2}{r}\right)\psi = 0 \tag{1.6.2}$$

氢原子能级作为方程中ψ函数的本征值，自然而然地出现了。

薛定谔把德布罗意物质波理论发展为系统的波动力学。他通过光学和力学的类比，把宏观与微观、波动与粒子运动学的问题全部列入了他的波动力学的范围。他于 1926 年发表了题为“作为本征值问题的量子化”的系列论文，文中一方面应用新方法求解一些实际问题，另一方面也在继续充实和完善波动力学的理论框架。在他论文的最后一篇中讨论了与时间有关的波动方程，即现在所说的薛定谔方程

$$\mathrm{i}\hbar\frac{\partial}{\partial t}\psi = \left[-\frac{\hbar^2}{2m}\nabla^2 + V(\boldsymbol{r})\right]\psi \tag{1.6.3}$$

波动力学以概率幅为核心，以二阶微分方程的形式给出动力学规律，把分立能级的求解视为在一定边界条件下求解微分方程的本征值问题，成功地解释了许多微观现象。

1.6.4 量子力学的发展

矩阵力学和波动力学是量子力学的两种不同的形式，是同一微观领域中出现的两种形式完全不同但同样有效的理论。在 1926 年，薛定谔首先证明这两种理论是等价的，可以通过数学变换由一种理论转换到另一种理论，薛定谔明确表示：“对（波动力学中）位置坐标和动量坐标的每一个函数，都可以以这样的方式与一个矩阵相联系，使得这些矩阵在每一种情形下都满足玻恩和海森伯的形式计算规则，……（波动力学中的）这个微分方程的自然边值问题的求解，完全等价于海森伯的代数问题求解”。[21]因此把矩阵力学和波动力学统称为量子力学，仅适用于粒子速度远小于光速的情况，是非相对论性的。

1925 年泡利（Pauli）引入了不相容原理；1926 年玻恩对波函数做了统计诠释，使得量子力学的思想更加清晰；1928 年狄拉克建立了描写电子的相对论性方程，自然地引入了自旋；1935 年，诺依曼（Neumann）证明了当时量子力学理论的自洽性；1948 年费曼提出了量子力学的路径积分形式，其思想源于 1933 年狄拉克引进量子力学中的作用量和拉格朗日函数，费曼欲使其臻于完善，奠定了这个理论形式的基础[22]。路径积分是将传播函数直接写成经典力学量沿着粒子位形空间中经典路径的积分形式，从而实现由经典力学到量子力学的过渡，求出了传播函数就等于解决了量子力学的全部问题。路径积分的量子化方案与正则量子化方案完全等价，它可以使一些问题大为简化，使量子力学原理的表述更为直观。至此，非相对论量子力学体系架构基本完成。

量子力学给社会带来了无与伦比的变化和进步，它的基本观点和假说至今还没有渗透到大众的意识中，量子力学还被厚厚的神秘面纱紧紧包裹着。但是量子力学经受了近百年的思辨、理论计算和实验实践检验，已被证明是近代科学和技术的基础，是高新技术的源泉，以及社会经济发展的基石。

参考文献

[1] 郭奕玲，沈慧君. 物理学史. 2 版. 北京：清华大学出版社，2005：26-27.

[2] 缪克成. 近代四大物理学家. 上海：华东师范大学出版社，1986：49.

[3] Harris E G. 现代理论物理导论（第 1 卷）. 钱尚武，朱保如，译. 上海：上海科学技术出版社，1984：79.

[4] 汪志诚. 热力学. 统计物理. 3 版. 北京：高等教育出版社，2003：24，55，169.

[5] 冯端，冯少彤. 熵的世界. 2 版. 北京：科学出版社，2016：25-26.

[6] 姚启均. 光学教程. 3 版. 北京：高等教育出版社，2002：95，96.

[7] 李醒民. 开尔文勋爵的“两朵乌云”. 物理，1984，13（11）：699-700.

[8] 片山泰久. 量子力学的世界. 李尧秋，石晶洁，郭喜代，译. 沈阳：辽宁人民出版社，1982：32.

[9] Brown L M，Pais A，Pippard B. 20 世纪物理学（第 1 卷）. 刘寄星，译. 北京：科学出版社，2014：54，132，143，153，154.

[10] Kumar M. 量子理论——爱因斯坦与玻尔关于世界本质的伟大论战. 包新周，伍义生，余瑾，译. 重庆：重庆出版集团，重庆出版社，2012：77.

[11] 库珀. 物理世界（下卷）. 杨基方，译. 北京：海洋出版社，1984：132.

[12] 爱因斯坦，英费尔德. 物理学的进化. 周肇威，译. 长沙：湖南教育出版社，1999：185.

[13] Hall B C. Quantum Theory for Mathematicians. 北京：世界图书出版公司，2016：6.

[14] 玻尔 M. 原子论和自然的描述. 郁韬，译. 北京：商务印书馆，1964：24.

[15] 宋德生. 波动力学和薛定谔. 自然杂志，1987，10（8）：616-624.

[16] Feynman R P，Leighton R B，Sands M. The Feynman Lectures on Physics（Vol. Ⅲ）. New York：Adddison-Wesiey Publishing Company Inc. ，1965：3.

[17] Schollkopf W，Toennies J P. Nondestructive mass selection of small van der Waals clusters. Sciencs，1994，266（25）：1345-1347.

[18] Arndt M，Nairz O，Vos-Andreae J，et al. Wave-particle duality of C_{60} molecules. Nature，1999，401（10）：680-682.

[19] Peruzzo A，Shadbolt P，Brunner N，et al. A quantum delayed-choice experiment. Science，2012，338（2）：634-637.

[20] 派斯 A. 基本粒子物理学史. 关洪，杨建邺，王自华，等，译. 武汉：武汉出版社，2002：269，315.

[21] 狄拉克 P A M. 物理学的方向. 张宜宗，郭应焕，译. 北京：科学出版社，1983：3.

[22] 林仁明. 量子力学的路径积分表述形式. 物理，1983，12（4）：250-256.

第 2 章　薛定谔方程及一维势场问题

量子力学的基本原理有多种表述形式，其中较为直观且容易为大家接受的是波动力学形式。本章在微观粒子波粒二象性的基础上，引入描述微观粒子运动状态的波函数$\psi(\boldsymbol{r},t)$，讨论波函数$\psi(\boldsymbol{r},t)$的性质，建立非相对论量子力学的基本方程——薛定谔方程。随后应用薛定谔方程讨论一维势场问题。微观粒子在一维势场中的运动是量子力学的基本问题，每一种势场模型都有确定的物理意义，不同的势场结构有不同的波函数和相应的能量。

2.1　波函数及其统计解释

2.1.1　波函数的统计解释

人们对实物粒子波动性的认识，经过了激烈的争论并达到最终统一。最初曾有人认为物质波应理解为物质的某种实际结构，即物质波是无限多波长不同的平面波叠加而成的波包，波包的大小即是物质的大小，波包的群速即是物质粒子运动的速度，但这种认识遇到了难以克服的困难。还有人认为物质的波动性是由于大量的物质粒子分布于空间而形成的一种疏密结构，即实物粒子疏密相间分布形成的纵波，这种看法也是不正确的。电子衍射实验证明，实物粒子既是粒子，又是波，是粒子性和波动性的统一。

图 2.1.1 是电子束衍射实验，干涉花样随着电子数的增加而变得越来越明显。实验中，①电子枪发射强电子束，通过双缝后在荧光屏（照相底板）上显示出衍射花样，这些衍射花样不是电子打到荧光屏上弥散形成的，说明了电子具有波动性。②电子枪发射弱电子束（几乎是一个一个的电子）射向荧光屏，这时荧光屏上出现的是一个一个的闪光点［图 2.1.1（a）和（b）]，这表明电子是作为一个完整的粒子到达荧光屏的，这是电子粒子性的表现。③增加荧光屏的弱电子束的曝光时间，衍射花样逐渐显现［图 2.1.1（c）]，长时间地曝光得到了与强电子束相同的衍射花样［图 2.1.1（d）和（e）]。

电子束衍射实验说明，在衍射亮条纹的地方，即波强度（振幅的模方）较大的地方，到达的电子数目较多；而在较暗条纹的地方，即波强度较小的地方，到达的电子数目较少。在弱电子束的情况下，一个电子到达亮条纹处的概率比较大，

图 2.1.1　电子双缝衍射实验（图片来源：https：//commons.wikimedia.org/wiki/File: Double-slit_experiment_results_Tanamura_2.jpg）

而到达比较暗的地方的概率比较小。也就是说单个电子就具有波动性，电子的波动性是许多电子在同一实验中的统计结果，或者是一个电子在许多相同实验中的统计结果。

在电子束衍射实验中，电子作为一个整体落在荧光屏上呈现的闪光，显示电子的粒子性。但是它又没有经典粒子完全确定的轨道，因此不知道电子到底穿过哪个狭缝和怎样到达荧光屏，以及落在荧光屏什么地方，可见微观粒子的粒子性有别于经典的概念。电子衍射花样显示的波动性，反映了电子运动的统计规律。波动性是体现在每一个电子上的，每个电子都以相同的概率分布到达荧光屏，因此电子衍射花样也按这一概率分布再现在荧光屏上。但是，描写微观粒子运动的波函数是不可观测的物理量，微观粒子的波动性也有别于经典的概念。

微观粒子具有波粒二象性，是粒子性和波动性二者的统一。实物的粒子性总是以具有一定能量、质量、电荷等属性的客体出现，并不与“确定轨道”的概念有什么联系；实物粒子的波动性显示的是波的最本质的“相干叠加性”，并不与某种实际的物理量的空间分布联系在一起。为了寻求能够统一描述微观粒子波粒二象性运动状态的方式，德布罗意曾假设用满足德布罗意关系式的具有确定频率 ω、波矢 $\boldsymbol{k}$ 的平面波来描述具有确定能量 E、动量 p 的自由粒子的行为，其平面波的波函数表示为

$$\psi(\boldsymbol{r},t)=A\mathrm{e}^{\mathrm{i}(\boldsymbol{k}\cdot\boldsymbol{r}-\omega t)}=A\mathrm{e}^{\frac{\mathrm{i}}{\hbar}(\boldsymbol{p}\cdot\boldsymbol{r}-Et)} \tag{2.1.1}$$

这是振幅因子未定的平面波。显然此波不是经典的波，波函数表示式中具有反映定域性的参量：能量 E 和动量 p；它也不是经典的粒子，具有非定域性波的描述。自由粒子的能量 E 和动量 p 不随时间改变，相应的平面波函数的频率 ω 和波矢 $\boldsymbol{k}$ 也不随时间改变。若微观粒子受到其他随时间 t、位置 $\boldsymbol{r}$ 变化的势场的作用，其能量 E 和动量 p 不再确定，相应描述微观粒子的德布罗意物质波是较复杂的波，波函数（记为 $\psi(\boldsymbol{r},t)$ ）表示式也是较复杂的函数。用波函数 $\psi(\boldsymbol{r},t)$ 描写微观粒子的行为，是量子力学的基本假设之一。波函数通常是一个复数，要理解这一描述方式的含义，就必须阐明波函数的物理意义，给出波函数与其所描述的微观粒子的关系。

把粒子性与波动性统一起来的是玻恩提出来的概率波。玻恩用薛定谔方程处理散射问题时，为了解释散射粒子的角分布而提出了概率波的概念。他认为："薛定谔量子力学给出了这个（散射）问题的一个很明确的答案，但人们得不到一个因果关系……人们只能回答这样的问题：'碰撞的一个给定结果的可能性有多大？'……这里就引发了整个决定论问题。从我们量子力学的观点，在单次碰撞中因果地确定碰撞结果的量是不存在的，……我本人倾向于这样的观点：在原子世界中，不得不放弃决定论"。[1]玻恩关于概率波的统计解释很快就被大多数物理学家接受。量子力学中的概率波，并不像经典波那样代表什么实在的物理量的波动，只不过是刻画粒子在空间的概率分布的概率波而已。玻恩概率波的观点说明了微观粒子的运动状态不再受经典规律支配，而服从一种区别于经典统计规律的新统计规律。玻恩由于量子力学的基础性工作，特别是他对波函数的统计解释荣获 1954 年的诺贝尔物理学奖。

按照玻恩的统计解释，微观粒子的运动状态用波函数 $\psi(\boldsymbol{r},t)$ 描写，它表示 t 时刻出现在 $\boldsymbol{r}$ 处粒子的概率波幅，而 $|\psi(\boldsymbol{r},t)|^2$ 表示 t 时刻、$\boldsymbol{r}$ 处粒子出现的概率密度，即波函数在空间 $\boldsymbol{r}$ 处的强度和在该点找到粒子的概率成比例。知道了描写微观粒子体系运动状态的波函数后，由波函数振幅绝对值的平方，就可得出微观粒子在空间 $\boldsymbol{r}$ 处出现的概率，由波函数还可以得出微观体系的各种性质。因此，波函数（概率波幅）描写微观粒子体系的运动状态或量子状态（简称状态或态）。量子力学中的波函数（态函数）是定义在复数域上的，波函数 $\psi(\boldsymbol{r},t)$ 描写的状态不与直接观测结果相联系，而 $|\psi(\boldsymbol{r},t)|^2$ 才直接与观测结果相联系。当然，玻恩的统计解释的适用范围还局限于非相对论情况（不考虑粒子的产生和湮灭）。

微观粒子是一个个集中的点粒子，在 t 时刻粒子落在 $\boldsymbol{r}$ 处只是一个偶然事件，也就是说微观粒子没有确切的位置。于是轨道的概念失去意义，因为轨道的概念意味着 t 时刻粒子有确定的位置 $\boldsymbol{r}(t)$，而且位置随 t 连续变化。粒子往往出现在 $|\psi(\boldsymbol{r},t)|^2$ 大的地方，而不会出现在 $|\psi(\boldsymbol{r},t)|^2=0$ 的场所。在这种意义下，可以说粒子的运动结果受到 $|\psi(\boldsymbol{r},t)|^2$ 的支配。而波函数 $\psi(\boldsymbol{r},t)$ 是按照波的方式在时空中运动传播的，波函数一般不是定域的。所以按照玻恩统计诠释，t 时刻粒子有一定的概率出现在 $\boldsymbol{r}$ 处，而不是落在唯一确定的位置。因此，经典力学对无波动性的纯粹粒子的描述是决定论性的；量子力学对于具有波粒二象性的微观客体的描述是统计性的。

波函数是概率幅，对于概率密度来说，重要的是相对概率的分布。

与微观粒子观测结果相联系的 $|\psi(\boldsymbol{r},t)|^2$，只能说明参与的微观粒子总数的多少，而每个粒子在空间各点出现的概率与粒子总数是无关的，纯粹是每个粒子的个体行为。单个粒子的波函数与它周围其他粒子的多少没有关系。如果把波函数

$\psi(\boldsymbol{r},t)$ 在空间各点的振幅扩大一倍，这只是表示参与的粒子总数增加了一倍，并不影响单个粒子在空间各点的概率分布。因此波函数乘以常数后，并不改变在空间各点找到粒子的概率，即不改变波函数所描写的状态。用常数 C 乘以波函数 $\psi(\boldsymbol{r},t)$，波函数 $C\psi(\boldsymbol{r},t)$ 在同一时刻 t 、空间任意位置 $\boldsymbol{r}_1$ 、 $\boldsymbol{r}_2$ 处的相对概率为

$$\left|\frac{C\psi(\boldsymbol{r}_1,t)}{C\psi(\boldsymbol{r}_2,t)}\right|^2=\left|\frac{\psi(\boldsymbol{r}_1,t)}{\psi(\boldsymbol{r}_2,t)}\right|^2 \tag{2.1.2}$$

与 $\psi(\boldsymbol{r},t)$ 所描述的相对概率分布完全相同，系统的物理状态并没有改变，也就是说波函数 $\psi(\boldsymbol{r},t)$ 与 $C\psi(\boldsymbol{r},t)$ 描述的是粒子的同一个状态。而经典波的振幅代表波的能量大小，若经典波的振幅增加 a 倍，相应的波动能量增大到原来的 a^2 倍，波动状态显然改变了，已不再是原来的波动状态。因此，量子力学中的德布罗意物质波是完全不同于经典波的概率波。

2.1.2　波函数的基本性质

根据波函数概率要求，波函数应满足归一、单值、连续、有限等数学条件。

在没有粒子的产生和湮灭的情况下，粒子必然在全空间中某一点出现，粒子在全空间出现的总概率为 1，即

$$\int_{全}|\psi(\boldsymbol{r},t)|^2\,\mathrm{d}\tau=1 \tag{2.1.3}$$

式中，$\mathrm{d}\tau$ 是体积元。式（2.1.3）是波函数的归一化条件，根据归一化条件，波函数 $\psi(\boldsymbol{r},t)$ 应该是模方可积的函数，但一般情况下，任意波函数的模方在全空间的积分并不等于 1，而是一个正实数，即

$$\int_{全}|\psi(\boldsymbol{r},t)|^2\,\mathrm{d}\tau=c>0 \tag{2.1.4}$$

对波函数归一化。令 $\psi'=\dfrac{\mathrm{e}^{\mathrm{i}\delta}}{\sqrt{c}}\psi$，就可得到归一化的波函数 ψ'

$$\int_{全}|\psi'(\boldsymbol{r},t)|^2\,\mathrm{d}\tau=1 \tag{2.1.5}$$

ψ 与 ψ' 之间只差一个常数因子，它们代表同一个概率。上述过程说明了波函数的归一化方法，即把未归一化的波函数 ψ 的模方在全空间积分，必然得到一个实常数 c ，只需要把未归一化的波函数 ψ 写成 ψ'，就得到了归一化的波函数。

由于 $|\mathrm{e}^{\mathrm{i}\delta}|=1$，所以归一化的波函数允许含有任意的常数相位因子 $\mathrm{e}^{\mathrm{i}\delta}$，即波函数的相位因子是不确定的。由此可以看到，波函数 $\psi(\boldsymbol{r},t)$ 包含了比 $|\psi(\boldsymbol{r},t)|^2$ 更丰富的物理内容，这正是用 $\psi(\boldsymbol{r},t)$ 而不用 $|\psi(\boldsymbol{r},t)|^2$ 来描述微观粒子状态的原因。

波函数的统计诠释要求 $|\psi(\boldsymbol{r},t)|$ 应是 $\boldsymbol{r}$ 的单值函数。波函数 $\psi(\boldsymbol{r},t)$ 描述微观粒子随时间 t 在空间 $\boldsymbol{r}$ 的运动变化，由于物理过程是真实存在的，并且物理过程必须连续地发生而不能突变。因此，波函数 $\psi(\boldsymbol{r},t)$ 对于时间 t 和空间 $\boldsymbol{r}$ 来讲必然是连续

函数。波函数的一阶导数和二阶导数，对于时间 t 和空间 $\boldsymbol{r}$ 来讲是否仍然是连续函数，则由微观粒子所处的具体势场决定。若微观粒子所处的势场 $V(\boldsymbol{r},t)$ 是 $\boldsymbol{r}$ 的连续函数，则 $\psi(\boldsymbol{r},t)$ 必为 $\boldsymbol{r}$ 的连续函数。如 $V(\boldsymbol{r},t)$ 不连续或有某种奇异性，则 $\psi(\boldsymbol{r},t)$ 及其各阶导数的连续性需要具体分析。

波函数的有限性要求 $|\psi(\boldsymbol{r},t)|^2$ 取有限值，但 $|\psi(\boldsymbol{r},t)|^2$ 表示概率密度，而物理上只要求在空间任何有限体积中找到粒子的概率为有限值。按照概率诠释，只要满足

$$\int_V |\psi'(\boldsymbol{r},t)|^2 \, \mathrm{d}\tau = \text{有限值} \tag{2.1.6}$$

就是物理上可接受的。

按照波函数的统计诠释，波函数应是连续的、单值的和有界的，这称为波函数的标准条件。也就是说，波函数在空间的分布必须是连续函数，也必须是单值函数。因为波函数表示空间中在某一位置找到粒子的概率幅，粒子在运动过程中的空间概率分布应当是连续的，而在同一位置出现的概率是确定的，因此是单值。而这里的有界性是指波函数平方可积，其积分值表示粒子的概率，又因为粒子定域在有限的空间范围内，所以 $\lim\limits_{r\to\infty}\psi(\boldsymbol{r})\to 0$。

2.1.3　自由粒子的平面波

自由粒子的能量和动量都是常量，其波函数表示为式（2.1.1）的形式，这样的平面波不能按式（2.1.3）或式（2.1.5）归一化，这是因为

$$\int_\infty |\psi_p(\boldsymbol{r},t)|^2 \, \mathrm{d}\tau = \infty \tag{2.1.7}$$

通常归一化为 δ 函数，即要求波函数式（2.1.1）满足

$$\int_\infty \psi_{p'}^*(\boldsymbol{r},t)\psi_p(\boldsymbol{r},t)\mathrm{d}\tau = \delta(\boldsymbol{p}'-\boldsymbol{p}) \tag{2.1.8}$$

将式（2.1.1）代入式（2.1.8）左边，有

$$\begin{aligned}\int_\infty \psi_{p'}^*(\boldsymbol{r},t)\psi_p(\boldsymbol{r},t)\mathrm{d}\tau &= |A|^2\, \mathrm{e}^{\frac{\mathrm{i}}{\hbar}(E_{p'}-E_p)t}\int_\infty \mathrm{e}^{\frac{\mathrm{i}}{\hbar}(\boldsymbol{p}'-\boldsymbol{p})\cdot\boldsymbol{r}}\,\mathrm{d}\tau \\ &= |A|^2\, \mathrm{e}^{\frac{\mathrm{i}}{\hbar}(E_{p'}-E_p)t}(2\pi\hbar)^3\delta(\boldsymbol{p}-\boldsymbol{p}') \\ &= |A|^2\,(2\pi\hbar)^3\delta(\boldsymbol{p}-\boldsymbol{p}')\end{aligned} \tag{2.1.9}$$

式（2.1.9）与式（2.1.8）右边相等，即得到归一化常数 $A=\dfrac{1}{(2\pi\hbar)^{3/2}}$，这样归一化平面波为

$$\psi_p(\boldsymbol{r},t)=\frac{1}{(2\pi\hbar)^{3/2}}\mathrm{e}^{\frac{\mathrm{i}}{\hbar}(\boldsymbol{p}\cdot\boldsymbol{r}-Et)} \tag{2.1.10}$$

任何实际问题中出现的波函数，都不会是严格的平面波，而是某种形式的波

包，它只在空间某有限区域中出现，这是因为粒子总是存在于一定空间范围之中。这种波包可以视为许多平面波的叠加。

2.2　态叠加原理

2.2.1　波函数的叠加

下面以电子的双缝衍射说明态叠加原理。图 2.2.1 是电子双缝衍射实验装置示意图，从电子枪发射的电子经过开有狭缝 S 的屏 A 准直，射向开有双狭缝 S_1 和 S_2 的屏 B，首先打开缝 S_1 关闭缝 S_2，电子通过缝 S_1 到达屏 D 上的状态表示为 $\psi_1(\boldsymbol{r},t)$，屏上的衍射花样由 $|\psi_1(\boldsymbol{r},t)|^2$ 决定。其次，打开缝 S_2 关闭缝 S_1，电子通过缝 S_2 到达屏 D 上的状态表示为 $\psi_2(\boldsymbol{r},t)$，屏上的衍射花样由 $|\psi_2(\boldsymbol{r},t)|^2$ 决定。最后同时打开缝 S_1 和缝 S_2，电子通过双缝到达屏 D 上的状态表示为 $\psi(\boldsymbol{r},t)$，屏上的衍射花样由 $|\psi(\boldsymbol{r},t)|^2$ 决定。

电子双缝衍射到底是 $|\psi|^2=|\psi_1|^2+|\psi_2|^2$，还是 $|\psi|^2=|\psi_1+\psi_2|^2$ 呢？实验结果表明

$$|\psi(\boldsymbol{r},t)|^2=|\psi_1(\boldsymbol{r},t)|^2+|\psi_2(\boldsymbol{r},t)|^2+\psi_1^*(\boldsymbol{r},t)\psi_2(\boldsymbol{r},t)+\psi_1(\boldsymbol{r},t)\psi_2^*(\boldsymbol{r},t) \quad (2.2.1)$$

式中，右边第 3 项和第 4 项表示干涉，衍射花样证实了干涉项的存在。由此可知，$\psi(\boldsymbol{r},t)=\psi_1(\boldsymbol{r},t)+\psi_2(\boldsymbol{r},t)$，即概率幅遵守叠加原理。

电子的干涉是一个电子两个态之间的干涉，而不是两个电子之间的干涉。在电子双缝衍射实验中，“每个电子都是从两个缝同时通过的，电子所处的状态是两条缝状态的相干叠加，即 $|\Psi\rangle=c_1|\text{yes}\rangle+c_2|\text{no}\rangle$，表明每个电子都是自身干涉，若进行‘which way’测量，必向两者之一塌缩，原则上无法分辨就会发生双态间的干涉”。[2]

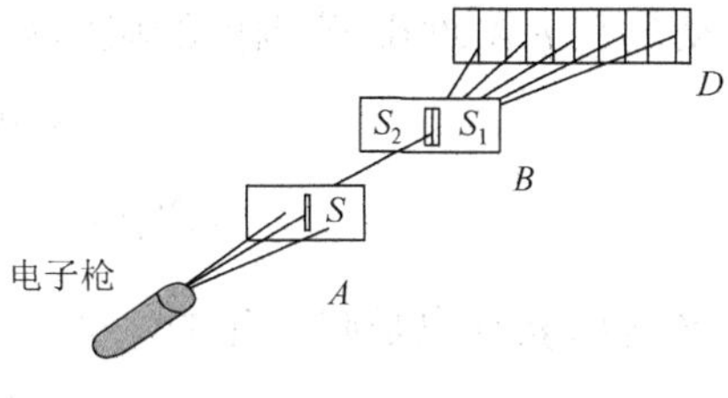

图 2.2.1　电子双缝衍射实验装置

态叠加原理　若 $\psi_i\ (i=1,2,3,\cdots,n)$ 代表一定条件下允许的波函数（量子态），则它们的线性叠加

$$\psi=c_1\psi_1+c_2\psi_2+\cdots+c_n\psi_n=\sum_{i=1}^{n}c_i\psi_i \quad (2.2.2)$$

也是同样条件下允许的波函数（量子态），这里 c_i 为任意复常数。反过来也可以说，如果 ψ 是描写粒子的状态，它也可以看成粒子以一定的比例处于各个可能的状态 ψ_i 中，其相应的概率分别为 $|c_i|^2\ (i=1,\ 2,\ 3,\ \cdots,\ n)$。若 ψ 是归一化的，那么

$$\sum_{i=1}^{n}|c_i|^2=1 \quad (2.2.3)$$

需要注意的是，态叠加原理指的是波函数的线性叠加。因此，由态叠加原理可以得知各力学量的概率分布，即得到ψ态下各力学量的运动图像。波函数的玻恩解释只给出ψ态下的位置概率分布，态叠加原理揭示了ψ比$|\psi|^2$更为丰富的物理内容，最一般地反映了微观粒子的波粒二象性。

态叠加导致在叠加态下观测结果的不确定性。当体系处在ψ_i态时，测量某力学量A所得结果a_i出现的概率为$|C_i|^2$。

由于量子状态ψ依赖于时间，因此，态叠加原理随着时间的演化仍然成立。这就暗含ψ随时间演化的方程一定是**线性方程**。

2.2.2 动量波函数

作为态叠加原理的一个具体应用，考虑在$\psi(\boldsymbol{r},t)$态下动量的概率分布。将$\psi(\boldsymbol{r},t)$表达为具有各种动量的平面波$\psi_p(\boldsymbol{r},t)$的线性组合

$$\psi(\boldsymbol{r},t)=\int_{\infty}C(\boldsymbol{p},t)\psi_p(\boldsymbol{r},t)\mathrm{d}\boldsymbol{p} \tag{2.2.4}$$

其中

$$\psi_p(\boldsymbol{r},t)=\frac{1}{(2\pi\hbar)^{3/2}}\mathrm{e}^{\frac{\mathrm{i}}{\hbar}(\boldsymbol{p}\cdot\boldsymbol{r}-Et)} \tag{2.2.5}$$

是平面波归一化波函数，$\mathrm{d}p=\mathrm{d}p_x\mathrm{d}p_y\mathrm{d}p_z$是动量空间的体积元。在$\psi(\boldsymbol{r},t)$态下粒子动量在$\boldsymbol{p}$附近$\mathrm{d}\boldsymbol{p}$范围内的概率为

$$\mathrm{d}w(\boldsymbol{p},t)=|C(\boldsymbol{p},t)|^2\,\mathrm{d}\boldsymbol{p} \tag{2.2.6}$$

$$|C(\boldsymbol{p},t)|^2=\frac{\mathrm{d}w(\boldsymbol{p},t)}{\mathrm{d}\boldsymbol{p}}=C^*(\boldsymbol{p},t)\cdot C(\boldsymbol{p},t) \tag{2.2.7}$$

这里$C(\boldsymbol{p},t)$也是归一化的，即

$$\int_{\infty}|C(\boldsymbol{p},t)|^2\,\mathrm{d}\boldsymbol{p}=1 \tag{2.2.8}$$

通过数学上的傅里叶变换可求得

$$C(\boldsymbol{p},t)=\frac{1}{(2\pi\hbar)^{3/2}}\int_{\infty}\psi(\boldsymbol{r},t)\mathrm{e}^{-\frac{\mathrm{i}}{\hbar}(\boldsymbol{p}\cdot\boldsymbol{r}-Et)}\mathrm{d}\tau \tag{2.2.9}$$

$C(\boldsymbol{p},t)$是粒子具有确定动量$\boldsymbol{p}$的波函数，$|C(\boldsymbol{p},t)|^2$是在$\psi(\boldsymbol{r},t)$态下具有动量为$\boldsymbol{p}$的粒子的概率密度。因此，在物理上既可以用$\psi(\boldsymbol{r},t)$（坐标$\boldsymbol{r}$为变量）描述体系的运动状态，也可以用$C(\boldsymbol{p},t)$（动量$\boldsymbol{p}$为变量）描述体系的运动状态，它们是同一状态的不同描述形式，互为等效。一般称$\psi(\boldsymbol{r},t)$为体系状态的坐标表象波函数，$C(\boldsymbol{p},t)$为体系状态的动量表象波函数。

综上所述，在量子力学中：①微观体系的运动状态用波函数描述；②波函数满足态叠加原理。

2.3　薛定谔方程

微观粒子在某一时刻 t 的状态用波函数 $\psi(\boldsymbol{r},t)$ 描写，当时间改变时，决定粒子状态变化的方程是什么？1926 年薛定谔找到了德布罗意物质波的波动方程，成功地解决了波函数 $\psi(\boldsymbol{r},t)$ 随时间演化的问题，这个方程就是本节将要学习的薛定谔方程。

薛定谔方程应满足下面两个条件：①方程是**线性的**，即如果 ψ_1 和 ψ_2 是方程的两个解，那么 ψ_1 和 ψ_2 的线性叠加 $a\psi_1+b\psi_2$ 也应该是方程的解。这是因为根据态叠加原理，如果 ψ_1 和 ψ_2 都是粒子的可能状态，那么 $a\psi_1+b\psi_2$ 也应该是粒子可能的状态。②方程的系数不应含有能量 E 和动量 $\boldsymbol{p}$ 等状态参量，因为方程的系数如含有状态参量，则方程只能被粒子部分状态所满足，而不能被各种可能的状态所满足。

2.3.1　薛定谔方程的建立

自由运动粒子的波函数用平面波描述为

$$\psi(\boldsymbol{r},t)=A\mathrm{e}^{\frac{\mathrm{i}}{\hbar}(\boldsymbol{p}\cdot\boldsymbol{r}-Et)} \tag{2.3.1}$$

它是所要建立的自由运动粒子的薛定谔方程的解。首先求 ψ 对 t 的微商

$$\frac{\partial}{\partial t}\psi=-\frac{\mathrm{i}}{\hbar}E\psi \tag{2.3.2}$$

再求 ψ 对坐标的二阶微商

$$\frac{\partial^2}{\partial x^2}\psi=-\frac{1}{\hbar^2}p_x^2\psi,\quad \frac{\partial^2}{\partial y^2}\psi=-\frac{1}{\hbar^2}p_y^2\psi,\quad \frac{\partial^2}{\partial z^2}\psi=-\frac{1}{\hbar^2}p_z^2\psi$$

将以上三式相加，得

$$\left(\frac{\partial^2}{\partial x^2}+\frac{\partial^2}{\partial y^2}+\frac{\partial^2}{\partial z^2}\right)\psi=\nabla^2\psi=-\frac{1}{\hbar^2}(p_x^2+p_y^2+p_z^2)\psi \tag{2.3.3}$$

非相对论性自由粒子的能量和动量满足下面关系

$$E=p^2/2m \tag{2.3.4}$$

式中，m 是粒子的质量。比较式（2.3.2）和式（2.3.3），容易得到

$$\mathrm{i}\hbar\frac{\partial}{\partial t}\psi=-\frac{\hbar^2}{2m}\nabla^2\psi \tag{2.3.5}$$

方程式（2.3.5）表示了自由粒子的波函数随时间演化的规律，称为自由粒子的**薛定谔方程**。

把式（2.3.2）和式（2.3.3）改写为如下形式

$$E\psi=\mathrm{i}\hbar\frac{\partial}{\partial t}\psi \tag{2.3.6}$$

$$(\boldsymbol{p}\cdot\boldsymbol{p})\psi=(-\mathrm{i}\hbar\nabla)\cdot(-\mathrm{i}\hbar\nabla)\psi \tag{2.3.7}$$

其中，∇ 是梯度算符；∇^2 是拉普拉斯（Laplace）算符。在直角坐标系中，它们分别表示为

$$\nabla=\frac{\partial}{\partial x}\boldsymbol{i}+\frac{\partial}{\partial y}\boldsymbol{j}+\frac{\partial}{\partial z}\boldsymbol{k} \tag{2.3.8}$$

$$\nabla^2=\nabla\cdot\nabla=\frac{\partial^2}{\partial x^2}+\frac{\partial^2}{\partial y^2}+\frac{\partial^2}{\partial z^2} \tag{2.3.9}$$

由式（2.3.6）和式（2.3.7）可以看出，粒子能量 E 和动量 $\boldsymbol{p}$ 各与下列作用在波函数上的算符相当

$$E\to\mathrm{i}\hbar\frac{\partial}{\partial t} \tag{2.3.10a}$$

$$\boldsymbol{p}\to-\mathrm{i}\hbar\nabla \tag{2.3.10b}$$

这两个算符依次称为**能量算符**和**动量算符**。若用式（2.3.10a）和式（2.3.10b）替换式（2.3.4）中的能量和动量，则得到了式（2.3.5）。

利用算符代换的对应关系建立粒子在某一势场中运动时波函数所满足的方程。设粒子所在势场的势能为 $V(\boldsymbol{r},t)$，其机械能和动量的关系为

$$E=\frac{p^2}{2m}+V(\boldsymbol{r},t) \tag{2.3.11}$$

用算符式（2.3.10）代换，再作用于波函数上就得

$$\mathrm{i}\hbar\frac{\partial}{\partial t}\psi(\boldsymbol{r},t)=\left[-\frac{\hbar^2}{2m}\nabla^2+V(\boldsymbol{r},t)\right]\psi(\boldsymbol{r},t) \tag{2.3.12}$$

这就是势场 $V(\boldsymbol{r},t)$ 作用下微观粒子的薛定谔方程，它符合前面提及的全部条件。

以上是对单粒子情况的讨论，实际的微观体系往往由大量的微观多粒子组成，因此把式（2.3.12）进一步推广到多粒子体系的情况。设微观体系由 N 个非相对论性粒子组成，各个粒子相应的坐标为 $\boldsymbol{r}_1, \boldsymbol{r}_2, \cdots, \boldsymbol{r}_N$，那么描写多粒子体系的波函数 ψ 是 $\boldsymbol{r}_1, \boldsymbol{r}_2, \cdots, \boldsymbol{r}_N$ 的函数，体系的能量表示为

$$E=\sum_{i=1}^{N}\frac{p_i^2}{2m_i}+V(\boldsymbol{r}_1,\cdots,\boldsymbol{r}_N,t) \tag{2.3.13}$$

式中，m_i 是第 i 个粒子的质量；$\boldsymbol{p}_i$ 是第 i 个粒子的动量；$V(\boldsymbol{r}_1, \boldsymbol{r}_2, \cdots, \boldsymbol{r}_N)$ 是体系的势能，它包括体系在外场中的能量和粒子间的相互作用能量。利用算符代换的对应关系，由式（2.3.10）得到

$$\mathrm{i}\hbar\frac{\partial}{\partial t}\psi(\boldsymbol{r}_1,\cdots,\boldsymbol{r}_N,t)=-\sum_{i=1}^{N}\frac{\hbar^2}{2m_i}\nabla_i^2\psi(\boldsymbol{r}_1,\cdots,\boldsymbol{r}_N,t)+V(\boldsymbol{r}_1,\cdots,\boldsymbol{r}_N,t)\psi(\boldsymbol{r}_1,\cdots,\boldsymbol{r}_N,t) \tag{2.3.14}$$

式（2.3.14）是非相对论性多粒子体系的薛定谔方程。

微观体系的波函数 $\psi(\boldsymbol{r},t)$ 通常是一个复数。在薛定谔方程中，对波函数 $\psi(\boldsymbol{r},t)$ 求空间二阶导数，其相位保持不变。对波函数 $\psi(\boldsymbol{r},t)$ 求时间一阶导数出现了虚数单位 i，由于 $\mathrm{i}=\exp(\mathrm{i}\pi/2)$，正好两者相位保持一致。

薛定谔方程在量子力学中的地位与牛顿方程在经典力学中的地位相当，它是量子力学最基本的方程。但它却是量子力学的一个基本假定，并不能从什么更根本的假定来证明或推导出来，其正确性只能靠实践来检验。

2.3.2　定态薛定谔方程

一般的薛定谔方程中，势 $V(\boldsymbol{r},t)$ 是可以随时间变化的。如果 $V(\boldsymbol{r},t)$ 不随时间变化，这时薛定谔方程为

$$\mathrm{i}\hbar\frac{\partial}{\partial t}\psi(\boldsymbol{r},t)=\left[-\frac{\hbar^2}{2m}\nabla^2+V(\boldsymbol{r})\right]\psi(\boldsymbol{r},t) \tag{2.3.15}$$

这一方程可以用分离变量法求解。设方程特解的形式为

$$\psi(\boldsymbol{r},t)=\phi(\boldsymbol{r})\cdot f(t) \tag{2.3.16}$$

它的一般解是这种解的线性叠加。把式（2.3.16）代入式（2.3.15）中，经过变换有

$$\frac{\mathrm{i}\hbar}{f(t)}\frac{\mathrm{d}f(t)}{\mathrm{d}t}=\frac{1}{\phi(\boldsymbol{r})}\left[-\frac{\hbar^2}{2m}\nabla^2+V(\boldsymbol{r})\right]\phi(\boldsymbol{r}) \tag{2.3.17}$$

由于上式两边宗量不同，左边是 t 的函数，右边是 $\boldsymbol{r}$ 的函数，t 和 $\boldsymbol{r}$ 是相对独立的变量，它们恒相等的条件是等于同一个常量 E。因此，式（2.3.17）分离成下面两个方程

$$\mathrm{i}\hbar\frac{\mathrm{d}f(t)}{\mathrm{d}t}=Ef(t) \tag{2.3.18}$$

$$\left[-\frac{\hbar^2}{2m}\nabla^2+V(\boldsymbol{r})\right]\phi(\boldsymbol{r})=E\phi(\boldsymbol{r}) \tag{2.3.19}$$

解第一个方程直接得到

$$f(t)=C\mathrm{e}^{-\frac{\mathrm{i}}{\hbar}Et} \tag{2.3.20}$$

式中，C 是积分常数。将式（2.3.20）代入式（2.3.16）中，并把积分常数放到 $\phi(\boldsymbol{r})$ 里面去，就得到薛定谔方程式（2.3.15）的特解

$$\psi(\boldsymbol{r},t)=\phi(\boldsymbol{r})\cdot\mathrm{e}^{-\frac{\mathrm{i}}{\hbar}Et} \tag{2.3.21}$$

具有这种形式的波函数称为**定态波函数**，它代表的量子态称为**定态**。它满足的方程式（2.3.19）称为**定态薛定谔方程**。函数 $\phi(\boldsymbol{r})$ 也称为波函数，它由定态方程式（2.3.19）和具体问题中波函数应满足的条件得出。在定态中概率密度 $|\psi(\boldsymbol{r},t)|^2=|\phi(\boldsymbol{r})|^2$ 不随

时间而变化。

在经典物理中，当V不显含t时，体系的总能量称为哈密顿（Hamilton）函数，即

$$E = H = T + V = \frac{p^2}{2m} + V(\boldsymbol{r}) \tag{2.3.22}$$

应用算符代换，可得到哈密顿算符

$$\hat{H} \to -\frac{\hbar^2}{2m}\nabla^2 + V(\boldsymbol{r}) \tag{2.3.23}$$

定态薛定谔方程用哈密顿算符又可表示为

$$\hat{H}\,\phi_n(\boldsymbol{r}) = E_n\,\phi_n(\boldsymbol{r}) \tag{2.3.24}$$

把这种类型的方程称为**本征值方程**，E称为算符$\hat{H}$的本征值，$\phi_n(\boldsymbol{r})$称为属于本征值为E_n的本征函数。当体系处于能量算符本征函数所描写的状态时，粒子的能量有确定的数值，这个数值就是与这个本征函数相对应的能量算符的本征值。

一般而言，定态薛定谔（本征值）方程式（2.3.19）有一系列（无穷多个）本征值，用E_n表示体系能量算符的第n个本征值，$\phi_n(\boldsymbol{r})$是与E_n相应的本征函数，则体系的第n个定态波函数为

$$\psi_n(\boldsymbol{r},t) = \phi_n(\boldsymbol{r})\cdot \mathrm{e}^{-\frac{\mathrm{i}}{\hbar}E_n t} \tag{2.3.25}$$

它是含时束缚态。薛定谔方程式（2.3.15）是线性的，服从叠加原理，因此其一般解写为这些定态特解的线性叠加

$$\psi(\boldsymbol{r},t) = \sum_n c_n\phi_n(\boldsymbol{r})\cdot \mathrm{e}^{-\frac{\mathrm{i}}{\hbar}E_n t} \tag{2.3.26}$$

式中，系数c_n是复常数。给式（2.3.26）两边同乘$\phi_n(\boldsymbol{r})^*$并积分得到

$$c_n = \int \phi_n^*(\boldsymbol{r})\psi(\boldsymbol{r},0)\mathrm{d}\tau \tag{2.3.27}$$

其中，$\psi(\boldsymbol{r},0)$是体系初始时刻的波函数；体系的时间变化因子为$\mathrm{e}^{-\frac{\mathrm{i}}{\hbar}E_n t}$。由式（2.3.27）求出$c_n$代入式（2.3.26）可以得到量子体系任意时刻的波函数，即薛定谔方程的一般解。可见，可以将薛定谔方程的求解归结为哈密顿算符的本征值问题。

对于实际问题，首先求哈密顿算符的本征值方程式（2.3.24），得到本征值E_n和本征函数$\phi_n(\boldsymbol{r})$，再把$\phi_n(\boldsymbol{r})^*$和初始波函数$\psi(\boldsymbol{r},0)$代入式（2.3.27）中，求出展开式的系数c_n，最后将c_n、E_n和$\phi_n(\boldsymbol{r})$代入式（2.3.26）中，即得到薛定谔方程的一般解。

薛定谔方程给出了描述微观世界的全新物理图像。薛定谔认为这一全新物理图像是经典的、直觉的，这一图像意味着连续性、因果性和决定论。玻恩不同意

薛定谔的观点，他认为薛定谔方程描绘的全新物理图像，是客观存在的超现实主义的图像，这幅图像具有间断性、非因果性和可能性，也就是对薛定谔方程中波函数 ψ 的概率解释。

1926 年夏天，有人针对薛定谔方程写了一首风趣小诗，对薛定谔及其同事所面临的情况做出了总结[3]：

埃尔温用他的 ψ 计算起来真灵通，
但 ψ 真正代表什么，没人能够说清楚。

2.4　粒子流密度与粒子数守恒

薛定谔方程描述了微观粒子的波函数在时空中的变化。根据统计解释，波函数可以给出微观粒子出现的概率。那么概率是怎样随时间、空间变化的呢？

根据波函数的统计解释，t 时刻在空间 $\boldsymbol{r}$ 处找到粒子的概率密度为

$$\rho(\boldsymbol{r},t)=\psi^*(\boldsymbol{r},t)\psi(\boldsymbol{r},t) \tag{2.4.1}$$

它随时间的变化为

$$\frac{\partial}{\partial t}\rho(\boldsymbol{r},t)=\left[\frac{\partial}{\partial t}\psi^*(\boldsymbol{r},t)\right]\psi(\boldsymbol{r},t)+\psi^*(\boldsymbol{r},t)\frac{\partial}{\partial t}\psi(\boldsymbol{r},t) \tag{2.4.2}$$

由薛定谔方程

$$\begin{cases}\dfrac{\partial}{\partial t}\psi(\boldsymbol{r},t)=\dfrac{\mathrm{i}\hbar}{2m}\nabla^2\psi(\boldsymbol{r},t)+\dfrac{1}{\mathrm{i}\hbar}V\psi(\boldsymbol{r},t)\\ \dfrac{\partial}{\partial t}\psi^*(\boldsymbol{r},t)=-\dfrac{\mathrm{i}\hbar}{2m}\nabla^2\psi^*(\boldsymbol{r},t)-\dfrac{1}{\mathrm{i}\hbar}\psi^*(\boldsymbol{r},t)V^*\end{cases} \tag{2.4.3}$$

把以上两式代入式（2.4.2）中得

$$\frac{\partial}{\partial t}\rho(\boldsymbol{r},t)=-\nabla\cdot\boldsymbol{J}+\frac{1}{\mathrm{i}\hbar}(V-V^*) \tag{2.4.4}$$

这里

$$\boldsymbol{J}=-\frac{\mathrm{i}\hbar}{2m}(\psi^*\nabla\psi-\psi\nabla\psi^*) \tag{2.4.5}$$

$\boldsymbol{J}$ 是粒子的概率流密度矢量。一般情况下，势能 V 都是实的，即 $V=V^*$，故式（2.4.4）可写为

$$\frac{\partial}{\partial t}\rho+\nabla\cdot\boldsymbol{J}=0 \tag{2.4.6}$$

这是概率守恒定律的微分形式，是波函数统计诠释和薛定谔方程的推论。这个定律表明：在非相对论量子力学中，粒子既不能产生，也不会湮灭，体系的总粒子

数不变。

为了说明上式的物理意义，将上式对空间任意一个体积为 v 的闭区域积分

$$\int_v \frac{\partial}{\partial t}\rho \mathrm{d}\tau = \frac{\mathrm{d}}{\mathrm{d}t}\int_v \rho \mathrm{d}\tau = -\int_v \nabla\cdot \boldsymbol{J}\mathrm{d}\tau \tag{2.4.7}$$

应用矢量分析的高斯公式

$$\int \nabla\cdot \boldsymbol{R}\mathrm{d}V = \int \boldsymbol{R}\cdot \mathrm{d}\boldsymbol{S} \tag{2.4.8}$$

式（2.4.7）右边的体积分变为面积分，得

$$\int_v \frac{\partial}{\partial t}\rho \mathrm{d}\tau = -\oint_s \boldsymbol{J}\cdot \mathrm{d}s \tag{2.4.9}$$

面积分是对包围体积 v 的封闭面 s 进行的。式（2.4.9）说明单位时间内体积 v 中增加的概率，等于从体积 v 向外穿过体积 v 的边界面 s 流进 v 内的概率。考虑粒子的边界在无限远，那么对空间积分拓展到全空间，按照波函数有界性的要求，波函数在无限远处的数值必为零，即在边界处，粒子流密度 $\boldsymbol{J}=0$，于是式（2.4.9）右边的面积分显然为零，所以

$$\frac{\mathrm{d}}{\mathrm{d}t}\int_{v\to\infty} \rho \mathrm{d}\tau = \frac{\mathrm{d}}{\mathrm{d}t}\int_{v\to\infty} \psi^*\psi \mathrm{d}\tau = 0 \tag{2.4.10}$$

即在整个空间找到粒子的概率与时间无关，实际上就是全空间找到粒子的总概率等于 1（归一化条件），表示粒子既不会产生，也不会湮灭。

粒子质量 m 乘以 $\rho(\boldsymbol{r},t)$ 和 $\boldsymbol{J}$，则粒子的质量密度和质量流密度分别为

$$\rho_m(\boldsymbol{r},t) = m\rho_m(\boldsymbol{r},t) = m\,|\psi(\boldsymbol{r},t)|^2 \tag{2.4.11}$$

$$\boldsymbol{J}_m = m\boldsymbol{J} = \frac{\mathrm{i}\hbar}{2}(\psi\nabla\psi^* - \psi^*\nabla\psi) \tag{2.4.12}$$

质量守恒定律为

$$\frac{\partial}{\partial t}\rho_m(\boldsymbol{r},t) + \nabla\cdot \boldsymbol{J}_m = 0 \tag{2.4.13}$$

粒子电荷量 q 乘以 $\rho(\boldsymbol{r},t)$ 和 $\boldsymbol{J}$，则粒子的电荷密度和电流密度分别为

$$\rho_q(\boldsymbol{r},t) = q\rho_q(\boldsymbol{r},t) = q\,|\psi(\boldsymbol{r},t)|^2 \tag{2.4.14}$$

$$\boldsymbol{J}_q = q\boldsymbol{J} = \frac{\mathrm{i}\hbar}{2m}q(\psi\nabla\psi^* - \psi^*\nabla\psi) \tag{2.4.15}$$

电荷守恒定律为

$$\frac{\partial}{\partial t}\rho_q(\boldsymbol{r},t) + \nabla\cdot \boldsymbol{J}_q = 0 \tag{2.4.16}$$

2.5　一维束缚态的性质

设质量为 m 的粒子沿 x 轴运动，势能为 $V(x)$，粒子的定态薛定谔方程为

$$-\frac{\hbar^2}{2m}\frac{d^2}{dx^2}\psi(x)+V(x)\psi(x)=E\psi(x) \tag{2.5.1}$$

在量子力学中，如不做特别说明，都假定势能 $V(x)$ 取实数，即 $V(x)=V^*(x)$。解这个微分方程，就得到能量本征值 E 和本征函数 $\psi(x)$。

2.5.1　几个概念

束缚态　如果粒子只在有限范围内运动，则此状态称为束缚态，用数学表示，即束缚态波函数满足的条件

$$\psi(x)\xrightarrow{|x|\to\infty}0 \tag{2.5.2}$$

这个条件也称为波函数的自然边界条件。

简并　属于定态薛定谔方程式（2.5.1）的一个本征值（能级）E_n 的本征函数 $\psi_n(x)$ 只有一个，则本征值（能级）E_n 是不简并的，本征值（能级）和波函数一一对应；属于定态薛定谔方程式（2.5.1）的一个本征值（能级）E_n 的线性独立的本征函数 $\psi_{ni}(x)$（$i=1, 2, 3, \cdots, f$）是 f 个，则本征值（能级）E_n 是简并的，能级和波函数一多对应。线性独立的本征函数的个数 f 称为 E_n 的简并度。图 2.5.1 所示是简并与不简并的示意。

宇称　把函数 $\psi(x)$ 的坐标宗量改变符号（$x\to -x$）的运算称为空间反演，用算符 $\hat{P}$ 表示这种运算，即

$$\hat{P}\psi(x,t)=\psi(-x,t) \tag{2.5.3}$$

$\hat{P}$ 作用后的函数 $\psi(-x,t)$ 仍描写同一个状态，称 $\hat{P}$ 为宇称算符。此时

$$\hat{P}^2\psi(x,t)=\hat{P}\psi(-x,t)=\psi(x,t)$$

其中，$\hat{P}^2$ 的本征值是 1，因而 $\hat{P}$ 的本征值 $p=\pm 1$。

对于空间反演，若 $p=1$，满足

$$\hat{P}\psi(x,t)=\psi(-x,t)=\psi(x,t) \tag{2.5.4}$$

的态，称为**偶宇称态**；若 $p=-1$，满足

$$\hat{P}\psi(x,t)=\psi(-x,t)=-\psi(x,t) \tag{2.5.5}$$

的态，称为**奇宇称态**。

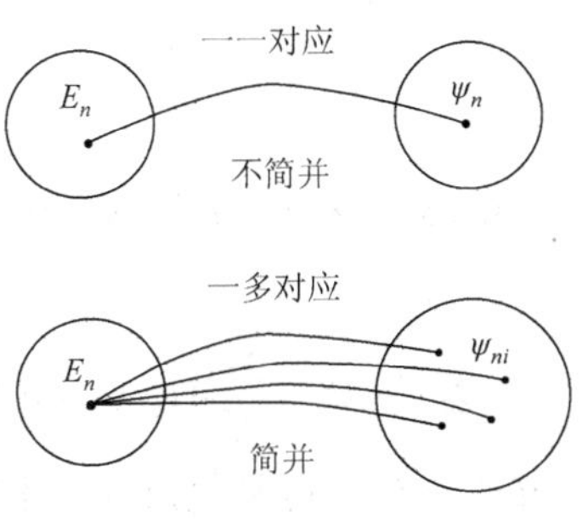

图 2.5.1　简并与不简并

2.5.2　一维定态波函数 $\psi(x)$ 与 $E-V(x)$ 的关系

一维定态薛定谔方程式（2.5.1）重新写为以下形式[4]

$$\psi''(x)=\frac{2m}{\hbar^2}[V(x)-E]\psi(x) \tag{2.5.6}$$

（1）当 $E>V(x)$ 时（经典物理允许的情况），$\psi''(x)$ 与 $\psi(x)$ 反号。

①若$\psi(x)>0$，则$\psi''(x)<0$，$\psi(x)$-x曲线的斜率变化为负，曲线向下弯；

②若$\psi(x)<0$，则$\psi''(x)>0$，$\psi(x)$-x曲线的斜率变化为正，曲线向上弯；

③若$\psi(x_0)=0$，则$\psi''(x_0)=0$，$\psi(x)$-x曲线有节点x_0，即拐点，在点x_0左右的$\psi''(x)$变号，如图 2.5.2 所示。

若令$k^2=\frac{2m}{\hbar^2}[E-V(x)]$，则$\psi(x)\sim e^{\pm ikx}$为振荡解，它处处单值、连续、有界，是物理上可接受的解。

（2）当$E<V(x)$时（经典物理不允许的情况），$\psi''(x)$与$\psi(x)$同号。

①若$\psi(x)>0$，则$\psi''(x)>0$，$\psi(x)$-x曲线的斜率变化为正，曲线向上弯；

②若$\psi(x)<0$，则$\psi''(x)<0$，$\psi(x)$-x曲线的斜率变化为负，曲线向下弯；

③若$\psi(x_0)=0$，则$\psi''(x_0)=0$，$\psi(x)$-x曲线有节点x_0，即拐点，如图 2.5.3 所示。

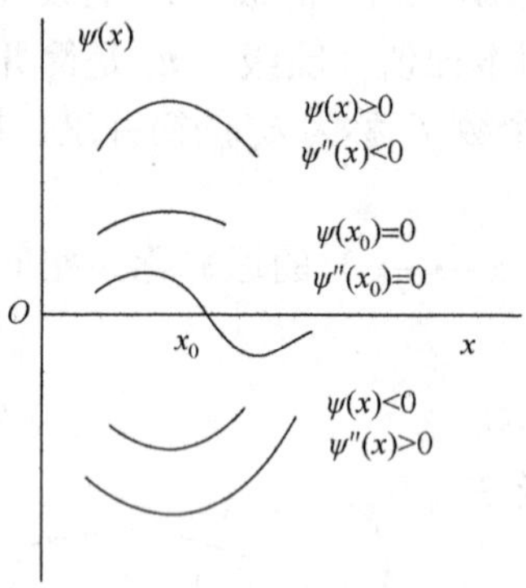

图 2.5.2　$E>V(x)$时，$\psi''(x)$与$\psi(x)$的关系

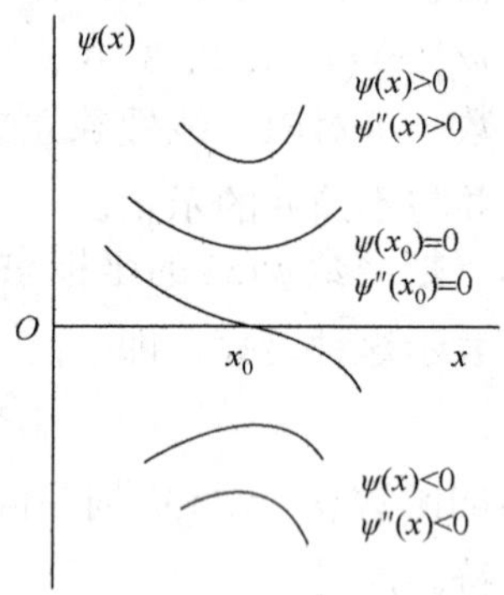

图 2.5.3　$E<V(x)$时，$\psi''(x)$与$\psi(x)$的关系

若令$k^2=\frac{2m}{\hbar^2}[V(x)-E]$，则$\psi(x)\sim e^{\pm kx}$为指数解，当拐点$x_0\to\pm\infty$时，$\psi(x)\to 0$，这是物理上可接受的解，即指数衰减速解。

满足一维定态薛定谔方程式（2.5.1）的解有两类：其一是束缚解，$\psi(x)\xrightarrow{x\to\pm\infty}0$，$|\psi(x)|^2\xrightarrow{x\to\pm\infty}0$，即波函数平方可积，粒子限制在有限空间；其二是自由态解。

2.5.3　一维定态问题

定理 1　一维问题中，所有离散谱能级均无简并。

证明　用反证法，设ψ_1和ψ_2是属于同一能级E的两个不同的本征函数，它们满足的薛定谔方程为

$$\frac{\mathrm{d}^2\psi_1}{\mathrm{d}x^2}+\frac{2m}{\hbar^2}(E-V)\psi_1=0 \tag{2.5.7a}$$

$$\frac{\mathrm{d}^2\psi_2}{\mathrm{d}x^2}+\frac{2m}{\hbar^2}(E-V)\psi_2=0 \tag{2.5.7b}$$

以ψ_2乘式（2.5.7a），以ψ_1乘式（2.5.7b），然后两式相减，得到

$$\frac{\mathrm{d}^2\psi_1}{\mathrm{d}x^2}\psi_2-\frac{\mathrm{d}^2\psi_2}{\mathrm{d}x^2}\psi_1=\frac{\mathrm{d}}{\mathrm{d}x}\left(\frac{\mathrm{d}\psi_1}{\mathrm{d}x}\psi_2-\frac{\mathrm{d}\psi_2}{\mathrm{d}x}\psi_1\right)=0 \tag{2.5.8}$$

对式（2.5.8）积分，得

$$\frac{\mathrm{d}\psi_1}{\mathrm{d}x}\psi_2-\frac{\mathrm{d}\psi_2}{\mathrm{d}x}\psi_1=A \tag{2.5.9}$$

上式左边对任意x均成立，当$x\to\infty$时，$\psi_1=\psi_2=0$，因此积分常数$A=0$。用$\psi_1\psi_2$同除以式（2.5.9）两边，得

$$\frac{\dfrac{\mathrm{d}\psi_1}{\mathrm{d}x}\psi_2-\dfrac{\mathrm{d}\psi_2}{\mathrm{d}x}\psi_1}{\psi_1\psi_2}=0$$

即

$$\frac{\mathrm{d}}{\mathrm{d}x}\left[\ln\left(\frac{\psi_1}{\psi_2}\right)\right]=0 \tag{2.5.10}$$

再次积分得

$$\ln\left(\frac{\psi_1}{\psi_2}\right)=C',\quad \psi_1=C\psi_2 \tag{2.5.11}$$

式中，C和C'是积分常数。由于波函数允许相差一个常数因子，则ψ_1和ψ_2是描写同一个量子态的相同本征函数，结论和假设矛盾。因此，所有离散谱能级均无简并。定理得证。

定理 2　设ψ是定态薛定谔方程的属于能量本征值E的一个解，ψ^*也是定态薛定谔方程的属于能量本征值E的一个解。对应于能量本征值E，总可以找到定态薛定谔方程的一组实解，凡是属于能量本征值E的任何解，均可以表示成这一组实解的线性叠加。

证明　定态薛定谔方程写为

$$-\frac{\hbar^2}{2m}\frac{\mathrm{d}^2}{\mathrm{d}x^2}\psi(x)+V(x)\psi(x)=E\psi(x) \tag{2.5.12}$$

两边取复共轭，有

$$-\frac{\hbar^2}{2m}\frac{\mathrm{d}^2}{\mathrm{d}x^2}\psi^*(x)+V(x)\psi^*(x)=E\psi^*(x) \tag{2.5.13}$$

可见ψ^*是定态薛定谔方程的解，对应的能量本征值是E。

（1）能级 E 不简并的情况。ψ 和 ψ^* 是描述同一个量子态的波函数，ψ 和 ψ^* 只能相差一个常数，因此

$$\psi^* = C\psi \tag{2.5.14}$$

两边取复共轭，并把式（2.5.14）代入其中，得

$$\psi = C^*\psi^* = |C|^2\psi \tag{2.5.15}$$

有 $|C|^2=1$，取 $C=1$，有 $\psi=\psi^*$，ψ 是实函数，即定态薛定谔方程的解取实解。

（2）能级 E 简并的情况。如果 ψ 是实解，则将其归入实解集合；如果 ψ 是复解，则它也是定态薛定谔方程的一个解。根据线性微分方程解的叠加性，下列 ψ 和 ψ^* 的组合

$$\varphi = \psi + \psi^*，\ \chi = -\mathrm{i}(\psi - \psi^*)$$

也是定态薛定谔方程式（2.5.12）属于同一能量本征值 E 的解，并且彼此独立。由于 φ 和 χ 都是实解，而 ψ 和 ψ^* 可以表示为 φ 和 χ 的线性叠加，则

$$\psi = \frac{1}{2}(\varphi + \mathrm{i}\chi)，\quad \psi^* = \frac{1}{2}(\varphi - \mathrm{i}\chi)$$

可见，无论简并与否，总可以找到定态薛定谔方程的一组实数解，凡属于能量本征值 E 的任何解，均可表示成实解的线性叠加。定理得证。

定理 3　如果系统的势能 $V(x)$ 是对称的，即 $V(x)=V(-x)$，若 $\psi(x)$ 是定态薛定谔方程的对应于能量本征值 E 的解，则 $\psi(-x)$ 也是定态薛定谔方程的对应于能量 E 的解。如果定态薛定谔方程的解无简并，则解必定有确定的宇称。

证明　写出定态薛定谔方程

$$-\frac{\hbar^2}{2m}\frac{\mathrm{d}^2}{\mathrm{d}x^2}\psi(x) + V(x)\psi(x) = E\psi(x) \tag{2.5.16a}$$

当 $x \to -x$ 时，$\dfrac{\mathrm{d}^2}{\mathrm{d}x^2} \to \dfrac{\mathrm{d}^2}{\mathrm{d}(-x)^2} = \dfrac{\mathrm{d}^2}{\mathrm{d}x^2}$，由于 $V(x)=V(-x)$，式（2.5.16a）又可写为

$$-\frac{\hbar^2}{2m}\frac{\mathrm{d}^2}{\mathrm{d}x^2}\psi(-x) + V(x)\psi(-x) = E\psi(-x) \tag{2.5.16b}$$

可见，$\psi(-x)$ 也是满足定态薛定谔方程属于能量本征值 E 的解。

对方程式（2.5.16a）进行空间反演后，得到

$$\frac{\mathrm{d}^2}{\mathrm{d}x^2}\psi(-x) + \frac{2m}{\hbar^2}[E - V(-x)]\psi(-x) = 0 \tag{2.5.17a}$$

由于势能对称，式（2.5.17a）又可写为

$$\frac{\mathrm{d}^2}{\mathrm{d}x^2}\psi(-x) + \frac{2m}{\hbar^2}[E - V(x)]\psi(-x) = 0 \tag{2.5.17b}$$

说明 $\psi(x)$ 和 $\psi(-x)$ 是属于同一能量的满足薛定谔方程的波函数。由于一维束缚态无简并，$\psi(x)$ 和 $\psi(-x)$ 是描写同一个量子态的波函数，这两个波函数必定线性相

关，因此

$$\hat{P}\psi(x,t)=p\psi(x,t) \tag{2.5.18}$$

因而

$$\hat{P}^2\psi(x,t)=p\hat{P}\psi(x,t)=p^2\psi(x,t)$$

由于 $p^2=1$，故 $p=\pm1$。对于 $p=1$，有

$$\hat{P}\psi(x,t)=\psi(-x,t)=\psi(x,t) \tag{2.5.19}$$

称为偶宇称解。对于 $p=-1$，有

$$\hat{P}\psi(x,t)=\psi(-x,t)=-\psi(x,t) \tag{2.5.20}$$

称为奇宇称解。因此，对称势中束缚态必具有确定的宇称，定理得证。

定理 4　如果系统势能 $V(x)=V(-x)$，对应于任何一个能量本征值 E，总可以找到定态薛定谔方程的一组解（每个解都有确定的宇称），而属于能量本征值 E 的任何解，都可以用它们来展开。

证明　设 $\psi(x)$ 是定态薛定谔方程的一个解，按照定理 3，$\psi(-x)$ 也是定态薛定谔方程同属于能量本征值 E 的一个解，如果 $\psi(x)$ 和 $\psi(-x)$ 没有确定的宇称，构造如下函数

$$f(x)=\psi(x)+\psi(-x) \tag{2.5.21}$$

$$g(x)=\psi(x)-\psi(-x) \tag{2.5.22}$$

$f(x)$、$g(x)$ 均为定态薛定谔方程的解（同属于本征值 E），且具有确定的宇称 $\left(f(-x)=f(x),\ g(-x)=-g(x)\right)$，而 $\psi(x)$ 和 $\psi(-x)$ 可以表示为 $f(x)$ 与 $g(x)$ 的线性叠加

$$\psi(x)=\frac{1}{2}[f(x)+g(x)] \tag{2.5.23}$$

$$\psi(-x)=\frac{1}{2}[f(x)-g(x)] \tag{2.5.24}$$

定理得证。

定理 5　对于阶梯形方势

$$V(x)=\begin{cases}V_1, & x<a\\ V_2, & x>a\end{cases} \tag{2.5.25}$$

若 $|V_2-V_1|$ 有限，则能量本征函数 $\psi(x)$ 的导数 $\psi'(x)$ 必定是连续的；若 $|V_2-V_1|\to\infty$（即无穷大突变），则 $\psi'(x)$ 不一定连续。

证明　定态薛定谔方程为

$$\frac{\mathrm{d}^2}{\mathrm{d}x^2}\psi(x)=-\frac{2m}{\hbar^2}[E-V(x)]\psi(x) \tag{2.5.26}$$

在 $V(x)$ 连续的区域，$\psi(x)$ 与 $\psi'(x)$ 显然是连续的。在 $x=a$ 处，$V(x)$ 发生阶跃，$V(x)\psi(x)$ 也发生阶跃，但变化有限。在 $x=a$ 的邻域内对式（2.5.26）积分

$\lim\limits_{\varepsilon\to0^+}\int_{a-\varepsilon}^{a+\varepsilon}\mathrm{d}x$，得

$$\psi'(a+0^+)-\psi'(a-0^+)=-\frac{2m}{\hbar^2}\lim_{\varepsilon\to0^+}\int_{a-\varepsilon}^{a+\varepsilon}\mathrm{d}x[E-V(x)]\psi(x) \tag{2.5.27}$$

由于$[E-V(x)]\psi(x)$是有限的，当$\varepsilon\to0^+$时，式（2.5.27）右边积分为0。因此

$$\psi'(a+0^+)=\psi'(a-0^+) \tag{2.5.28}$$

即$\psi'(x)$在$V(x)$的阶跃点$x=a$处是连续的，因而$\psi(x)$也是连续的。

当$|V_2-V_1|\to\infty$时，该式的右边无法确定。定理得证。

2.6　一维势阱模型

2.6.1　一维无限深势阱

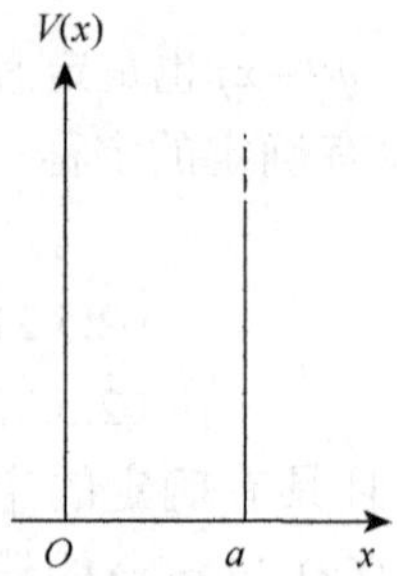

图 2.6.1　一维无限深势阱

考虑质量为 m 的粒子在一维空间中运动，它的势能在区域 $0<x<a$ 内为 0，在此区域外（$x<0$，$x>a$）为无限大（图 2.6.1），势函数表示为

$$V(x)=\begin{cases}0, & 0\leqslant x\leqslant a\\ \infty, & x<0\text{ , }x>a\end{cases} \tag{2.6.1}$$

a 为阱宽，这种势称为一维无限深势阱，它是最简单的模型。

在阱内粒子的薛定谔方程为

$$-\frac{\hbar^2}{2m}\frac{\mathrm{d}^2\psi_1(x)}{\mathrm{d}x^2}=E\psi_1(x),\quad 0\leqslant x\leqslant a \tag{2.6.2}$$

阱外粒子的薛定谔方程为

$$-\frac{\hbar^2}{2m}\frac{\mathrm{d}^2\psi_2(x)}{\mathrm{d}x^2}+\infty\cdot\psi_2(x)=E\psi_2(x),\quad x<0\text{ , }x>a \tag{2.6.3}$$

由波函数的连续性条件决定的边界条件为

$$\psi_1(0)=\psi_2(0),\quad \psi_1(a)=\psi_2(a) \tag{2.6.4}$$

由于势阱无限深，粒子不能逸出阱外。因此粒子在阱外出现的概率为零，阱外粒子的波函数$\psi_2(x)=0$，故

$$\psi_2(x)=0,\quad x<0\text{ , }x>a \tag{2.6.5}$$

在阱内，粒子自由运动，其波函数$\psi_1(x)\neq0$。求解阱内方程式（2.6.2），令

$$k^2=\frac{2mE}{\hbar^2} \tag{2.6.6}$$

则方程式（2.6.2）简写为

$$\psi_1''+k^2\psi_1=0 \tag{2.6.7}$$

这是一个二阶常系数微分方程，它的解是

$$\psi_1 = A\cos kx + B\sin kx \tag{2.6.8}$$

式中，A、B 为待定积分常数。把波函数的边界条件式（2.6.4）代入式（2.6.8），在 $x=0$ 处，由式（2.6.4）的第一个条件得，$A=0$，则 $\psi_1 = B\sin kx$；在 $x=a$ 处，利用式（2.6.4）的第二个条件，得 $B\sin ka = 0$。因此 $ka = n\pi$，$n=1,2,3,\cdots$ 为整数。由此得到 $k = n\pi/a$，代入式（2.6.6），得到体系的能量

$$E_n = \frac{n^2\hbar^2\pi^2}{2ma^2},\quad n=1,2,3,\cdots \tag{2.6.9}$$

对应于量子数 n 的全部可能值，有无限多个能量，它们组成体系的分立能级。而相应的波函数为

$$\psi_{1n} = B\sin\left(\frac{n\pi}{a}x\right),\quad 0\leqslant x\leqslant a \tag{2.6.10}$$

对本征函数 ψ_1 归一化，得

$$\int_0^a B^2\sin^2\left(\frac{n\pi}{a}x\right)\mathrm{d}x = B^2\frac{a}{2} = 1 \Rightarrow B = \sqrt{\frac{2}{a}} \tag{2.6.11}$$

归一化的波函数为

$$\psi = \begin{cases}\sqrt{\dfrac{2}{a}}\sin\left(\dfrac{n\pi}{a}x\right), & 0\leqslant x\leqslant a \\ 0, & x<0,\ x>a\end{cases} \tag{2.6.12}$$

体系能量最低的状态是基态。一维无限深势阱中粒子的基态是 $n=1$ 的本征态，将 $n=1$ 分别代入式（2.6.9）和式（2.6.12），得到基态能量和基态波函数。基态能量 $E_1 = \hbar^2\pi^2/(2ma^2)$，这与经典粒子完全不同，这个基态能量称为零点能，这是微观粒子波动性的表现，表明量子世界中粒子没有“绝对静止”的状态。

由能级关系式（2.6.9）还可看出，相邻两个能级的距离 $\Delta E \propto a^{-2}$，当阱宽 a 越窄时，ΔE 越大，量子化就越显著；而当阱宽 $a\to\infty$ 时，能级间隔 $\Delta E\to 0$，量子现象越不明显，能量趋于连续，体系呈现经典特征。因此，当微观粒子处于的空间范围很小时，量子化特征就非常明显，量子力学与经典力学的结果就有很大差别；而当空间范围很大时，量子化特征就不显著，量子力学与经典力学的结果比较接近。可见量子性显著与否，取决于物理现象出现的空间范围。在原子范围内，经典力学不再适用，必须采用量子力学。

由式（2.6.9）计算相邻能级间隔为

$$\Delta E = E_{n+1} - E_n = (2n+1)\frac{\pi^2\hbar^2}{2ma^2} \tag{2.6.13}$$

两相邻能级的相对间隔为

$$\frac{\Delta E}{E_n} = \frac{2n+1}{n^2} = \frac{2}{n} + \frac{1}{n^2} \xrightarrow{n\to\infty} 0 \tag{2.6.14}$$

很明显，当量子数 n 很大时，能量的相对变化成为连续的，体系的量子特征消失，量子效应退化为经典行为。

图 2.6.2 给出了一维无限深势阱中粒子的前四个能量本征函数。从图中看出，除端点（$x=0$，a）外，基态（$n=1$）波函数无节点，第一激发态（$n=2$）波函数有一个节点，第二激发态（$n=3$）波函数有两个节点，…，第 k 激发态（$n=k+1$）波函数有 k 个节点。波函数的模方代表找到粒子的概率。图 2.6.3 呈现的是微观粒子相应的概率分布，有些地方粒子出现的概率大，有些地方出现的概率小，甚至粒子根本不出现（波节处、节点），粒子不出现的禁点随着能量的增加而增多。当

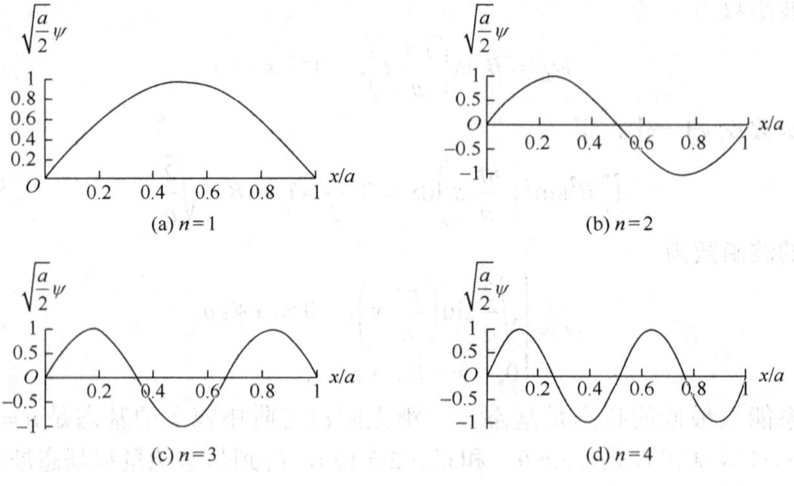

图 2.6.2 一维无限深势阱的波函数

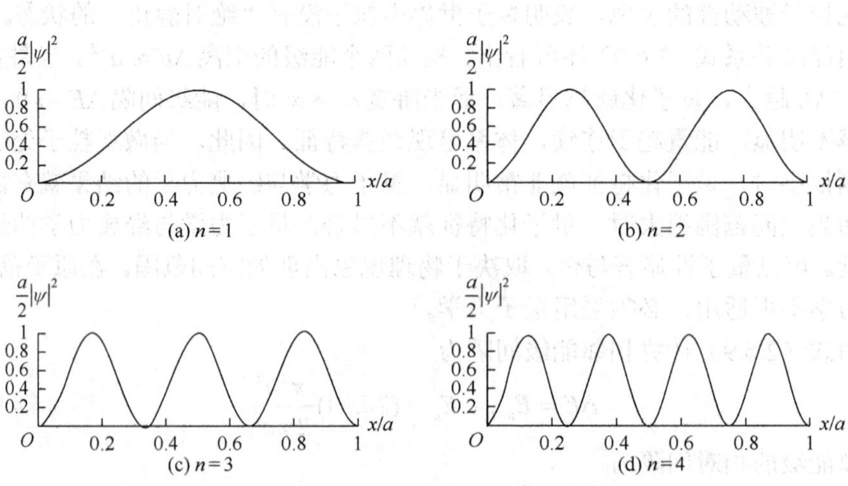

图 2.6.3 一维无限深势阱中粒子的概率密度

粒子能量很高时，与粒子相应的波的波长很短，结果波峰几乎连在一起，即粒子各处出现的概率差不多相等，量子现象就不明显，这和经典力学类似。

波函数对于势阱中心（$x=\pm a/2$）是偶、奇交替的，从图 2.6.2 中可以看出：ψ_1 是偶函数，ψ_2 是奇函数，……。也就是说波函数具有确定的宇称，波函数具有确定的宇称源于势能函数关于原点的对称性，偶函数相应于偶宇称，奇函数相应于奇宇称。为了说明波函数具有确定的宇称和势能函数的关系，若将势阱中心平移到坐标原点（令 $b=a/2$），势阱范围取为$[-b, b]$，这时势能函数以坐标原点为对称，阱内的波函数为

$$\psi_{1n}(x)=\sqrt{\frac{1}{b}}\cos\left(\frac{n\pi}{2b}x\right),\quad n=1,3,5,\cdots \tag{2.6.15a}$$

$$\psi_{1n}(x)=\sqrt{\frac{1}{b}}\sin\left(\frac{n\pi}{2b}x\right),\quad n=2,4,6,\cdots \tag{2.6.15b}$$

事实上，式（2.6.15a）和式（2.6.15b）可以合并为一个表示式

$$\psi_{1n}(x)=\sqrt{\frac{1}{b}}\sin\left[\frac{n\pi}{2b}(x+b)\right],\quad n=1,2,3,\cdots \tag{2.6.16}$$

在势阱的端点 $x=0$ 和 $x=a$ 处，是势场的奇点，$V(0)\to\infty$，$V(a)\to\infty$。由薛定谔方程式(2.6.2)可以看出：$\psi''(0)\to\infty$，$\psi''(a)\to\infty$，这样 $\psi'(x)$ 在 $x=0$ 和 $x=a$ 处均不连续。由式（2.6.12）可以计算 $\psi'(x)$ 的跃变，为

$$\psi_n'(0^+)-\psi'(0^-)=\sqrt{\frac{2}{a}}\frac{n\pi}{a} \tag{2.6.17a}$$

$$\psi_n'(a^+)-\psi'(a^-)=(-1)^{n+1}\sqrt{\frac{2}{a}}\frac{n\pi}{a} \tag{2.6.17b}$$

根据式（2.6.12）可以计算粒子在势阱中的概率密度（图 2.6.3）

$$|\psi_{1n}|^2=\frac{2}{a}\sin^2\left(\frac{n\pi}{a}x\right),\quad n=1,2,3,\cdots \tag{2.6.18}$$

概率密度呈现周期性变化，它与经典概率完全不同。

2.6.2　一维半无限深势阱

质量为 m 的粒子，处于图 2.6.4 所示的一维半无限深势阱中，势阱表示为

$$V(x)=\begin{cases}\infty, & x\leqslant 0\\ 0, & 0<x<a\\ V_0, & x\geqslant a\end{cases} \tag{2.6.19}$$

这里只讨论束缚态情况，这意味着粒子能量满足 $0<E<V_0$。在 $x\leqslant 0$ 的区域，波函数 $\psi(x)=0$，阱内的薛定谔方程为

$$\frac{d^2}{dx^2}\psi_1(x)+k^2\psi_1(x)=0 \tag{2.6.20}$$

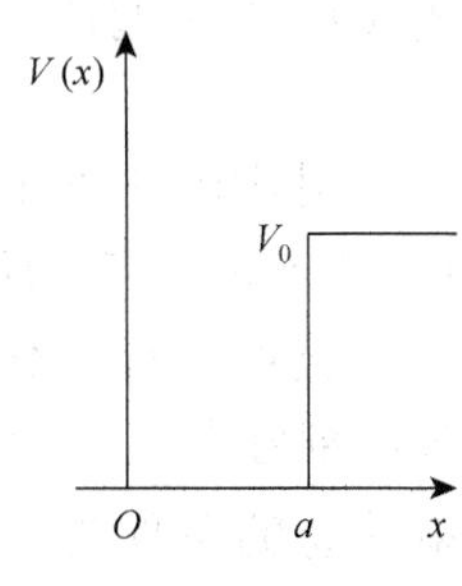

图 2.6.4　一维半无限深势阱

其中

$$k=\sqrt{\frac{2mE}{\hbar^2}} \tag{2.6.21}$$

方程式（2.6.20）的通解为

$$\psi_1(x)=A\sin kx+B\cos kx \tag{2.6.22}$$

根据波函数在 $x=0$ 的连续性条件，$\psi(0)=0$，得到 $B=0$，故式（2.6.22）写为

$$\psi_1(x)=A\sin kx \tag{2.6.23}$$

在 $x>a$ 的区域，薛定谔方程为

$$\frac{\mathrm{d}^2}{\mathrm{d}x^2}\psi_2(x)-\beta^2\psi_2(x)=0 \tag{2.6.24}$$

其中

$$\beta=\sqrt{\frac{2m(V_0-E)}{\hbar^2}} \tag{2.6.25}$$

方程式（2.6.24）的通解写为

$$\psi_2(x)=C\mathrm{e}^{-\beta x}+D\mathrm{e}^{\beta x} \tag{2.6.26}$$

根据波函数标准条件要求，$x\to\infty$，$\psi(\infty)$ 取有限值，因此，$D=0$，式（2.6.26）写为

$$\psi_2(x)=C\mathrm{e}^{-\beta x} \tag{2.6.27}$$

考虑波函数在 $x=a$ 处的连续性条件，有

$$A\sin ka=C\mathrm{e}^{-\beta a} \tag{2.6.28}$$

$$A\,k\cos ka=-C\beta\mathrm{e}^{-\beta a} \tag{2.6.29}$$

两式相除，得到能量关系为

$$k\cot ka=-\beta \tag{2.6.30}$$

令 $\xi=ka$，$\eta=\beta a$，由式（2.6.21）和式（2.6.25）得

$$\xi^2+\eta^2=2mV_0\left(\frac{a}{\hbar}\right)^2 \tag{2.6.31}$$

式（2.6.30）写成

$$\xi\cot\xi=-\eta \tag{2.6.32}$$

用作图法求出曲线交点，就可得该问题的解（图 2.6.5）。式（2.6.31）和式（2.6.32）所相应的曲线在 ξ-η 图上不一定有交点，如 $\xi^2+\eta^2<(\pi/2)^2$，就没有交点，表示不存在束缚态，这是由于阱深和阱宽不够。当 $\xi^2+\eta^2=(\pi/2)^2$ 时，刚好存在一个交点，表示存在一个束缚态，相应的 $\eta\approx 0$，由此得到存在束缚态的条件为

$$V_0\geqslant\frac{\pi^2\hbar^2}{8ma^2} \tag{2.6.33}$$

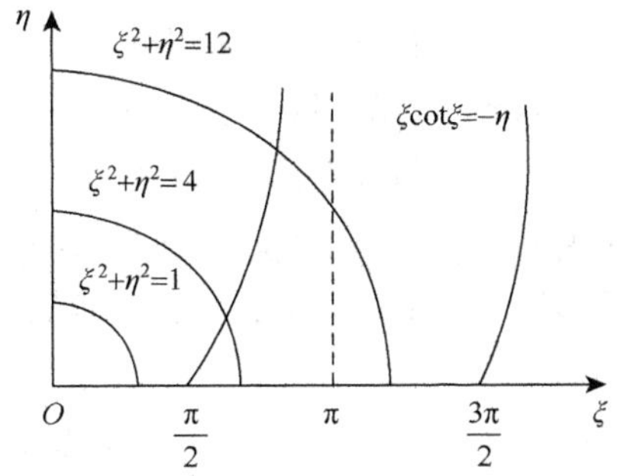

图 2.6.5　一维半无限深势阱的解

2.6.3　一维有限深对称势阱

一维有限深势阱如图 2.6.6 所示，其势能表示为

$$V(x)=\begin{cases}0, & |x|<a/2\\ V_0, & |x|>a/2\end{cases} \tag{2.6.34}$$

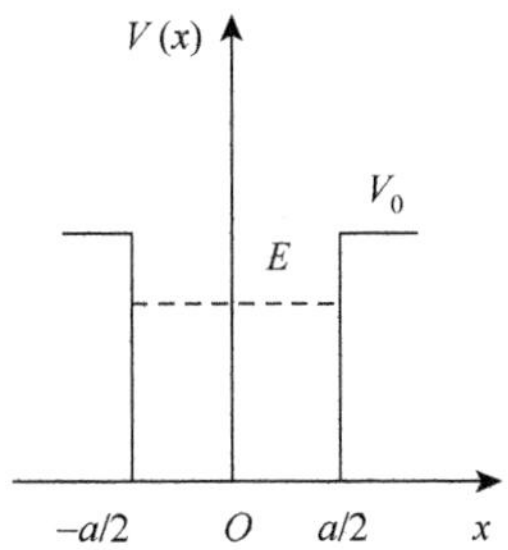

图 2.6.6　一维有限深势阱

其中，a 为阱宽，$V_0>0$ 为势阱高度。以下讨论束缚态（$0<E<V_0$）情况，分区域写出定态薛定谔方程

$$\frac{d^2}{dx^2}\psi(x)-\frac{2m}{\hbar^2}(V_0-E)\psi(x)=0, \quad |x|>a/2 \tag{2.6.35a}$$

$$\frac{d^2}{dx^2}\psi(x)+\frac{2m}{\hbar^2}E\,\psi(x)=0, \quad |x|<a/2 \tag{2.6.35b}$$

令

$$\beta=\sqrt{\frac{2m(V_0-E)}{\hbar^2}}, \quad k=\sqrt{\frac{2mE}{\hbar^2}} \tag{2.6.36}$$

则方程式（2.6.35）写为

$$\begin{cases}\psi''-\beta^2\psi=0, & |x|>a/2\\ \psi''+k^2\,\psi=0, & |x|<a/2\end{cases} \tag{2.6.37}$$

考虑到束缚态条件（$x\to\pm\infty$，$\psi(x)\to 0$），各区域的波函数取为

$$\psi(x)=\begin{cases}Ae^{\beta x}, & x<-a/2\\ B\cos kx+C\sin kx, & |x|<a/2\\ De^{-\beta x}, & x>a/2\end{cases} \tag{2.6.38}$$

由于$V(x)=V(-x)$，波函数有确定的宇称，其偶宇称解为

$$\psi(x)=\begin{cases}Ae^{\beta x}, & x<-a/2\\ B\cos kx, & |x|<a/2\\ De^{-\beta x}, & x>a/2\end{cases} \tag{2.6.39}$$

奇宇称解为

$$\psi(x)=\begin{cases}Ae^{\beta x}, & x<-a/2\\ C\sin kx, & |x|<a/2\\ De^{-\beta x}, & x>a/2\end{cases} \tag{2.6.40}$$

阱外波函数左右反对称地指数衰减，偶宇称解和奇宇称解在阱内周期振荡，有节点。波函数$\psi(x)$及其微商$\psi'(x)$在$x=\pm a/2$处是连续的，偶宇称解和奇宇称解中的系数$A=D$，有

$$\textbf{偶宇称}\quad k\tan(ka/2)=\beta,\quad B=A\sec(ka/2)\cdot e^{-\beta a/2} \tag{2.6.41}$$

$$\textbf{奇宇称}\quad k\cot(ka/2)=-\beta,\quad C=A\csc(ka/2)\cdot e^{-\beta a/2} \tag{2.6.42}$$

其中，系数A（或D）由归一化条件决定；能量本征值由式（2.6.41）和式（2.6.42）中的超越方程决定。β和k并不独立，由式（2.6.36）得到约束条件

$$\beta^2+k^2=\frac{2mV_0}{\hbar^2} \tag{2.6.43}$$

令$\xi=ka/2$，$\eta=\beta a/2$，式（2.6.41）和式（2.6.42）的超越方程以及约束条件写为

偶宇称

$$\eta=\xi\tan\xi \tag{2.6.44}$$

奇宇称

$$-\eta=\xi\cot\xi \tag{2.6.45}$$

$$\eta^2+\xi^2=\frac{mV_0a^2}{2\hbar^2} \tag{2.6.46}$$

偶宇称和奇宇称分别与约束条件联立，用作图法求出曲线交点，就可得偶宇称近似解（图 2.6.7）和奇宇称近似解（图 2.6.8）。由图 2.6.7 可以看出，在对称势阱情况下，无论V_0a^2的值多小，方程式（2.6.44）和式（2.6.46）至少有一个根。换言之，至少存在一个束缚态（基态），其宇称是偶宇称。当V_0a^2增大，使$\eta^2+\xi^2=2ma^2V_0/\hbar^2\geqslant\pi^2$时，将出现偶宇称的第一激发态。当$V_0a^2$继续增大，将依次出现更高的激发态。方程式（2.6.44）和式（2.6.46）给出奇宇称解（图 2.6.8），只有当$\eta^2+\xi^2=2ma^2V_0/\hbar^2\geqslant\pi^2/4$时，才可能出现最低的奇宇称能级。

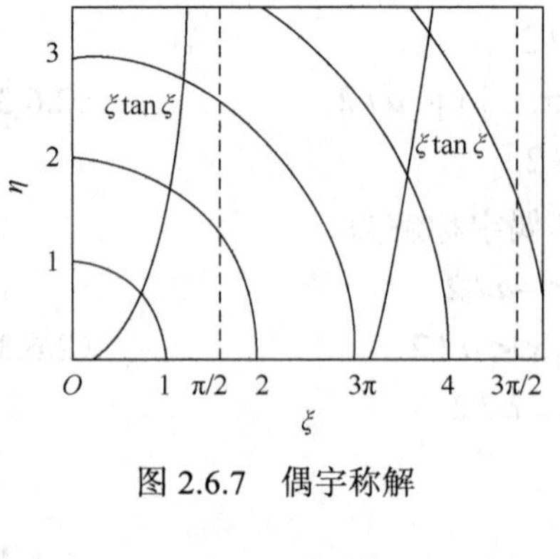

图 2.6.7　偶宇称解

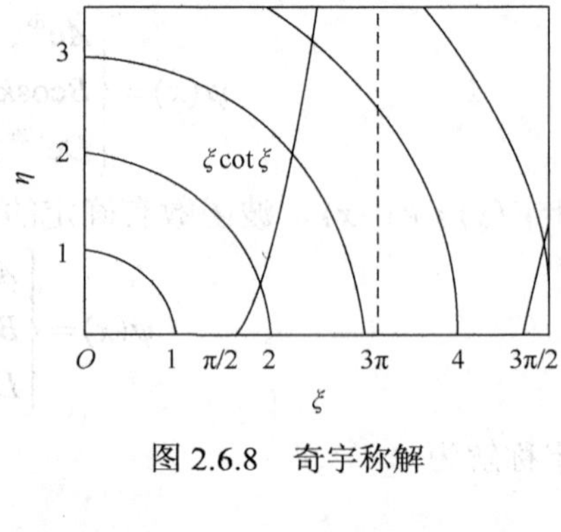

图 2.6.8　奇宇称解

2.7　一维线性谐振子

2.7.1　线性谐振子模型

任何量子体系在稳定平衡点附近的小幅振动都可以近似地用线性谐振子来表示，如固体中原子的振动、晶格的振动、原子核表面振动等。特别是双原子分子中两个原子之间的相互作用势能就是原子间距离的函数（图 2.7.1），在 $x=x_0$ 处势能有极小值，这是一个稳定平衡点，当原子间距离大于 x_0 时，原子间相互吸引；反之当原子间距离小于 x_0 时，原子间相互排斥，两原子间的相对运动可以近似地看成简谐振动。一般说来，任何一个体系在稳定平衡点附近都可以近似地用简谐振动来描述。

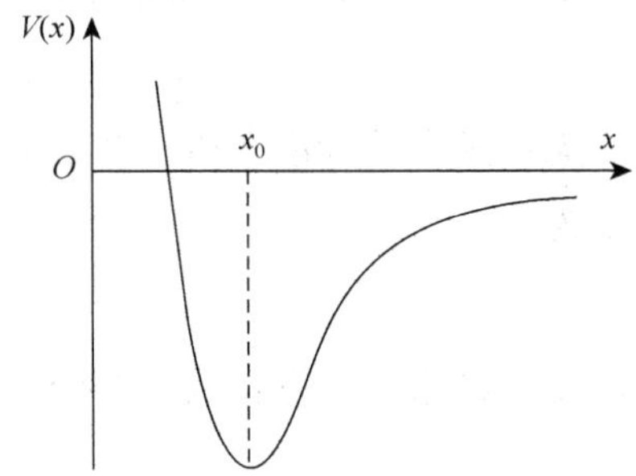

图 2.7.1　双原子分子的势能曲线

对于在一维空间中运动的粒子，受到弹性回复力 $F=-kx$ 作用，相应的势能表示为

$$V(x)=\frac{1}{2}kx^2=\frac{1}{2}m\omega^2x^2 \tag{2.7.1}$$

量子力学中把这种体系称为线性谐振子，其中 $\omega^2=k/m$ 是谐振子的频率，它描述了质量为 m 的粒子在势场 $V(x)$ 中沿 x 轴的运动。

2.7.2　线性谐振子问题的解

线性谐振子的定态薛定谔方程为

$$-\frac{\hbar^2}{2m}\frac{\mathrm{d}^2}{\mathrm{d}x^2}\psi(x)+\frac{1}{2}m\omega^2x^2\,\psi(x)=E\psi(x) \tag{2.7.2}$$

引入无量纲变量，令

$$\xi=\sqrt{\frac{m\omega}{\hbar}}=\alpha x,\quad \alpha=\sqrt{\frac{m\omega}{\hbar}} \tag{2.7.3}$$

并定义无量纲能量参量

$$\lambda=\frac{2E}{\hbar\omega} \tag{2.7.4}$$

式（2.7.2）化为

$$\frac{\mathrm{d}^2\psi}{\mathrm{d}\xi^2}+(\lambda-\xi^2)\psi=0 \tag{2.7.5}$$

方程式（2.7.5）是变系数二阶微分方程，是谐振子的标准方程，考虑它的渐近解，当$|\xi|$很大时，λ与ξ^2相比可以略去。方程式（2.7.5）写为

$$\frac{\mathrm{d}^2\psi}{\mathrm{d}\xi^2}-\xi^2\psi=0 \tag{2.7.6}$$

这是方程式（2.7.5）的渐近形式，其解设为

$$\psi(\xi)=A\mathrm{e}^{-\frac{1}{2}\xi^2}+B\mathrm{e}^{\frac{1}{2}\xi^2}\quad(A、B\text{是任意常数}) \tag{2.7.7a}$$

考虑波函数的标准条件，当$\xi\to\pm\infty$时，$\psi(\xi)$有限，因此方程式（2.7.6）的解表示为

$$\psi(\xi)=\mathrm{e}^{-\frac{1}{2}\xi^2} \tag{2.7.7b}$$

由以上讨论，把方程式（2.7.5）的解$\psi(\xi)$写成如下形式

$$\psi(\xi)=\mathrm{e}^{-\frac{1}{2}\xi^2}H(\xi) \tag{2.7.8}$$

其中，$H(\xi)$是待求函数，它必须保证在ξ为有限时也为有限；当$\xi\to\pm\infty$时，$H(\xi)$的行为必须使$\psi(\xi)$有限，只有这样才能满足波函数的标准条件。

对式（2.7.8）求一阶、二阶导数，得

$$\frac{\mathrm{d}\psi}{\mathrm{d}\xi}=\left(-\xi H+\frac{\mathrm{d}H}{\mathrm{d}\xi}\right)\mathrm{e}^{-\frac{1}{2}\xi^2} \tag{2.7.9}$$

$$\frac{\mathrm{d}^2\psi}{\mathrm{d}\xi^2}=\left(-H-2\xi\frac{\mathrm{d}H}{\mathrm{d}\xi}+\xi^2H+\frac{\mathrm{d}^2H}{\mathrm{d}\xi^2}\right)\mathrm{e}^{-\frac{1}{2}\xi^2} \tag{2.7.10}$$

代入式（2.7.5）中，得到$H(\xi)$满足的方程

$$\frac{\mathrm{d}^2H}{\mathrm{d}\xi^2}-2\xi\frac{\mathrm{d}H}{\mathrm{d}\xi}+(\lambda-1)H=0 \tag{2.7.11}$$

这是一个变系数常微分方程，称为厄米（Hermite）方程。用级数解法解厄米方程，$\xi=0$是厄米方程的常点，$H(\xi)$的幂级数无负幂，故$H(\xi)$写成

$$H(\xi)=\sum_{n=0}^{\infty}a_n\xi^n \tag{2.7.12}$$

对式（2.7.12）求导数，得

$$\frac{\mathrm{d}H(\xi)}{\mathrm{d}\xi}=\sum_{n=1}^{\infty}na_n\xi^{n-1},\quad \frac{\mathrm{d}^2H(\xi)}{\mathrm{d}\xi^2}=\sum_{n=2}^{\infty}n(n-1)a_n\xi^{n-2}$$

将上式代入式（2.7.11）

$$\sum_{n=2}^{\infty}n(n-1)a_n\xi^{n-2}-2\xi\sum_{n=1}^{\infty}na_n\xi^{n-1}+(\lambda-1)\sum_{n=0}^{\infty}a_n\xi^n=0 \tag{2.7.13}$$

式中，参与求和的各项是相互独立的，因此求和为零的必要条件是任意项ξ^n的系数为零，整理得

$$(n+2)(n+1)a_{n+2}-(2n-\lambda+1)a_n=0$$

这是系数所满足的递推关系式，是双间隔递推公式，写为

$$a_{n+2}=\frac{(2n-\lambda+1)}{(n+2)(n+1)}a_n \tag{2.7.14}$$

其中，a_{2n} 和 a_0 有关，代入式（2.7.12）得到偶次幂的集合，记为 $H_1(\xi)$；a_{2n+1} 和 a_1 有关，代入式（2.7.12）得到奇次幂集合，记为 $H_2(\xi)$。显然 $H_1(\xi)$ 和 $H_2(\xi)$ 是线性独立的。因此，式（2.7.11）的通解是

$$H(\xi)=C_1H_1(\xi)+C_2H_2(\xi) \tag{2.7.15}$$

其中，C_1、C_2 是两个任意常数。故厄米方程的解由偶宇称解和奇宇称解组成。由递推关系式（2.7.14）可依次推出所有的系数，而第一个系数（偶宇称解为 a_0，奇宇称解为 a_1）根据归一化条件定出。

偶宇称解　$a_1=0$，$a_0\neq 0$；于是 $a_{2n}\neq 0$，$a_{2n+1}=0$。$H(\xi)$ 只存在偶次幂项，是 ξ 的偶函数。

奇宇称解　$a_1\neq 0$，$a_0=0$；于是 $a_{2n+1}\neq 0$，$a_{2n}=0$。$H(\xi)$ 只存在奇次幂项，是 ξ 的奇函数。

无穷级数 $H(\xi)$ 必须满足 $\xi\to\infty$ 时，$\psi(\xi)=H(\xi)\mathrm{e}^{-\frac{1}{2}\xi^2}\to 0$ 的要求。为此，研究 $H(\xi)$ 在 $\xi\to\infty$ 的收敛性质。根据递推关系式(2.7.14)，应用达朗贝尔（d'Alembert）判别法有 $\lim\limits_{n\to\infty}\dfrac{a_n}{a_{n+2}}=\dfrac{n}{2}\to\infty$，表明厄米方程的幂级数解的收敛半径为∞，当 $n\to\infty$ 时，级数 $H(\xi)$ 相邻两项的比值为

$$\lim_{n\to\infty}\frac{a_{n+2}}{a_n}=\frac{2}{n} \tag{2.7.16}$$

考察函数 e^{ξ^2}

$$\mathrm{e}^{\xi^2}=\sum_n\frac{1}{n!}\xi^{2n}=\sum_k a_k\xi^k \tag{2.7.17}$$

式中，$k=2n$；$a_k=\dfrac{1}{\left(\dfrac{k}{2}\right)!}$。则

$$\lim_{k\to\infty}\frac{a_{k+2}}{a_k}=\frac{2}{k} \tag{2.7.18}$$

比较式（2.7.16）与式（2.7.18），说明当 $n\to\infty$ 时，$H(\xi)$ 与 e^{ξ^2} 的性质主要取决于 n 的较高次项，即 $H(\xi)$ 与 e^{ξ^2} 在 $n\to\infty$ 时有相同的渐近行为，因此

$$\psi(\xi)=H(\xi)\mathrm{e}^{-\frac{1}{2}\xi^2}\xrightarrow{\xi\to\infty}\mathrm{e}^{\xi^2}\mathrm{e}^{-\frac{1}{2}\xi^2}=\mathrm{e}^{\frac{1}{2}\xi^2}\xrightarrow{\xi\to\infty}\infty$$

这不满足束缚态的边界条件，为了保证 $\psi(\xi)$ 在 $\xi\to\infty$ 时有限，除非 $H(\xi)$ 的无穷

级数中断而退化为多项式，使

$$\psi(\xi)=H(\xi)\mathrm{e}^{-\frac{1}{2}\xi^2}\xrightarrow{\xi\to\infty}0$$

为此，考察式（2.7.14）中分子，当$2n-\lambda+1=0$时，有$a_{n+2}=0$，这时$H(\xi)$退化为$2n$次幂的多项式，称为厄米多项式。由此得到$2n=\lambda-1$，即

$$\lambda=2n+1 \tag{2.7.19}$$

把式（2.7.19）代入式（2.7.4），得到谐振子的能量本征值

$$E_n=\left(n+\frac{1}{2}\right)\hbar\omega,\quad n=0,1,2,\cdots \tag{2.7.20}$$

可以看出，谐振子的能级是均匀分布的，相邻两条能级等间距，即$\Delta E=\hbar\omega$。对于$n=0$的基态，$E_0=\hbar\omega/2$，表明谐振子有零点振动能。

把厄米多项式$H(\xi)$代入式（2.7.8）中，得到谐振子的波函数

$$\psi_n(\xi)=N_n\mathrm{e}^{-\frac{1}{2}\xi^2}H_n(\xi)=N_n\mathrm{e}^{-\frac{1}{2}\alpha^2x^2}H_n(\alpha x) \tag{2.7.21}$$

式中，N_n是归一化因子，由正交归一化条件$\int_{-\infty}^{\infty}\psi_n^*(x)\psi_m(x)\mathrm{d}x=\delta_{nm}$，得

$$N_n=\sqrt{\frac{\alpha}{\sqrt{\pi}\,2^n\,n!}} \tag{2.7.22}$$

谐振子前几个波函数为

$$\psi_0(x)=\sqrt{\frac{\alpha}{\sqrt{\pi}}}\mathrm{e}^{-\frac{1}{2}\alpha^2x^2} \tag{2.7.23a}$$

$$\psi_1(x)=\sqrt{\frac{2\alpha}{\sqrt{\pi}}}\alpha x\mathrm{e}^{-\frac{1}{2}\alpha^2x^2} \tag{2.7.23b}$$

$$\psi_2(x)=\sqrt{\frac{\alpha}{2\sqrt{\pi}}}(2\alpha^2x^2-1)\mathrm{e}^{-\frac{1}{2}\alpha^2x^2} \tag{2.7.23c}$$

$$\psi_2(x)=\sqrt{\frac{\alpha}{3\sqrt{\pi}}}(2\alpha^3x^3-3)\mathrm{e}^{-\frac{1}{2}\alpha^2x^2} \tag{2.7.23d}$$

2.7.3 线性谐振子定态问题的讨论

图 2.7.2 表示谐振子的前 3 个波函数（虚线）以及概率密度（实线），可以看出对于空间反演，波函数具有对称性

$$\psi_n(x)=(-1)^n\psi_n(x) \tag{2.7.24}$$

即n的奇偶性决定了谐振子波函数的奇偶性。除两个端点外，它们有n个不同的零点和$n+1$个极值。谐振子波函数ψ_n是实函数，谐振子势左右对称，相应的束缚态波函数有确定的宇称，n为偶数的ψ_n有偶宇称，n为奇数的ψ_n有奇宇称。基态无节点，第n个激发态有n个节点。当n不很大时，经典结果和量子结果差别很大，

量子效应显著。当 n 很大时 $|\psi_n|^2$ 更接近经典（平均）结果，差别仅在 $|\psi_n|^2$ 迅速振荡。

图 2.7.3 表示 $n=0$，2，5，20 时，经典谐振子的概率密度（虚线）和谐振子的概率密度（实线）的比较。经典概率和量子概率随着量子数 n 的增大而迅速接近，当 n 很小时，量子结果和经典结果有很大的差异，特别是 $n=0$ 时的分布和经典概率分布几乎相反，当 n 很大时，量子概率和经典概率已相当符合，量子力学结果须渐近地趋于经典理论。

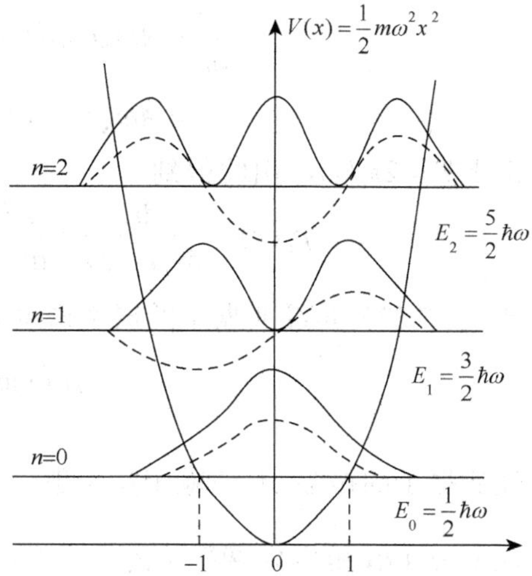

图 2.7.2　谐振子最低的三条能级的波函数（虚线）及概率密度（实线）

以下把量子谐振子和经典谐振子加以比较。经典谐振子的振幅 A 对应于不同的量子态（振幅 A 应依赖于量子数 n）时，其振动区域有所不同，是以总能量 E 和势能 $V(x)$ 的交点为界。对于经典振子 $x=A\sin(\omega t+\delta)$，振动周期为 T，在任意微元 $\mathrm{d}x$ 范围内经典振子的概率为

$$\rho_{\mathrm{c}}(x)\mathrm{d}x=\frac{\mathrm{d}t}{T/2} \tag{2.7.25}$$

振子的速度

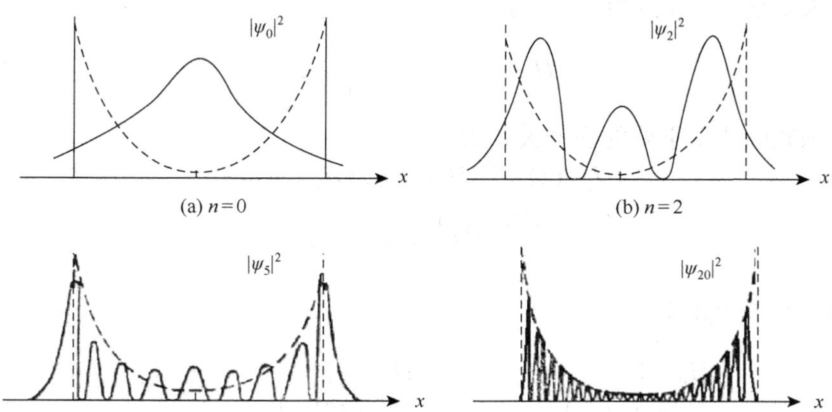

图 2.7.3　线性谐振子的概率分布和经典分布的对比

$$\frac{\mathrm{d}x}{\mathrm{d}t} = A\omega\cos(\omega t+\delta) = A\omega\sqrt{1-\sin^2(\omega t+\delta)} \\ = A\omega\sqrt{1-(x/A)^2} = \omega\sqrt{A^2-x^2} \tag{2.7.26}$$

由于$T=2\pi/\omega$，由此得到

$$\rho_{\mathrm{c}}(x)=\frac{\mathrm{d}t}{\mathrm{d}x(T/2)}=\frac{2/T}{\mathrm{d}x/\mathrm{d}t}=\frac{2}{T\omega\sqrt{A^2-x^2}}=\frac{1}{\pi\sqrt{A^2-x^2}} \tag{2.7.27}$$

式（2.7.27）是经典振子的概率密度表示式。因此

$$\rho_{\mathrm{c}}(x)\mathrm{d}x=\frac{\mathrm{d}x}{\pi\sqrt{A^2-x^2}} \tag{2.7.28}$$

经典振子的振幅 A 依赖于量子数n，由能量$E=m\omega^2A^2/2$得到，即$A=\sqrt{\dfrac{2E}{m\omega^2}}$。在$x$～$x+\mathrm{d}x$范围内谐振子的量子概率是

$$\rho_{\mathrm{q}}(x)=|\psi(x)|^2\,\mathrm{d}x \tag{2.7.29}$$

对于基态（$n=0$），把式（2.7.23a）代入式（2.7.29），得

$$\rho_{\mathrm{q}}(x)=\frac{\alpha}{\sqrt{\pi}}\mathrm{e}^{-\alpha^2x^2} \tag{2.7.30}$$

经典振子中当总能量等于势能时动能为零，振幅取最大值，即$\dfrac{1}{2}\hbar\omega=\dfrac{1}{2}m\omega^2x^2$，从而

$$x_{\mathrm{c,max}}=\pm\sqrt{\frac{\hbar}{m\omega}}=\pm\frac{1}{\alpha} \tag{2.7.31}$$

粒子的活动区域只能在$|x|<1/\alpha$。图 2.7.2 表明在量子力学中，在$|x|>1/\alpha$的区域内，粒子出现的概率不为零，粒子出现的区域超过了经典允许的区域。

厄米多项式$H_n(\xi)$的微分形式为

$$H_n(\xi)=(-1)^n\mathrm{e}^{\xi^2}\frac{\mathrm{d}^n}{\mathrm{d}\xi^n}\mathrm{e}^{-\xi^2} \tag{2.7.32}$$

厄米多项式的两个重要的递推关系为

$$H_{n+1}(\xi)-2\xi H_n(\xi)+2nH_{n-1}(\xi)=0 \tag{2.7.33}$$

$$\frac{\mathrm{d}H_{n+1}(\xi)}{\mathrm{d}\xi}=2nH_{n-1}(\xi) \tag{2.7.34}$$

它的前几个表达式为

$$\begin{aligned} &H_0=1, && H_1=2\xi \\ &H_2=4\xi^2-2, && H_3=8\xi^3-12\xi \\ &H_4=16\xi^4-48\xi^2+12, && H_5=32\xi^5-160\xi^3+120\xi \end{aligned} \tag{2.7.35}$$

由式（2.7.21）～式（2.7.34）可以得到$\psi_n(\xi)$的两个重要的递推关系

$$\xi\psi_n(\xi)=\sqrt{\frac{n}{2}}\psi_{n-1}(\xi)+\sqrt{\frac{n+1}{2}}\psi_{n+1}(\xi) \tag{2.7.36}$$

$$\frac{\mathrm{d}}{\mathrm{d}\xi}\psi_n(\xi)=\sqrt{\frac{n}{2}}\psi_{n-1}(\xi)-\sqrt{\frac{n+1}{2}}\psi_{n+1}(\xi) \tag{2.7.37}$$

这两个递推关系在有关谐振子问题的计算中十分有用。

2.8 一维势垒

2.8.1 一维方势垒

势垒问题中，其势能在无限远处为有限值，这时粒子可以在无穷远处出现，即波函数在无穷远处不为零，由于没有无穷远处波函数为零的约束，体系的能量组成连续谱。这类问题属于散射问题（粒子能量预先确定），即粒子由无穷远来，经过势场散射后又到无穷远。

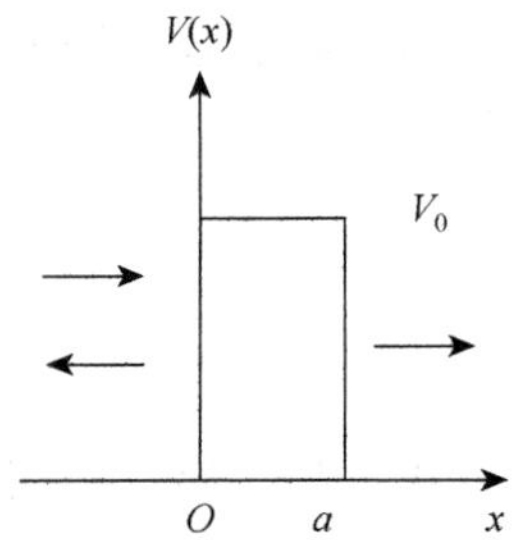

图 2.8.1 一维势垒

一维空间中，一定能量 E 的粒子被方势垒（图 2.8.1）

$$V=\begin{cases}0, & x<0,\ x>a\\ V_0, & 0<x<a\end{cases} \tag{2.8.1}$$

散射。按照经典力学的观点，若粒子能量 $E<V_0$，则粒子将被弹回。量子力学中，考虑到粒子的波动性，依据波函数的统计解释，当粒子能量 $E>V_0$，或 $E<V_0$ 时，都有一定的概率穿透势垒，也有一定的概率被反射回去。

粒子波函数 ψ 满足的定态薛定谔方程为

$$\frac{\mathrm{d}^2}{\mathrm{d}x^2}\psi(x)+\frac{2m}{\hbar^2}E\psi(x)=0,\quad x<0,\ x>a \tag{2.8.2}$$

$$\frac{\mathrm{d}^2}{\mathrm{d}x^2}\psi(x)+\frac{2m}{\hbar^2}(E-V_0)\psi(x)=0,\quad 0<x<a \tag{2.8.3}$$

（1）讨论 $E>V_0$ 的情形。令

$$k_1^2=\frac{2m}{\hbar^2},\quad k_2^2=\frac{2m(E-V_0)}{\hbar^2} \tag{2.8.4}$$

则式（2.8.2）和式（2.8.3）改写为

$$\frac{\mathrm{d}^2}{\mathrm{d}x^2}\psi(x)+k_1^2\psi(x)=0,\quad x<0,\ x>a \tag{2.8.5}$$

$$\frac{\mathrm{d}^2}{\mathrm{d}x^2}\psi(x)+k_2^2\psi(x)=0,\quad 0<x<a \tag{2.8.6}$$

在 $x<0$ 的区域内，方程式（2.8.5）的解为

$$\psi_1=A\mathrm{e}^{\mathrm{i}k_1x}+A'\mathrm{e}^{-\mathrm{i}k_1x} \tag{2.8.7}$$

在$0<x<a$ 的区域内，方程式（2.8.6）的解为

$$\psi_2 = B e^{ik_2 x} + B' e^{-ik_2 x} \tag{2.8.8}$$

在$x>a$ 的区域内，方程式（2.8.7）的解为

$$\psi_3 = C e^{ik_1 x} + C' e^{-ik_1 x} \tag{2.8.9}$$

式（2.8.7）～式（2.8.9）右边第一项是由左向右传播的平面波，第二项是由右向左传播的平面波。在$x<0$ 的区域内，有入射波（式（2.8.7）右边第一项），又有反射波（式（2.8.7）右边第二项）。在$x>a$ 的区域内，只有向右传播的透射波，所以在式（2.8.9）中必须有

$$C' = 0 \tag{2.8.10}$$

利用波函数及其微商在$x=0$ 和$x=a$ 处连续的条件，确定波函数中的系数。

$$A + A' = B + B' \tag{2.8.11a}$$

$$k_1 A - k_1 A' = k_2 B - k_2 B' \tag{2.8.11b}$$

$$B e^{ik_2 a} + B' e^{-ik_2 a} = C e^{ik_1 a} \tag{2.8.11c}$$

$$k_2 B e^{ik_2 a} - k_2 B' e^{-ik_2 a} = k_1 C e^{ik_1 a} \tag{2.8.11d}$$

由式（2.8.11a）和式（2.8.11b）得到

$$B = \frac{1}{2}\left[\left(1 + \frac{k_1}{k_2}\right)A + \left(1 - \frac{k_1}{k_2}\right)A'\right] \tag{2.8.12a}$$

$$B' = \frac{1}{2}\left[\left(1 - \frac{k_1}{k_2}\right)A + \left(1 + \frac{k_1}{k_2}\right)A'\right] \tag{2.8.12b}$$

由式（2.8.11c）和式（2.8.11d）得到

$$B = \frac{1}{2}\left(1 + \frac{k_1}{k_2}\right) C e^{i(k_1 - k_2)a} \tag{2.8.13a}$$

$$B' = \frac{1}{2}\left(1 - \frac{k_1}{k_2}\right) C e^{i(k_1 + k_2)a} \tag{2.8.13b}$$

再由式（2.8.12a）、式（2.8.12b）、式（2.8.13a）、式（2.8.13b）等可解得

$$C = \frac{4k_1 k_2 e^{-ik_1 a}}{(k_1 + k_2)^2 e^{-ik_2 a} - (k_1 - k_2)^2 e^{ik_2 a}} A \tag{2.8.14a}$$

$$A' = \frac{2i(k_1^2 - k_2^2)\sin k_2 a}{(k_1 - k_2)^2 e^{ik_2 a} - (k_1 + k_2)^2 e^{-ik_2 a}} A \tag{2.8.14b}$$

$$B = \frac{2k_1 k_2 (k_1 + k_2) e^{-ik_1 a}}{(k_1 - k_2)^2 e^{ik_2 a} - (k_1 + k_2)^2 e^{-ik_2 a}} A \tag{2.8.14c}$$

$$B' = \frac{2k_1 k_2 (k_1 - k_2) e^{-ik_1 a}}{(k_1 + k_2)^2 e^{-ik_2 a} - (k_1 - k_2)^2 e^{ik_2 a}} A \tag{2.8.14d}$$

把式（2.8.10）及式（2.8.14a）～式（2.8.14d）等代入式（2.8.7）～式（2.8.9），即得到不同区域的波函数ψ。根据不同区域的波函数，可求得相应区域内发现粒子的概率密度。透过势垒和被势垒反射回去的粒子，把波函数代入概率流密度式（2.4.5）中，分别得到入射波概率流密度

$$J=\frac{\hbar k_1}{m}|A|^2$$

透射波概率流密度

$$J_{\mathrm{T}}=\frac{\hbar k_1}{m}|C|^2$$

反射波概率流密度

$$J_{\mathrm{R}}=-\frac{\hbar k_1}{m}|A'|^2$$

透射波概率流密度与入射波概率流密度之比称为透射系数，用T表示。其值是贯穿到$x>a$ 区域的粒子在单位时间内通过垂直于x方向单位面积的数目，与入射粒子（$x<0$ ）单位时间内通过垂直于x方向单位面积的数目之比，有

$$T=\frac{J_{\mathrm{T}}}{J}=\frac{4k_1^2k_2^2}{(k_1^2-k_2^2)^2\sin^2 k_2a+4k_1^2k_2^2} \tag{2.8.15}$$

反射波概率流密度与入射波流概率密度之比称为反射系数，用R表示，其值是被势垒反射回的粒子在单位时间内通过垂直于x方向单位面积的数目，与入射粒子单位时间内通过垂直于x方向单位面积的数目之比，有

$$R=\frac{J_{\mathrm{R}}}{J}=\frac{(k_1^2-k_2^2)^2\sin^2 k_2a}{(k_1^2-k_2^2)^2\sin^2 k_2a+4k_1^2k_2^2} \tag{2.8.16}$$

式（2.8.15）和式（2.8.16）推导中用了欧拉公式

$$\cos z=\frac{\mathrm{e}^{\mathrm{i}z}+\mathrm{e}^{-\mathrm{i}z}}{2},\quad \sin z=\frac{\mathrm{e}^{\mathrm{i}z}-\mathrm{e}^{-\mathrm{i}z}}{2\mathrm{i}}$$

由此可见，$T<1$，$R<1$，但

$$T+R=1 \tag{2.8.17}$$

这说明入射粒子一部分贯穿势垒到$x>a$ 的区域，另一部分被势垒反射回去（图 2.8.2），这是典型的量子力学效应。

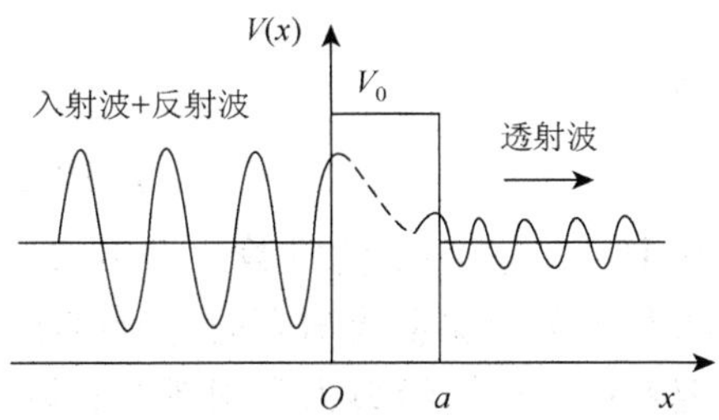

图 2.8.2　势垒贯穿

当$k_2a=n\pi(n=1,2,3,\cdots)$时，即

$$E=V_0+\frac{n^2\hbar^2\pi^2}{2ma^2}\quad (n=1,2,3\cdots) \tag{2.8.18}$$

由式（2.8.15）得到$T=1$，由式（2.8.17）得到$R=0$。此时粒子完全透射，没有反射，称之为共振透射。

（2）讨论 $E<V_0$ 的情形。这时 k_2 是虚数，可令 $k_2=\mathrm{i}k_3$，则 k_3 是实数，由式（2.8.4）得

$$k_3=\sqrt{\frac{2m(V_0-E)}{\hbar^2}} \tag{2.8.19}$$

上述计算中用 $\mathrm{i}k_3$ 置换 k_2，其结果仍然成立。因此，区域 $0<x<a$ 内的波函数为

$$\psi_2=B\mathrm{e}^{k_3x}+B'\mathrm{e}^{-k_3x} \tag{2.8.20}$$

相应的式（2.8.14a）中的 C 为

$$C=\frac{4\mathrm{i}k_1k_3\mathrm{e}^{-\mathrm{i}k_1a}}{(k_1^2-k_3^2)\mathrm{sh}k_3a+2\mathrm{i}k_1k_3\mathrm{ch}k_3a}A \tag{2.8.21}$$

透射系数 T 的公式（2.8.15）改写为

$$T=\frac{J_\mathrm{T}}{J}=\frac{4k_1^2k_3^2}{(k_1^2+k_3^2)^2\mathrm{sh}^2k_3a+4k_1^2k_3^2} \tag{2.8.22}$$

以上两式中 sh 和 ch 分别是双曲正弦函数和双曲余弦函数，即

$$\mathrm{sh}\,z=\frac{(\mathrm{e}^z-\mathrm{e}^{-z})}{2},\quad \mathrm{ch}\,z=\frac{(\mathrm{e}^z+\mathrm{e}^{-z})}{2}$$

推导中还用了双曲函数的性质：$\mathrm{ch}^2z-\mathrm{sh}^2z=1$。

若粒子能量 E 很小，$k_3a\gg1$，则 $\mathrm{e}^{k_3a}\gg\mathrm{e}^{-k_3a}$，$\mathrm{sh}k_3a$ 近似地用 $\mathrm{e}^{k_3x}/4$ 代替，则

$$\mathrm{sh}^2k_3a=\left(\frac{\mathrm{e}^{k_3a}-\mathrm{e}^{-k_3a}}{2}\right)^2=\frac{\mathrm{e}^{2k_3a}}{4}(1-\mathrm{e}^{-2k_3a})^2\approx\frac{1}{4}\mathrm{e}^{2k_3a} \tag{2.8.23}$$

用 $k_1^2k_3^2$ 同除式（2.8.22）中的分子分母，并注意式（2.8.23），透射系数又表示为

$$T=\frac{4}{\frac{1}{4}\left(\frac{k_1}{k_3}+\frac{k_3}{k_1}\right)^2\mathrm{e}^{2k_3a}+4} \tag{2.8.24}$$

由于 k_1 和 k_3 同数量级，$\mathrm{e}^{k_3a}\gg1$，于是

$$T\approx\frac{4}{\frac{1}{4}(1+1)^2\mathrm{e}^{2k_3a}+4}=\frac{4}{4+\mathrm{e}^{2k_3a}}\approx T_0\mathrm{e}^{-2k_3a}$$

则有

$$T=T_0\mathrm{e}^{-2k_3a}=T_0\mathrm{e}^{-\frac{2}{\hbar}\sqrt{2m(V_0-E)}a} \tag{2.8.25}$$

其中，T 为 0～1 的常数。由于 $E<V_0$，$T\neq0$，即粒子可贯穿势垒，且透射系数 T 随着势垒的加宽或增高而急剧减小。将 $E<V_0$ 的粒子能够贯穿势垒的现象称为**隧道效应**。应用经典力学很难解释隧道效应，它完全是由于微观粒子的波动性，是量子力学效应。原子核的α衰变、金属电子的冷发射、半导体 pn 结、隧道二极管等都是和隧道效应相关的物理现象。

如果势垒是任意形状 $V(x)$（图 2.8.3），能量为 E 的粒子在 $x=a$ 射入势垒，于 $x=b$ 射出，即 $V(a)=V(b)=E$。将区间（a，b）分为 dx 宽的小方势垒，则粒子在每一个小方势垒的透射系数为

$$T_{\mathrm{d}x}=T_0\mathrm{e}^{-\frac{2}{\hbar}\sqrt{2m(V(x)-E)}\mathrm{d}x} \tag{2.8.26}$$

贯穿 $V(x)$ 的总透射系数等于所有 $T_{\mathrm{d}x}$ 之积，即

$$T=T_0\mathrm{e}^{-\frac{2}{\hbar}\int_a^b\sqrt{2m(V(x)-E)}\mathrm{d}x} \tag{2.8.27}$$

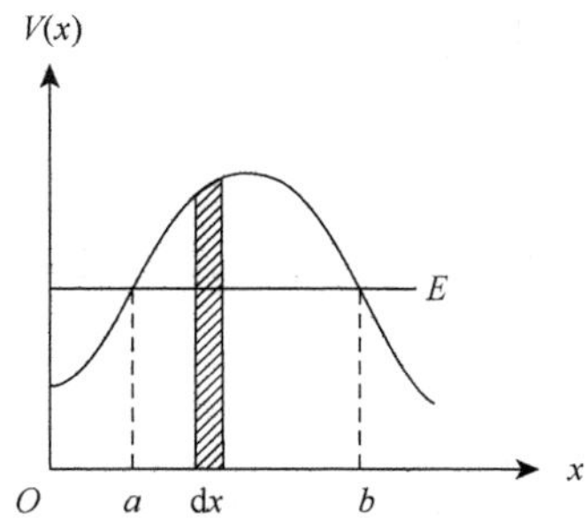

图 2.8.3　任意势垒

隧道效应用经典力学很难解释，它完全是由于微观粒子的波动性。经典力学中，粒子的能量等于动能与势能之和

$$E=\frac{p_x^2}{2m}+V(x) \tag{2.8.28}$$

在 $E<V(x)$ 的区域内，粒子的动能变为负数，这是没有意义的。但是量子力学中这个结论不成立。

假设电子通过宽度为 a 的方势垒，电子质量为 $m=9.109\times10^{-31}\mathrm{kg}$，取 $V_0-E=5\mathrm{eV}$，$\hbar=1.062\times10^{-19}\mathrm{J}$。表 2.8.1 给出了根据式（2.8.25）估算得到的不同势垒宽度下电子的透射系数，透射系数随势垒宽度的增加而锐减[5]。

表 2.8.1　电子在不同势垒宽情况下的透射系数

a/nm	0.1	0.2	0.5	1
T	0.1	10^{-2}	10^{-5}	10^{-10}

隧道效应是一个纯粹的量子效应，只存在于微观体系中。对式（3.8.25）作如下简化

$$T\sim\mathrm{e}^{-\frac{2}{\hbar}\sqrt{2mE}a}=\mathrm{e}^{-\frac{2ap}{\hbar}}\sim\mathrm{e}^{-\frac{a}{\lambda}} \tag{2.8.29}$$

可见，粒子以动量 p 入射到势垒上，只有当粒子的德布罗意波长和势垒宽度 a 可比拟时，才可以观测到显著的隧道效应。

早在量子力学建立之初的 1928 年，俄罗斯的科学家伽莫夫（Gamow）就根据量子隧穿理论成功地解释了原子核的 α 衰变[6]。原子核的 α 衰变是核物理中的一个普遍现象，典型的例子是 $^{238}\mathrm{U}$ 的 α 衰变，即

$$^{238}\mathrm{U}\longrightarrow{}^{234}\mathrm{Th}+{}^{4}\mathrm{He} \tag{2.8.30}$$

α 粒子具有很强的结合能，在核内可以形成独立状态的粒子，并以这种结构状态从 $^{238}\mathrm{U}$ 原子核中逸出。从 $^{238}\mathrm{U}$ 中逸出的 α 粒子处于 $^{234}\mathrm{Th}$ 的势场中（图 2.8.4）。在原子核半径 r_1 以内，α 粒子受到核力的束缚，可以视为处于深为 $-V_0$ 的方形势阱中。在原子核半径 r_1 以外，α 粒子受到正电荷 Ze（$Z=90$）的排斥作用。这一库仑作

用的势垒为

$$V(r)=\frac{1}{4\pi\varepsilon_0}\frac{2Ze^2}{r} \tag{2.8.31}$$

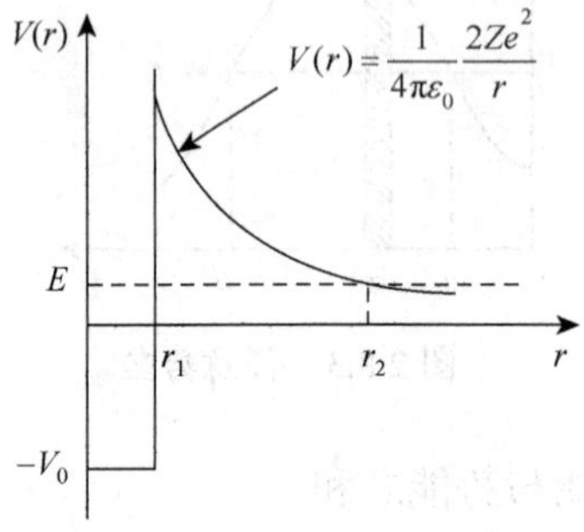

图 2.8.4 α 粒子衰变的势能

根据上式估算出束缚α粒子的势垒约为30MeV，它远大于衰变过程中释放的α粒子的能量（约为4.2MeV）。α粒子通过隧穿效应从^{234}Th的原子核中出来，理论估算得出α粒子的透射系数$T=10^{-38}$。

隧道二极管又称为江崎二极管，是以隧道效应电流为主要电流分量的晶体二极管。1957年日本物理学家江崎玲于奈（Leo Esak）在研制新型高频晶体管时，意外地发现了高掺杂、窄pn结的正向伏安特性中存在着异常的负电阻（器件中电流随电压增大而减小）现象。通过理论分析，他认为这种负电阻特性是由电子空穴直接穿透结区而形成的，从而为隧道效应提供了有力的证据。对于普通pn结，只有外加偏压超过势垒时，电子才能通过耗尽层形成电流。硅势垒约为0.7V，锗势垒为0.15～0.3V。但是如果pn结非常薄，且在高掺杂浓度情况下，并不需要施加与势垒等高的偏压，电子就会穿透势垒而形成隧道电流。江崎玲于奈因发明了隧道二极管于1973年荣获诺贝尔物理学奖。图2.8.5是隧道二极管的伏安特性曲线。由于隧道二极管具有负电阻，并且隧道效应发生的速度很快，可用于微波混频、检波，低噪声放大、振荡等方面。由于其功耗小，也适用于卫星微波设备。此外，还可用于超高速开关逻辑电路、触发器和存储电路等。

1981 年 IBM 苏黎世实验的宾宁（Binnig）和罗赫特（Rohrer）发明了基于隧道效应的扫描隧道显微镜（scanning tunneling microscope，STM），使人类能够实时地观察单个原子在物质表面的排列状态和与表面电子行为有关的物理、化学性质，在表面科学、材料科学、生命科学等领域的研究中有着广阔的应用前景，被国际科学界公认为20世纪80年代世界十大科技成就之一。1986年为表彰宾宁和罗赫特的发明，授予他们诺贝尔物理学奖。

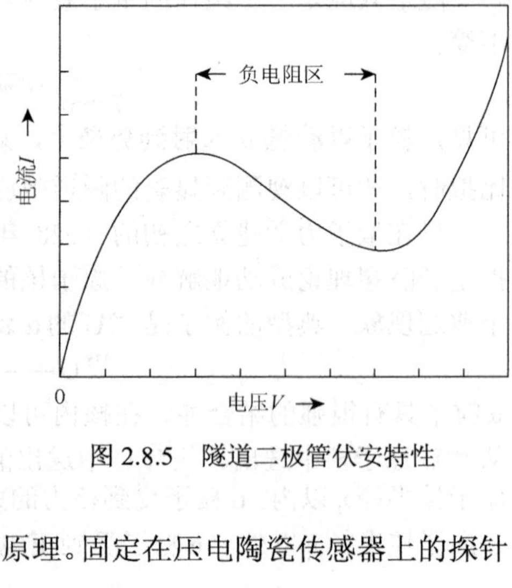

图 2.8.5 隧道二极管伏安特性

图2.8.6是扫描隧道显微镜的基本工作原理。固定在压电陶瓷传感器上的探针

沿样品表面在 x、y 两个方向扫描，通过记录隧道电流的变化，可以描绘出固体表面的三维显微形貌图。探针通常用 0.1～0.3mm 的铂-铱或钨丝电化学腐蚀制作（也有用金刚石探针），通过适当处理得到具有单原子峰的针尖。当探针充分接近样品时（1nm），针尖原子的电子波函数和样品表面原子的电子波函数发生交叠（进入隧道区），针尖和样品表面间有电子隧道贯穿，从而产生隧道电流（＜1nA）。隧道电流的方向由加在样品上的偏置电压的极性决定。探针在 z 方向（垂直于样品表面方向）的位移由反馈电路控制，当探针沿样品表面在 x、y 方向扫描时，反馈电路接收样品表面原子排列变化引起的电压信号的变化，并驱动压电陶瓷使探针上下（z 方向）移动以保持它在 xy（水平）平面扫描过程中隧道电流恒定不变（恒流工作模式）。对经过精确校正的扫描隧道显微镜来说，加在压电陶瓷传感器上的微弱电信号足以使探针产生纳米量级的位移。隧道电流随针尖与样品间距离呈指数变化，当间距变化 0.1nm 时，相应地样品材料的隧道电流变化 10～100 倍，这就是扫描隧道显微镜分辨的物理基础。图 2.8.7 是通过扫描隧道显微镜得到的硅表面原子的 7×7 再构排列图。

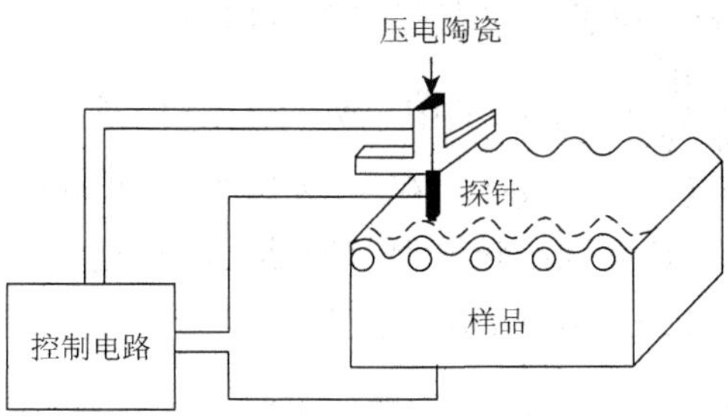

图 2.8.6　扫描隧道显微镜的工作原理

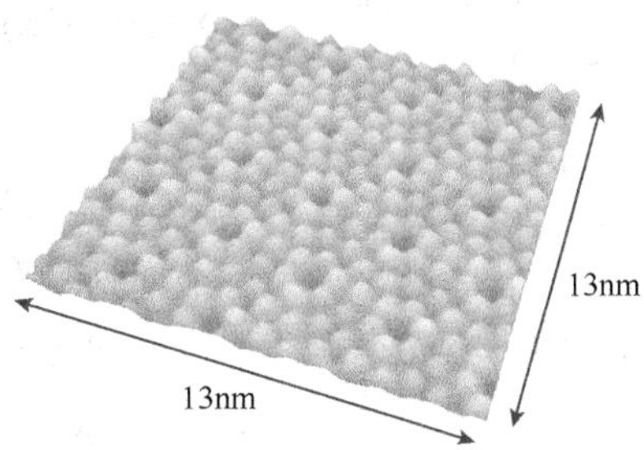

图 2.8.7　硅原子 7×7 再构排列图（图片来源：https：//www.chem.s.u-tokyo.ac.jp/users/sschem/hitosugi/stm_gall/gallery/si（111）.html）

由于扫描隧道显微镜只能观察导体或半导体的表面，这使得扫描隧道显微镜在应用上有很大的局限性。1986 年，宾宁等在扫描隧道显微镜基础上又发明了原子力显微镜（atomic force microscope，AFM）。原子力显微镜的工作原理是将一个对微弱力极为敏感的微悬臂的一端固定，另一端固定一个微小针尖，针尖与样品表面可轻轻接触。针尖尖端原子与样品表面原子间存在着相互作用势 $V(x)$，以及极微小的相互作用力 $F(x)=-\nabla V(x)$。带有针尖的微悬臂在垂直于样品表面运动，由于样品表面原子高度起伏，针尖原子与样品表面原子间的位移随之变化，使入射激光束产生不同程度的偏转，被光电位移传感器探测出来，记录下悬臂对应于扫描各点的位置变化，从而获得样品表面形貌的信息，图 2.8.8 是原子力显微镜的原理图。

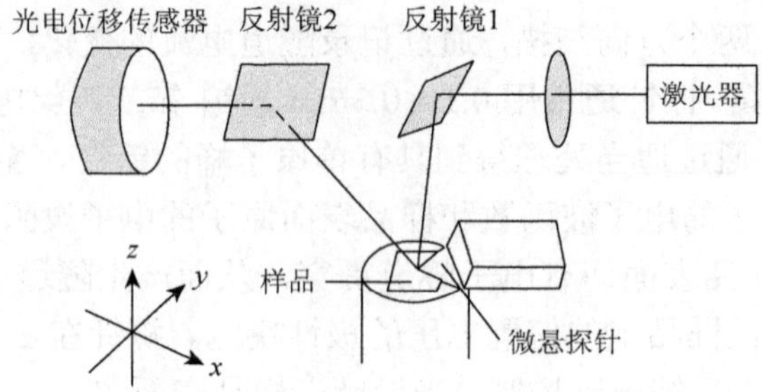

图 2.8.8　原子力显微镜工作原理

2.8.2　一维 δ 势垒

δ 函数是狄拉克在量子力学研究中首先运用的一种特殊函数，定义为

$$\delta(x)=\begin{cases}0, & x\neq 0\\ \infty, & x=0\end{cases} \tag{2.8.32}$$

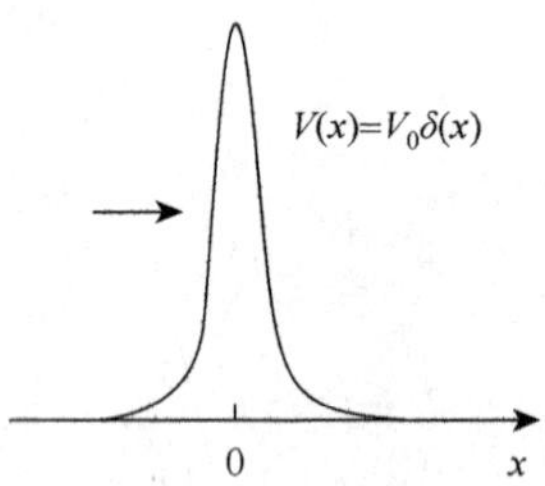

图 2.8.9　$\delta(x)$势垒

质量为 m，能量 $E>0$ 的粒子入射到图 2.8.9 所示的 δ 势垒 $V(x)=V_0\delta(x)$。粒子的定态薛定谔方程为

$$-\frac{\hbar^2}{2m}\frac{\mathrm{d}^2}{\mathrm{d}x^2}\psi=[E-V_0\delta(x)]\psi \tag{2.8.33}$$

$x=0$ 是方程的奇点，在该点 ψ'' 不存在，表现为 $x=0$ 点 ψ' 不连续（有阶跃）。该问题中粒子概率连续，故 ψ 连续。

对方程式（2.8.33）在区间 $[-\varepsilon,\varepsilon]$ 积分，得

$$-\frac{\hbar^2}{2m}[\psi'(0^+)-\psi'(0^-)]+V_0\psi(0)=E\int_{-\varepsilon}^{+\varepsilon}\psi(x)\mathrm{d}x\xrightarrow{\varepsilon\to 0}0$$

即

$$\psi'(0^+)-\psi'(0^-)=\frac{2mV_0}{\hbar^2}\psi(0) \tag{2.8.34}$$

令 $k^2=\dfrac{2mE}{\hbar^2}$，$x\neq 0$ 处，$V(x)=0$，薛定谔方程写为

$$\frac{\mathrm{d}^2}{\mathrm{d}x^2}\psi-k^2\psi=0 \tag{2.8.35}$$

这个问题的一般解为

$$\psi(x)=\begin{cases}A\mathrm{e}^{\mathrm{i}kx}+R\mathrm{e}^{-\mathrm{i}kx}, & x<0\\ S\mathrm{e}^{\mathrm{i}kx}, & x>0\end{cases} \tag{2.8.36}$$

其中，R 项是反射波；S 项是透射波；取入射波的振幅为 $A=1$。根据 $x=0$ 处 ψ 连续和 ψ' 的阶跃条件，由式（2.8.34）得

$$1+R=S \tag{2.8.37}$$

$$1-R=S-\frac{2mV_0}{\mathrm{i}k\hbar^2} \tag{2.8.38}$$

容易解出

$$S=\frac{1}{1+\dfrac{\mathrm{i}mV_0}{k\hbar^2}},\quad R=-\frac{\dfrac{\mathrm{i}mV_0}{k\hbar^2}}{\left(1+\dfrac{\mathrm{i}mV_0}{k\hbar^2}\right)} \tag{2.8.39}$$

透射系数

$$|S|^2=\frac{1}{1+\dfrac{m^2V_0^2}{k^2\hbar^4}}=\frac{1}{\left(1+\dfrac{mV_0^2}{2\hbar^2E}\right)} \tag{2.8.40}$$

反射系数

$$|R|^2=\frac{\dfrac{mV_0^2}{2\hbar^2E}}{\left(1+\dfrac{mV_0^2}{2\hbar^2E}\right)}=\frac{1}{1+\dfrac{2\hbar^2E}{mV_0^2}} \tag{2.8.41}$$

显然

$$|R|^2+|S|^2=1 \tag{2.8.42}$$

讨论：

（1）若将 δ 势垒换为 δ 势阱，即 $V(x)\to -V(x)$，势阱对自由粒子的透射系数 $|S|^2$ 和反射系数 $|R|^2$ 的值不变。

（2）δ 势阱的束缚解。$E<0$，粒子限制在 δ 势阱内，波函数表示为

$$\psi(x)=\begin{cases}A\mathrm{e}^{|k|x}, & x<0\\ B\mathrm{e}^{-|k|x}, & x>0\end{cases} \tag{2.8.43}$$

由于波函数在 $x=0$ 连续，因此有 $A=B$。将式（2.8.43）代入式（2.8.34）得到

$$k=-\mathrm{i}\frac{mV_0}{\hbar^2} \tag{2.8.44}$$

此即为束缚态能量，且只有一个束缚态。

利用归一化条件得

$$R=S=\sqrt{|k|} \tag{2.8.45}$$

从而

$$\psi(x)=\begin{cases}\sqrt{|k|}\mathrm{e}^{|k|x}, & x<0\\ \sqrt{|k|}\mathrm{e}^{-|k|x}, & x>0\end{cases} \tag{2.8.46}$$

$$E=\frac{\hbar k^2}{2m}-\frac{mV_0^2}{2\hbar^2} \tag{2.8.47}$$

（3）δ 势的特征长度为 $L=\dfrac{\hbar^2}{mV_0}$，特征能量为 $E_0=\dfrac{mV_0^2}{\hbar^2}$。根据式（2.8.46），透射波幅 S 只依赖于入射粒子波长与 δ 势的特征长度之比，即 $\dfrac{mV_0}{k\hbar^2}=\left(\dfrac{1}{k}\right)\Big/\left(\dfrac{\hbar^2}{mV_0}\right)$；透射系数只依赖于特征能量与入射能量之比，即 $\dfrac{mV_0^2}{\hbar^2 E}$。当 $E\ll\dfrac{mV_0^2}{\hbar^2}$ 时，$|S|^2\sim 0$；当 $E\gg\dfrac{mV_0^2}{\hbar^2}$ 时，$|S|^2\sim 1$，即高能极限下粒子将完全穿透 δ 势。

2.8.3　一维阶跃势

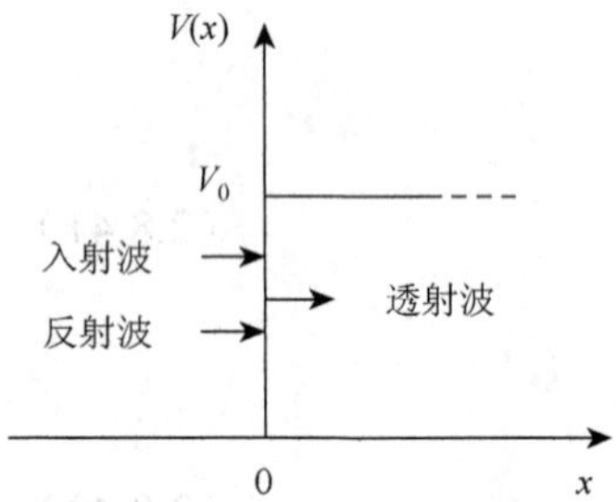

图 2.8.10　一维阶跃势

图 2.8.10 是一维阶跃势，表示为

$$V=\begin{cases}0, & x<0\\ V_0, & x\geqslant 0\end{cases} \tag{2.8.48}$$

设能量为 E 的粒子从无限远处入射到 $x=0$ 处的阶跃势，粒子既有出射波也有反射波。

首先讨论 $E>V_0$ 的情况，此时粒子在两个区域的薛定谔方程为

$$\frac{\mathrm{d}^2}{\mathrm{d}x^2}\psi_1+k^2\psi_1=0\quad(x<0) \tag{2.8.49}$$

$$\frac{\mathrm{d}^2}{\mathrm{d}x^2}\psi_2+\beta^2\psi_2=0\quad(x\geqslant 0) \tag{2.8.50}$$

其中

$$k^2=\frac{2mE}{\hbar^2},\quad \beta^2=\frac{2m(E-V_0)}{\hbar^2} \tag{2.8.51}$$

方程式（2.8.49）和式（2.8.50）的行波解为

$$\psi_1=A\mathrm{e}^{\mathrm{i}kx}+B\mathrm{e}^{-\mathrm{i}kx} \tag{2.8.52}$$

$$\psi_2=C\mathrm{e}^{\mathrm{i}\beta x}+D\mathrm{e}^{-\mathrm{i}\beta x} \tag{2.8.53}$$

式中，$A\mathrm{e}^{\mathrm{i}kx}$ 是入射波；$B\mathrm{e}^{-\mathrm{i}kx}$ 是反射波；$C\mathrm{e}^{\mathrm{i}\beta x}$ 是出射波。在 $x\geqslant 0$ 的区域，不存在沿 x 轴反向传播的行波，故 $D=0$。

由波函数在 $x=0$ 的连续性条件得到

$$A+B=C \tag{2.8.54}$$

$$kA-kB=\beta C \tag{2.8.55}$$

由式（2.8.54）和式（2.8.55）得到

$$\frac{B}{A}=\frac{k-\beta}{k+\beta},\quad \frac{C}{A}=\frac{2k}{k+\beta} \tag{2.8.56}$$

把波函数式（2.8.52）和式（2.8.53）代入概率流密度公式（2.4.5）中，分别得到入射波概率流密度

$$J=\frac{\hbar k}{m}|A|^2 \tag{2.8.57}$$

反射波概率流密度

$$J_{\mathrm{R}}=-\frac{\hbar k}{m}|B|^2 \tag{2.8.58}$$

出射波概率流密度

$$J_{\mathrm{T}}=\frac{\hbar \beta}{m}|C|^2 \tag{2.8.59}$$

由此得到反射系数和出射系数，即

$$R=\left|\frac{J_{\mathrm{R}}}{J}\right|=1-\frac{4k\beta}{(k+\beta)^2} \tag{2.8.60}$$

$$T=\left|\frac{J_{\mathrm{T}}}{J}\right|=\frac{4k\beta}{(k+\beta)^2} \tag{2.8.61}$$

显然，$R+T=1$，概率流守恒。

把式（2.8.51）代入反射系数式（2.8.60）中，得

$$R=1-\frac{4\sqrt{1-\dfrac{V_0}{E}}}{\left(1+\sqrt{1-\dfrac{V_0}{E}}\right)^2} \tag{2.8.62}$$

式（2.8.62）是反射系数 R、入射粒子能量 E，以及势阶 V_0 的关系。图 2.8.11 所

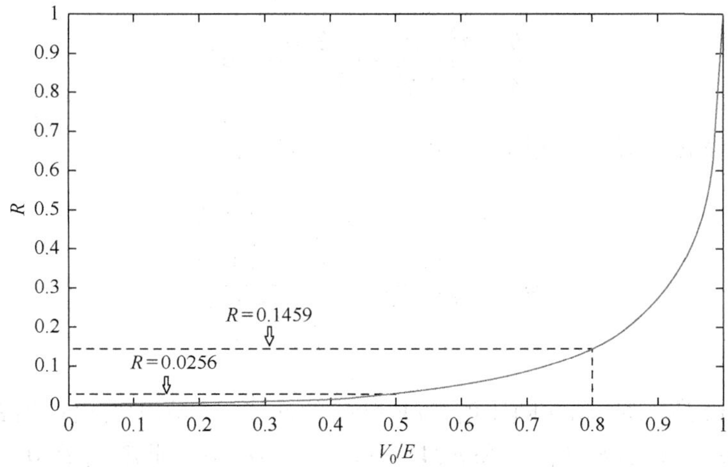

图 2.8.11　一维阶跃势，R 随比值 V_0/E 的变化

示的是反射系数 R 随比值 V_0/E 变化的曲线，由图可以看出，V_0/E 越大，粒子被反射的概率越高。当 $V_0/E=0.5$ 时，$R=0.0256$；当 $V_0/E=0.8$ 时，$R=0.1459$。之后 R 迅速增大，当 $V_0/E\to 1$ 时，$R\to 1$，出现全反射。

对于 $E<V_0$ 的情况，解体系的薛定谔方程，得到体系的波函数

$$\psi_1 = A\mathrm{e}^{\mathrm{i}kx} + B\mathrm{e}^{-\mathrm{i}kx} \tag{2.8.63}$$

$$\psi_2 = D\mathrm{e}^{-\eta x} \tag{2.8.64}$$

其中

$$k^2 = \frac{2mE}{\hbar^2},\quad \eta^2 = \frac{2m(V_0-E)}{\hbar^2} \tag{2.8.65}$$

式（2.8.64）是实函数，它的概率流为零，表明在 $x>0$ 区域的透射粒子迅速衰减。

由波函数在 $x=0$ 处的连续性条件得到

$$A+B=D \tag{2.8.66}$$

$$\mathrm{i}kA-\mathrm{i}kB=-\eta D \tag{2.8.67}$$

由式（2.8.54）和式（2.8.55）得到

$$\frac{B}{A}=\frac{k-\mathrm{i}\eta}{k+\mathrm{i}\eta},\quad \frac{D}{A}=\frac{2k}{k+\mathrm{i}\eta} \tag{2.8.68}$$

由于 $|B/A|=1$，即反射波和入射波振幅相等，这是全反射情况。也就是说在 $E<V_0$ 的情况下，粒子入射到阶跃势被全反射，透射系数等于零。虽然在 $x>0$ 的区域粒子的概率密度不等于零，但是没有形成概率流，这是出射系数为零的原因。由于

$$\frac{B}{A}=\frac{k^2-\eta^2}{k^2+\eta^2}-\mathrm{i}\frac{2k\eta}{k^2+\eta^2}=\mathrm{e}^{\mathrm{i}\alpha} \tag{2.8.69}$$

反射波与入射波相差一个相位 α，由式（2.8.69）得

$$\tan\alpha=\frac{2k\eta}{k^2+\eta^2}=\frac{2\sqrt{\dfrac{E}{V_0}-\left(\dfrac{E}{V_0}\right)^2}}{1-2\left(\dfrac{E}{V_0}\right)} \tag{2.8.70}$$

图 2.8.12 所示是 $\tan\alpha$ 随比值 E/V_0 变化的曲线。从图中看出：当 $E/V_0=1/2$ 时，$\tan\alpha\to\pm\infty$；当 $E/V_0=0$ 和 $E/V_0=1$ 时，$\tan\alpha=0$，即 E/V_0 在 0～1 变化，α 在 $-\pi$ ～0 变化。

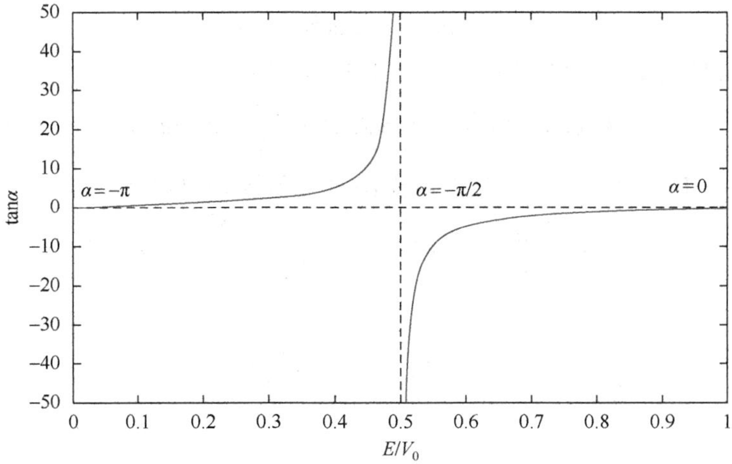

图 2.8.12　$\tan\alpha$ 随比值 E/V_0 变化的曲线

2.9　一维势场模型的应用

2.9.1　量子谐振腔

图 2.9.1 是量子谐振腔的结构示意图，腔长为 a。质量为 m 的粒子在腔中运动，在 $x=0$ 处粒子被完全反射，在 $x=a$ 处有部分粒子透射而逸出。体系的势能函数表示为

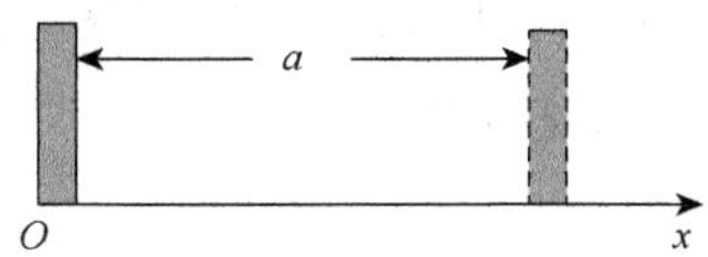

图 2.9.1　量子谐振腔结构示意图

$$V=\begin{cases}\infty, & x\leqslant 0\\ V_0\delta(x-a), & x>0\end{cases} \tag{2.9.1}$$

显然波函数在 $x\leqslant 0$ 区域为零，体系在 $x>0$ 区域的薛定谔方程为

$$-\frac{\hbar^2}{2m}\frac{\mathrm{d}^2}{\mathrm{d}x^2}\psi+V_0\delta(x-a)\psi=E\psi \tag{2.9.2}$$

式中，E 是粒子的能量（$E>0$），方程（2.9.2）的解表示为

$$\psi(x)=\begin{cases}A\sin kx, & 0<x<a\\ \sin(kx+\alpha), & a<x<\infty\end{cases} \tag{2.9.3}$$

其中，$A\sin kx$ 是腔内的波函数，称为振荡膜，振幅为 A；$\sin(kx+\alpha)$ 是腔外的波函数，描写外界对振荡膜的激发作用，称为激发膜，具有单位振幅，相位为 α；而

$$k^2=\frac{2mE}{\hbar^2} \tag{2.9.4}$$

由于在 $x=a$ 处波函数连续，有

$$A\sin(ka) = \sin(ka+\alpha) \tag{2.9.5}$$

再根据 $x=a$ 处波函数的跃变条件式（2.8.34），得

$$k\cos(ka+\alpha) - kA\cos(ka) = \frac{2mV_0}{\hbar^2}A\sin(ka) \tag{2.9.6}$$

由式（2.9.5）和式（2.9.6）得到振荡膜振幅与参数 $k\alpha$ 的关系

$$A^{-2} = 1 + \frac{2}{k}\left(\frac{m}{\hbar^2}V_0\right)\sin(2ka) + \frac{2}{k^2}\left(\frac{m}{\hbar^2}V_0\right)^2[1-\cos(2ka)] \tag{2.9.7}$$

引入参数

$$\mu = 2ka, \quad \nu = 2a\frac{m}{\hbar^2}V_0 \tag{2.9.8}$$

则

$$A = \frac{1}{\sqrt{1+2\dfrac{\nu}{\mu}\sin\mu + 2\dfrac{\nu^2}{\mu^2}(1-\cos\mu)}} \tag{2.9.9}$$

图 2.9.2 所示是振荡膜振幅 A 随参数 μ 变化的曲线。从图中看出，振幅 A 随 μ 的增大在 1 上下振荡，而且振荡幅度越来越小。振幅 A 的极大值出现在 μ 取 4.7926，11.0118，17.2854，23.5655，29.8474，…处；振幅 A 的极小值出现在 μ 取 7.8223，14.1272，20.4156，26.7008，…处。振幅 A 取极值时相应的 μ 值可以近似地表示为

$$\mu_n \approx \left(n+\frac{1}{2}\right)\pi \tag{2.9.10}$$

式中，n 为奇数时，振幅 A 为极大值；n 为偶数时，振幅 A 为极小值。μ 与体系的能量相联系，表明通过提高体系能量并不能增大量子谐振腔振荡膜的振幅。由式（2.9.4）和式（2.9.8）知，对振荡膜的振幅放大，能量必须为

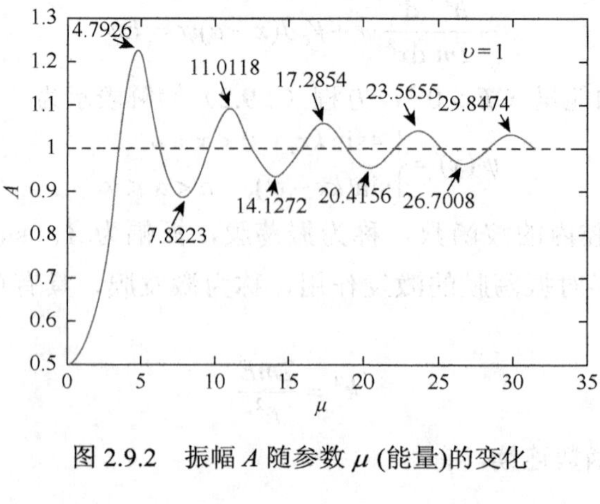

图 2.9.2　振幅 A 随参数 μ (能量)的变化

$$E=\left(n+\frac{1}{2}\right)^2\frac{\pi^2\hbar^2}{8ma^2}\quad (n为奇数) \tag{2.9.11}$$

这意味着振荡膜对于式（2.9.10）所示的能量值形成了共振放大。

以下讨论激发膜的相位信息。由式（2.9.5）和式（2.9.6）得

$$\cot(ka+\alpha)-\cot(ka)=\frac{2}{k}\frac{mV_0}{\hbar^2} \tag{2.9.12}$$

由此解得

$$\tan\alpha=-\frac{1}{k}\frac{mV_0}{\hbar^2}\frac{1-\cos(2ka)}{1+\frac{1}{k}\frac{mV_0}{\hbar^2}\sin(2ka)}=-\frac{\nu}{\mu}\frac{1-\cos\mu}{\left(1+\frac{\nu}{\mu}\sin\mu\right)} \tag{2.9.13}$$

图 2.9.3 是激发膜相位 α 随参数 μ 变化的曲线。

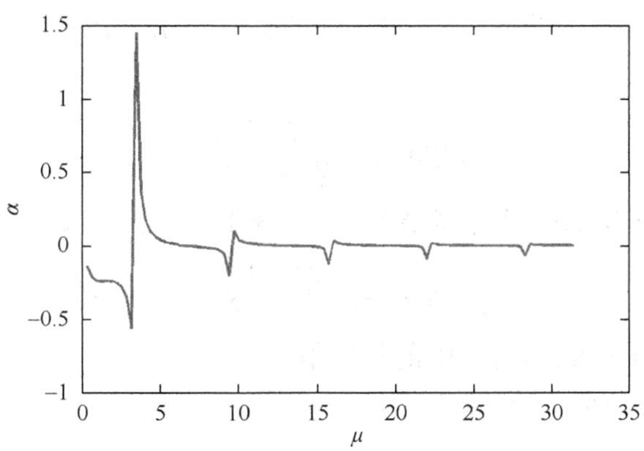

图 2.9.3　相位 α 随参数 μ（能量）的变化

2.9.2　电子在电场中的加速

从电子枪发射出来的电子一般都要经过电场的加速，因此研究电子在电场中的运动具有普遍意义。设电子从电子枪发射后沿 x 轴正向运动，并随即进入一个同方向的均匀电场 F，电子在电场中运动到 x 处所具有势能为

$$V(x)=-eFx \tag{2.9.14}$$

式中，$-e$ 是电子的电荷。设电子进入电场时的初始能量为 E，并假设电子在电场中运动时处于哈密顿算符 $\hat{H}$ 的本征态，则 E 是 $\hat{H}$ 的本征值，于是体系的薛定谔方程为

$$-\frac{\hbar^2}{2m}\frac{\mathrm{d}^2}{\mathrm{d}x^2}\psi-eFx\psi=E\psi\quad (x>0) \tag{2.9.15}$$

式中，m 是电子质量。引入特征长度 l 和无量纲参数 λ

$$\frac{2meF}{\hbar^2}=\frac{1}{l^2},\quad \frac{2mE}{\hbar^2}=\frac{\lambda}{l^2} \tag{2.9.16}$$

令

$$\xi=\frac{x}{l}+\lambda \tag{2.9.17}$$

则式（2.9.15）写为

$$\frac{\mathrm{d}^2\psi}{\mathrm{d}\xi^2}\psi+\xi\psi=0\quad(\xi>\lambda) \tag{2.9.18}$$

式（2.9.18）是艾里（Airy）方程，其解为 1/3 阶贝塞尔函数，沿 x 轴正向传播的行波解为

$$\psi(\xi)=A\sqrt{\frac{\pi}{3}}\xi H_{1/3}^{(1)}\left(\frac{2}{3}\xi^{3/2}\right) \tag{2.9.19}$$

其中，A 为任意常数。$H_{1/3}^{(1)}(z)$ 是宗量为 z 的第一类 1/3 阶汉克尔函数，它在 $z\gg1$ 时的渐近式为[7]

$$H_{1/3}^{(1)}(z)\approx\sqrt{\frac{2}{\pi z}}\mathrm{e}^{\mathrm{i}\left(z-\frac{5}{12}\pi\right)} \tag{2.9.20}$$

电子在电场中被加速，即考虑远场情况（$x/l\gg1$，即 $\xi-\lambda\gg1$），式（2.9.19）变为

$$\psi(\xi)\approx A\mathrm{e}^{\sqrt{-\mathrm{i}\frac{5\pi}{12}}}\xi^{-\frac{1}{4}}\mathrm{e}^{\left(\mathrm{i}\frac{2}{3}\xi^{3/2}\right)} \tag{2.9.21}$$

式（2.9.21）是电子在远场情形中的行波解。

电场中电子运动至 x 处的速度为

$$v(x)=\frac{J}{\rho} \tag{2.9.22}$$

式中，ρ 和 J 分别是概率密度和概率流密度。将式（2.9.21）代入 ρ 和 J 的表示式（2.4.1）和式（2.4.5）中，进而可以得到电子的运动速度

$$v(x)=\frac{\hbar}{ml}\sqrt{\xi}=\frac{\hbar}{m}\frac{\sqrt{x+\lambda l}}{l^{3/2}} \tag{2.9.23}$$

利用式（2.9.16）和式（2.9.17），式（2.9.23）化为

$$v(x)=\sqrt{\frac{2eF}{m}\left(x+\frac{E}{eF}\right)} \tag{2.9.24}$$

式（2.9.24）是电子枪发射的电子经过电场加速后运动到 x 处的速度，它随着 x 的增大而增大，即电子在电场中不断被加速。式（2.9.24）还可以写为

$$\frac{1}{2}m[v(x)]^2=E+eFx \tag{2.9.25}$$

表示电子在电场中运动到 x 处的动能，它等于电子进入电场的初始能量与电子在电场中获得的能量之和，这正是经典结果。当 $x=0$ 时（电子刚进入电场），

$E=\frac{1}{2}m[v(0)]^2$，可见在远场情况下，量子结果化为经典形式。

参 考 文 献

[1] Brown L M，Pais A，Pippard B. 20 世纪物理学（第 1 卷）. 刘寄星，译. 北京：科学出版社，2014：167，163.

[2] 张永德. 量子菜根谭——量子理论专题分析. 北京：清华大学出版社，2012：5.

[3] Kumar M. 量子理论——爱因斯坦与玻尔关于世界本质的伟大论战. 包新周等译. 重庆：重庆出版集团，重庆出版社，2012：173.

[4] 顾樵. 量子力学 I. 北京：科学出版社，2014：74.

[5] 曾谨言. 量子力学教程. 2 版. 北京：科学出版社，2008：38.

[6] 科洛夫 A A，罗斯库托夫 Ю M，捷尔诺夫 И M. 量子力学原理及其应用. 王祖望，译. 上海：上海科学技术出版社，1983：593-598.

[7] 王竹溪，郭敦仁. 特殊函数论. 北京：科学出版社，1965：417.

第3章 表 象 理 论

量子力学中，体系的状态波函数和力学量算符的具体表示方式称为表象。量子力学的基本假定并没有限定体系状态的波函数和力学量算符的表示方式，因此它们的表示方式不是唯一的，也就是说可以采用不同的表象（表示方式）来描述量子状态。在希尔伯特（Hilbert）空间中选取力学量F的完备系作为基矢，得到F表象。在F表象中，给出态矢量、力学量算符和量子力学公式的表示形式，以及它们在不同表象之间的变换。根据表象理论，在具体物理问题中恰当地选择表象，可以简化相应的力学量本征问题的求解过程。

3.1 态空间与态矢量

3.1.1 态空间

如果知道一个量子体系的状态ψ，就可以求出该量子体系的各种力学量F, G, H，…的分布$\varphi(f)$，$\rho(g)$，$\chi(h)$，…。而分布φ，ρ，χ，…和ψ一样，也是描写这个量子状态的，只不过是从不同方面、用不同方法去看待和分析这个状态的性质。因此，各种力学量的分布函数（波函数）都可以用来描写这个量子态，其分布函数的形式不同，即波函数的形式不同，这个不同形式的波函数是量子态ψ在不同表象中的表示。

例如，当用普通坐标$\boldsymbol{r}$写出量子状态的波函数$\psi(\boldsymbol{r},t)$，不过是描写了t时刻力学量坐标$\boldsymbol{r}$的分布，因为坐标算符$\hat{\boldsymbol{r}}$的本征函数为$\delta(\boldsymbol{r}-\boldsymbol{r}')$，$\delta(\boldsymbol{r}-\boldsymbol{r}')$是该量子态在坐标表象中的表示。在坐标表象中，微观粒子坐标的分布为

$$\int\psi(\boldsymbol{r},t)\delta(\boldsymbol{r}-\boldsymbol{r}')\mathrm{d}\tau=\psi(\boldsymbol{r}',t) \tag{3.1.1}$$

即粒子具有坐标$\boldsymbol{r}'$的概率幅为$\psi(\boldsymbol{r}',t)$。

量子力学中常用的表象除坐标表象、动量表象外，还有能量表象、角动量表象、粒子数表象等。

由于一个量子态存在各种力学量的分布，那么表示这个量子态的波函数就有各种形式，把力学量F的分布函数$\varphi(f)$称为F表象中的波函数。表示量子态力学量的算符是厄米算符，它们的本征函数构成了完备系，即任意一个状态的波函数可以用这些算符的本征函数展开，这一性质称为力学量的完备性。

力学量F的本征函数φ_n构成完备系，即

$$\hat{F}\varphi_n = f_n\varphi_n \tag{3.1.2}$$

$$\int \varphi_n^*\varphi_m \mathrm{d}\tau = \delta_{mn} \tag{3.1.3}$$

它们构成了 F 表象，任何一态函数 ψ 可用这些本征态叠加起来，如

$$\psi = \sum_n C_n\varphi_n \tag{3.1.4}$$

$$C_n = \int \varphi_n\psi \mathrm{d}\tau \tag{3.1.5}$$

展开式的系数 C_n 是量子态 ψ 在 F 表象中的表示。

力学量 F 构成了量子力学态空间的完备基，任意量子态可以看成这个态空间上的一个矢量，称为态矢量，这个空间是希尔伯特空间。各种不同的波函数形式上是态矢量在希尔伯特空间的不同基矢下的表示式。希尔伯特空间是定义在复数域上的完备的线性内积空间，并且一般是无限维的。

3.1.2 力学量的表示

一般较为常见的波函数的表示方式是坐标表象中的表示，状态之间变换的力学量算符的形式也是在坐标表象中表示的。不同表象中波函数的表示形式是不同的，那么在一般表象中波函数和力学算符是如何表示的？

量子状态是希尔伯特空间的矢量，算符把一个量子态变换为另一个量子态就是希尔伯特空间中态矢量的变换，这种变换是线性变换。设算符 $\hat{F}$ 把态 $\psi(\boldsymbol{r},t)$ 变为态 $\varphi(\boldsymbol{r},t)$，写为

$$\hat{F}\psi(\boldsymbol{r},t) = \varphi(\boldsymbol{r},t) \tag{3.1.6}$$

$\psi(\boldsymbol{r},t)$ 和 $\varphi(\boldsymbol{r},t)$ 都可以用任一表象（设为 Q 表象，具有分立本征值 q_1，q_2，…，q_n，…，对应的本征函数是 u_1，u_2，…，u_n，…）的一组完备的基矢 u_n 展开，即

$$\psi(\boldsymbol{r},t) = \sum_n a_n u_n \tag{3.1.7}$$

$$\varphi(\boldsymbol{r},t) = \sum_m b_m u_m \tag{3.1.8}$$

将式（3.1.7）和式（3.1.8）代入式（3.1.6）中，用 u_m^* 左乘两边对全空间积分，得

$$\sum_n a_n \int u_m^*\hat{F}u_n \mathrm{d}\tau = \sum_m b_m \int u_m^* u_m \mathrm{d}\tau \tag{3.1.9}$$

利用 u_n 的正交归一关系得到

$$b_m = \sum_n a_n \int u_m^*\hat{F}u_n \mathrm{d}\tau = \sum f_{mn}a_n \tag{3.1.10}$$

其中

$$f_{mn} = \int u_m^*\hat{F}u_n \mathrm{d}\tau \tag{3.1.11}$$

是算符 $\hat{F}$ 在 Q 表象中的表示。式（3.1.10）是一线性方程组，即

$$\begin{cases} b_1 = \sum_m f_{1m} a_m = f_{11} a_1 + f_{12} a_2 + \cdots + f_{1m} a_m + \cdots \\ b_2 = \sum_m f_{2m} a_m = f_{21} a_1 + f_{22} a_2 + \cdots + f_{2m} a_m + \cdots \\ \vdots \\ b_n = \sum_m f_{nm} a_m = f_{n1} a_1 + f_{n2} a_2 + \cdots + f_{nm} a_m + \cdots \\ \vdots \end{cases} \tag{3.1.12}$$

用矩阵形式写为

$$\begin{pmatrix} b_1 \\ b_2 \\ \vdots \\ b_n \\ \vdots \end{pmatrix} = \begin{pmatrix} f_{11} & f_{12} & \cdots & f_{1m} & \cdots \\ f_{21} & f_{22} & \cdots & f_{2m} & \cdots \\ \vdots & \vdots & & \vdots & \\ f_{n1} & f_{n2} & \cdots & f_{nm} & \cdots \\ \vdots & \vdots & & \vdots & \end{pmatrix} \begin{pmatrix} a_1 \\ a_2 \\ \vdots \\ a_n \\ \vdots \end{pmatrix} \tag{3.1.13}$$

给式（3.1.7）和式（3.1.8）两边同乘u_n^*，并根据波函数的正交归一性，用狄拉克符号表示（量子体系的一切可能的状态构成一个希尔伯特空间，该空间中的一个矢量（一般为复矢量）用以标记一个量子态。右矢空间的态矢量用符号“$|\ \rangle$”表示，称为右矢；左矢空间的态矢量用符号“$\langle\ |$”表示，称为左矢。右矢和左矢互为共轭矢量。这一符号称为狄拉克符号，采用狄拉克符号后，可以大大提高运算功能），可得到

$$a_n = \langle u_n | \psi \rangle = \int u_n^* \psi(\boldsymbol{r},t) \mathrm{d}\tau \tag{3.1.14}$$

$$b_m = \langle u_m | \varphi \rangle \int u_m^* \psi(\boldsymbol{r},t) \mathrm{d}\tau \tag{3.1.15}$$

称a_n和b_m分别是态$\psi(\boldsymbol{r},t)$和$\varphi(\boldsymbol{r},t)$在$Q$表象中的表示，它们的矩阵（态矢量和力学量算符可用矩阵表示，取决于表象基矢的完备性，表象基矢的完备性条件在3.1.3小节中讨论）形式分别为

$$|a\rangle = \begin{pmatrix} a_1 \\ a_2 \\ \vdots \\ a_m \\ \vdots \end{pmatrix} = \begin{pmatrix} \langle u_1 | \psi \rangle \\ \langle u_2 | \psi \rangle \\ \vdots \\ \langle u_m | \psi \rangle \\ \vdots \end{pmatrix} \tag{3.1.16}$$

$$|b\rangle = \begin{pmatrix} b_1 \\ b_2 \\ \vdots \\ b_n \\ \vdots \end{pmatrix} = \begin{pmatrix} \langle u_1 | \varphi \rangle \\ \langle u_2 | \varphi \rangle \\ \vdots \\ \langle u_n | \varphi \rangle \\ \vdots \end{pmatrix} \tag{3.1.17}$$

力学量算符 $\hat{F}$ 在 Q 表象中的矩阵形式为

$$F=\begin{pmatrix} f_{11} & f_{12} & \cdots & f_{1m} & \cdots \\ f_{21} & f_{22} & \cdots & f_{2m} & \cdots \\ \vdots & \vdots & & \vdots & \\ f_{n1} & f_{n2} & \cdots & f_{nm} & \cdots \\ \vdots & \vdots & & \vdots & \end{pmatrix} \tag{3.1.18}$$

若 Q 表象就是算符 $\hat{F}$ 的自身表象，$\hat{F}$ 的本征值为 f_1，f_2，…，f_n，…，相应的本征函数是 $f_1(x)$，$f_2(x)$，…，$f_n(x)$，…，则 $\hat{F}$ 的矩阵元为

$$F_{nm}=\int f_n^*(x)\hat{F}f_m(x)\mathrm{d}\tau=f_n\int f_n^*(x)f_m(x)\mathrm{d}\tau=\delta_{nm}=\begin{cases} f_n, & m=n \\ 0, & m\neq n \end{cases} \tag{3.1.19}$$

可见，算符 $\hat{F}$ 在自身表象中是一个对角矩阵，其矩阵元是算符的本征值 f_n，这是一个非常重要的结论。

量子力学中表示力学量的算符都是厄米算符，厄米算符的本征态张成一个无限维希尔伯特空间，在这个空间中，任一力学量算符 $\hat{A}$ 的矩阵表示为

$$A=\begin{pmatrix} a_{11} & a_{12} & a_{13} & \cdots \\ a_{21} & a_{22} & a_{23} & \cdots \\ a_{31} & a_{32} & a_{33} & \cdots \\ \vdots & \vdots & \vdots & \end{pmatrix} \tag{3.1.20}$$

由算符的厄米性知，力学量算符 $\hat{A}$ 的矩阵元有关系

$$A=A^{+}=\begin{pmatrix} a_{11}^* & a_{21}^* & a_{31}^* & \cdots \\ a_{12}^* & a_{22}^* & a_{32}^* & \cdots \\ a_{13}^* & a_{23}^* & a_{33}^* & \cdots \\ \vdots & \vdots & \vdots & \end{pmatrix} \tag{3.1.21}$$

式（3.1.21）表示矩阵 A 的第 n 行、第 m 列的元素 A_{nm} 等于该矩阵第 m 行、第 n 列的元素 A_{mn} 的复共轭，满足这一条件的矩阵称为厄米矩阵。可见，量子力学中力学量算符 $\hat{A}$ 在 Q 表象中是一个厄米矩阵。

3.1.3 两种完备基矢

1. 离散谱的本征函数系作为态空间的基矢

若力学量 Q 具有分立的本征值 $q_1, q_2, \cdots, q_n, \cdots$，对应的本征函数 $|u_1\rangle, |u_2\rangle, \cdots, |u_n\rangle$，…组成完备系，这样就可以选取这一组线性独立且正交归一的态矢量作为态空间的基矢。态空间任意态矢量 $|\psi\rangle$ 可以用这一完备系展开，得

$$|\psi\rangle=\sum_n a_n|u_n\rangle \tag{3.1.22}$$

利用$|\phi_n\rangle$的正交归一关系，有

$$a_n = \langle u_m|\psi\rangle \tag{3.1.23}$$

$$|\psi\rangle = \sum_n \langle u_m|\psi\rangle|u_n\rangle = \sum_n |u_n\rangle\langle u_m|\psi\rangle \tag{3.1.24}$$

比较式（3.1.24）两边可得

$$\sum_n |u_n\rangle\langle u_m| = 1 \tag{3.1.25}$$

式（3.1.25）称为基矢的封闭性（完备性）条件。

2. 连续谱的本征函数系作为态空间的基矢

用λ, λ', …表示力学量Q连续谱的本征值，相应的本征函数为$|u_\lambda\rangle$, $|u_{\lambda'}\rangle$, …，它们的正交归一关系为

$$\langle u_{\lambda'}|u_\lambda\rangle = \int u(\lambda')^* u(\lambda)\mathrm{d}\lambda = \delta(\lambda-\lambda') \tag{3.1.26}$$

且组成完备系，以它们为基矢，任意态矢量$|\psi\rangle$展开为

$$|\psi\rangle = \int a_\lambda |u_\lambda\rangle \mathrm{d}\lambda \tag{3.1.27}$$

式（3.1.27）两边同乘$\langle u_{\lambda'}|$得

$$a_\lambda = \langle u_{\lambda'}|\psi\rangle = \int u(\lambda')^* u(\lambda)\mathrm{d}\lambda \tag{3.1.28}$$

将式（3.1.28）代入式（3.1.27）中，得

$$|\psi\rangle = \int \langle u_{\lambda'}|\psi\rangle|u_\lambda\rangle\mathrm{d}\lambda = \int |u_\lambda\rangle\langle u_{\lambda'}|\mathrm{d}\lambda|\psi\rangle \tag{3.1.29}$$

比较式（3.1.29）两边可得

$$\int |u_{\lambda'}\rangle\langle u_\lambda|\mathrm{d}\lambda = 1 \tag{3.1.30}$$

式（3.1.30）即是连续谱基矢的封闭性（完备性）条件。

3.2 坐标表象与动量表象

3.2.1 坐标表象

1. 态空间中坐标表象的基矢

在坐标表象中，以坐标算符$\hat{x}$的本征函数系$|x'\rangle$作为态空间的基矢，坐标x的本征方程为

$$\hat{x}|x'\rangle = \hat{x}|x'\rangle \quad (-\infty < x' < \infty) \tag{3.2.1}$$

其中，x'是坐标算符$\hat{x}$的本征值。

本征函数正交“归一”关系为

$$\langle x|x'\rangle = \delta(x-x') \tag{3.2.2}$$

封闭性条件为

$$\int \mathrm{d}x'|x'\rangle\langle x'| = 1 \tag{3.2.3}$$

2. 态矢量在坐标表象中的表示

任意态矢量$|\psi\rangle$以坐标表象中的基矢展开为

$$|\psi\rangle=\int \mathrm{d}x|x\rangle\langle x|\psi\rangle \tag{3.2.4}$$

展开式系数$\langle x|\psi\rangle$是坐标算符$\hat{x}$的本征谱（值）x的函数。确定了展开式的系数，就等同于得到了态矢量$|\psi\rangle$的全部信息。因此，任意态矢量$|\psi\rangle$在坐标表象中表示为$\langle x|\psi\rangle$，记为

$$|\psi\rangle=\psi(x)=\langle x|\psi\rangle \tag{3.2.5}$$

坐标算符$\hat{x}$的本征矢$|x\rangle$表示为

$$\psi_x(x)=\langle x|x'\rangle=\delta(x-x') \tag{3.2.6}$$

式中，$\psi_x(x)$的下标x表示坐标算符的一个特定的本征值，$\psi_x(x)$的宗量x表示函数的自变量（坐标算符的本征值谱）。

例如，动量本征矢$|p'\rangle$（本征值p'）在坐标表象中的表示为

$$\psi_{p'}(x)=\frac{1}{\sqrt{2\pi\hbar}}\mathrm{e}^{\frac{\mathrm{i}}{\hbar}p'x}=\langle x|p'\rangle \tag{3.2.7}$$

坐标表象中任意两个态矢量$|\psi\rangle$和$|\varphi\rangle$的内积为

$$\langle\psi|\varphi\rangle=\int\langle\psi|x\rangle\langle x|\varphi\rangle\mathrm{d}x=\int\psi^*(x)\varphi(x)\mathrm{d}x \tag{3.2.8}$$

3. 力学量算符在坐标表象中的表示

坐标算符$\hat{x}$的矩阵元为

$$\langle x|\hat{x}|x'\rangle=x\langle x|x'\rangle=x\delta(x-x') \tag{3.2.9}$$

动量算符$\hat{\boldsymbol{p}}$的x分量$\hat{p}_x$的矩阵元为

$$\langle x'|\hat{p}_x|x''\rangle=\int\delta(x-x')\left(-\mathrm{i}\hbar\frac{\partial}{\partial x}\right)\delta(x-x'')=-\mathrm{i}\hbar\frac{\partial}{\partial x'}\delta(x'-x'') \tag{3.2.10a}$$

以及$\hat{p}_y$，$\hat{p}_z$的矩阵元为

$$\langle y'|\hat{p}_y|y''\rangle=\int\delta(y-y')\left(-\mathrm{i}\hbar\frac{\partial}{\partial y}\right)\delta(y-y'')=-\mathrm{i}\hbar\frac{\partial}{\partial y'}\delta(y'-y'') \tag{3.2.10b}$$

$$\langle z'|\hat{p}_z|z''\rangle=\int\delta(z-z')\left(-\mathrm{i}\hbar\frac{\partial}{\partial z}\right)\delta(z-z'')=-\mathrm{i}\hbar\frac{\partial}{\partial z'}\delta(z'-z'') \tag{3.2.10c}$$

哈密顿算符的矩阵元表示为

$$\begin{aligned}\langle x|\hat{H}|x'\rangle&=x\langle x|\frac{\hat{p}_x^2}{2m}|x'\rangle+\langle x|V(x,\hat{p}_x)|x'\rangle\\&=\frac{1}{2m}\left(-\mathrm{i}\hbar\frac{\partial}{\partial x}\right)^2\delta(x-x')+V\left(x,-\mathrm{i}\hbar\frac{\partial}{\partial x}\right)\delta(x-x')\\&=\left[-\frac{\hbar^2}{2m}\frac{\partial^2}{\partial x^2}+V\left(x,-\mathrm{i}\hbar\frac{\partial}{\partial x}\right)\right]\delta(x-x')\end{aligned} \tag{3.2.11}$$

3.2.2 动量表象

1. 态空间中动量表象的基矢

动量表象中，以动量算符 $\hat{p}$ 的本征函数系 $|p\rangle$ 作为态矢量的基矢。动量算符的本征方程为

$$\hat{p}|p\rangle = p|p\rangle \quad (-\infty < p < \infty) \tag{3.2.12}$$

其中，p 是动量算符 $\hat{p}$ 的本征值。

本征函数的正交“归一”关系为

$$\langle p|p'\rangle = \delta(p-p') \tag{3.2.13}$$

封闭性条件为

$$\int \mathrm{d}p|p\rangle\langle p| = 1 \tag{3.2.14}$$

2. 态矢量在动量表象中的表示

任意态矢量 $|\psi\rangle$ 以动量表象中的基矢展开为

$$|\psi\rangle = \int \mathrm{d}p|p\rangle\langle p|\psi\rangle \tag{3.2.15}$$

因此，任意态矢量 $|\psi\rangle$ 在动量表象中表示为 $\langle p|\psi\rangle$，为了与坐标表象中的表示 $\psi_x(x)$ 相区别，通常把 $\langle p|\psi\rangle$ 记为

$$|\psi\rangle = \psi(p) = \langle p|\psi\rangle \tag{3.2.16}$$

动量算符 $\hat{p}$ 的本征矢 $|p\rangle$ 表示为

$$|p\rangle = \langle p|p'\rangle = \delta(p-p') \tag{3.2.17}$$

例如，坐标本征矢 $|x'\rangle$（本征值 x'）在动量表象中的表示为

$$\psi_{x'}(p) = \frac{1}{\sqrt{2\pi\hbar}}\mathrm{e}^{-\frac{\mathrm{i}}{\hbar}px'} = \langle p|x'\rangle \tag{3.2.18}$$

动量表象中任意两个态矢量 $|\psi\rangle$ 和 $|\varphi\rangle$ 的内积为

$$\langle\psi|\varphi\rangle = \int\langle\psi|p\rangle\langle p|\varphi\rangle\mathrm{d}p = \int\psi^*(p)\varphi(p)\mathrm{d}p \tag{3.2.19}$$

3. 力学量算符在动量表象中的表示

动量算符 $\hat{p}$ 的矩阵元为

$$\langle p|\hat{p}|p'\rangle = p\langle p|p'\rangle = p\delta(p-p') \tag{3.2.20}$$

坐标算符的矩阵元为

$$\begin{aligned}\langle p|\hat{x}|p'\rangle &= \iint\langle p|x\rangle\mathrm{d}x\langle x|\hat{x}|x'\rangle\mathrm{d}x'\langle x'|p'\rangle \\ &= \iint\langle p|x\rangle\mathrm{d}xx'\delta(x-x')\mathrm{d}x'\langle x'|p'\rangle \\ &= \int\langle p|x\rangle x\mathrm{d}x\langle x|p'\rangle\end{aligned}$$

$$
\begin{aligned}
&= \frac{1}{2\pi\hbar}\int \mathrm{e}^{-\frac{\mathrm{i}}{\hbar}px} x \mathrm{e}^{\frac{\mathrm{i}}{\hbar}p'x}\mathrm{d}x \\
&= \frac{1}{2\pi\hbar}\int \mathrm{i}\hbar\frac{\partial}{\partial p}\mathrm{e}^{-\frac{\mathrm{i}}{\hbar}px}\mathrm{e}^{\frac{\mathrm{i}}{\hbar}p'x}\mathrm{d}x \\
&= \mathrm{i}\hbar\frac{\partial}{\partial p}\delta(p-p')
\end{aligned}
\tag{3.2.21}
$$

因此，坐标算符 $\hat{x}$ 在动量表象中的表示形式为

$$
\hat{x} = \mathrm{i}\hbar\frac{\partial}{\partial p} \tag{3.2.22}
$$

哈密顿算符的矩阵元表示为

$$
\begin{aligned}
\langle p|\hat{H}|p'\rangle &= \langle p|\frac{\hat{p}^2}{2m}|p'\rangle + \langle p|V(x,\hat{p}_x)|p'\rangle \\
&= \frac{p^2}{2m}\delta(p-p') + V\left(\mathrm{i}\hbar\frac{\partial}{\partial p}, p\right)\delta(p-p') \\
&= \left[\frac{p^2}{2m} + V\left(\mathrm{i}\hbar\frac{\partial}{\partial p}, p\right)\right]\delta(p-p')
\end{aligned}
\tag{3.2.23}
$$

3.2.3 坐标表象和动量表象的变换

任意态矢量在坐标表象的表示 $\psi(x)$ 由式（3.2.5）表示，在动量表象中的表示 $\psi(p)$ 为式（3.2.16），它们之间的变换关系为

$$
\begin{aligned}
\langle x|\psi\rangle &= \langle x|\int \mathrm{d}p_x |p_x\rangle\langle p_x|\psi\rangle \\
&= \int \mathrm{d}p_x \langle x|p_x\rangle\langle p_x|\psi\rangle \\
&= (2\pi\hbar)^{-\frac{1}{2}}\int \mathrm{d}p_x \mathrm{e}^{\frac{\mathrm{i}}{\hbar}p_x x}\langle p_x|\psi\rangle
\end{aligned}
\tag{3.2.24}
$$

类似地，$\psi(x)$ 和 $\psi(p)$ 的逆变换为

$$
\begin{aligned}
\langle p_x|\psi\rangle &= \langle p_x|\int \mathrm{d}x|x\rangle\langle x|\psi\rangle \\
&= \int \mathrm{d}x\langle p_x|x\rangle\langle x|\psi\rangle \\
&= (2\pi\hbar)^{-\frac{1}{2}}\int \mathrm{d}x \mathrm{e}^{-\frac{\mathrm{i}}{\hbar}p_x x}\langle x|\psi\rangle
\end{aligned}
\tag{3.2.25}
$$

3.3 表象变换

3.3.1 两个表象基矢的变换

以力学量算符 $\hat{A}$ 和 $\hat{B}$ 的本征函数系为基矢分别构成 A 表象和 B 表象，其中算符 $\hat{A}$ 的正交归一本征函数系为 $\psi_1(x)$，$\psi_2(x)$，…；算符 $\hat{B}$ 的正交归一的本征函数系为 $\varphi_1(x)$，$\varphi_2(x)$，…。B 表象的基矢 $\varphi(x)$ 用两表象间的变换算符 $\hat{S}$ 表示，即

$$\varphi(x)=\hat{S}\psi(x) \tag{3.3.1}$$

由基矢的正交归一性

$$\int\psi(x)_n^*\psi_m(x)\mathrm{d}\tau=\delta_{nm} \tag{3.3.2}$$

得到变换算符 $\hat{S}$ 为

$$\hat{S}=\int\psi_n^*(x)\varphi_\beta(x)\mathrm{d}\tau \tag{3.3.3}$$

因此，B 表象的基矢

$$\varphi_\beta(x)=\sum_n S_{n\beta}\psi_n(x) \tag{3.3.4a}$$

写为矩阵形式为

$$\begin{pmatrix}\varphi_1(x)\\ \varphi_2(x)\\ \vdots\\ \varphi_\beta(x)\\ \vdots\end{pmatrix}=\begin{pmatrix}S_{11} & S_{21} & \cdots & S_{n1} & \cdots\\ S_{12} & S_{22} & \cdots & S_{n2} & \cdots\\ \vdots & \vdots & & \vdots & \\ S_{1\beta} & S_{2\beta} & \cdots & S_{n\beta} & \cdots\\ \vdots & \vdots & & \vdots & \end{pmatrix}\begin{pmatrix}\psi_1(x)\\ \psi_2(x)\\ \vdots\\ \psi_n(x)\\ \vdots\end{pmatrix} \tag{3.3.4b}$$

取式（3.3.4）的复共轭，得

$$\varphi_\alpha^*(x)=\sum_m\psi_m^*(x)S_{m\alpha}^* \tag{3.3.5a}$$

矩阵形式为

$$(\varphi_1^*(x)\quad \varphi_2^*(x)\quad \cdots\quad \varphi_\beta^*(x)\quad \cdots)=(\psi_1^*(x)\quad \psi_2^*(x)\quad \cdots\quad \psi_\beta^*(x)\quad \cdots)\begin{pmatrix}S_{11}^* & S_{12}^* & \cdots & S_{1\beta}^* & \cdots\\ S_{21}^* & S_{22}^* & \cdots & S_{2\beta}^* & \cdots\\ \vdots & \vdots & & \vdots & \\ S_{n1}^* & S_{n2}^* & \cdots & S_{n\beta}^* & \cdots\\ \vdots & \vdots & & \vdots & \end{pmatrix} \tag{3.3.5b}$$

其中

$$S_{m\beta}^*=\int\psi_m(x)\varphi_\beta^*(x)\mathrm{d}\tau \tag{3.3.6}$$

是 $S_{n\beta}$ 是共轭转置形式，把式（3.3.4）和式（3.3.5）简记为

$$\Phi=\tilde{S}\Psi,\quad \Phi^+=\Psi^+S^* \tag{3.3.7}$$

这里 $\tilde{S}$ 为 S 的共轭转置矩阵，以 $S_{n\beta}$ 为矩阵元的矩阵 S 称为变换矩阵，是变换算符 $\hat{S}$ 的矩阵。

3.3.2 力学量算符由 *A* 表象到 *B* 表象的变换

根据式（3.1.18），力学量算符 $\hat{F}$ 在 A 表象中的矩阵元为

$$F_{mn}=\int\psi_m^*(x)\hat{F}\psi_n(x)\mathrm{d}\tau,\quad m,n=1,2,\cdots \tag{3.3.8}$$

在 B 表象中的矩阵元为

$$F'_{\alpha\beta}=\int\varphi_{\alpha}^{*}(x)\hat{F}\varphi_{\beta}(x)\mathrm{d}\tau,\quad \alpha,\beta=1,2,\cdots \tag{3.3.9}$$

将式（3.3.4）和式（3.3.5）代入式（3.3.9），得

$$\begin{aligned}F'_{\alpha\beta}&=\sum_{mn}\int\psi_{m}^{*}(x)S_{m\alpha}^{*}\hat{F}S_{n\beta}\psi_{n}(x)\mathrm{d}\tau\\&=\sum_{mn}S_{m\alpha}^{*}\int\psi_{m}^{*}(x)\hat{F}\psi_{n}(x)\mathrm{d}\tau S_{n\beta}\\&=\sum_{mn}S_{m\alpha}^{*}F_{mn}S_{n\beta}\\&=\sum_{mn}S_{\alpha m}^{+}F_{mn}S_{n\beta}\\&=(S^{+}FS)_{\alpha\beta}\end{aligned} \tag{3.3.10}$$

其中，F' 表示算符 $\hat{F}$ 在 B 表象中的矩阵；F 表示算符 $\hat{F}$ 在 A 表象中的矩阵。式（3.3.10）简写为

$$F'=S^{+}FS \tag{3.3.11}$$

式（3.3.11）就是量子力学中算符 $\hat{F}$ 由 A 表象变换到 B 表象的变换公式。

3.3.3 态矢量 $u(x,t)$ 从 A 表象到 B 表象的变换

任意态矢量 $u(x,t)$ 分别用 A 表象和 B 表象的基矢展开，得

$$u(x,t)=\sum_{n}a_{n}(t)\psi_{n}(x) \tag{3.3.12}$$

$$u(x,t)=\sum_{\alpha}b_{n}(t)\varphi_{\alpha}(x) \tag{3.3.13}$$

其中，a_n 和 b_n 是 $u(x,t)$ 分别在 A 表象和 B 表象中的表示，写为

$$a_{n}=\int\psi_{n}^{*}(x)u(x,t)\,\mathrm{d}\tau \tag{3.3.14}$$

$$b_{n}=\int\varphi_{n}^{*}(x)u(x,t)\,\mathrm{d}\tau \tag{3.3.15}$$

把式（3.3.5）代入式（3.3.15）中，并且利用式（3.3.14）得到

$$\begin{aligned}b_{n}(t)&=\int\varphi_{\alpha}^{*}(x)u(x,t)\mathrm{d}\tau\\&=\sum_{m}\int\psi_{m}^{*}(x)S_{m\alpha}^{*}u(x,t)\mathrm{d}\tau\\&=\sum_{m}S_{m\alpha}^{*}\int\psi_{m}^{*}(x)u(x,t)\mathrm{d}\tau\\&=\sum_{m}S_{m\alpha}^{*}a_{m}(t)\\&=\sum_{m}(S^{+})_{\alpha m}a_{m}(t)\\&=(S^{+}a)_{\alpha}\end{aligned} \tag{3.3.16}$$

即

$$b = S^{+}a \tag{3.3.17}$$

3.3.4 变换矩阵的性质

1）变换矩阵是幺正矩阵

把式（3.3.4）和式（3.3.5）代入 $\varphi_\alpha(x)$ 的正交归一化条件，并注意波函数 $\psi_m(x)$ 的正交归一性，有

$$\begin{aligned}\delta_{\alpha\beta} &= \int \varphi_\alpha^*(x)\varphi_\beta(x)\mathrm{d}\tau \\ &= \sum_{nm}\int \psi_m^*(x)S_{m\alpha}^*\psi_n(x)S_{n\beta}\mathrm{d}\tau \\ &= \sum_{nm} S_{m\alpha}^* S_{n\beta}\int \psi_m^*(x)\psi_n(x)\mathrm{d}\tau \\ &= \sum_{nm} S_{m\alpha}^* S_{n\beta}\delta_{mn} \\ &= \sum_{m} (S^{+})_{\alpha m} S_{m\beta} \\ &= (S^{+}S)_{\alpha\beta}\end{aligned}$$

即

$$S^{+}S = I \tag{3.3.18}$$

式中，S^{+} 是 S 的共轭矩阵（对矩阵 S 取复共轭再转置）；I 是单位矩阵。再由式（3.3.6）得

$$\begin{aligned}\sum_\alpha S_{n\alpha}S_{m\alpha}^* &= \sum_\alpha S_{n\alpha}(S^{+})_{\alpha m} \\ &= \sum_\alpha \int \psi_n^*(x)\varphi_\alpha(x)\mathrm{d}\tau \int \psi_m(x')\varphi_\alpha^*(x')\mathrm{d}\tau'\end{aligned} \tag{3.3.19}$$

将 $\psi_m(x')$ 按 $\varphi_\alpha(x')$ 展开，有

$$\psi_m(x') = \sum_\alpha c_\alpha \varphi_\alpha(x') \tag{3.3.20}$$

其中，$c_\alpha = \int \varphi_\alpha^*(x')\psi_m(x')\mathrm{d}\tau'$。把式（3.3.20）代入式（3.3.19）右边，得

$$\begin{aligned}\sum_\alpha S_{n\alpha}S_{\alpha m}^{+} &= \sum_\alpha \int \psi_n^*(x)c_\alpha\varphi_\alpha(x)\mathrm{d}\tau \\ &= \int \psi_n^*(x)\sum_\alpha c_\alpha\varphi_\alpha(x)\mathrm{d}\tau \\ &= \int \psi_n^*(x)\psi_m(x)\mathrm{d}\tau \\ &= \delta_{mn}\end{aligned}$$

即

$$SS^{+} = I \tag{3.3.21}$$

由式（3.3.19）和式（3.3.21），根据逆矩阵的定义，有

$$S^{+}=S^{-1} \tag{3.3.22}$$

满足式（3.3.22）的矩阵称为幺正矩阵，由幺正矩阵所表示的变换称为幺正变换。所以由一个表象到另一个表象的变换是幺正变换。由于幺正变换的条件 $S^{+}=S^{-1}$ 与厄米矩阵的条件 $S^{+}=S$ 不同，所以幺正矩阵不是厄米矩阵。

根据式（3.3.22），式（3.3.11）和式（3.3.17）又可以写为

$$F'=S^{-1}FS \tag{3.3.23}$$

$$b=S^{-1}a \tag{3.3.24}$$

2）幺正矩阵不改变算符的本征值

设 $\hat{F}$ 在 A 表象中的本征值方程为

$$\hat{F}a=\lambda a \tag{3.3.25}$$

式中，λ 是 $\hat{F}$ 在 A 表象中的本征值；a 是本征矢。可以通过幺正变换 S，把 $\hat{F}$ 从 A 表象变换到 B 表象。

用 S^{-1} 左乘式（3.3.25）两边，并在 Fa 之间插入 SS^{-1}，得

$$S^{-1}FSS^{-1}a=\lambda S^{-1}a \tag{3.3.26}$$

由式（3.3.23）和式（3.3.24），有

$$F'b=\lambda b \tag{3.3.27}$$

这个本征值方程说明算符 $\hat{F}$ 在 B 表象中的本征值仍为 λ。也就是说，幺正变换不改变算符的本征值。

如果 F' 是对角矩阵，即 B 表象是 $\hat{F}$ 自身的表象，那么 F' 的对角元就是 $\hat{F}$ 的本征值。于是求算符本征值的问题归结为为寻找一个幺正变换 S，把算符 $\hat{F}$ 从原来的表象变换到 $\hat{F}$ 自身的表象，使 $\hat{F}$ 的矩阵对角化。解定态薛定谔方程求定态能级的问题也就是把坐标表象中的哈密顿算符对角化，即由坐标表象变换到能量表象。

3）幺正变换不改变矩阵的迹

矩阵 A 的对角元素之和称为矩阵 A 的迹，以 $\mathrm{Sp}A$ 表示

$$\mathrm{Sp}A=\sum_{n}A_{nn} \tag{3.3.28}$$

在矩阵乘积中，矩阵的次序可以轮换，但迹不变，即

$$\mathrm{Sp}(AB)=\sum_{n}(AB)_{nn}=\sum_{n}\sum_{l}A_{nl}B_{ln}=\sum_{l}\sum_{n}B_{ln}A_{nl}=\sum_{l}(BA)_{ll}=\mathrm{Sp}(BA) \tag{3.3.29}$$

设经过幺正变换后，矩阵 F 变为 F'，则

$$\mathrm{Sp}F'=\mathrm{Sp}F \tag{3.3.30}$$

证明 由式（3.3.23）

$$F'=S^{-1}FS$$

应用式（3.3.29），有

$$\mathrm{Sp}F' = \mathrm{Sp}(S^{-1}FS) = \mathrm{Sp}(SS^{-1}F) = \mathrm{Sp}F$$

即 F' 的迹等于 F 的迹，也就是说矩阵的迹不因幺正变换而改变。

3.4 线性谐振子与粒子数表象

3.4.1 湮灭算符和产生算符以及粒子数算符

一维谐振子的哈密顿量为

$$\hat{H} = \frac{1}{2m}\hat{p}^2 + \frac{1}{2}m\omega^2 x^2 \tag{3.4.1}$$

引入新算符

$$\hat{a} = \left(\frac{m\omega}{2\hbar}\right)^{1/2}\left(\hat{x} + \frac{\mathrm{i}}{m\omega}\hat{p}\right) = \left(\frac{m\omega}{2\hbar}\right)^{1/2}\left(x + \frac{\hbar}{m\omega}\frac{\partial}{\partial x}\right) \tag{3.4.2}$$

和它的共轭算符

$$\hat{a}^+ = \left(\frac{m\omega}{2\hbar}\right)^{1/2}\left(\hat{x} - \frac{\mathrm{i}}{m\omega}\hat{p}\right) = \left(\frac{m\omega}{2\hbar}\right)^{1/2}\left(x - \frac{\hbar}{m\omega}\frac{\partial}{\partial x}\right) \tag{3.4.3}$$

由于 $\hat{a} \neq \hat{a}^+$，$\hat{a}$ 不是厄米算符。$\hat{a}$ 和 $\hat{a}^+$ 之间的对易关系为

$$[\hat{a}, \hat{a}^+] = \hat{a}\hat{a}^+ - \hat{a}^+\hat{a} = 1 \tag{3.4.4}$$

$$[\hat{a}, \hat{a}] = [\hat{a}^+, \hat{a}^+] = 0 \tag{3.4.5}$$

根据 $\hat{x}$ 和 $\hat{p}$ 的对易关系，利用式（3.4.2）可以证明式（3.4.4）和式（3.4.5）。

把式（3.4.2）代入式（3.4.4），得

$$\begin{aligned}
[\hat{a}, \hat{a}^+] &= \left[\frac{\alpha}{\sqrt{2}}\left(\hat{x} + \mathrm{i}\frac{\hat{p}}{\hbar\alpha^2}\right), \frac{\alpha}{\sqrt{2}}\left(\hat{x} - \mathrm{i}\frac{\hat{p}}{\hbar\alpha^2}\right)\right] \\
&= \frac{\alpha^2}{2}\left\{[\hat{x}, \hat{x}] + \left[\hat{x}, -\mathrm{i}\frac{\hat{p}}{\hbar\alpha^2}\right] - \left[-\mathrm{i}\frac{\hat{p}}{\hbar\alpha^2}, \hat{x}\right] - \left(-\mathrm{i}\frac{\hat{p}}{\hbar\alpha^2}, -\mathrm{i}\frac{\hat{p}}{\hbar\alpha^2}\right)\right\} \\
&= -\mathrm{i}\frac{\alpha^2}{2}\frac{1}{\hbar\alpha^2}\{[\hat{x}, \hat{p}] - [\hat{p}, \hat{x}]\} \\
&= -\mathrm{i}\frac{\alpha^2}{2}\frac{1}{\hbar\alpha^2}(2\mathrm{i}\hbar) \\
&= 1
\end{aligned}$$

其中

$$\alpha = \sqrt{\frac{m\omega}{\hbar}}$$

令

$$\xi = \alpha x \tag{3.4.6}$$

则式（3.4.2）和式（3.4.3）可写为

$$\hat{a}=\frac{1}{\sqrt{2}}\left(\xi+\frac{\partial}{\partial\xi}\right) \tag{3.4.7}$$

$$\hat{a}^{+}=\frac{1}{\sqrt{2}}\left(\xi-\frac{\partial}{\partial\xi}\right) \tag{3.4.8}$$

把$\hat{a}$和$\hat{a}^{+}$分别作用于谐振子哈密顿算符的第n个本征态ψ_n，并利用线性谐振子的递推关系式

$$x\psi_n(\xi)=\frac{1}{\alpha}\sqrt{\frac{n}{2}}\psi_{n-1}(\xi)+\frac{1}{\alpha}\sqrt{\frac{n+1}{2}}\psi_{n+1}(\xi) \tag{3.4.9}$$

$$\frac{\mathrm{d}}{\mathrm{d}x}\psi_n(\xi)=\alpha\sqrt{\frac{n}{2}}\psi_{n-1}(\xi)-\alpha\sqrt{\frac{n+1}{2}}\psi_{n+1}(\xi) \tag{3.4.10}$$

可以得到

$$\hat{a}\psi_n=\sqrt{n}\psi_{n-1} \tag{3.4.11}$$

$$\hat{a}^{+}\psi_n=\sqrt{n+1}\psi_{n+1} \tag{3.4.12}$$

ψ_n，ψ_{n-1}，ψ_{n+1}都是谐振子哈密顿算符$\hat{H}$的本征态，分别对应于本征值E_n，E_{n-1}，E_{n+1}。由谐振子能级$E_n=\left(n+\frac{1}{2}\right)\hbar\omega$可知，能量$E_n$等于$n$倍的$\hbar\omega$加零点能$\frac{1}{2}\hbar\omega$，谐振子的能量只能以$\hbar\omega$为单位改变，这个能量单位$\hbar\omega$可以看作一个粒子，本征态$\psi_n$表示体系在这个态中有$n$个粒子。式（3.4.11）［或式（3.4.12）］说明经算符$\hat{a}$（$\hat{a}^{+}$）作用后，体系由状态ψ_n变到状态ψ_{n-1}（ψ_{n+1}），即粒子数减少（增加）一个，所以$\hat{a}$（$\hat{a}^{+}$）称为粒子的湮灭（产生）算符。

式（3.4.11）和式（3.4.12）用狄拉克符号写为

$$\hat{a}|n\rangle=\sqrt{n}|n-1\rangle \tag{3.4.13}$$

$$\hat{a}^{+}|n\rangle=\sqrt{n+1}|n+1\rangle \tag{3.4.14}$$

由式（3.4.11）有

$$\hat{a}|0\rangle=0 \tag{3.4.15}$$

$|0\rangle$表示谐振子的基态。由式（3.4.14）有

$$|1\rangle=\hat{a}^{+}|0\rangle$$

$$\sqrt{2}|2\rangle=\hat{a}^{+}|1\rangle \text{ 或 } |2\rangle=\frac{1}{\sqrt{2}}\hat{a}^{+}|1\rangle=\frac{1}{\sqrt{2!}}(\hat{a}^{+})^2|0\rangle$$

$$\sqrt{3}|3\rangle=\hat{a}^{+}|2\rangle \text{ 或 } |3\rangle=\frac{1}{\sqrt{3}}\hat{a}^{+}|2\rangle=\frac{1}{\sqrt{3!}}(\hat{a}^{+})^3|0\rangle$$

$$\vdots$$

反复运用式（3.4.14）递推可得

$$|n\rangle = \frac{1}{\sqrt{n}}\hat{a}^+|n-1\rangle = \frac{1}{\sqrt{n}\sqrt{n-1}}(\hat{a}^+)^2|n-2\rangle = \cdots = \frac{1}{\sqrt{n!}}(\hat{a}^+)^n|0\rangle \tag{3.4.16}$$

由式（3.4.2）和式（3.4.3）解出 $\hat{x}$ 和 $\hat{p}$，得

$$\hat{x} = \left(\frac{\hbar}{2m\omega}\right)^{1/2}(\hat{a}+\hat{a}^+) \tag{3.4.17}$$

$$\hat{p} = -\mathrm{i}\left(\frac{m\hbar\omega}{2}\right)^{1/2}(\hat{a}-\hat{a}^+) \tag{3.4.18}$$

代入谐振子哈密顿算符 $\hat{H}$，得

$$\hat{H} = \hbar\omega\left(\hat{a}^+\hat{a}+\frac{1}{2}\right) = \hbar\omega\left(\hat{N}+\frac{1}{2}\right) \tag{3.4.19}$$

其中

$$\hat{N} = \hat{a}^+\hat{a} \tag{3.4.20}$$

$\hat{N}$ 称为粒子数算符，它是厄米算符。

$\hat{N}$ 和 $\hat{a}^+$、$\hat{a}$ 的对易关系分别为

$$[\hat{N},\hat{a}^+] = \hat{N}\hat{a}^+ - \hat{a}^+\hat{N} = \hat{a}^+\hat{a}\hat{a}^+ - \hat{a}^+\hat{a}^+\hat{a} = \hat{a}^+[\hat{a},\hat{a}^+] = \hat{a}^+ \tag{3.4.21}$$

$$[\hat{N},\hat{a}] = \hat{N}\hat{a} - \hat{a}\hat{N} = \hat{a}^+\hat{a}\hat{a} - \hat{a}\hat{a}^+\hat{a} = [\hat{a}^+,\hat{a}]\hat{a} = -\hat{a} \tag{3.4.22}$$

3.4.2　粒子数算符 $\hat{N}$ 的本征值和本征矢

用 $\hat{N}$ 作用于 $|n\rangle$，有

$$\hat{N}|n\rangle = \hat{a}^+\hat{a}|n\rangle = \sqrt{n}\hat{a}^+|n-1\rangle = n|n\rangle \tag{3.4.23}$$

因此，$|n\rangle$ 是算符 $\hat{N}$ 的本征值为 n 的本征矢；n 代表体系的粒子数；以 $|n\rangle$ 为基矢的表象称为粒子数表象。

利用 $\hat{a}$，$\hat{a}^+$ 和 $\hat{N}$ 的对易关系式（3.4.22），可以计算

$$\hat{N}\hat{a}|n\rangle = ([\hat{N},\hat{a}]+\hat{a}\hat{N})|n\rangle = (n-1)\hat{a}|n\rangle \tag{3.4.24}$$

$$\hat{N}\hat{a}^+|n\rangle = ([\hat{N},\hat{a}^+]+\hat{a}^+\hat{N})|n\rangle = (n+1)\hat{a}^+|n\rangle \tag{3.4.25}$$

以上两式表明，$\hat{a}|n\rangle$ 是 $\hat{N}$ 的本征值为 $(n-1)$ 的本征矢；$\hat{a}^+|n\rangle$ 是 $\hat{N}$ 的本征值为 $(n+1)$ 的本征矢。依次可得到 $\hat{N}$ 的本征值和本征矢系列

本征矢：$\cdots$，$(\hat{a})^2|n\rangle$，$\hat{a}|n\rangle$，$|n\rangle$，$\hat{a}^+|n\rangle$，$(\hat{a}^+)^2|n\rangle$，$\cdots$

本征值：$\cdots$，$n-2$，$n-1$，n，$n+1$，$n+2$，$\cdots$

本征值系列不可以无限下去，因为 $\hat{N}$ 的所有本征值不能取负值。设 $\hat{N}$ 的最小本征值为 n_0，对应的本征矢为 $|n_0\rangle$，则

$$\hat{N}|n_0\rangle = n_0|n_0\rangle \tag{3.4.26}$$

$$\langle n_0|n_0\rangle = 1 \tag{3.4.27}$$

$$\hat{a}|n_0\rangle = 0 \tag{3.4.28}$$

即 $\hat{N}$ 的最小本征值为零，其最低态为 $|0\rangle$，于是 $\hat{N}$ 的本征矢和本征值系列为

本征矢： $|0\rangle$，$\hat{a}^+|0\rangle$，$(\hat{a}^+)^2|0\rangle$，⋯，$(\hat{a}^+)^n|0\rangle$，⋯

本征值： 0，1，2，⋯，n，⋯

这些本征矢还没有归一化，为此先设最低态 $|0\rangle$ 已经归一化，即

$$\langle 0|0\rangle = 1$$

利用 $\hat{a}$ 和 $\hat{a}^+$ 的对易关系式（3.4.4），有

$$\langle 0|\hat{a}\hat{a}^+|0\rangle = \langle 0|([\hat{a},\hat{a}^+] + \hat{a}^+\hat{a})|0\rangle = 1$$

$$\begin{aligned}
\langle 0|\hat{a}\hat{a}\hat{a}^+\hat{a}^+|0\rangle &= \langle 0|\hat{a}(1+\hat{N})\hat{a}^+|0\rangle \\
&= \langle 0|\hat{a}\hat{a}^+|0\rangle + \langle 0|\hat{a}\hat{N}\hat{a}^+|0\rangle \\
&= \langle 0|\hat{a}\hat{a}^+|0\rangle + \langle 0|\hat{a}\hat{a}^+|0\rangle \\
&= 2\langle 0|\hat{a}\hat{a}^+|0\rangle \\
&= 2\times 1 = 2!
\end{aligned}$$

用归纳法不难证明

$$\langle 0|(\hat{a})^k(\hat{a}^+)^k|0\rangle = k! \tag{3.4.29}$$

因此 $\hat{N}$ 归一化本征矢取为 $|n\rangle = \dfrac{1}{\sqrt{k!}}(\hat{a}^+)^k|0\rangle$，这样把本征矢写为

$$|n\rangle = \frac{1}{\sqrt{n!}}(\hat{a}^+)^n|0\rangle \tag{3.4.30}$$

满足

$$\hat{N}|n\rangle = n|n\rangle \tag{3.4.31}$$

$$\langle n|m\rangle = \delta_{n,m} \tag{3.4.32}$$

3.4.3 一些算符在粒子数表象中的矩阵形式

根据表象理论，以粒子数算符 $\hat{N}$ 的本征矢 $|n\rangle$ 为基底构成的表象称为粒子数表象，在此表象中，粒子数算符 $\hat{N}$ 本身为对角矩阵，对角元即为本征值，它的形式为

$$N = \begin{bmatrix} 0 & 0 & 0 & 0 & \cdots \\ 0 & 1 & 0 & 0 & \cdots \\ 0 & 0 & 2 & 0 & \cdots \\ 0 & 0 & 0 & 3 & \cdots \\ \vdots & \vdots & \vdots & \vdots & \end{bmatrix} \tag{3.4.33}$$

在这个表象中，算符 $\hat{a}$ 的矩阵元为

$$\langle m|\hat{a}|n\rangle = \sqrt{n}\langle m|n-1\rangle = \sqrt{n}\delta_{m,n-1}$$

即

$$a=\begin{bmatrix}0 & \sqrt{1} & 0 & 0 & \cdots \\ 0 & 0 & \sqrt{2} & 0 & \cdots \\ 0 & 0 & 0 & \sqrt{3} & \cdots \\ \vdots & \vdots & & & \end{bmatrix} \tag{3.4.34}$$

算符 $\hat{a}^{+}$ 的矩阵元为

$$\langle m|\hat{a}^{+}|n\rangle=\sqrt{n+1}\langle m|n+1\rangle=\sqrt{n+1}\delta_{m,n+1}$$

$$a^{+}=\begin{bmatrix}0 & 0 & 0 & 0 & \cdots \\ \sqrt{1} & 0 & 0 & 0 & \cdots \\ 0 & \sqrt{2} & 0 & 0 & \cdots \\ 0 & 0 & \sqrt{3} & 0 & \cdots \\ \vdots & \vdots & \vdots & \vdots & \end{bmatrix} \tag{3.4.35}$$

由式（3.4.19）可以看出，能量算符和粒子数算符有简单的线性关系，所以粒子数算符的本征态也是能量的本征态，其本征值为

$$E_n=\langle n|\hat{H}|n\rangle=\langle n|\hbar\omega\left(\hat{a}^{+}\hat{a}+\frac{1}{2}\right)|n\rangle=\left(n+\frac{1}{2}\right)\hbar\omega$$

因此，粒子数表象实则也就是能量表象，其哈密顿算符 $\hat{H}$ 的矩阵表示为

$$H=\frac{1}{2}\hbar\omega\begin{bmatrix}1 & 0 & 0 & \cdots \\ 0 & 3 & 0 & \cdots \\ 0 & 0 & 5 & \cdots \\ \vdots & \vdots & \vdots & \end{bmatrix} \tag{3.4.36}$$

坐标算符 $\hat{x}$ 和动量算符 $\hat{p}$ 在此表象中的矩阵形式分别为

$$x=\left(\frac{\hbar}{2m\omega}\right)^{1/2}(\hat{a}+\hat{a}^{+})=\left(\frac{\hbar}{2m\omega}\right)^{1/2}\begin{bmatrix}0 & \sqrt{1} & 0 & \cdots \\ \sqrt{1} & 0 & \sqrt{2} & \cdots \\ 0 & \sqrt{2} & 0 & \cdots \\ \vdots & \vdots & \vdots & \end{bmatrix} \tag{3.4.37}$$

$$p=-\mathrm{i}\left(\frac{m\hbar\omega}{2}\right)^{1/2}(\hat{a}-\hat{a}^{+})=-\mathrm{i}\left(\frac{m\hbar\omega}{2}\right)^{1/2}\begin{bmatrix}0 & \sqrt{1} & 0 & \cdots \\ -\sqrt{1} & 0 & \sqrt{2} & \cdots \\ 0 & -\sqrt{2} & 0 & \cdots \\ \vdots & \vdots & \vdots & \end{bmatrix} \tag{3.4.38}$$

第 4 章　角动量理论

角动量无论在经典（宏观）体系还是在量子（微观）体系都是非常重要的，在不存在外场或外场为有心力场的情况下，角动量及其各分量都是守恒量。微观体系中，角动量是量子化的，角动量在量子力学中所处的地位比经典力学中所处的地位更为重要。

4.1　量子力学中的力学量算符

4.1.1　算符及其性质

数学中算符被定义为一个函数集向另一个函数集的映射，或者说算符是作用在一个函数上得到另一个函数的运算符号。一般形式为

$$\hat{A}f(x) = g(x) \tag{4.1.1}$$

表示算符 $\hat{A}$ 对函数 $f(x)$ 操作（运算）得到了函数 $g(x)$。

（1）**算符相等**　如果算符 $\hat{A}$ 和算符 $\hat{B}$ 作用在任意状态函数 ψ 上，得到了两个相同的状态，则算符 $\hat{A}$ 和 $\hat{B}$ 相等，即

$$\hat{A}\psi = \hat{B}\psi, \quad \forall\psi \tag{4.1.2}$$

则

$$\hat{A} = \hat{B} \tag{4.1.3}$$

（2）**算符相加**　如果

$$\hat{C}\psi = \hat{A}\psi + \hat{B}\psi, \quad \forall\psi \tag{4.1.4}$$

则

$$\hat{C} = \hat{A} + \hat{B} \tag{4.1.5}$$

称 $\hat{C}$ 是 $\hat{A}$ 和 $\hat{B}$ 的和。

算符相加满足交换律和结合律，即

$$\hat{A} + \hat{B} = \hat{B} + \hat{A} \tag{4.1.6}$$

$$(\hat{A} + \hat{B}) + \hat{C} = \hat{A} + (\hat{B} + \hat{C}) \tag{4.1.7}$$

（3）**算符相乘**　如果

$$\hat{C}\psi = \hat{A}(\hat{B}\psi), \quad \forall\psi \tag{4.1.8}$$

则

$$\hat{C} = \hat{A}\hat{B} \tag{4.1.9}$$

称 $\hat{C}$ 是 $\hat{A}$ 和 $\hat{B}$ 的积。

乘法满足结合律，即

$$\hat{A}(\hat{B}\hat{C}) = (\hat{A}\hat{B})\hat{C} = \hat{A}\hat{B}\hat{C} \tag{4.1.10}$$

一般来说，若 $\hat{A}\hat{B} \neq \hat{B}\hat{A}$，表示算符 $\hat{A}$ 和 $\hat{B}$ 不对易，说明 $\hat{A}$ 和 $\hat{B}$ 作用到任意函数 ψ 上，结果和 $\hat{A},\hat{B}$ 的作用次序有关。若 $\hat{A}\hat{B} = \hat{B}\hat{A}$，称算符 $\hat{A}$ 和 $\hat{B}$ 对易，或称 $\hat{A}$ 和 $\hat{B}$ 相容。应该注意，如果算符 $\hat{A}$ 和 $\hat{B}$ 对易，$\hat{B}$ 又与 $\hat{C}$ 对易，并不能得出 $\hat{A}$ 和 $\hat{C}$ 对易，也不能得出 $\hat{A}\hat{B}$ 与 $\hat{C}$ 对易以及 $\hat{B}\hat{A}$ 与 $\hat{C}$ 对易。

（4）**单位算符**　如果

$$\hat{I}\psi = \psi, \quad \forall \psi \tag{4.1.11}$$

则 $\hat{I}$ 为单位算符。

（5）**逆算符**　如果

$$\hat{A}\hat{B} = \hat{I} \tag{4.1.12}$$

则称 $\hat{A}$ 和 $\hat{B}$ 互为逆算符，记 $\hat{B}^{-1} = \hat{A}$，$\hat{A}^{-1} = \hat{B}$，且有 $\hat{B}\hat{A} = \hat{I}$。同时不难证明

$$(\hat{A}\hat{B})^{-1} = \hat{B}^{-1}\hat{A}^{-1}$$

（6）**线性算符**　算符 $\hat{A}$ 满足下列运算，称 $\hat{A}$ 为线性算符，即

$$\hat{A}(c_1\psi_1 + c_2\psi_2) = c_1\hat{A}\psi_1 + c_2\hat{A}\psi_2 \tag{4.1.13}$$

其中，ψ_1 和 ψ_2 是描写系统状态的任意两个波函数，c_1 和 c_2 为任意复常数。

量子力学中刻画可观测量的算符都是线性算符，这是态叠加原理要求的。

（7）**算符的复共轭算符**　算符 $\hat{A}$ 的复共轭算符 $\hat{A}^*$，由 $\hat{A}$ 的表示式中复量换成共轭复量构成。

（8）**算符的转置算符**　对于任意函数 ϕ 和 ψ，如果 $\int \phi^* \tilde{\hat{A}} \psi \mathrm{d}\tau = \int \psi \hat{A} \phi^* \mathrm{d}\tau$，则称 $\tilde{\hat{A}}$ 为 $\hat{A}$ 的转置算符。

（9）**算符的函数**　设给定一解析函数 $f(x)$，可幂级数展开且收敛，即

$$f(x) = \sum_{n=0}^{\infty} \frac{f^{(n)}(0)}{n!} x^n$$

则可定义算符 $\hat{A}$ 的函数为

$$f(\hat{A}) = \sum_{n=0}^{\infty} \frac{f^{(n)}(0)}{n!} \hat{A}^n \tag{4.1.14}$$

两个或多个算符的函数可类似定义。若 $f(x,y)$ 是 x 和 y 的解析函数，令

$$f^{(n,m)}(x,y) = \frac{\partial^n}{\partial x^n} \frac{\partial^m}{\partial y^m} f(x,y)$$

则

$$f(\hat{A},\hat{B})=\sum_{n=0}^{\infty}\frac{f^{(n,m)}(0,0)}{n!m!}\hat{A}^n\hat{B}^m \tag{4.1.15}$$

4.1.2　算符的对易关系

通常把

$$[\hat{A},\hat{B}]=\hat{A}\hat{B}-\hat{B}\hat{A} \tag{4.1.16}$$

称为算符 $\hat{A}$，$\hat{B}$ 的对易式。

$$\{\hat{A},\hat{B}\}=\hat{A}\hat{B}+\hat{B}\hat{A} \tag{4.1.17}$$

称为算符 $\hat{A}$，$\hat{B}$ 的反对易式。

如果算符 $\hat{A}$，$\hat{B}$ 的作用结果和作用次序有关，即 $[\hat{A},\hat{B}]\neq 0$，则称算符 $\hat{A}$，$\hat{B}$ 不对易。如果算符 $\hat{A}$，$\hat{B}$ 的作用结果和作用次序无关，即 $[\hat{A},\hat{B}]=0$，则称算符 $\hat{A}$，$\hat{B}$ 是可对易的。如果 $\{\hat{A},\hat{B}\}=0$，称算符 $\hat{A}$，$\hat{B}$ 反对易。

对易式满足以下恒等式

$$[\hat{A},\hat{B}]=-[\hat{B},\hat{A}] \tag{4.1.18}$$

$$[\hat{A},\alpha\hat{B}+\beta\hat{C}]=\alpha[\hat{A},\hat{B}]+\beta[\hat{A},\hat{C}]\quad (\alpha,\ \beta\text{为纯数}) \tag{4.1.19}$$

$$[\hat{A},\hat{B}\hat{C}]=[\hat{A},\hat{B}]\hat{C}+\hat{B}[\hat{A},\hat{C}] \tag{4.1.20}$$

$$[\hat{A}\hat{B},\hat{C}]=\hat{A}[\hat{B},\hat{C}]+[\hat{A},\hat{C}]\hat{B} \tag{4.1.21}$$

$$[\hat{A},[\hat{B},\hat{C}]]+[\hat{B},[\hat{C},\hat{A}]]+[\hat{C},[\hat{A},\hat{B}]]=0 \tag{4.1.22}$$

$$[\hat{A}^2,\hat{B}]=\hat{A}[\hat{A},\hat{B}]+[\hat{A},\hat{B}]\hat{A} \tag{4.1.23}$$

反对易式满足以下恒等式

$$\{\hat{A},\hat{B}\}=\{\hat{B},\hat{A}\} \tag{4.1.24}$$

$$\{\hat{A},\alpha\hat{B}+\beta\hat{C}\}=\alpha\{\hat{A},\hat{B}\}+\beta\{\hat{A},\hat{C}\} \tag{4.1.25}$$

$$\{\hat{A},\hat{B}\hat{C}\}=[\hat{A},\hat{B}]\hat{C}-\hat{B}\{\hat{A},\hat{C}\} \tag{4.1.26}$$

$$\{\hat{A},\hat{B}\hat{C}\}=\{\hat{A},\hat{B}\}\hat{C}-\hat{B}[\hat{A},\hat{C}] \tag{4.1.27}$$

任何两个算符的乘积都可以分解为它们的对易式和反对易式之和

$$\hat{A}\hat{B} = \frac{1}{2}[\hat{A},\hat{B}] + \frac{1}{2}\{\hat{A},\hat{B}\} \tag{4.1.28}$$

4.1.3　厄米算符

设状态ψ在$\hat{A}$作用之下变为另一个状态$\hat{A}\psi$，这个状态与状态φ之间的重叠表示为

$$\int \varphi^* \hat{A}\psi \mathrm{d}\tau \tag{4.1.29}$$

而积分

$$\int (\hat{A}\varphi)^* \psi \mathrm{d}\tau \tag{4.1.30}$$

代表状态ψ与$\hat{A}\varphi$之间的重叠程度。一般而言，式（4.1.29）不等于式（4.1.30），但它可等于某一算符$\hat{B}$作用于ψ，即

$$\int \varphi^* \hat{B}\psi \mathrm{d}\tau = \int (\hat{A}\varphi)^* \psi \mathrm{d}\tau \tag{4.1.31}$$

式中，算符$\hat{B}$为$\hat{A}$的厄米共轭算符，记为

$$\hat{B} = \hat{A}^+ \tag{4.1.32}$$

于是式（4.1.31）可写为

$$\int \varphi^* \hat{A}^+ \psi \mathrm{d}\tau = \int (\hat{A}\varphi)^* \psi \mathrm{d}\tau \tag{4.1.33}$$

满足式（4.1.33）的算符$\hat{A}$称为厄米算符。

数学中的厄米算符不一定都等于原算符。物理中有$\hat{A}^+ = \hat{A}$，$\hat{A}^+$称为$\hat{A}$的厄米共轭。对任意态φ和ψ，有

$$\int \varphi^* \hat{A}\psi \mathrm{d}\tau = \int (\hat{A}\varphi)^* \psi \mathrm{d}\tau \tag{4.1.34}$$

厄米算符也称为自轭（自伴）算符，式（4.1.34）是厄米算符的定义。量子力学中力学量算符都是厄米算符。

4.1.4　力学量算符

物体受到力学量F的作用，其运动状态会发生改变。用函数ψ和Φ分别表示力学量F作用前后物体的运动状态，用$\hat{F}$表示状态间变换的力学量F，则有

$$\Phi = \hat{F}\psi \tag{4.1.35}$$

式中，$\hat{F}$称为力学量F的算符。

如果量子力学中的力学量F在经典力学中有相应的力学量，则表示这个力学量的算符$\hat{F}$由经典表示式$F(\boldsymbol{r},\boldsymbol{p})$中将$\boldsymbol{r}$和$\boldsymbol{p}$分别换为算符$\hat{r}$和$\hat{p}$得出，即

$$F(\boldsymbol{r},\boldsymbol{p}) \to \hat{F} = \hat{F}(\hat{r},\hat{p}) \tag{4.1.36}$$

式中，$\boldsymbol{r}$ 是坐标；$\boldsymbol{p}$ 是动量；$\hat{r}$ 是坐标算符；$\hat{p}$ 是动量算符。

在量子力学中，坐标算符就是坐标自身，即

$$\hat{r}=r \tag{4.1.37}$$

坐标算符的三个分量是 $\hat{x}$，$\hat{y}$，$\hat{z}$。

动量算符为

$$\hat{p}=-\mathrm{i}\hbar\nabla \tag{4.1.38}$$

坐标算符与动量算符的基本对易关系为

$$[\hat{x},\hat{p}_x]=\hat{x}\hat{p}_x-\hat{p}_x\hat{x}=\mathrm{i}\hbar \tag{4.1.39a}$$

$$[\hat{y},\hat{p}_y]=\hat{y}\hat{p}_y-\hat{p}_y\hat{y}=\mathrm{i}\hbar \tag{4.1.39b}$$

$$[\hat{z},\hat{p}_z]=\hat{z}\hat{p}_z-\hat{p}_z\hat{z}=\mathrm{i}\hbar \tag{4.1.39c}$$

以及

$$\begin{cases}[\hat{x},\hat{p}_y]=0\\ [\hat{x},\hat{p}_z]=0\end{cases},\quad \begin{cases}[\hat{y},\hat{p}_x]=0\\ [\hat{y},\hat{p}_z]=0\end{cases},\quad \begin{cases}[\hat{z},\hat{p}_x]=0\\ [\hat{z},\hat{p}_y]=0\end{cases} \tag{4.1.40}$$

和

$$[\hat{p}_x,\hat{p}_y]=0,\quad [\hat{p}_y,\hat{p}_z]=0,\quad [\hat{p}_x,\hat{p}_z]=0 \tag{4.1.41}$$

4.2　量子力学中的角动量

4.2.1　角动量算符的一般性质

角动量 $\hat{J}$ 算符的定义　量子力学中角动量算符 $\hat{J}$ 是一个矢量算符，它的一般定义为：若算符 $\hat{J}$ 由对易关系

$$\hat{J}\times\hat{J}=\mathrm{i}\hbar\hat{J} \tag{4.2.1}$$

规定，则称 $\hat{J}$ 为角动量算符，它的各分量是 $\hat{J}_x$，$\hat{J}_y$，$\hat{J}_z$。各分量间的对易关系为

$$[\hat{J}_x,\hat{J}_y]=\mathrm{i}\hbar\hat{J}_z,\quad [\hat{J}_y,\hat{J}_z]=\mathrm{i}\hbar\hat{J}_x,\quad [\hat{J}_z,\hat{J}_x]=\mathrm{i}\hbar\hat{J}_y \tag{4.2.2}$$

角动量平方算符定义为

$$\hat{J}^2=\hat{J}_x^2+\hat{J}_y^2+\hat{J}_z^2 \tag{4.2.3}$$

它描述角动量的大小，它和角动量各分量间的对易关系为

$$[\hat{J}^2,\hat{J}_x]=0,\quad [\hat{J}^2,\hat{J}_y]=0,\quad [\hat{J}^2,\hat{J}_z]=0 \tag{4.2.4}$$

利用式（4.1.23），证明式（4.2.4）中的第一式。

证明

$$
\begin{aligned}
[\hat{J}^2,\hat{J}_x] &= [\hat{J}_x^2,\hat{J}_x]+[\hat{J}_y^2,\hat{J}_x]+[\hat{J}_z^2,\hat{J}_x] \\
&= \hat{J}_x[\hat{J}_x,\hat{J}_x]+[\hat{J}_x,\hat{J}_x]\hat{J}_x+\hat{J}_y[\hat{J}_y,\hat{J}_x]+[\hat{J}_y,\hat{J}_x]\hat{J}_y+\hat{J}_z[\hat{J}_z,\hat{J}_x]+[\hat{J}_z,\hat{J}_x]\hat{J}_z \\
&= 0+0-\mathrm{i}\hbar\hat{J}_y\hat{J}_z-\mathrm{i}\hbar\hat{J}_z\hat{J}_y+\mathrm{i}\hbar\hat{J}_z\hat{J}_y+\mathrm{i}\hbar\hat{J}_y\hat{J}_z \\
&= 0
\end{aligned}
$$

同理可以证明其他两式。

$\hat{J}^2$ 和 $\hat{J}_z$ 共同的本征函数系 $\hat{J}^2$ 和 $\hat{J}_z$ 有共同的本征函数系 $\left\{\left|J^2,J_z\right\rangle\right\}$，满足

$$\hat{J}^2\left|J^2,J_z\right\rangle = J^2\left|J^2,J_z\right\rangle \tag{4.2.5a}$$

$$\hat{J}_z\left|J^2,J_z\right\rangle = J_z\left|J^2,J_z\right\rangle \tag{4.2.5b}$$

其中，J^2 和 J_z 分别是 $\hat{J}^2$ 和 $\hat{J}_z$ 的本征值，它们的取值是

$$J^2 = j(j+1)\hbar^2, \quad j=0,\frac{1}{2},1,\frac{3}{2},2,\cdots \tag{4.2.6}$$

$$J_z = m\hbar, \quad m=0,\pm1,\pm2,\cdots,\pm j \tag{4.2.7}$$

求 $\hat{J}^2$ 和 $\hat{J}_z$ 的本征值 角动量 $\hat{J}$ 算符相应的升降算符 $\hat{J}_\pm$ 为

$$\hat{J}_+ = \hat{J}_x+\mathrm{i}\hat{J}_y, \quad \hat{J}_- = \hat{J}_x-\mathrm{i}\hat{J}_y \tag{4.2.8}$$

则

$$\hat{J}_x = \frac{1}{2}(\hat{J}_+ + \hat{J}_-), \quad \hat{J}_y = \frac{1}{2\mathrm{i}}(\hat{J}_+ - \hat{J}_-) \tag{4.2.9}$$

由于 $\hat{J}_x$ 和 $\hat{J}_y$ 都是厄米算符，而 $\hat{J}_+$ 和 $\hat{J}_-$ 不是厄米算符，但它们互为共轭，即

$$
\begin{aligned}
(\hat{J}_+)^* &= (\hat{J}_x+\mathrm{i}\hat{J}_y)^* = \hat{J}_x^* + (\mathrm{i})^*\hat{J}_y^* = \hat{J}_x^* - \mathrm{i}\hat{J}_y^* \\
&= \hat{J}_x - \mathrm{i}\hat{J}_y = \hat{J}_-
\end{aligned} \tag{4.2.10}
$$

$\hat{J}_+$ 和 $\hat{J}_-$ 的对易关系为

$$[\hat{J}_+,\hat{J}_-] = 2\hbar\hat{J}_z \tag{4.2.11}$$

证明

$$
\begin{aligned}
\hat{J}_+\hat{J}_- &= (\hat{J}_x+\mathrm{i}\hat{J}_y)(\hat{J}_x-\mathrm{i}\hat{J}_y) \\
&= \hat{J}_x^2+\hat{J}_y^2-\mathrm{i}\hat{J}_x\hat{J}_y+\mathrm{i}\hat{J}_y\hat{J}_x \\
&= \hat{J}^2-\hat{J}_z^2+\hbar\hat{J}_z
\end{aligned} \tag{4.2.12a}
$$

$$
\begin{aligned}
\hat{J}_-\hat{J}_+ &= (\hat{J}_x-\mathrm{i}\hat{J}_y)(\hat{J}_x+\mathrm{i}\hat{J}_y) \\
&= \hat{J}_x^2+\hat{J}_y^2+\mathrm{i}\hat{J}_x\hat{J}_y-\mathrm{i}\hat{J}_y\hat{J}_x \\
&= \hat{J}^2-\hat{J}_z^2-\hbar\hat{J}_z
\end{aligned} \tag{4.2.12b}
$$

将式（4.2.12a）和式（4.2.12b）代入式（4.2.11），即得

$$
\begin{aligned}
[\hat{J}_+,\hat{J}_-] &= \hat{J}_+\hat{J}_- - \hat{J}_-\hat{J}_+ \\
&= \hat{J}^2 - \hat{J}_z^2 + \hbar\hat{J}_z - (\hat{J}^2 - \hat{J}_z^2 - \hbar\hat{J}_z) \\
&= 2\hbar\hat{J}_z
\end{aligned}
$$

$\hat{J}^2$ 和 $\hat{J}_\pm$ 的对易关系为

$$
[\hat{J}^2,\hat{J}_\pm] = 0 \tag{4.2.13}
$$

证明

$$
\begin{aligned}
[\hat{J}^2,\hat{J}_\pm] &= \hat{J}^2\hat{J}_\pm - \hat{J}_\pm\hat{J}^2 \\
&= \hat{J}^2(\hat{J}_x \pm \mathrm{i}\hat{J}_y) - (\hat{J}_x \pm \mathrm{i}\hat{J}_y)\hat{J}^2 \\
&= \hat{J}^2\hat{J}_x - \hat{J}_x\hat{J}^2 \pm \mathrm{i}\hat{J}^2\hat{J}_y \mp \mathrm{i}\hat{J}_y\hat{J}^2 \\
&= [\hat{J}^2,\hat{J}_x] \pm \mathrm{i}[\hat{J}^2,\hat{J}_y] \\
&= 0
\end{aligned}
$$

$\hat{J}_z$ 和 $\hat{J}_\pm$ 的对易关系为

$$
[\hat{J}_z,\hat{J}_\pm] = \pm\hbar\hat{J}_\pm \tag{4.2.14}
$$

证明

$$
\begin{aligned}
[\hat{J}_z,\hat{J}_\pm] &= \hat{J}_z(\hat{J}_x \pm \mathrm{i}\hat{J}_y) - (\hat{J}_x \pm \mathrm{i}\hat{J}_y)\hat{J}_z \\
&= \hat{J}_z\hat{J}_x \pm \mathrm{i}\hat{J}_z\hat{J}_y - \hat{J}_x\hat{J}_z \mp \mathrm{i}\hat{J}_y\hat{J}_z \\
&= [\hat{J}_z,\hat{J}_x] \mp \mathrm{i}[\hat{J}_y,\hat{J}_z] \\
&= \pm\hbar\hat{L}_\pm
\end{aligned}
$$

根据式（4.2.4）知 $\hat{J}^2$ 和 $\hat{J}_z$ 对易，它们具有共同的本征矢，记为 $|\lambda,m\rangle$，即

$$
\hat{J}^2|\lambda,m\rangle = \lambda^2\hbar^2|\lambda,m\rangle,\quad \hat{J}_z|\lambda,m\rangle = m\hbar|\lambda,m\rangle \tag{4.2.15}
$$

其中，$\lambda^2\hbar^2$ 和 $m\hbar$ 分别表示 $\hat{J}^2$ 和 $\hat{J}_z$ 的本征值。由于

$$
(\hat{J}^2 - \hat{J}_z^2)|\lambda,m\rangle = (\hat{J}_x^2 + \hat{J}_y^2)|\lambda,m\rangle = (\lambda^2 - m^2)\hbar^2|\lambda,m\rangle \tag{4.2.16}
$$

其中，$\lambda^2 - m^2 \geqslant 0$ 或 $|m| \leqslant \lambda$，说明 m 的取值有一上限和一下限。算符平方的本征值等于该算符本征值的平方，因此 $\hat{J}_x^2 + \hat{J}_y^2$ 的本征值一定是正定的。

由对易关系式（4.2.14）得

$$
\hat{J}_z\hat{J}_+|\lambda,m\rangle = (\hat{J}_+\hat{J}_z + \hat{J}_+)|\lambda,m\rangle = (m+1)\hbar\hat{J}_+|\lambda,m\rangle \tag{4.2.17}
$$

这表明 $\hat{J}_+|\lambda,m\rangle$ 也是 $\hat{J}_z$ 的对应于本征值 $(m+1)\hbar$ 的本征函数，$\hat{J}_+|\lambda,m\rangle$ 与 $|\lambda,m+1\rangle$ 最多只差一个常数 N_+，即

$$
\hat{J}_+|\lambda,m\rangle = N_+|\lambda,m+1\rangle \tag{4.2.18}
$$

同理可得

$$\hat{J}_-|\lambda,m\rangle = N_-|\lambda,m-1\rangle \tag{4.2.19}$$

对于给定的λ，设 m 的上限值为 j，必然有

$$\hat{J}_+|\lambda,j\rangle = 0 \tag{4.2.20}$$

否则按式（4.2.18）必存在 $|\lambda,j+1\rangle$，那么 j 就不是 m 的上限了，与假设矛盾。用 $\hat{J}_-$ 作用于式（4.2.20）可得

$$\hat{J}_-\hat{J}_+|\lambda,j\rangle = (\hat{J}^2 - \hat{J}_z^2 - \hbar\hat{J}_z)|\lambda,j\rangle = (\lambda^2 - j^2 - j)\hbar^2|\lambda,j\rangle = 0$$

由此得到

$$\lambda^2 = j(j+1) \tag{4.2.21}$$

再设 m 的下限值为 k，必然有

$$\hat{J}_-|\lambda,k\rangle = 0 \tag{4.2.22}$$

用 $\hat{J}_+$ 作用于式（4.2.22）可得

$$\hat{J}_+\hat{J}_-|\lambda,k\rangle = (\hat{J}^2 - \hat{J}_z^2 + \hbar\hat{J}_z)|\lambda,j\rangle = (\lambda^2 - k^2 + k)\hbar^2|\lambda,j\rangle = 0$$

即得

$$k^2 - k - \lambda = k^2 - k - j(j+1) = 0 \tag{4.2.23}$$

解式（4.2.23）得，$k=-j$ 和 $k=j+1$。由于 k 是 m 的下限，显然 $k=j+1$ 不满足要求，因而 $k=-j$ 才是符合意义的解。

于是我们得到 $\hat{J}^2$ 和 $\hat{J}_z$ 的本征值所满足的关系为

$$\lambda^2 = j(j+1), \quad m=-j,-j+1,\cdots,j \tag{4.2.24}$$

由于 $\lambda^2 \geqslant m^2$，因而要求 $j \geqslant 0$。当 j 值给定时，m 取 $2j+1$ 个值，也就是说对应 $\hat{J}^2$ 和 $\hat{J}_z$ 的 $2j+1$ 个独立的共同本征态。本征状态数应该为整数，因此

$$2j+1=\text{整数，即 } j=\frac{1}{2}(\text{整数}-1) \tag{4.2.25}$$

这表明 $\hat{J}^2$ 的量子数 j 只能取大于或等于零的整数值或半整数值。

4.2.2 轨道角动量

微观粒子以一定概率在空间某区域内分布，借助于经典力学中“轨道”一词，把微观粒子在空间某区域运动所产生的角动量称为轨道角动量，简称角动量。

经典力学中轨道角动量表示为

$$\boldsymbol{L} = \boldsymbol{r} \times \boldsymbol{p} \tag{4.2.26}$$

根据式（4.1.36），量子力学轨道角动量（简称角动量）表示为

$$\hat{\boldsymbol{L}} = \hat{\boldsymbol{r}} \times \hat{\boldsymbol{p}} \tag{4.2.27}$$

它的三个分量为

$$\hat{L}_x = y\hat{p}_z - z\hat{p}_y, \quad \hat{L}_y = z\hat{p}_x - x\hat{p}_z, \quad \hat{L}_z = x\hat{p}_y - y\hat{p}_x \tag{4.2.28}$$

角动量算符是厄米算符，即

$$\hat{L}_\alpha^+ = \hat{L}_\alpha \qquad (\alpha = x, \ y, \ z) \tag{4.2.29}$$

由坐标算符和动量算符间的基本对易关系式（4.1.40）～式（4.1.42），角动量算符各分量间的对易关系是

$$[\hat{L}_x, \hat{L}_y] = i\hbar\hat{L}_z, \quad [\hat{L}_y, \hat{L}_z] = i\hbar\hat{L}_x, \quad [\hat{L}_z, \hat{L}_x] = i\hbar\hat{L}_y \tag{4.2.30a}$$

这三个式子合写为

$$[\hat{L}_i, \hat{L}_j] = i\hbar\varepsilon_{i,j,k}\hat{L}_k \tag{4.2.30b}$$

其中，i，j，k 分别代表 x，y，z，符号 $\varepsilon_{i,j,k}$ 为

$$\varepsilon_{i,j,k} = \begin{cases} 0, & i,j,k \text{ 有两个以上相同} \\ 1, & i,j,k \text{ 按}x, \ y, \ z\text{顺序偶置换} \\ -1, & i,j,k, \text{按 } x, \ y, \ z\text{顺序奇置换} \end{cases} \tag{4.2.31}$$

将式（4.2.30）写成矢量形式，即

$$\hat{\boldsymbol{L}} \times \hat{\boldsymbol{L}} = i\hbar\hat{\boldsymbol{L}} \tag{4.2.32}$$

角动量平方算符为

$$\hat{L}^2 = \hat{L}_x^2 + L_y^2 + L_z^2 \tag{4.2.33}$$

角动量平方算符与角动量算符各分量对易，即

$$[\hat{L}^2, \hat{L}_x] = 0, \quad [\hat{L}^2, \hat{L}_y] = 0, \quad [\hat{L}^2, \hat{L}_z] = 0 \tag{4.2.34}$$

角动量的阶升算符 $\hat{L}_+$ 和阶降算符 $\hat{L}_-$ 为

$$\hat{L}_+ = \hat{L}_x + i\hat{L}_y, \quad \hat{L}_- = \hat{L}_x - i\hat{L}_y \tag{4.2.35}$$

则

$$\hat{L}_x = \frac{1}{2}(\hat{L}_+ + \hat{L}_-), \quad \hat{L}_y = \frac{1}{2i}(\hat{L}_+ - \hat{L}_-) \tag{4.2.36}$$

和

$$\hat{L}_x^2 + \hat{L}_y^2 = \frac{1}{2}(\hat{L}_+\hat{L}_- + \hat{L}_-\hat{L}_+) \tag{4.2.37}$$

$\hat{L}_+$ 和 $\hat{L}_-$ 不是厄米算符，但二者互为共轭。根据角动量算符的一般关系，可以得到 $\hat{L}_+$ 和 $\hat{L}_-$，$\hat{L}^2$ 和 $\hat{L}_\pm$，$\hat{L}_z$ 和 $\hat{L}_\pm$ 的对易关系分别为

$$[\hat{L}_+, \hat{L}_-] = 2\hbar\hat{L}_z \tag{4.2.38}$$

$$[\hat{L}^2, \hat{L}_\pm] = 0 \tag{4.2.39}$$

$$[\hat{L}_z, \hat{L}_\pm] = \pm\hbar\hat{L}_\pm \tag{4.2.40}$$

4.3 轨道角动量

4.3.1 直角坐标系和球坐标系中轨道角动量算符的形式

轨道角动量（简称角动量）算符在直角坐标系中表示为

$$\hat{L}_x = y\hat{p}_z - z\hat{p}_y = \frac{\hbar}{\mathrm{i}}\left(y\frac{\partial}{\partial z} - z\frac{\partial}{\partial y}\right) \tag{4.3.1a}$$

$$\hat{L}_y = z\hat{p}_x - x\hat{p}_z = \frac{\hbar}{\mathrm{i}}\left(z\frac{\partial}{\partial x} - x\frac{\partial}{\partial z}\right) \tag{4.3.1b}$$

$$\hat{L}_z = x\hat{p}_y - y\hat{p}_x = \frac{\hbar}{\mathrm{i}}\left(x\frac{\partial}{\partial y} - y\frac{\partial}{\partial x}\right) \tag{4.3.1c}$$

角动量平方算符为

$$\begin{aligned}\hat{L}^2 &= \hat{L}_x^2 + \hat{L}_y^2 + \hat{L}_z^2 \\ &= -\hbar^2\left[\left(y\frac{\partial}{\partial z} - z\frac{\partial}{\partial y}\right)^2 + \left(z\frac{\partial}{\partial x} - x\frac{\partial}{\partial z}\right)^2 + \left(x\frac{\partial}{\partial y} - y\frac{\partial}{\partial x}\right)^2\right]\end{aligned} \tag{4.3.2}$$

球坐标(r,θ,φ)与直角坐标(x,y,z)的关系（图 4.3.1）为

$$x = r\sin\theta\cos\varphi, \quad y = r\sin\theta\sin\varphi, \quad z = r\cos\theta \tag{4.3.3}$$

$$r^2 = x^2 + y^2 + z^2, \quad \cos\theta = \frac{z}{r}, \quad \tan\varphi = \frac{y}{x} \tag{4.3.4}$$

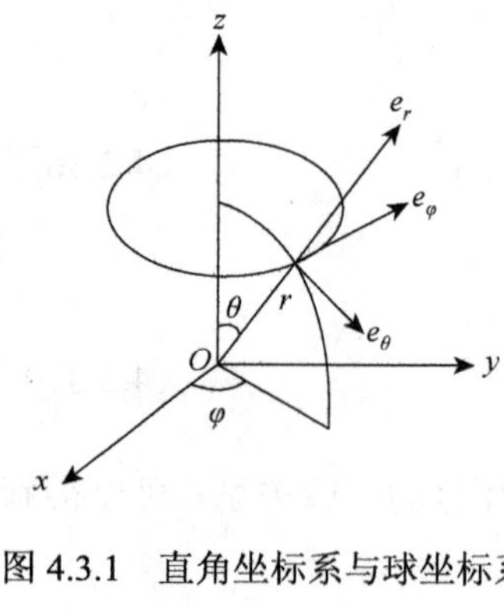

图 4.3.1　直角坐标系与球坐标系

将式（4.3.4）中各式的两边分别对 x，y，z 求偏导数，得

$$\frac{\partial r}{\partial x} = \frac{x}{r} = \sin\theta\cos\varphi, \quad \frac{\partial \theta}{\partial x} = \frac{1}{r}\cos\theta\cos\varphi$$
$$\frac{\partial \varphi}{\partial x} = -\frac{1}{r}\frac{\sin\varphi}{\sin\theta} \tag{4.3.5}$$

$$\frac{\partial r}{\partial y} = \sin\theta\sin\varphi, \quad \frac{\partial \theta}{\partial y} = \frac{1}{r}\cos\theta\sin\varphi$$
$$\frac{\partial \varphi}{\partial y} = -\frac{1}{r}\frac{\cos\varphi}{\sin\theta} \tag{4.3.6}$$

$$\frac{\partial r}{\partial z} = \cos\theta, \quad \frac{\partial \theta}{\partial z} = -\frac{1}{r}\sin\theta, \quad \frac{\partial \varphi}{\partial z} = 0 \tag{4.3.7}$$

由于

$$\frac{\partial}{\partial x}=\frac{\partial}{\partial r}\frac{\partial r}{\partial x}+\frac{\partial}{\partial \theta}\frac{\partial \theta}{\partial x}+\frac{\partial}{\partial \varphi}\frac{\partial \varphi}{\partial x}$$
$$\frac{\partial}{\partial y}=\frac{\partial}{\partial r}\frac{\partial r}{\partial y}+\frac{\partial}{\partial \theta}\frac{\partial \theta}{\partial y}+\frac{\partial}{\partial \varphi}\frac{\partial \varphi}{\partial y}$$
$$\frac{\partial}{\partial z}=\frac{\partial}{\partial r}\frac{\partial r}{\partial z}+\frac{\partial}{\partial \theta}\frac{\partial \theta}{\partial z}+\frac{\partial}{\partial \varphi}\frac{\partial \varphi}{\partial z}$$

把式（4.3.5）～式（4.3.7）代入$\frac{\partial}{\partial x}$，$\frac{\partial}{\partial y}$，$\frac{\partial}{\partial z}$的表示式中，得到

$$\frac{\partial}{\partial x}=\sin\theta\cos\varphi\frac{\partial}{\partial r}+\frac{1}{r}\cos\theta\cos\varphi\frac{\partial}{\partial \theta}-\frac{1}{r}\frac{\sin\varphi}{\sin\theta}\frac{\partial}{\partial \varphi} \tag{4.3.8a}$$

$$\frac{\partial}{\partial y}=\sin\theta\sin\varphi\frac{\partial}{\partial r}+\frac{1}{r}\cos\theta\sin\varphi\frac{\partial}{\partial \theta}+\frac{1}{r}\frac{\cos\varphi}{\sin\theta}\frac{\partial}{\partial \varphi} \tag{4.3.8b}$$

$$\frac{\partial}{\partial z}=\cos\theta\frac{\partial}{\partial r}-\frac{1}{r}\sin\theta\frac{\partial}{\partial \varphi} \tag{4.3.8c}$$

把式（4.3.8）代入式（4.3.1）中，得到$\hat{L}_x$，$\hat{L}_y$，$\hat{L}_z$在球极坐标中的表示

$$\hat{L}_x=\mathrm{i}\hbar\left(\sin\varphi\frac{\partial}{\partial \theta}+\cot\theta\cos\varphi\frac{\partial}{\partial \varphi}\right) \tag{4.3.9a}$$

$$\hat{L}_y=-\mathrm{i}\hbar\left(\cos\varphi\frac{\partial}{\partial \theta}-\cot\theta\sin\varphi\frac{\partial}{\partial \varphi}\right) \tag{4.3.9b}$$

$$\hat{L}_z=-\mathrm{i}\hbar\frac{\partial}{\partial \varphi} \tag{4.3.9c}$$

把式（4.3.8）代入式（4.3.2）中，得到角动量平方算符$\hat{L}^2$在球极坐标中的表示，即

$$\hat{L}^2=-\hbar^2\left[\frac{1}{\sin\theta}\frac{\partial}{\partial \theta}\left(\sin\theta\frac{\partial}{\partial \theta}\right)+\frac{1}{\sin^2\theta}\frac{\partial^2}{\partial \varphi^2}\right] \tag{4.3.10}$$

把式（4.3.9a）和式（4.3.9b）代入式（4.2.12）中，得到阶梯算符$\hat{L}_\pm$在球坐标中的表示

$$\hat{L}_+=\hbar\left(\frac{\partial}{\partial \theta}+\mathrm{i}\cot\theta\frac{\partial}{\partial \varphi}\right)\mathrm{e}^{\mathrm{i}\varphi} \tag{4.3.11}$$

$$\hat{L}_- = \hbar\left(-\frac{\partial}{\partial\theta} + \mathrm{i}\cot\theta\frac{\partial}{\partial\varphi}\right)\mathrm{e}^{-\mathrm{i}\varphi} \tag{4.3.12}$$

式（4.3.9）～式（4.3.12）表明，角动量算符、角动量平方算符以及阶梯算符与径向坐标 r 无关，它们只与角变量 θ, φ 有关。

4.3.2　角动量算符的本征值和本征函数

由于直角坐标系不易显示出角动量的本质特点，因此在球坐标系中讨论角动量算符的本征值和本征函数。角动量算符平方的本征值方程为

$$\hat{L}^2 Y(\theta,\varphi) = \lambda\hbar^2 Y(\theta,\varphi) \tag{4.3.13}$$

把式（4.3.10）代入，有

$$-\hbar^2\left[\frac{1}{\sin\theta}\frac{\partial}{\partial\theta}\left(\sin\theta\frac{\partial}{\partial\theta}\right) + \frac{1}{\sin^2\theta}\frac{\partial^2}{\partial\varphi^2}\right]Y(\theta,\varphi) = \lambda\hbar^2 Y(\theta,\varphi) \tag{4.3.14}$$

$Y(\theta,\varphi)$ 是 $\hat{L}^2$ 的本征函数，属于本征值 $\lambda\hbar^2$。解方程式（4.3.14），令

$$Y(\theta,\varphi) = \Theta(\theta)\Phi(\varphi) \tag{4.3.15}$$

将式（4.3.15）代入方程式（4.3.14）分离变量后得到两个方程

$$\frac{1}{\sin\theta}\frac{\mathrm{d}}{\mathrm{d}\theta}\left(\sin\theta\frac{\mathrm{d}\Theta}{\mathrm{d}\theta}\right) + \left(\lambda - \frac{m^2}{\sin^2\theta}\right)\Theta = 0 \tag{4.3.16}$$

$$\frac{\mathrm{d}^2\Phi}{\mathrm{d}\varphi^2} + m^2\Phi = 0 \tag{4.3.17}$$

先解方程式（4.3.17），有

$$\Phi(\varphi) = A\mathrm{e}^{\mathrm{i}m\varphi} + B\mathrm{e}^{-\mathrm{i}m\varphi} \tag{4.3.18}$$

由于波函数必须是单值的，且满足自然条件（或称周期条件）

$$\Phi(\varphi) = \Phi(\varphi + 2\pi) \tag{4.3.19}$$

又由于 $\mathrm{e}^{\pm\mathrm{i}m2\pi} = 1$，$m = 0, \pm1, \pm2, \pm3, \cdots$，则

$$\Phi(\varphi) = A\mathrm{e}^{\mathrm{i}m\varphi},\quad m = 0, \pm1, \pm2, \cdots \tag{4.3.20}$$

式中，A 为待定常数。

现在再解方程（4.3.16）令 $x = \cos\theta$（$0 \leqslant \theta \leqslant \pi$，$-1 \leqslant x \leqslant 1$），并对 x 求导数，得

$$\frac{\mathrm{d}x}{\mathrm{d}\theta} = -\sin\theta = -\sqrt{1-x^2} \tag{4.3.21}$$

由于

$$\frac{\mathrm{d}}{\mathrm{d}\theta}=\frac{\mathrm{d}x}{\mathrm{d}\theta}\frac{\mathrm{d}}{\mathrm{d}x}=-\sin\theta\frac{\mathrm{d}}{\mathrm{d}x}=-\sqrt{1-x^2}\frac{\mathrm{d}}{\mathrm{d}x} \tag{4.3.22a}$$

$$\frac{\mathrm{d}^2}{\mathrm{d}\theta^2}=-x\frac{\mathrm{d}}{\mathrm{d}t}+\sqrt{1-x^2}\frac{\mathrm{d}^2}{\mathrm{d}x^2} \tag{4.3.22b}$$

而 $\Theta(\theta)$ 变为以 x 为自变量的函数 $P(x)$，即 $P(x)=P(\cos\theta)=\Theta(\theta)$，把式（4.3.22）代入式（4.3.16），得到 $P(x)$ 满足的方程

$$(1-x^2)\frac{\mathrm{d}^2P(x)}{\mathrm{d}x^2}-2x\frac{\mathrm{d}P(x)}{\mathrm{d}x}+\left(\lambda-\frac{m^2}{1-x^2}\right)P(x)=0 \tag{4.3.23}$$

该方程在数学物理方法中称为连带勒让德（Legendre）方程（数学物理方法中有详细的解）。可以证明，仅当 $\lambda=l(l+1)$ 和 $|m|\leqslant l$（$l=0, 1, 2, \cdots$；$m=0, \pm1, \pm2, \cdots, \pm l$）时，连带勒让德方程才有满足物理要求的波函数解[1]。l 称为角量子数，m 称为磁量子数。

先讨论 $m=0$ 的情形，此时方程（4.3.23）写为

$$(1-x^2)\frac{\mathrm{d}^2P_l(x)}{\mathrm{d}x^2}-2x\frac{\mathrm{d}P_l(x)}{\mathrm{d}x}+l(l+1)P(x)_l=0 \tag{4.3.24}$$

式（4.3.24）称为勒让德方程，它的解为

$$P_l(x)=\frac{1}{2^l l!}\frac{\mathrm{d}^l}{\mathrm{d}x^l}(x^2-1)^l \tag{4.3.25}$$

$P_l(x)$ 称为 l 阶勒让德多项式。以下是几个低阶勒让德多项式，图 4.3.2 所示是低阶勒让德多项式的函数图像。

$$P_0(x)=1,\quad P_1(x)=x,\quad P_2(x)=\frac{3}{2}x^2-\frac{1}{2},\quad P_3(x)=\frac{5}{2}x^3-\frac{3}{2}x$$

$$P_4(x)=\frac{7\cdot5}{4\cdot28}x^4-2\frac{5\cdot3}{4\cdot2}x^2+\frac{3\cdot1}{4\cdot2},\quad P_5(x)=\frac{9\cdot7}{4\cdot2}x^5-2\frac{7\cdot5}{4\cdot2}x^3+\frac{5\cdot3}{4\cdot2}x$$

对方程式（4.3.24）两边关于 x 求导数，得到

$$(1-x^2)P_l^{(1+2)}-2(1+1)xP_l^{(1+1)}+[l(l+1)-1\cdot(1+1)]P_l'=0 \tag{4.3.26a}$$

式（4.3.26a）继续关于 x 求导数，即对方程式（4.3.24）两边关于 x 求二阶导数，得到

$$(1-x^2)P_l^{(2+2)}-2(2+1)xP_l^{(2+1)}+[l(l+1)-2\cdot(2+1)]P_l''=0 \qquad (4.3.26b)$$

再继续对方程式（4.3.24）两边关于 x 求三阶导数，得到

$$(1-x^2)P_l^{(3+2)}-2(3+1)xP_l^{(3+1)}+[l(l+1)-3\cdot(3+1)]P_l'''=0 \qquad (4.3.26c)$$

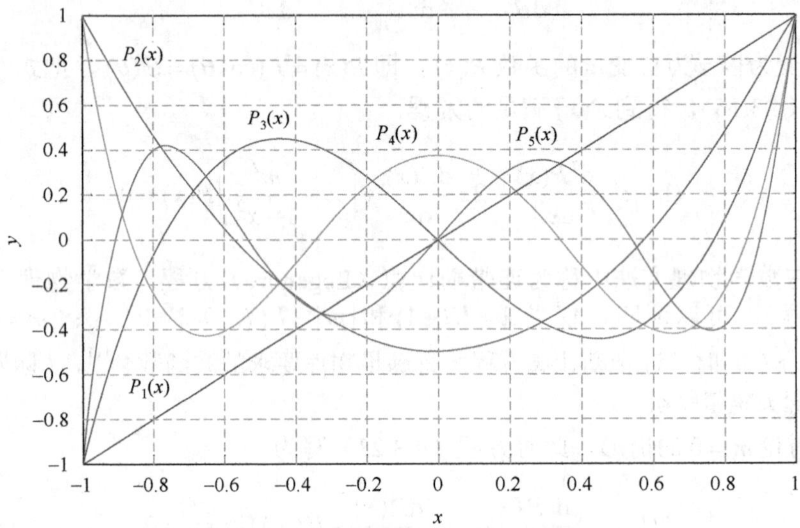

图 4.3.2　几个低阶勒让德函数的图像

以此类推，对方程式（4.3.24）两边关于 x 求 m 阶导数，得到

$$(1-x^2)P_l^{(m+2)}-2(m+1)xP_l^{(m+1)}(x)+[l(l+1)-m(m+1)]P_l^{(m)}(x)=0 \qquad (4.3.26d)$$

由于方程式（4.3.26）中的 x^2P_l''，xP_l'，P_l 都是 l 阶多项式，所以对方程式（4.3.24）两边关于 x 求导数不能超过 l 次（若求导数超过 l 次，方程变为 $0=0$）。因此，磁量子数 m 的最大值为 $m=l$。方程式（4.3.26d）可以写成

$$(1-x^2)\frac{\mathrm{d}^2P_l^{(m)}}{\mathrm{d}x^2}-2(m+1)x\frac{\mathrm{d}P_l^{(m)}}{\mathrm{d}x}+[l(l+1)-m(m+1)]P_l^{(m)}=0 \qquad (4.3.27)$$

这是 l 阶勒让德多项式 $P_l(x)$ 的 m 阶导数 $P_l^{(m)}(x)$ 所满足的二阶常微分方程。作变换，令

$$u(x)=(-1)^m(1-x^2)^{m/2}P_l^{(m)}(x) \qquad (4.3.28)$$

方程式（4.3.27）化为

$$(1-x^2)\frac{\mathrm{d}^2u}{\mathrm{d}x^2}-2x\frac{\mathrm{d}u}{\mathrm{d}x}+\left[l(l+1)-\frac{m^2}{1-x^2}\right]u=0 \qquad (4.3.29)$$

式（4.3.29）正是连带勒让德方程式（4.3.24），这表明方程式（4.3.24）的解是式（4.3.28）所示的 $u(t)$。因此方程式（4.3.24）的解表示为

$$P_l^m(x)=(-1)^m(1-x^2)^{m/2}P_l^{(m)}(x),\quad m=0,1,2,\cdots,l \tag{4.3.30}$$

$P_l^m(x)$ 是 m 阶连带勒让德多项式，它和勒让德多项式 $P_l(x)$ 的关系是

$$P_l^m(x)=(-1)^m(1-x^2)^{\frac{m}{2}}\frac{\mathrm{d}^m}{\mathrm{d}x^m}P_l(x) \tag{4.3.31}$$

显然，当 $m>l$ 时，$P_l^m(t)=0$。这样就得到了方程式（4.3.16）的解，记为

$$\Theta(\theta)=P_l^m(\cos\theta),\quad m=0,1,2,\cdots,l \tag{4.3.32}$$

由方程式（4.3.17）中所确定的 m 的取值为 $\pm m$。在连带勒让德方程（4.3.23）中，若将 m 换为 $-m$，方程中因子 m^2 使得方程保持不变，相应的解记为 $P_l^{-m}(x)$。可以证明

$$P_l^m(x)=(-1)^m\frac{(l+m)!}{(l-m)!}P_l^{-m}(x) \tag{4.3.33}$$

综上所述，方程（4.3.13）的解写为

$$Y_{l,m}(\theta,\varphi)=N_{l\,m}P_l^{|m|}(\cos\theta)\mathrm{e}^{\mathrm{i}m\varphi} \tag{4.3.34}$$

$Y_{l,m}(\theta,\varphi)$ 称为球谐函数，其中 N_{lm} 为归一化函数，由

$$\int_{\varphi=0}^{2\pi}\int_{\theta=0}^{\pi}Y_{l,m}^*Y_{l',m'}\sin\theta\mathrm{d}\theta\mathrm{d}\varphi=\delta_{ll'}\delta_{mm'} \tag{4.3.35}$$

得

$$N_{lm}=\sqrt{\frac{(2l+1)(l-|m|)!}{4\pi(l+|m|)!}} \tag{4.3.36}$$

球谐函数 $Y(\theta,\varphi)$ 满足方程

$$\hat{L}^2Y_{l,m}(\theta,\varphi)=l(l+1)\hbar^2Y_{l,m}(\theta,\varphi),\quad l=0,1,2,\cdots \tag{4.3.37}$$

$$\hat{L}_zY_{l,m}(\theta,\varphi)=m\hbar Y_{l,m}(\theta,\varphi),\quad m=0,\ \pm1,\ \pm2,\cdots,\pm l \tag{4.3.38}$$

由此可见，球谐函数 $Y(\theta,\varphi)$ 是 $\hat{L}^2$ 和 $\hat{L}_z$ 的共同本征函数，本征值分别为 $l(l+1)\hbar^2$ 和 $m\hbar$。角动量平方和角动量在 z 轴上的投影都有分立的本征值谱。l 称为角量子数，m 称为磁量子数。对应一个 l 值，m 可以取 $(2l+1)$ 值。而对应于 $\hat{L}^2$ 的一个本征值 $l(l+1)\hbar^2$，有 $(2l+1)$ 个不同的本征函数 $Y_{l,m}(\theta,\varphi)$。因此，$\hat{L}^2$ 的本征值是 $(2l+1)$ 度简并的。习惯上把量子数 $l=0,1,2,\cdots$ 的波函数代表的状态称为 s，p，d，f，…态。

量子力学中角动量不再有连续的值，它的投影也不是连续的，这和经典力学完全不一样，这种情形称为轨道量子化或空间量子化。角动量反映了状态的转动特征，转动产生的状态变化结果可以用角动量算符表达。

升降算符 $\hat{L}_\pm$ 分别作用于球谐函数，得

$$\hat{L}_\pm Y_{l,m}=\sqrt{l(l+1)-m(m\pm1)}\hbar Y_{l,m\pm1} \tag{4.3.39}$$

根据角动量算符性质式（4.2.12），得

$$\hat{L}_-\hat{L}_+Y_{l,m}=(\hat{L}^2-\hat{L}_z^2-\hbar\hat{L}_z)Y_{l,m}=[l(l+1)-m(m+1)]\hbar^2Y_{l,m} \tag{4.3.40a}$$

$$\hat{L}_+\hat{L}_-Y_{l,m}=(\hat{L}^2-\hat{L}_z^2+\hbar\hat{L}_z)Y_{l,m}=[l(l+1)-m(m-1)]\hbar^2Y_{l,m} \tag{4.3.40b}$$

由于 $\hat{L}_\pm$ 互为共轭，根据升降算符定义式（4.2.35）得

$$(\hat{L}_+)^2Y_{l,m}=\hat{L}_-\hat{L}_+Y_{l,m}=[l(l+1)-m(m+1)]\hbar^2Y_{l,m} \tag{4.3.41a}$$

$$(\hat{L}_-)^2Y_{l,m}=\hat{L}_+\hat{L}_-Y_{l,m}=[l(l+1)-m(m-1)]\hbar^2Y_{l,m} \tag{4.3.41b}$$

即

$$\hat{L}_+Y_{l,m}=\sqrt{l(l+1)-m(m+1)}\hbar Y_{l,m} \tag{4.3.42a}$$

$$\hat{L}_-Y_{l,m}=\sqrt{l(l+1)-m(m-1)}\hbar Y_{l,m} \tag{4.3.42b}$$

再根据式（4.2.40），有

$$\hat{L}_z\hat{L}_\pm Y_{l,m}=(\hat{L}_\pm\hat{L}_z\pm\hbar\hat{L}_\pm)Y_{l,m}=(m\pm1)\hbar\hat{L}_\pm Y_{l,m} \tag{4.3.43}$$

$\hat{L}_\pm Y_{l,m}$ 是算符 $\hat{L}_z$ 属于本征值为 $(m\pm1)$ 的本征函数。而

$$\hat{L}_zY_{l,m\pm1}=(m\pm1)\hbar Y_{l,m\pm1} \tag{4.3.44}$$

因此，$\hat{L}_\pm Y_{l,m}$ 和 $Y_{l,m\pm1}$ 只相差一个常数，由式（4.3.42）～式（4.3.44），常数取为 $\sqrt{l(l+1)-m(m\pm1)}\hbar$，即得式（4.3.39）。

式（4.3.39）表明，算符 $\hat{L}_\pm$ 作用于球谐函数 $Y_{l,m}$，使量子数 m 增加（或减小）1。$m_{\max}=l$，则 $\hat{L}_+Y_{l,m}|_{\max}=0$；$m_{\min}=-l$，则 $\hat{L}_-Y_{l,m}|_{\min}=0$。

4.3.3 角动量量子化的物理意义

（1）轨道角动量算符 $\hat{L}$ 的三分量算符 $\hat{L}_x$、$\hat{L}_y$、$\hat{L}_z$ 互不对易，这意味着虽然 $\hat{L}$ 是厄米算符，但其并不能描写一个可观察量。也可以说，轨道角动量是经典概念而不是量子概念，量子力学中没有和经典力学中对应的轨道角动量。

（2）在 $\hat{L}^2$ 和 $\hat{L}_z$ 的共同本征态中，$\hat{L}_x$ 和 $\hat{L}_y$ 不具有确定值。也就是说，当 $\hat{L}^2$ 不为零时，$\hat{L}_x^2+\hat{L}_y^2$ 就不可能具有零这一确定值。根据式（4.2.12）有

$$\hat{L}^2=\hat{L}_-\hat{L}_++\hat{L}_z^2+\hbar\hat{L}_z \tag{4.3.45}$$

用式（4.3.45）作用于球谐函数 $Y_{l,m}$(这里取 $m_{\max}=l$)，得

$$\begin{aligned}\hat{L}^2Y_{l,l}&=\hat{L}_-\hat{L}_+Y_{l,l}+\hat{L}_z^2Y_{l,l}+\hbar\hat{L}_zY_{l,l}\\&=0+l^2\hbar^2Y_{l,l}+l\hbar^2Y_{l,l}\\&=l(l+1)\hbar^2Y_{l,l}\end{aligned} \tag{4.3.46}$$

可以看出，$l(l+1)\hbar^2$ 中的 $\hbar^2$ 来自于 $\hbar\hat{L}_z=-\mathrm{i}[\hat{L}_x,\hat{L}_y]$，显然这是由不对易关系造成的。

（3）当 $\hat{L}^2$ 和 $\hat{L}_z$ 的本征值确定后，l 和 m 的值就确定了，角动量矢量 $\boldsymbol{L}$ 和 z 轴的夹角 θ 就因之确定。$\boldsymbol{L}$ 位于 $\theta=\arccos\dfrac{m}{\sqrt{l(l+1)}}$ 的锥面上，且随机地分布于所有的方向角上。由于 m 的取值为 $2l+1$，对应同一个 $\boldsymbol{L}$，有 $2l+1$ 个 L_z，这些 L_z 位于 L 的不同锥面上。图 4.3.3 所示是 $l=2$ 的情形。

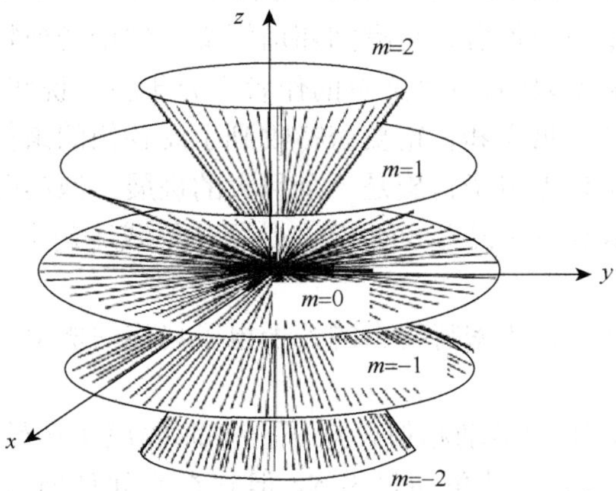

图 4.3.3　$l=2$ 时，L_z 的可能取值

4.4　自旋角动量

自旋角动量也称为内禀角动量，它同粒子的质量、电荷一样是粒子的重要特性之一。人们对自旋角动量的认识是从电子自旋开始的。

4.4.1　电子自旋假设和斯特恩-盖拉赫实验

1）电子自旋假设

应用薛定谔方程能够成功地说明氢原子结构及其光谱规律、光谱线在电场中的斯塔克效应、在磁场中分裂的正常塞曼效应等。但是，仍然有一些复杂的光谱现象还不能得到合理解释，如原子光谱线的精细结构、原子在弱磁场中的反常塞曼效应等。为了解释光谱分析中碰到的矛盾，乌伦贝克（Uhlenbeck）和古德史密特（Goudsmit）在 1925 年提出了电子自旋的假设。历史上关于电子自旋的概念曾在 1925 年 1 月首先被克罗尼格（Kronig）提出[2]。克罗尼格认为电子具有绕自转轴运动的自转角动量，并根据这一想法推得了与相对论相同的结论。于是他把这一想法告诉了泡利（Pauli），泡利表示怀疑。克罗尼格访问哥本哈根时又向海森伯和克拉默斯（Kramers）谈到电子自转的想法，他们二人均表示怀疑，结果克罗尼格没有坚持自己的想法。

乌伦贝克和古德史密特稍后也提出了与克罗尼格相同的想法，并告诉了他们的老师埃伦费斯特（Ehrenfest），在埃伦费斯特的建议下他们把这一想法写成短文。埃伦费斯特同时又写信给洛伦兹，希望他对“乌伦贝克的一个有关光谱的非常聪明的想法”作出判断和给以指点。一周或两周后，他们得到了洛伦兹的结论。洛伦兹认为按此模型计算，电子表面速度将远大于光速，这是相对论所不允许的；另外运用电子自旋计算碱金属双线光谱，结果是实验值的 2 倍。乌伦贝克和古德史密特十分懊丧，希望埃伦费斯特撤回那篇短文。埃伦费斯特说短文已经送出，且即将发表。之后又安慰他们：“文章的作者十分年轻，说些蠢话没什么关系。”文章刊出后不久，乌伦贝克和古德史密特收到了海森伯的来信，祝贺他们的那篇“勇敢的短文”。玻尔认为电子自旋是一个巨大的进展。泡利则针锋相对，认为自旋是“一种新的哥本哈根邪说”。可以说，是服从权威还是走自己的路，将影响一个人的命运。

最初乌伦贝克和古德史密特提出的关于电子自旋的概念具有机械的性质，他们假定：

（1）与地球绕太阳的运动相似，电子一方面绕原子公转（相应有轨道角动量），一方面又有自转，自转角动量为 $\boldsymbol{S}$，但它在空间任何方向的投影只可能取两个值，即

$$s_z = \pm\frac{\hbar}{2} \tag{4.4.1}$$

（2）与电子自旋 $\boldsymbol{S}$ 相联系的自旋磁矩为

$$\boldsymbol{M}_S = \frac{-e}{m_e}\boldsymbol{S} \tag{4.4.2}$$

式中，$-e$ 是电子的电荷；m_e 是电子质量；$\boldsymbol{M}_S$ 在空间任意方向上的投影只能取两个数值

$$M_{Sz} = \pm\frac{e\hbar}{2m_e}S = \pm\mu_B \tag{4.4.3}$$

其中，μ_B 是玻尔磁子（μ_B=9.274 015 4×10^{-24}J • T)。

2）斯特恩-盖拉赫实验

把电子看成机械的自转是不正确的，电子自旋及其磁矩是电子本身的内禀属性。1921 年斯特恩（Stern）和盖拉赫（Gerlach）首次利用银原子在磁场中的偏转实验直接证实了自旋的存在。

图 4.4.1 所示是斯特恩-盖拉赫实验示意图。从高温炉中射出一束银原子（保持银原子处于基态），通过狭缝准直后，进入非均匀磁场，最后射到观察屏上，实验结果显示出了两条分立的线。这说明银原子束通过非均匀磁场时受到力的作用而发生偏转；由分立的两条线的事实可知，银原子的磁矩在磁场中只有两种取向，

即它们是空间量子化的。

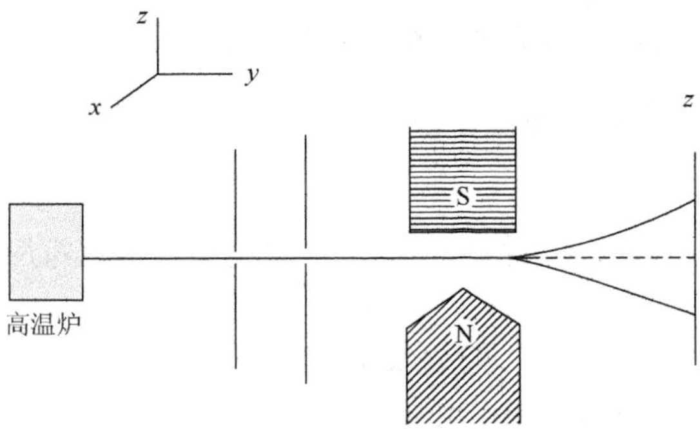

图 4.4.1　斯特恩-盖拉赫实验示意图

假设银原子的磁矩为 $\boldsymbol{M}$，它在沿 z 轴方向的外磁场 $\boldsymbol{B}$ 中的势能为

$$U=-\boldsymbol{M}\cdot\boldsymbol{B}=-MB_z\cos\theta \tag{4.4.4}$$

式中，θ 是原子磁矩 $\boldsymbol{M}$ 和外磁场 $\boldsymbol{B}$ 之间的夹角。银原子在 z 方向受到的力是

$$F_z=-\frac{\partial U}{\partial z}=M\frac{\partial B_z}{\partial z}\cos\theta \tag{4.4.5}$$

不均匀磁场长度为 L，观察屏放于磁场末端，银原子从高温炉射出的速度为 V，通过计算可以得到银原子在观察屏上沿 z 方向移动的距离为

$$z=\frac{M}{2m_{\text{Ag}}}\frac{\partial B}{\partial z}\left(\frac{L}{V}\right)^2\cos\theta \tag{4.4.6}$$

式中，m_{Ag} 是银原子质量。

根据经典理论，磁矩 $\boldsymbol{M}$ 在 z 方向的投影可以在 $-M\sim+M$ 任意取值，$\cos\theta$ 应当可以从 -1 连续变化到 $+1$，在观察屏上应该得到一条连续的带。实验结果则显示了银原子在外磁场中只有两条分立的线，对应于 $\cos\theta=+1$ 和 $\cos\theta=-1$。这说明银原子束在外磁场中受到了两个相反方向的力的作用，银原子磁矩对磁场只可能有两种取向。实验中保持银原子处于基态，其轨道磁矩等于零，而总磁矩不为零，表明银原子磁矩还有除轨道磁矩以外的其他未被人们认识的新磁矩，它在磁场中有两个相反方向的取向。

此后斯特恩和盖拉赫用基态氢原子做了相同的实验，实验结果是氢原子束在非均匀磁场中也分裂成两束，说明氢原子一定也有磁矩。实验中非均匀磁场是可以测量的，通过测量原子束经过非均匀磁场后在观察屏上移动的距离，根据式（4.4.6）可以计算出原子的磁矩，结果是氢原子和银原子基态的磁矩都是一个玻尔磁子。氢原子是单电子原子，银原子最外层只有一个电子，由此可知，基态原子磁矩只能来自于电子本身磁矩的贡献。氢原子中只有一个电子，而磁矩总是和角动量联系在一起的。因此，原子中电子除了轨道角动量以外，还可能有其他未被人们认识的角动量，而这个角动量是电子所固有的。

斯特恩-盖拉赫实验显示了原子磁矩的空间量子化。

4.4.2 自旋算符和电子自旋态

1）自旋算符

自旋角动量是用算符 $\hat{S}$ 来描写的，电子自旋角动量算符应满足和轨道角动量算符一样的对易关系，即

$$\hat{S}\times\hat{S}=\mathrm{i}\hbar\hat{S} \tag{4.4.7}$$

将式（4.4.7）写成分量形式

$$\hat{S}_x\times\hat{S}_y=\mathrm{i}\hbar\hat{S}_z,\quad \hat{S}_y\times\hat{S}_z=\mathrm{i}\hbar\hat{S}_x,\quad \hat{S}_z\times\hat{S}_x=\mathrm{i}\hbar\hat{S}_y \tag{4.4.8}$$

由于 $\hat{S}$ 在空间任意方向上的投影只能取两个数值 $\pm\hbar/2$，所以 $\hat{S}_x$、$\hat{S}_y$ 和 $\hat{S}_z$ 三个算符的本征值都是 $\pm\hbar/2$，它们的平方是 $\hbar^2/4$

$$\hat{S}_x^2=\hat{S}_y^2=\hat{S}_z^2=\frac{\hbar^2}{4} \tag{4.4.9}$$

由此得到自旋角动量平方算符 $\hat{S}^2$ 的本征值为

$$S^2=S_x^2+S_y^2+S_z^2=\frac{3}{4}\hbar^2 \tag{4.4.10}$$

令

$$S^2=s(s+1)\hbar^2 \tag{4.4.11}$$

则 $s=1/2$，将上式与轨道角动量平方算符的本征值 $L^2=l(l+1)\hbar^2$ 比较，可知 s 与角量子数 l 相当，称为自旋量子数。这里 s 只能取值 $s=1/2$。

为方便起见，引入算符 $\hat{\sigma}$，它和 $\hat{S}$ 的关系为

$$\hat{S}=\frac{\hbar}{2}\hat{\sigma} \tag{4.4.12}$$

$$\hat{S}_x=\frac{\hbar}{2}\hat{\sigma}_x,\quad \hat{S}_y=\frac{\hbar}{2}\hat{\sigma}_y,\quad \hat{S}_z=\frac{\hbar}{2}\hat{\sigma}_z \tag{4.4.13}$$

把式（4.4.12）代入式（4.4.7），得到 $\hat{\sigma}$ 满足的关系

$$\hat{\sigma}\times\hat{\sigma}=2\mathrm{i}\hat{\sigma} \tag{4.4.14}$$

写成分量形式

$$\hat{\sigma}_x\times\hat{\sigma}_y=2\mathrm{i}\hat{\sigma}_z,\quad \hat{\sigma}_y\times\hat{\sigma}_z=2\mathrm{i}\hat{\sigma}_x,\quad \hat{\sigma}_z\times\hat{\sigma}_x=2\mathrm{i}\hat{\sigma}_y \tag{4.4.15}$$

由此可得到 $\hat{\sigma}_x$、$\hat{\sigma}_y$ 和 $\hat{\sigma}_z$ 的本征值都是 ±1，$\hat{\sigma}_x^2$、$\hat{\sigma}_y^2$ 和 $\hat{\sigma}_z^2$ 的本征值都是1，即

$$\hat{\sigma}_x^2=\hat{\sigma}_y^2=\hat{\sigma}_z^2=1 \tag{4.4.16}$$

由式（4.4.15）和式（4.4.16），可以证明 $\hat{\sigma}$ 的分量之间满足反对易关系

$$\hat{\sigma}_x\hat{\sigma}_y+\hat{\sigma}_y\hat{\sigma}_x=0,\quad \hat{\sigma}_y\hat{\sigma}_z+\hat{\sigma}_z\hat{\sigma}_y=0,\quad \hat{\sigma}_z\hat{\sigma}_x+\hat{\sigma}_x\hat{\sigma}_z=0 \tag{4.4.17}$$

证明

$$\begin{aligned}\hat{\sigma}_x\hat{\sigma}_y+\hat{\sigma}_y\hat{\sigma}_x&=\frac{1}{2\mathrm{i}}(\hat{\sigma}_y\hat{\sigma}_z-\hat{\sigma}_z\hat{\sigma}_y)\hat{\sigma}_y+\frac{1}{2\mathrm{i}}\hat{\sigma}_y(\hat{\sigma}_y\hat{\sigma}_z-\hat{\sigma}_z\hat{\sigma}_y)\\&=\frac{1}{2\mathrm{i}}(\hat{\sigma}_y\hat{\sigma}_z\hat{\sigma}_y-\hat{\sigma}_z\hat{\sigma}_y^2+\hat{\sigma}_y^2\hat{\sigma}_z-\hat{\sigma}_y\hat{\sigma}_z\hat{\sigma}_y)=0\end{aligned}$$

2）电子自旋波函数

电子自旋特性纯粹是量子特性，是电子内部状态的表征。描写电子所处的状态，除了用位形空间的三个坐标来描写以外，还需要引入自旋参量来确定电子状态，即自旋在空间某给定方向（一般为坐标 z 方向）上的投影 S_z 来描写电子的自旋态。这就是说确定电子状态需要坐标 $\boldsymbol{r}$ 变量和自旋 S_z 变量描述，因此描述电子状态的波函数是 4 个自由度的函数，即 $\Psi(\boldsymbol{r},S_z,t)$，而波函数 $\Psi(\boldsymbol{r},S_z,t)$ 是坐标和自旋的共同表象中的波函数。由于 $S_z=\pm\frac{\hbar}{2}$，把含有自旋变量的电子波函数写成二分量波函数

$$\Psi=\begin{pmatrix}\Psi(x,y,z,+\hbar/2,t)\\ \Psi(x,y,z,-\hbar/2,t)\end{pmatrix}=\begin{pmatrix}\psi_1(\boldsymbol{r},t)\\ \psi_2(\boldsymbol{r},t)\end{pmatrix} \tag{4.4.18}$$

$\psi_1(\boldsymbol{r},t)$ 称为自旋朝上分量，$\psi_2(\boldsymbol{r},t)$ 称为自旋朝下分量。如果已知电子处于 $S_z=\hbar/2$ 的自旋态，则它的波函数写为

$$\Psi_{\frac{1}{2}}=\begin{pmatrix}\psi_1(\boldsymbol{r},t)\\ 0\end{pmatrix} \tag{4.4.19}$$

同样，电子处于 $S_z=-\hbar/2$ 的自旋态，则它的波函数写为

$$\Psi_{-\frac{1}{2}}=\begin{pmatrix}0\\ \psi_2(\boldsymbol{r},t)\end{pmatrix} \tag{4.4.20}$$

按照波函数的概率解释，$|\psi_1(\boldsymbol{r},t)|^2$ 是在 t 时刻 $\boldsymbol{r}$ 处发现电子自旋朝上（↑）的概率密度，$|\psi_2(\boldsymbol{r},t)|^2$ 是在 t 时刻 $\boldsymbol{r}$ 处发现电子自旋朝下（↓）的概率密度，t 时刻在 $\boldsymbol{r}$ 处发现电子的总概率密度是

$$w(\boldsymbol{r},t)=\Psi^+\Psi=|\psi_1(\boldsymbol{r},t)|^2+|\psi_2(\boldsymbol{r},t)|^2 \tag{4.4.21}$$

式中，Ψ^+ 是 Ψ 的共轭矩阵。电子波函数的归一化条件为

$$1=\int|\psi_1(\boldsymbol{r},t)|^2\,\mathrm{d}\tau+\int|\psi_2(\boldsymbol{r},t)|^2\,\mathrm{d}\tau=\int(|\psi_1(\boldsymbol{r},t)|^2+|\psi_2(\boldsymbol{r},t)|^2)\mathrm{d}\tau \tag{4.4.22a}$$

或

$$1=\int\Psi^+\Psi\mathrm{d}\tau=\int(\psi_1^*\quad\psi_2^*)\begin{pmatrix}\psi_1\\ \psi_2\end{pmatrix}\mathrm{d}\tau=\int(|\psi_1|^2+|\psi_2|^2)\mathrm{d}\tau \tag{4.4.22b}$$

一般情况下，自旋和轨道运动之间有相互作用。因而电子的自旋状态对轨道运动有影响，这通过电子波函数Ψ中的ψ_1和ψ_2是$\boldsymbol{r}$的不同函数表示出来。当电子的自旋和轨道运动相互作用小到可略去时，电子的自旋状态不影响轨道运动，这时ψ_1和ψ_2对$\boldsymbol{r}$的依赖关系是一样的，可以把Ψ写成如下形式

$$\Psi(\boldsymbol{r},S_z,t)=\psi_i(\boldsymbol{r},t)\chi(s_z)\quad (i=1,2) \tag{4.4.23}$$

式中，$\chi(s_z)$是描写电子自旋状态的纯自旋函数（称为自旋波函数）。自旋朝上和朝下状态分别表示为

$$\chi_{\frac{1}{2}}=|\uparrow\rangle=\begin{pmatrix}1\\0\end{pmatrix},\quad \chi_{-\frac{1}{2}}=|\downarrow\rangle=\begin{pmatrix}0\\1\end{pmatrix} \tag{4.4.24}$$

其中，$|\uparrow\rangle$ $(|\downarrow\rangle)$是自旋朝上（下）状态波函数的简写。这两个自旋函数相互正交，即

$$\chi_{\frac{1}{2}}^{+}\chi_{-\frac{1}{2}}=\langle\uparrow|\downarrow\rangle=(1\quad 0)\begin{pmatrix}0\\1\end{pmatrix}=0 \tag{4.4.25}$$

3）泡利矩阵

电子的自旋算符是作用在电子波函数上的，电子波函数写成二行一列的矩阵，那么自旋算符应该是二行二列的矩阵。这样，自旋算符作用在二行一列的矩阵上时，仍得到二行一列的矩阵。设

$$\hat{S}_z=\frac{\hbar}{2}\begin{pmatrix}a & b\\c & d\end{pmatrix} \tag{4.4.26}$$

在式（4.4.19）所描写的态中，$\hat{S}_z$具有确定的值$\hbar/2$，所以式（4.4.19）是$\hat{S}_z$的本征态，属于本征值$\hbar/2$

$$\hat{S}_z\psi_{\frac{1}{2}}=\frac{\hbar}{2}\psi_{\frac{1}{2}} \tag{4.4.27}$$

或

$$\frac{\hbar}{2}\begin{pmatrix}a & b\\c & d\end{pmatrix}\begin{pmatrix}\psi_1\\0\end{pmatrix}=\frac{\hbar}{2}\begin{pmatrix}\psi_1\\0\end{pmatrix},\quad \begin{pmatrix}a\psi_1\\c\psi_1\end{pmatrix}=\begin{pmatrix}\psi_1\\0\end{pmatrix}$$

由此有

$$a=1,\quad c=0 \tag{4.4.28}$$

同样，式（4.4.20）也是$\hat{S}_z$的本征态，属于本征值$-\hbar/2$

$$\hat{S}_z\psi_{-\frac{1}{2}}=-\frac{\hbar}{2}\psi_{-\frac{1}{2}} \tag{4.4.29}$$

或

$$\frac{\hbar}{2}\begin{pmatrix}a & b\\c & d\end{pmatrix}\begin{pmatrix}0\\\psi_2\end{pmatrix}=-\frac{\hbar}{2}\begin{pmatrix}0\\\psi_2\end{pmatrix},\quad \begin{pmatrix}b\psi_1\\d\psi_1\end{pmatrix}=\begin{pmatrix}0\\\psi_2\end{pmatrix}$$

由此有

$$b=0,\quad d=-1 \tag{4.4.30}$$

把式（4.4.28）、式（4.4.30）代入式（4.4.26），得到 $\hat{S}_z$ 的具体形式

$$\hat{S}_z=\frac{\hbar}{2}\begin{pmatrix}1 & 0\\ 0 & -1\end{pmatrix} \tag{4.4.31}$$

由式（4.4.8）及式（4.4.9），可以求得

$$\hat{S}_x=\frac{\hbar}{2}\begin{pmatrix}0 & 1\\ 1 & 0\end{pmatrix},\quad \hat{S}_y=\frac{\hbar}{2}\begin{pmatrix}0 & -\mathrm{i}\\ \mathrm{i} & 0\end{pmatrix} \tag{4.4.32}$$

根据式（4.4.13），有

$$\hat{\sigma}_x=\begin{pmatrix}0 & 1\\ 1 & 0\end{pmatrix},\quad \hat{\sigma}_y=\begin{pmatrix}0 & -\mathrm{i}\\ \mathrm{i} & 0\end{pmatrix},\quad \hat{\sigma}_z=\begin{pmatrix}1 & 0\\ 0 & -1\end{pmatrix} \tag{4.4.33}$$

把 $\hat{\sigma}_x$、$\hat{\sigma}_y$ 和 $\hat{\sigma}_z$ 称为泡利矩阵。

任一含自旋的算符 $\hat{G}$ 也表示为一个二行二列的矩阵

$$\hat{G}=\begin{pmatrix}G_{11} & G_{12}\\ G_{21} & G_{22}\end{pmatrix} \tag{4.4.34}$$

算符 $\hat{G}$ 在 ψ 态中对自旋求平均值的结果是

$$\begin{aligned}\overline{G}&=\psi^{+}G\psi=(\psi_1^* \quad \psi_2^*)\begin{pmatrix}G_{11} & G_{12}\\ G_{21} & G_{22}\end{pmatrix}\begin{pmatrix}\psi_1\\ \psi_2\end{pmatrix}\\ &=\psi_1^*G_{11}\psi_1+\psi_1^*G_{12}\psi_2+\psi_2^*G_{21}\psi_1+\psi_2^*G_{22}\psi_2\end{aligned} \tag{4.4.35}$$

算符 $\hat{G}$ 在 ψ 态中对坐标和自旋同时求平均值的结果是

$$\overline{G}=\int\psi^{+}G\psi\,\mathrm{d}\tau \tag{4.4.36}$$

4.5　角动量耦合

4.5.1　两个角动量耦合

以 $\hat{J}_1$，$\hat{J}_2$ 表示体系的两个角动量算符，它们满足角动量的一般对易关系

$$\hat{J}_1\times\hat{J}_1=\mathrm{i}\hbar\hat{J}_1 \tag{4.5.1a}$$

$$\hat{J}_2\times\hat{J}_2=\mathrm{i}\hbar\hat{J}_2 \tag{4.5.1b}$$

$\hat{J}_1$ 和 $\hat{J}_2$ 是相互独立的，因而 $\hat{J}_1$ 的分量和 $\hat{J}_2$ 的分量都是相互对易的，即

$$[\hat{J}_1,\hat{J}_2]=0 \tag{4.5.2}$$

$\hat{J}_1^2$ 与 $\hat{J}_1$ 各分量对易，$\hat{J}_2^2$ 与 $\hat{J}_2$ 各分量对易，即

$$[\hat{J}_1^2,\hat{J}_{1x}]=0,\quad [\hat{J}_1^2,\hat{J}_{1y}]=0,\quad [\hat{J}_1^2,\hat{J}_{1z}]=0 \tag{4.5.3a}$$

$$[\hat{J}_2^2,\hat{J}_{2x}]=0,\quad [\hat{J}_2^2,\hat{J}_{2y}]=0,\quad [\hat{J}_2^2,\hat{J}_{2z}]=0 \tag{4.5.3b}$$

$\hat{J}$ 表示体系的总角动量，它是 $\hat{J}_1$ 与 $\hat{J}_2$ 之和，即

$$\hat{J}=\hat{J}_1+\hat{J}_2 \tag{4.5.4}$$

它满足角动量的一般对易关系式（4.2.1）。总角动量平方算符 $\hat{J}^2$ 与 $\hat{J}$ 的三个分量对易。

另外，由于 $\hat{J}_1$ 和 $\hat{J}_2$ 对易，所以 $\hat{J}^2$ 又可写为

$$\hat{J}^2=(\hat{J}_1^2+\hat{J}_2^2)^2=\hat{J}_1^2+\hat{J}_2^2+2\hat{J}_1\cdot\hat{J}_2 \tag{4.5.5}$$

利用这个关系式，以及 $\hat{J}_1^2$ 与 $\hat{J}_1$ 对易，$\hat{J}_2^2$ 与 $\hat{J}_2$ 对易，很容易得出 $\hat{J}^2$ 与 $\hat{J}_1^2$ 和 $\hat{J}_2^2$ 都对易，即

$$[\hat{J}^2,\hat{J}_1^2]=0,\quad [\hat{J}^2,\hat{J}_2^2]=0 \tag{4.5.6}$$

但 $\hat{J}^2$ 与 $\hat{J}_1$ 或 $\hat{J}_2$ 都不对易。这是由于 $\hat{J}^2$ 中含有 $\hat{J}_1\cdot\hat{J}_2$ 项[式(4.5.5)]。

$\hat{J}_z$ 与 $\hat{J}_1^2$ 和 $\hat{J}_2^2$ 也都对易，即

$$[\hat{J}_z,\hat{J}_1^2]=0,\quad [\hat{J}_z,\hat{J}_2^2]=0 \tag{4.5.7}$$

以下讨论利用 $\hat{J}_1$，$\hat{J}_2$ 的本征值和本征矢求 $\hat{J}$ 的本征值和本征矢。

$\hat{J}_1^2$ 和 $\hat{J}_{1z}$ 共同的本征矢为 $|j_1,m_1\rangle$，则

$$\hat{J}_1^2|j_1,m_1\rangle=j_1(j_1+1)\hbar^2|j_1,m_1\rangle \tag{4.5.8a}$$

$$\hat{J}_{1z}|j_1,m_1\rangle=m_1\hbar|j_1,m_1\rangle \tag{4.5.8b}$$

$\hat{J}_2^2$ 和 $\hat{J}_{2z}$ 共同的本征矢为 $|j_2,m_2\rangle$，则

$$\hat{J}_2^2|j_2,m_2\rangle=j_2(j_2+1)\hbar^2|j_2,m_2\rangle \tag{4.5.9a}$$

$$\hat{J}_{2z}|j_2,m_2\rangle=m_2\hbar|j_2,m_2\rangle \tag{4.5.9b}$$

$\hat{J}_1$，$\hat{J}_{1z}$，$\hat{J}_2$，$\hat{J}_{2z}$ 相互对易，所以它们有共同的本征矢

$$|j_1,m_1\rangle\,|j_2,m_2\rangle=|j_1,m_1,j_2,m_2\rangle \tag{4.5.10}$$

组成正交归一的完全系。以 $|j_1,m_1,j_2,m_2\rangle$ 为基矢的表象称为**无耦合表象**，在这个表象中 $\hat{J}_1^2$，$\hat{J}_{1z}$，$\hat{J}_2^2$，$\hat{J}_{2z}$ 都是对角矩阵。

$\hat{J}^2$，$\hat{J}_z$，$\hat{J}_1^2$，$\hat{J}_2^2$ 相互对易，它们的共同本征矢为 $|j_1,j_2,j,m\rangle$，$\hat{J}^2$，$\hat{J}_z$ 的本征值为 $j(j+1)\hbar^2$ 和 $m\hbar$，相应的本征矢为

$$\hat{J}^2|j_1,j_2,j,m\rangle=j(j+1)\hbar^2|j_1,j_2,j,m\rangle \tag{4.5.11a}$$

$$\hat{J}_z|j_1,j_2,j,m\rangle=m\hbar|j_1,j_2,j,m\rangle \tag{4.5.11b}$$

$|j_1,j_2,j,m\rangle$ 组成正交归一完全系，以它们为基矢的表象称为**耦合表象**。在这个表象中 $\hat{J}^2$，$\hat{J}_z$，$\hat{J}_1^2$，$\hat{J}_2^2$ 都是对角矩阵。

把 $|j_1,j_2,j,m\rangle$ 按完全系式（4.5.10）展开

$$\left|j_1,j_2,j,m\right\rangle=\sum_{m_1,m_2}\left|j_1,m_1,j_2,m_2\right\rangle\left\langle j_1,m_1,j_2,m_2\right|j_1,j_2,j,m\right\rangle \tag{4.5.12}$$

式中的系数$\langle j_1,m_1,j_2,m_2\mid j_1,j_2,j,m\rangle$称为**矢量耦合系数**或**克来布希-高登**（Clebsch-Gordon）**系数**，简称C-G系数，C-G系数是两个表象变换对应的幺正变换矩阵的矩阵元。由$\hat{J}_z=\hat{J}_{1z}+\hat{J}_{2z}$可知，$m$的可能值是

$$m=m_1+m_2 \tag{4.5.13}$$

所以式（4.5.12）中的求和实际上只须对m_2进行，而把m_1用$m_1=m-m_2$代入，即

$$\left|j_1,j_2,j,m\right\rangle=\sum_{m_2}\left|j_1,m-m_2,j_2,m_2\right\rangle\left\langle j_1,m-m_2,j_2,m_2\mid j_1,j_2,j,m\right\rangle \tag{4.5.14}$$

式（4.5.12）或式（4.5.14）就是无耦合表象到耦合表象的变换关系式。

习惯上在$\left|j_1,j_2,j,m\right\rangle$中略去$j_1$和$j_2$，把$\left|j_1,j_2,j,m\right\rangle$简写为$\left|j,m\right\rangle$，C-G系数简写为$\langle j_1,m_1,j_2,m_2\mid j,m\rangle$。根据本征函数的正交归一性，可以推出C-G系数的正交关系，通常C-G系数为实数。由于

$$\left\langle j_1,m_1',j_2,m_2'\mid j_1,m_1,j_2,m_2\right\rangle=\delta_{m_1,m_1'}\delta_{m_2,m_2'}$$

而

$$\left\langle j_1,m_1',j_2,m_2'\mid j_1,m_1,j_2,m_2\right\rangle=\sum_j\left\langle j_1,m_1',j_2,m_2'\mid j,m\right\rangle\left\langle j,m\mid j_1,m_1,j_2,m_2\right\rangle$$

把m_1用$m_1=m-m_2$代入，得

$$\sum_j\left\langle j_1,m'-m_2',j_2,m_2'\mid j,m\right\rangle\left\langle j_1,m-m_2,j_2,m_2\mid j,m\right\rangle=\delta_{m_2,m_2'}\delta_{m,m'} \tag{4.5.15}$$

同理，由于$\left\langle j',m\right|j,m\right\rangle=\delta_{j,j'}$，因而

$$\left\langle j',m\right|j,m\right\rangle=\sum_{m_1,m_2}\left\langle j',m\mid j_1,m_1,j_2,m_2\right\rangle\left\langle j_1,m_1,j_2,m_2\right|j,m\right\rangle$$

把m_1用$m_1=m-m_2$代入，得

$$\sum_{m_2}\left\langle j_1,m-m_2,j_2,m_2\mid j',m\right\rangle\left\langle j_1,m-m_2,j_2,m_2\mid j,m\right\rangle=\delta_{j,j'} \tag{4.5.16}$$

式（4.5.15）和式（4.5.16）表示了C-G系数的幺正性。故无耦合表象到耦合表象的表象变换是幺正变换。

以下讨论当j_1和j_2给定时，总角动量j的可能取值。磁量子数m，m_1，m_2的最大值依次是j，j_1，j_2。由式（4.5.13）知，j的最大值为

$$j_{\max}=j_1+j_2 \tag{4.5.17}$$

j_1给定，m_1取$2j_1+1$个值：$j_1, j_1-1,\ \cdots,\ -j_1+1,\ -j_1$，对应$2j_1+1$个态$\left|j_1,m_1\right\rangle$；$j_2$给定，$m_2$取$2j_2+1$个值：$j_2, j_2-1,\ \cdots,\ -j_2+1,\ -j_2$，对应$2j_2+1$个态$\left|j_2,m_2\right\rangle$。在给定$j_1$和$j_2$时，有$(2j_1+1)(2j_2+1)$个态$\left|j_1,m_1,j_2,m_2\right\rangle$，而态$\left|j_1,j_2,j,m\right\rangle$是各种态$\left|j_1,m_1,j_2,m_2\right\rangle$的线性叠加。所以$j_1$和$j_2$确定，相互独立的态$\left|j_1,j_2,j,m\right\rangle$的数目也是

$(2j_1+1)(2j_2+1)$。而对应于 j，m 取 $2j+1$ 个值：$j, j-1, \cdots, -j+1$，$-j$。用 $j_{\min}$ 表示 j 的最小取值，则态 $|j_1,j_2,j,m\rangle$ 的数目表示为

$$\sum_{j_{\min}}^{j_{\max}}(2j+1)=(2j_1+1)(2j_2+1) \tag{4.5.18}$$

利用等差级数求和公式把式（4.5.18）写为

$$j_{\max}(2+j_{\max})-(j_{\min}^2-1)=(2j_1+1)(2j_2+1) \tag{4.5.19}$$

式（4.5.17）代入式（4.5.19）即得

$$j_{\min}=|j_1-j_2| \tag{4.5.20}$$

由此可知，当 j_1 和 j_2 给定时，总角动量 j 的可能取值是

$$j=j_1+j_2, j_1+j_2-1, \cdots, |j_1-j_2| \tag{4.5.21}$$

总角动量满足的关系式（4.5.21）称为三角形关系，通常用 $\Delta(j_1,j_2,j)$ 表示（图 4.5.1）。

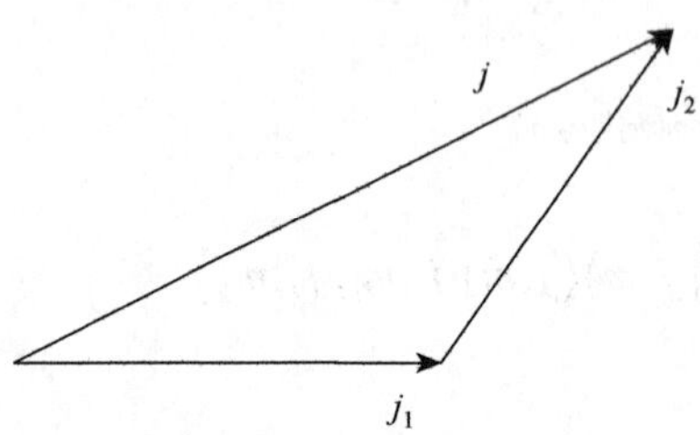

图 4.5.1　两个角动量的耦合

求得 j 和 m 后，就解决了求 $\hat{J}^2$ 和 $\hat{J}_z$ 的本征值问题，它们的本征函数 $|j_1,j_2,j,m\rangle$ 需要知道 C-G 系数，C-G 系数的推导很复杂，有专门的表可查。

4.5.2　无耦合表象与耦合表象 C-G 系数的性质

耦合表象　力学量算符 $\hat{J}_1^2$，$\hat{J}_2^2$，$\hat{J}^2$，$\hat{J}_z$ 相互对易，它们共同的本征矢 $|j,m\rangle$ 组成正交归一的完备系，$\hat{J}_1^2$，$\hat{J}_2^2$，$\hat{J}^2$，$\hat{J}_z$ 在该表象中是对角矩阵，本征矢满足

$$\begin{cases}\hat{J}_1^2|j,m\rangle=j_1(j_1+1)\hbar^2|j,m\rangle\\ \hat{J}_2^2|j,m\rangle=j_2(j_2+1)\hbar^2|j,m\rangle\\ \hat{J}^2|j,m\rangle=j(j+1)\hbar^2|j,m\rangle\\ \hat{J}_z|j,m\rangle=m\hbar|j,m\rangle\end{cases} \tag{4.5.22}$$

式中，$|j,m\rangle$ 是 $|j_1,j_2,j,m\rangle$ 的简写。

无耦合表象　力学量的完全集为 $\hat{J}_1^2$，$\hat{J}_{1z}$，$\hat{J}_2^2$，$\hat{J}_{2z}$ 相互对易，共同的本征矢为 $|j_1,m_1,j_2,m_2\rangle$ 组成的正交归一完备系，$\hat{J}_1^2$，$\hat{J}_{1z}$，$\hat{J}_2^2$，$\hat{J}_{2z}$ 在该表象中是对角矩阵，本征矢满足

$$\begin{cases}\hat{J}_1^2|j_1,m_1,j_2,m_2\rangle=j_1(j_1+1)\hbar^2|j_1,m_1,j_2,m_2\rangle\\ \hat{J}_{1z}|j_1,m_1,j_2,m_2\rangle=m_1\hbar|j_1,m_1,j_2,m_2\rangle\\ \hat{J}_2^2|j_1,m_1,j_2,m_2\rangle=j_2(j_2+1)\hbar^2|j_1,m_1,j_2,m_2\rangle\\ \hat{J}_{2z}|j_1,m_1,j_2,m_2\rangle=m_2\hbar|j_1,m_1,j_2,m_2\rangle\end{cases} \tag{4.5.23}$$

耦合表象与耦合表象的联系

$$|j,m\rangle=\sum_{m_1,m_2}|j_1,m_1,j_2,m_2\rangle\langle j_1,m_1,j_2,m_2|j,m\rangle \tag{4.5.24}$$

其中，$\langle j_1,m_1,j_2,m_2|j,m\rangle$ 是 C-G 系数。

C-G 系数性质

（1）如果 j_1， j_2， j 不满足三角形关系，或 $m\neq m_1+m_2$，则

$$\langle j_1,m_1,j_2,m_2|j,m\rangle=0 \tag{4.5.25}$$

如果 $m=j=j_1+j_2$ 取最大值，则

$$\langle j_1,j_1,j_2,j_2|j_1+j_2,j_1+j_2\rangle=1 \tag{4.5.26}$$

根据式（4.5.14），由于 $m=j$，因而 $m_1=j_1$， $m_2=j_2$，所以，$|j,j\rangle$ 只能由 $|j_1,j_1,j_2,j_2\rangle$ 一项构成，展开式中也只有一项。

（2）适当选择相位，使 C-G 系数总可以取为实数。

（3）C-G 系数满足正交关系

$$\sum_{m_1=-j_1}^{j_1}\langle j_1,m_1,j_2,m-m_1|j,m\rangle\langle j_1,m_1,j_2,m'-m_1|j',m'\rangle=\delta_{jj'}\delta_{mm'} \tag{4.5.27}$$

$$\sum_{j=|j_1-j_2|}^{j_1+j_2}\langle j_1,m_1,j_2,m-m_1|j,m\rangle\langle j_1,m_1',j_2,m'-m_1'|j,m'\rangle=\delta_{m_1m_1'}\delta_{mm'} \tag{4.5.28}$$

（4）C-G 系数具有对称性

$$\langle j_1,m_1,j_2,m_2|j,m\rangle=(-1)^{j_1+j_2-j}\langle j_1,-m_1,j_2,-m_2|j,-m\rangle \tag{4.5.29}$$

$$\langle j_1,m_1,j_2,m_2|j,m\rangle=(-1)^{j_1+j_2-j}\langle j_2,m_2,j_1,m_1|j,m\rangle \tag{4.5.30}$$

$$\langle j_1,m_1,j_2,m_2|j,m\rangle=(-1)^{j_1+m_1}\left(\frac{2j+1}{2j_2+1}\right)^{\frac{1}{2}}\langle j_1,m_1,j,-m|j_2,-m_2\rangle \tag{4.5.31}$$

式（4.5.29）中右边的 C-G 系数是由左边的 C-G 系数中的 m_1， m_2， m 反号得出的，式（4.5.31）中右边的 C-G 系数是把左边的 j_2 和 j 互换以及将 m_2 和 m 互换并且反号得出的。这些 C-G 系数中 m 都等于 m_1 与 m_2 之和，否则它们的系数为零。C-G 系数的上述三个对称关系是独立的。

4.5.3　计算 C-G 系数

利用递推关系计算一些简单的 C-G 系数[3]。

（1）若 $j=j_1+j_2$， $m=j$，由 C-G 系数可知，$|j,j\rangle$ 只能由 $|j_1,j_1,j_2,j_2\rangle$ 一项构成。$|j,j\rangle$ 和 $|j_1,j_1,j_2,j_2\rangle$ 之间只能相差一个相因子 $e^{i\delta}$。由于 C-G 系数取实数，取相因子 $e^{i\delta}=1$，因此

$$|j,j\rangle=|j_1,j_1,j_2,j_2\rangle \tag{4.5.32}$$

用 $\hat{J}_- = \hat{J}_{1-} + \hat{J}_{2-}$ 作用于式（4.5.32）两边，并根据式（4.2.12），得

$$\hat{J}_-|j,j\rangle = \sqrt{j(j+1)-j(j-1)}\hbar|j,j-1\rangle = \sqrt{2(j_1+j_2)}\hbar|j_1+j_2,j_1+j_2-1\rangle \tag{4.5.33}$$

$$\begin{aligned}(\hat{J}_{1-}+\hat{J}_{2-})|j_1,j_1,j_2,j_2\rangle &= (\hat{J}_{1-}+\hat{J}_{2-})|j_1,j_1\rangle|j_2,j_2\rangle \\ &= \sqrt{2j_1}\hbar|j_1,j_1-1,j_2,j_2\rangle + \sqrt{2j_2}\hbar|j_1,j_1,j_2,j_2-1\rangle\end{aligned} \tag{4.5.34}$$

根据式（4.5.32）、式（4.5.33）或式（4.5.34），得

$$|j,j-1\rangle = \left(\frac{j_1}{j_1+j_2}\right)^{\frac{1}{2}}|j_1,j_1-1,j_2,j_2\rangle + \left(\frac{j_2}{j_1+j_2}\right)^{\frac{1}{2}}|j_1,j_1,j_2,j_2-1\rangle \tag{4.5.35}$$

将式（4.5.35）与式（4.5.14）比较，即得

$$\langle j_1,j_1-1,j_2,j_2|j_1+j_2,j_1+j_2-1\rangle = \left(\frac{j_1}{j_2+j_2}\right)^{\frac{1}{2}} \tag{4.5.36}$$

$$\langle j_1,j_1,j_2,j_2-1|j_1+j_2,j_1+j_2-1\rangle = \left(\frac{j_2}{j_1+j_2}\right)^{\frac{1}{2}} \tag{4.5.37}$$

继续将 $\hat{J}_- = \hat{J}_{1-} + \hat{J}_{2-}$ 作用于 $|j,j-1\rangle$，求得 $|j,j-2\rangle$，$|j,j-3\rangle$，…的系数。通过这个方法可以求得所有的 $|j_1+j_2,m\rangle$，且 $m = j_1+j_2, j_1+j_2-1, \cdots, |j_1-j_2|$ 的表示式及相应的 C-G 系数。

（2）若 $j \neq j_1+j_2$，不同耦合表象的本征函数 $|j,m\rangle$ 和相应的 C-G 系数，用本征函数的正交归一性计算。例如，为了计算 $|j_1+j_2-1,m\rangle$ 和相应的 C-G 系数，可先写出

$$\begin{aligned}|j_1+j_2-1,j_1+j_2-1\rangle &= |j_1,j_2,j_1+j_2-1,j_1+j_2-1\rangle \\ &= a|j_1,j_1-1,j_2,j_2\rangle + b|j_1,j_1,j_2,j_2-1\rangle\end{aligned} \tag{4.5.38}$$

由于

$$\langle j_1,j_2,j_1+j_2-1,j_1+j_2-1|j_1,j_2,j_1+j_2-1,j_1+j_2-1\rangle = |a|^2+|b|^2 = 1 \tag{4.5.39}$$

由式（4.5.29）和式（4.5.31）的内积，得

$$\langle j,j-1|,j-1,j-1\rangle = a\left(\frac{j_1}{j_1+j_2}\right)^{\frac{1}{2}} + b\left(\frac{j_2}{j_1+j_2}\right)^{\frac{1}{2}} = 0 \tag{4.5.40}$$

联立式（4.5.39）和式（4.5.40），求出 a 和 b，再代入式（4.5.38）中，使系数为实数且取第一项为正，可得

$$|j_1+j_2-1,j+j_2-1\rangle = \left(\frac{j_2}{j_1+j_2}\right)^{\frac{1}{2}}|j_1,j_1-1,j_2,j_2\rangle - \left(\frac{j_1}{j_1+j_2}\right)^{\frac{1}{2}}|j_1,j_1,j_2,j_2-1\rangle \tag{4.5.41}$$

从式（4.5.41）可以看出

$$\langle j_1, j_1-1, j_2, j_2 | j_1+j_2-1, j_1+j_2-1\rangle = \left(\frac{j_2}{j_1+j_2}\right)^{\frac{1}{2}} \tag{4.5.42}$$

$$\langle j_1, j_1, j_2, j_2-1 | j_1+j_2-1, j_1+j_2-1\rangle = -\left(\frac{j_1}{j_1+j_2}\right)^{\frac{1}{2}} \tag{4.5.43}$$

然后，再以 $\hat{J}_- = \hat{J}_{1-} + \hat{J}_{2-}$ 作用于式（4.5.41）两边，求出不同 m 的 $|j_1+j_2-1,m\rangle$ 及其相应的 C-G 系数。

4.6　两个电子的自旋波函数与纠缠态

4.6.1　两电子的自旋波函数

两个电子体系中，电子 1 和 2 的自旋角动量算符分别 $\hat{S}_1$ 和 $\hat{S}_2$，则这两个电子体系的总自旋角动量算符为 $\hat{S}$

$$\hat{S} = \hat{S}_1 + \hat{S}_2 \tag{4.6.1}$$

电子 1 和 2 的自旋算符的本征方程为

$$\hat{S}_i^2 |s_i, m_i\rangle = s_i(s_i+1)\hbar^2 |s_i, m_i\rangle \tag{4.6.2}$$

$$\hat{S}_{i_z} |s_i, m_i\rangle = m_i\hbar |s_i, m_i\rangle \tag{4.6.3}$$

式中，$i=1$，2，电子的自旋量子数 $s_i = \frac{1}{2}$，磁量子数 $m_i = \pm\frac{1}{2}$。两电子体系的总自旋角动量算符的本征方程为

$$\hat{S}^2 |s,m\rangle = s(s+1)\hbar^2 |s,m\rangle \tag{4.6.4}$$

$$\hat{S}_z |s,m\rangle = m\hbar |s,m\rangle \tag{4.6.5}$$

式中，s 是体系的总自旋量子数，$s = s_1+s_2$，s_1+s_2-1，…，$|s_1-s_2|$；m 为磁量子数，$m=0$，±1，…，$\pm s$。因此，$s=0$，$m=0$，$s=1$，$m=0$，±1。

两电子体系的总自旋算符可由单电子自旋算符表示

$$\begin{aligned}\hat{S}^2 &= (\hat{S}_1+\hat{S}_2)^2 = \hat{S}_1^2+\hat{S}_2^2+2\hat{S}_1\cdot\hat{S}_2 \\ &= \frac{3}{2}\hbar^2+2\hat{S}_{1x}\hat{S}_{2x}+2\hat{S}_{1y}\hat{S}_{2y}+2\hat{S}_{1z}\hat{S}_{2z} \\ &= \frac{3}{2}\hbar^2+\hat{S}_{1+}\hat{S}_{2-}+\hat{S}_{1-}\hat{S}_{2+}+2\hat{S}_{1z}\hat{S}_{2z}\end{aligned} \tag{4.6.6}$$

式中，$\hat{S}_{i\pm}=\hat{S}_{ix}\pm\hat{S}_{iy}$（$i=1,2$）是电子自旋角动量升降算符。

$$\hat{S}_{i\pm}|s_i,m_i\rangle=\hbar\sqrt{s_i(s_i+1)-m_i(m_i\pm1)}|s_i,m_i\pm1\rangle \tag{4.6.7}$$

以$\hat{S}_1^2$，$\hat{S}_{1z}$，$\hat{S}_2^2$，$\hat{S}_{2z}$的共同本征函数为基矢的表象是非耦合表象，以$\hat{S}^2$，$\hat{S}_z$，$\hat{S}_1^2$，$\hat{S}_2^2$的共同本征函数为基矢的表象是耦合表象。

两电子体系无自旋相互作用时，电子体系的自旋波函数是每个电子自旋波函数之积，在某一特定方向（z轴），每个电子均有两种可能的相对取向，两个电子有四种可能取向，分别为

$$\chi_1=\chi_{\frac{1}{2}}(s_{1z})\chi_{\frac{1}{2}}(s_{2z}) \tag{4.6.8a}$$

$$\chi_2=\chi_{-\frac{1}{2}}(s_{1z})\chi_{-\frac{1}{2}}(s_{2z}) \tag{4.6.8b}$$

$$\chi_3=\chi_{\frac{1}{2}}(s_{1z})\chi_{-\frac{1}{2}}(s_{2z}) \tag{4.6.8c}$$

$$\chi_4=\chi_{-\frac{1}{2}}(s_{1z})\chi_{\frac{1}{2}}(s_{2z}) \tag{4.6.8d}$$

由χ_1，χ_2，χ_3，χ_4为基矢的表象是非耦合表象。

由于两个电子有四种可能取向，构成了两个电子的对称自旋波函数$\chi_{\rm S}$和反对称自旋波函数$\chi_{\rm A}$，即

$$\chi_{\rm S}^{(1)}=\chi_{\frac{1}{2}}(s_{1z})\chi_{\frac{1}{2}}(s_{2z}) \tag{4.6.9a}$$

$$\chi_{\rm S}^{(2)}=\chi_{-\frac{1}{2}}(s_{1z})\chi_{-\frac{1}{2}}(s_{2z}) \tag{4.6.9b}$$

$$\chi_{\rm S}^{(3)}=\frac{1}{\sqrt{2}}\left[\chi_{\frac{1}{2}}(s_{1z})\chi_{-\frac{1}{2}}(s_{2z})+\chi_{\frac{1}{2}}(s_{2z})\chi_{-\frac{1}{2}}(s_{1z})\right] \tag{4.6.9c}$$

$$\chi_{\rm A}=\frac{1}{\sqrt{2}}\left[\chi_{\frac{1}{2}}(s_{1z})\chi_{-\frac{1}{2}}(s_{2z})-\chi_{\frac{1}{2}}(s_{2z})\chi_{-\frac{1}{2}}(s_{1z})\right] \tag{4.6.9d}$$

若交换两个电子，$\chi_S^{(1)}$，$\chi_S^{(2)}$，$\chi_S^{(3)}$均不改变，而χ_A变号。除了这四个波函数外，再不可能构成其他独立的对称和反对称的自旋波函数，这四个自旋波函数只能构成四个独立的具有确定对称性的自旋波函数。以它们为基矢的表象是耦合表象。

以下讨论电子总自旋角动量平方算符$\hat{S}^2$和总自旋角动量在z轴上的投影算符$\hat{S}_z$，在$\chi_S^{(1)}$，$\chi_S^{(2)}$，$\chi_S^{(3)}$和χ_A态中的本征值。其中$\hat{S}_1$（$\hat{S}_2$）只作用在第一个（第二个）电子的自旋波函数上。

根据式（4.6.6），以及式（4.4.31）、式（4.4.32）和式（4.4.24），有

$$\hat{S}_x\chi_{\frac{1}{2}}=\frac{\hbar}{2}\begin{pmatrix}0&1\\1&0\end{pmatrix}\begin{pmatrix}1\\0\end{pmatrix}=\frac{\hbar}{2}\begin{pmatrix}0\\1\end{pmatrix}=\frac{\hbar}{2}\chi_{-\frac{1}{2}} \tag{4.6.10a}$$

$$\hat{S}_x\chi_{-\frac{1}{2}}=\frac{\hbar}{2}\begin{pmatrix}0&1\\1&0\end{pmatrix}\begin{pmatrix}0\\1\end{pmatrix}=\frac{\hbar}{2}\begin{pmatrix}1\\0\end{pmatrix}=\frac{\hbar}{2}\chi_{\frac{1}{2}} \tag{4.6.10b}$$

$$\hat{S}_y\chi_{\frac{1}{2}}=\frac{\hbar}{2}\begin{pmatrix}0&-\mathrm{i}\\\mathrm{i}&0\end{pmatrix}\begin{pmatrix}1\\0\end{pmatrix}=\mathrm{i}\frac{\hbar}{2}\begin{pmatrix}0\\1\end{pmatrix}=\mathrm{i}\frac{\hbar}{2}\chi_{-\frac{1}{2}} \tag{4.6.10c}$$

$$\hat{S}_y\chi_{-\frac{1}{2}}=\frac{\hbar}{2}\begin{pmatrix}0&-\mathrm{i}\\\mathrm{i}&0\end{pmatrix}\begin{pmatrix}0\\1\end{pmatrix}=-\mathrm{i}\frac{\hbar}{2}\begin{pmatrix}1\\0\end{pmatrix}=-\mathrm{i}\frac{\hbar}{2}\chi_{\frac{1}{2}} \tag{4.6.10d}$$

$$\hat{S}_z\chi_{\frac{1}{2}}=\frac{\hbar}{2}\chi_{\frac{1}{2}} \tag{4.6.10e}$$

$$\hat{S}_z\chi_{-\frac{1}{2}}=-\frac{\hbar}{2}\chi_{-\frac{1}{2}} \tag{4.6.10f}$$

式（4.6.10）中诸式对于每一个电子的算符作用在自己的自旋函数上都成立。

利用式（4.4.19）和式（4.6.10），可以求出$\hat{S}^2, \hat{S}_z$在$\chi_S^{(1)}$，$\chi_S^{(2)}$，$\chi_S^{(3)}$和χ_A态中的本征值。例如，

$$\begin{aligned}\hat{S}^2\chi_S^{(1)}&=\frac{3}{2}\hbar^2\chi_S^{(1)}+2\left[\hat{S}_{1x}\chi_{\frac{1}{2}}(s_{1z})\hat{S}_{2x}\chi_{\frac{1}{2}}(s_{2z})+\hat{S}_{1y}\chi_{\frac{1}{2}}(s_{1z})\hat{S}_{2y}\chi_{\frac{1}{2}}(s_{2z})+\hat{S}_{1z}\chi_{\frac{1}{2}}(s_{1z})\hat{S}_{2z}\chi_{\frac{1}{2}}(s_{2z})\right]\\&=\frac{3}{2}\hbar^2\chi_S^{(1)}+2\times\frac{\hbar^2}{4}\chi_S^{(1)}\\&=2\hbar^2\chi_S^{(1)}\end{aligned}$$

$$\begin{aligned}\hat{S}_z\chi_S^{(1)}&=\hat{S}_{1z}\chi_{\frac{1}{2}}(s_{1z})\chi_{\frac{1}{2}}(s_{2z})+\chi_{\frac{1}{2}}(s_{1z})\hat{S}_{2z}\chi_{\frac{1}{2}}(s_{2z})\\&=\frac{\hbar}{2}\chi_{\frac{1}{2}}(s_{1z})\chi_{\frac{1}{2}}(s_{2z})+\frac{\hbar}{2}\chi_{\frac{1}{2}}(s_{1z})\chi_{\frac{1}{2}}(s_{2z})\\&=\hbar\chi_S^{(1)}\end{aligned}$$

同样可求得

$$\hat{S}^2\chi_S^{(2)} = 2\hbar^2\chi_S^{(2)}, \quad \hat{S}_z\chi_S^{(2)} = -\hbar\chi_S^{(2)}$$

$$\hat{S}^2\chi_S^{(3)} = 2\hbar^2\chi_S^{(3)}, \quad \hat{S}_z\chi_S^{(3)} = 0$$

以及

$$\hat{S}^2\chi_A = 0, \quad \hat{S}_z\chi_A = 0$$

由以上结果可知，在三个对称自旋态 $\chi_S^{(1)}$，$\chi_S^{(2)}$ 和 $\chi_S^{(3)}$ 中，$\hat{S}^2$ 的本征值都是 $2\hbar^2$，$\hat{S}_z$ 的本征值依次为 $\hbar$，$-\hbar$ 和 0，这表明：$\chi_S^{(1)}$ 态的两个电子的自旋平行，z 分量沿正 z 轴方向；$\chi_S^{(2)}$ 态的两个电子的自旋也平行，但 z 分量沿正 $-z$ 轴方向；$\chi_S^{(3)}$ 态的两个电子的自旋 z 分量相互反平行，但垂直于 z 轴的分量则相互平行。反对称态 χ_A 中，$\hat{S}^2$ 和 $\hat{S}_z$ 的本征值都是 0，这表明两个电子的自旋反平行，因而总自旋为零。

图 4.6.1 所示是两个自旋角动量相加的示意图，图中用一沿锥面旋转的矢量表示一个电子 $\hat{S}_z$ 算符的本征态，矢量沿 z 的投影等于定值，对应于 $\hat{S}_z$ 有确定的值，沿 x、y 轴的投影不固定，则 $\hat{S}_x$、$\hat{S}_y$ 没有固定的值。该图有助于形象地理解电子的自旋态，两电子自旋相互反平行的态是单一的，称为自旋独态，两个电子交换是反对称的；两个电子自旋相互平行的态的能级是三重简并的，称为自旋三重态，两个电子的交换是对称的。

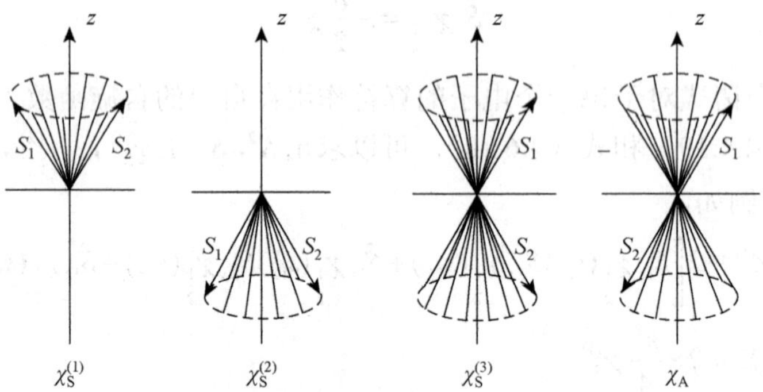

图 4.6.1　两个电子的自旋组合的四种可能态

4.6.2　纠缠态

由体系 1 和 2 组成的两体系统，设 $|\alpha\rangle_1$ 构成体系 1 的一组量子态完全集，$|\beta\rangle_2$ 构成体系 2 的一组量子态完全集，则 $|\alpha\rangle_1$ 与 $|\beta\rangle_2$ 的直积

$$|\alpha\beta\rangle = |\alpha\rangle_1 \otimes |\beta\rangle_2 \tag{4.6.11}$$

可以作为复合体系 1+2 的一组量子态完备基，即体系 1+2 的任意量子态$|\psi\rangle$可以表示为这一完备基的线性叠加

$$|\psi\rangle=\sum_{\alpha,\beta}a_{\alpha\beta}|\alpha\rangle_1\otimes|\beta\rangle_2,\quad \sum_{\alpha,\beta}|a_{\alpha\beta}|^2=1 \tag{4.6.12}$$

直积形式的量子态称为非纠缠态。两体系不能表示成一个直积形式的量子态，称为两体系的纠缠态。

两电子体系可以构成纠缠态，电子是自旋为$\dfrac{1}{2}$的粒子，两电子非耦合表象基矢式（4.6.8）可以写为直积形式

$$\begin{aligned}|\uparrow\rangle_1|\uparrow\rangle_2&\equiv|\uparrow\rangle_1\otimes|\uparrow\rangle_2=\begin{pmatrix}1\\0\end{pmatrix}\otimes\begin{pmatrix}1\\0\end{pmatrix}\\&=\begin{pmatrix}1\times\begin{pmatrix}1\\0\end{pmatrix}\\0\times\begin{pmatrix}1\\0\end{pmatrix}\end{pmatrix}=\begin{pmatrix}1\\0\\0\\0\end{pmatrix}\end{aligned} \tag{4.6.13a}$$

$$\begin{aligned}|\uparrow\rangle_1|\downarrow\rangle_2&\equiv|\uparrow\rangle_1\otimes|\downarrow\rangle_2=\begin{pmatrix}1\\0\end{pmatrix}\otimes\begin{pmatrix}0\\1\end{pmatrix}\\&=\begin{pmatrix}1\times\begin{pmatrix}0\\1\end{pmatrix}\\0\times\begin{pmatrix}0\\1\end{pmatrix}\end{pmatrix}=\begin{pmatrix}0\\1\\0\\0\end{pmatrix}\end{aligned} \tag{4.6.13b}$$

$$\begin{aligned}|\downarrow\rangle_1|\uparrow\rangle_2&\equiv|\downarrow\rangle_1\otimes|\uparrow\rangle_2=\begin{pmatrix}0\\1\end{pmatrix}\otimes\begin{pmatrix}1\\0\end{pmatrix}\\&=\begin{pmatrix}0\times\begin{pmatrix}1\\0\end{pmatrix}\\1\times\begin{pmatrix}1\\0\end{pmatrix}\end{pmatrix}=\begin{pmatrix}0\\0\\1\\0\end{pmatrix}\end{aligned} \tag{4.6.13c}$$

$$\begin{aligned}|\downarrow\rangle_1|\downarrow\rangle_2&\equiv|\downarrow\rangle_1\otimes|\downarrow\rangle_2=\begin{pmatrix}0\\1\end{pmatrix}\otimes\begin{pmatrix}0\\1\end{pmatrix}\\&=\begin{pmatrix}0\times\begin{pmatrix}0\\1\end{pmatrix}\\1\times\begin{pmatrix}0\\1\end{pmatrix}\end{pmatrix}=\begin{pmatrix}0\\0\\0\\1\end{pmatrix}\end{aligned} \tag{4.6.13d}$$

因此，两电子非耦合表象不能构成纠缠态。在两电子耦合表象基矢式（4.6.10）中，从波函数形式上可见 $\chi_S^{(3)}$ 和 χ_A 是纠缠态，$\chi_S^{(1)}$ 和 $\chi_S^{(2)}$ 不是纠缠态。因此，两电子角动量耦合并不等同于纠缠。这是由于 $\hat{S}_z=\hat{S}_{1z}+\hat{S}_{2z}$ 是两电子自旋算符 $\hat{S}_{1z}$ 和 $\hat{S}_{2z}$ 的线性叠加。通常将 $\chi_S^{(1)}$ 和 $\chi_S^{(2)}$ 等权重叠加，以构成两电子体系的另外两个纠缠态，这样两电子体系的 4 个自旋纠缠态可以表示为

$$\left|\psi\right\rangle_{1,2}=\frac{1}{\sqrt{2}}\left[\left|\uparrow\right\rangle_1\left|\downarrow\right\rangle_2\pm\left|\downarrow\right\rangle_1\left|\uparrow\right\rangle_2\right] \tag{4.6.14a}$$

$$\left|\psi\right\rangle_{3,4}=\frac{1}{\sqrt{2}}\left[\left|\uparrow\right\rangle_1\left|\uparrow\right\rangle_2\pm\left|\downarrow\right\rangle_1\left|\downarrow\right\rangle_2\right] \tag{4.6.14b}$$

通常称为贝尔（Bell）基。式（4.6.14）中的 4 个纠缠态还可以表示为如下形式

$$\left|\psi\right\rangle_i=\frac{1}{\sqrt{2}}\left(\left|\downarrow\right\rangle_1,\left|\uparrow\right\rangle_1\right)\sigma_i\begin{pmatrix}\left|\downarrow\right\rangle_2\\ \left|\uparrow\right\rangle_2\end{pmatrix}\quad (i=0,\ 1,\ 2,\ 3) \tag{4.6.15}$$

其中，σ_0 是 2×2 的单位矩阵；σ_i 为三个泡利矩阵，即 $\sigma_1=\sigma_x$，$\sigma_2=\sigma_y$，$\sigma_3=\sigma_z$。

式(4.6.14a)和式(4.6.14b)中的 4 个贝尔基是力学量完全集（$\sigma_{1x}\sigma_{2x}$，$\sigma_{1z}\sigma_{2z}$）的共同本征函数，利用

$$\sigma_z\left|\uparrow\right\rangle=\left|\uparrow\right\rangle,\quad \sigma_z\left|\downarrow\right\rangle=-\left|\downarrow\right\rangle,\quad \sigma_x\left|\uparrow\right\rangle=\left|\downarrow\right\rangle,\quad \sigma_x\left|\downarrow\right\rangle=\left|\uparrow\right\rangle \tag{4.6.16}$$

容易证明

$$\sigma_{1z}\sigma_{2z}\left|\psi\right\rangle_{1,2}=-\left|\psi\right\rangle_{1,2} \tag{4.6.17a}$$

$$\sigma_{1z}\sigma_{2z}\left|\psi\right\rangle_{3,4}=-\left|\psi\right\rangle_{3,4} \tag{4.6.17b}$$

$$\sigma_{1x}\sigma_{2x}\left|\psi\right\rangle_1=+\left|\psi\right\rangle_1 \tag{4.6.17c}$$

$$\sigma_{1x}\sigma_{2x}\left|\psi\right\rangle_2=-\left|\psi\right\rangle_2 \tag{4.6.17d}$$

$$\sigma_{1x}\sigma_{2x}\left|\psi\right\rangle_3=+\left|\psi\right\rangle_3 \tag{4.6.17e}$$

$$\sigma_{1x}\sigma_{2x}\left|\psi\right\rangle_4=-\left|\psi\right\rangle_4 \tag{4.6.17f}$$

因而式（4.6.14）的贝尔基可标记为表 4.6.1。

量子纠缠必体现为粒子态之间的关联，但关联不等于纠缠。如态 $\left|\uparrow\right\rangle_1\cdot\left|\uparrow\right\rangle_2$ 表现为电子 1 和 2 之间有关联，但电子 1 和电子 2 均处于自旋确定态，它们之间没有纠缠。另外，从量子信息论的观点来看，量子纠缠总指不同粒子之间的，同一粒子不同自由度的状态的耦合一般不称为纠缠。在纠缠态中，粒子 1 和粒子 2 的空间波包可以彼此相距遥远而不完全重叠，这时仍然会发生纠缠；当粒子 1 系统因测量而发生塌缩时，粒子 2 系统也将发生关联的塌缩。

表 4.6.1　贝尔基

贝尔基	$\sigma_{1z}\sigma_{2z}$	$\sigma_{1x}\sigma_{2x}$
$\vert\psi\rangle_1$	−	−
$\vert\psi\rangle_2$	−	+
$\vert\psi\rangle_3$	+	−
$\vert\psi\rangle_4$	+	+

4.7　原子光谱的精细结构以及塞曼效应

4.7.1　原子光谱的精细结构

电子自旋与轨道运动之间有相互作用，这一相互作用的能量和电子动能，以及电子在核的力场中的势能相比是很小的。若不考虑电子自旋与轨道相互作用的能量，则类氢原子的哈密顿算符为

$$\hat{H}_0=-\frac{\hbar^2}{2m_{\mathrm{e}}}\nabla^2+V(r) \tag{4.7.1}$$

对于类氢原子，如果不考虑核外电子对核的屏蔽作用，则

$$V(r)=-\frac{Ze_s^2}{r} \tag{4.7.2}$$

$\hat{H}_0$，$\hat{L}^2$，$\hat{L}_z$，$\hat{S}_z$ 都相互对易，它们的共同本征函数为

$$\phi_{nlm_lm_s}(r,\theta,\varphi,s_z)=R_{nl}(r)Y_{lm_l}(\theta,\varphi)\chi_{m_s} \tag{4.7.3}$$

其中，m_l 是磁量子数；$m_s=\pm\frac{1}{2}$。以 $\varphi_{nlm_lm_s}(r,\theta,\varphi,s_z)$ 为基矢的表象是无耦合表象，该表象中用量子数 n，l，m_l 和 m_s 来确定电子态。不计自旋，电子能级只与 n 有关，是 n^2 度简并的。考虑到电子自旋，m_s 可取两个值，因而能级是 $2n^2$ 度简并的。

类氢原子中，电子的总角动量表示为

$$\hat{J}=\hat{L}+\hat{S} \tag{4.7.4}$$

因为 $\hat{J}^2$，$\hat{J}_z$，$\hat{L}^2$ 和 $\hat{H}_0$ 都对易，所以体系选用 $\hat{J}^2$，$\hat{J}_z$，$\hat{L}^2$ 和 $\hat{H}_0$ 的共同本征函数

$$\psi_{nljm}(r,\theta,\varphi,s_z)=R_{nl}(r)u_{ljm}(\theta,\varphi,s_z) \tag{4.7.5}$$

来描写，以 $\psi_{nljm}(r,\theta,\varphi,s_z)$ 为基矢的表象是耦合表象，体系的电子态由量子数 n，l，j 和 m 确定。

考虑电子自旋和轨道运动之间的相互作用，类氢原子体系的哈密顿算符表示为

$$\hat{H}=\hat{H}_0+\hat{H}_{LS}=-\frac{\hbar^2}{2m_\mathrm{e}}\nabla^2+V(r)+\xi(r)\hat{L}\cdot\hat{S} \tag{4.7.6}$$

式中

$$\hat{H}_{LS}=\xi(r)\hat{L}\cdot\hat{S},\quad \xi(r)=\frac{1}{2m_\mathrm{e}^2c^2}\frac{1}{r}\frac{\mathrm{d}V}{\mathrm{d}r} \tag{4.7.7}$$

其中，$\hat{H}_{LS}$ 反映了自旋-轨道相互作用，称为自旋轨道耦合项。由于该项的存在，$\hat{L}_z$ 和 $\hat{S}_z$ 都与 $\hat{H}$ 不对易，所以这时电子态不能用量子数 m_l 和 m_s 来描写，或者说考虑电子的自旋轨道耦合，m_l 和 m_s 不是好量子数。另外，根据式（4.7.4）得到总角动量平方

$$\hat{J}^2=(\hat{L}+\hat{S})^2=\hat{L}^2+\hat{S}^2+2\hat{L}\cdot\hat{S} \tag{4.7.8}$$

有

$$\hat{L}\cdot\hat{S}=\frac{1}{2}\left[\hat{J}^2-\hat{L}^2-\frac{3}{4}\hbar^2\right],\quad \hat{S}^2=\frac{3}{4}\hbar^2 \tag{4.7.9}$$

所以 $\hat{J}^2$，$\hat{J}_z$，$\hat{L}^2$ 都和 $\hat{H}$ 对易，j，m，l 都是好量子数。

虽然 $\hat{L}\cdot\hat{S}$ 和 $\hat{H}_0$ 对易，但是 $\xi(r)$ 和 $\hat{H}_0$ 不对易，所以 $\hat{H}$ 和 $\hat{H}_0$ 不对易，它们没有共同本征函数系。$\hat{H}$ 的本征方程为

$$\hat{H}\psi=(\hat{H}_0+\hat{H}_{LS})\psi=E\psi \tag{4.7.10}$$

式中将 $\hat{H}_{LS}$ 作为微扰，未被微扰的 $\hat{H}_0$ 的本征值是 $2n^2$ 度简并的，应用简并情况下的微扰理论解方程式（4.7.10）。把 $\hat{H}_0$ 属于本征值 $E_n^{(0)}$ 的本征函数叠加作为零级近似波函数，解久期方程便可得到 $\hat{H}$ 的本征值为 E_n 的一级修正和对应本征函数的零级近似。$\hat{H}_0$ 属于本征值 $E_n^{(0)}$ 的本征函数，可以选用无耦合表象的基矢 $\varphi_{nlm_lm_s}$，也可以选用耦合表象基矢 ψ_{nljm}。而选用耦合表象基矢比较方便，因为解久期方程相当于把 $\hat{H}_{LS}$ 在耦合表象中对角化。用本征函数式（4.7.5）的叠加作为 $\hat{H}$ 的本征函数时，可以省去解久期方程。

令

$$\Psi=\sum_{ljm}c_{ljm}\psi_{nljm}(r,\theta,\varphi,s_z) \tag{4.7.11}$$

根据简并微扰理论，有

$$\sum_{jlm}[(H_{LS})_{l'j'm',ljm}-E_n^{(1)}\delta_{l'l}\delta_{j'j}\delta_{m'm}]c_{ljm}=0 \tag{4.7.12}$$

式（4.7.12）有非零解的条件是系数行列式等于零，因而得到相应的久期方程

$$\det\left|(H_{LS})_{l'j'm',ljm}-E_n^{(1)}\delta_{n'n}\delta_{l'l}\delta_{j'j}\delta_{m'm}\right|=0 \tag{4.7.13}$$

其中矩阵元

$$(H_{LS})_{l'j'm',ljm} = \int_0^\infty R_{nl}^2(r)\xi(r)r^2\mathrm{d}r\left\langle l'j'm'\middle|\hat{L}\cdot\hat{S}\middle|ljm\right\rangle \tag{4.7.14}$$

而

$$\begin{aligned}\left\langle l'j'm' \mid \hat{L}\cdot\hat{S} \mid ljm\right\rangle &= \left\langle l'j'm'\middle|\frac{1}{2}\left[\hat{J}^2 - \hat{L}^2 - \frac{3}{4}\hbar^2\right]\middle|ljm\right\rangle \\ &= \frac{\hbar^2}{2}\left[j(j+1) - l(l+1) - \frac{3}{4}\hbar^2\right]\delta_{l'l}\delta_{j'j}\delta_{m'm}\end{aligned} \tag{4.7.15}$$

令

$$(H_{LS})_{nlj} = \frac{\hbar^2}{2}\left[j(j+1) - l(l+1) - \frac{3}{4}\hbar^2\right]\int_0^\infty R_{nl}^2(r)\xi(r)r^2\mathrm{d}r \tag{4.7.16}$$

则式（4.7.14）写为

$$(H_{LS})_{l'j'm',ljm} = (H_{LS})_{nlm}\delta_{n'n}\delta_{l'l}\delta_{j'j}\delta_{m'm} \tag{4.7.17}$$

代入式（4.7.12）中得到

$$[(H_{LS})_{nlj} - E_n^{(1)}]c_{ljm} = 0 \tag{4.7.18}$$

由此可得到能量的一级修正值 $E^{(1)}$

$$E_n^{(1)} = \frac{\hbar^2}{2}\left[j(j+1) - l(l+1) - \frac{3}{4}\hbar^2\right]\int_0^\infty R_{nl}^2(r)\xi(r)r^2\mathrm{d}r \tag{4.7.19}$$

它与量子数 l, j 有关，自旋轨道耦合使原来简并的能级分裂开来，即简并被消除。但简并的消除只是部分的，因为能量一级修正中不含量子数 m。给定 j，m 可以取 $2j+1$ 个值，所以还有 $2j+1$ 度简并保留下来。

当 n，l 给定后，j 取值 $j = l \pm \frac{1}{2}$（$l=0$ 除外），即具有相同的量子数 n，l 的能级有两个，它们之间的差别很小，这就是产生光谱线精细结构的原因。

把 $V(r) = -\frac{Ze_s^2}{r}$ 代入式（4.7.7）中定出 $\xi(r)$，可以算出式（4.7.16）中的积分

$$\int_0^\infty R_{nl}^2(r)\xi(r)r^2\mathrm{d}r = \frac{Ze_s^2}{2m_e^2c^2}\int_0^\infty \frac{R_{nl}^2}{r}\mathrm{d}r = \frac{e_s^2}{2m_e^2c^2a_0^3}\frac{Z^4}{n^3l\left(l+\frac{1}{2}\right)(l+1)} \tag{4.7.20}$$

式中，$a_0 = \frac{\hbar^2}{me_s^2}$。由此便可得到量子数为 n，l，$j = l \pm \frac{1}{2}$ 的两个态的能量为

$$\begin{cases} E_{nlj=l+\frac{1}{2}}^{(1)} = E_n^0 + \dfrac{m_e c^2}{2}\left(\dfrac{\alpha Z}{n}\right)^4 \dfrac{n}{(2l+1)(l+1)} \\ E_{nlj=l-\frac{1}{2}}^{(1)} = E_n^0 - \dfrac{m_e c^2}{2}\left(\dfrac{\alpha Z}{n}\right)^4 \dfrac{n}{l(2l+1)} \end{cases} \tag{4.7.21}$$

式中，$\alpha=\dfrac{e_s^2}{\hbar c}=\dfrac{1}{137}$ 是精细结构常数。

波函数的零级近似可以是 ψ_{nljm}，也可以是 ψ_{nljm} 对不同 m 的线性组合，表示为

$$\psi_{n,l,l+\frac{1}{2},m}(r,\theta,\varphi,s_z)=\left[\frac{l+m+\frac{1}{2}}{2l+1}\right]^{\frac{1}{2}}R_{nl}(r)Y_{l,m-\frac{1}{2}}(\theta,\varphi)\chi_{\frac{1}{2}}+\left[\frac{l-m+\frac{1}{2}}{2l+1}\right]^{\frac{1}{2}}R_{nl}(r)Y_{l,m+\frac{1}{2}}(\theta,\varphi)\chi_{-\frac{1}{2}} \tag{4.7.22a}$$

$$\psi_{n,l,l-\frac{1}{2},m}(r,\theta,\varphi,s_z)=-\left[\frac{l-m+\frac{1}{2}}{2l+1}\right]^{\frac{1}{2}}R_{nl}(r)Y_{l,m-\frac{1}{2}}(\theta,\varphi)\chi_{\frac{1}{2}}+\left[\frac{l+m+\frac{1}{2}}{2l+1}\right]^{\frac{1}{2}}R_{nl}(r)Y_{l,m+\frac{1}{2}}(\theta,\varphi)\chi_{-\frac{1}{2}} \tag{4.7.22b}$$

以上讨论只适用于 $l>0$ 的情况，$l=0$ 时没有自旋轨道相互作用，因而能级没有发生移动。

4.7.2 碱金属原子光谱精细结构的量子力学解释

碱金属有一个价电子，属于类氢原子，原子核及内层电子对价电子的作用，可以近似地用一个屏蔽库仑场 $V(r)$ 表示。碱金属原子的低激发态能级来自于价电子的激发。考虑自旋轨道耦合作用，选用耦合表象的波函数

$$\psi_{nljm}(r,\theta,\varphi,s_z)=R_{nl}(r)u_{ljm}(\theta,\varphi,s_z) \tag{4.7.23}$$

体系的能量本征值方程为

$$\left[-\frac{\hbar^2}{2m_e}\nabla^2+V(r)+\xi(r)\hat{L}\cdot\hat{S}\right]\psi_{nljm}(r,\theta,\varphi,s_z)=E\psi_{nljm}(r,\theta,\varphi,s_z) \tag{4.7.24}$$

由式（4.7.9）得

$$\hat{L}\cdot\hat{S}=\begin{cases}\dfrac{l\hbar^2}{2}, & j=l+\dfrac{1}{2}\\ -\dfrac{(l+1)\hbar^2}{2}, & j=l-\dfrac{1}{2}\quad (l\neq 0)\end{cases} \tag{4.7.25}$$

将式（4.7.23）和式（4.7.25）代入式（4.7.24），得到如下两个径向方程

$$\begin{cases}\left[-\dfrac{\hbar^2}{2m_e}\dfrac{1}{r^2}\dfrac{\partial}{\partial r}\left(r^2\dfrac{\partial}{\partial r}\right)-\dfrac{\hat{L}^2}{\hbar^2 r^2}+V(r)+\dfrac{l(l+1)\hbar^2}{2m_e r^2}+\dfrac{l\hbar^2}{2}\xi(r)\right]R_{nl}(r)=ER_{nl}(r), & j=l+\dfrac{1}{2}\\ \left[-\dfrac{\hbar^2}{2m_e}\dfrac{1}{r^2}\dfrac{\partial}{\partial r}\left(r^2\dfrac{\partial}{\partial r}\right)-\dfrac{\hat{L}^2}{\hbar^2 r^2}+V(r)+\dfrac{l(l+1)\hbar^2}{2m_e r^2}-\dfrac{l(l+1)\hbar^2}{2}\xi(r)\right]R_{nl}(r)=ER_{nl}(r), & j=l-\dfrac{1}{2}\end{cases} \tag{4.7.26}$$

如果给定$V(r)$，$\xi(r)$也随之确定，求解上述径向方程，并根据束缚态边界条件，即可得到离散的能量本征值。由于$V(r)$不同于纯库仑场，电子能量本征值与量子数n，l，j都有关，记为E_{nlj}，是$2j+1$重简并的。在原子中，由于$V(r)<0$，所以$V'(r)>0$，$\xi(r)>0$，比较$j=l+\frac{1}{2}$和$j=l-\frac{1}{2}$ $(l\neq 0)$对能量的影响，有$E_{nlj=l+1/2}>E_{nlj=l-1/2}$，即$j=l+\frac{1}{2}$能级略高于$j=l-\frac{1}{2}$ $(l\neq 0)$能级。但是由于自旋轨道耦合作用很小，这两个能级离得很近，这就是碱金属原子光谱双线结构（精细结构）产生的原因。自旋轨道耦合随原子序数Z的增加而增大，对于 Li 原子，此分裂很小，不易分辨，从 Na 原子开始，分裂才明显。

4.7.3　塞曼效应

1896 年，荷兰实验物理学家塞曼（Zeeman）研究放在磁场中的光源所发射的光谱线，他发现钠火焰光谱通过强磁场后分裂为几个部分，并且钠光谱的D_1和D_2线宽度都加宽了。光谱线在磁场中发生分裂的现象是由于原子与外磁场的相互作用。磁场相对强弱不同，产生的效应也有所不同。在强外磁场中，主要是轨道磁矩作用，略去自旋磁矩作用。此时原子自旋量子数保持不变（$\Delta s=0$），光谱的分裂称为简单（正常）塞曼效应（在 5.6 节讨论）。当磁场较弱（外磁场比原子内部的磁场弱）时，电子的自旋与轨道相互作用不能略去，这时能级的分裂远复杂于正常塞曼效应，称为复杂（反常）塞曼效应。

考虑到电子的自旋，处于磁场B中碱金属原子价电子的哈密顿为

$$\hat{H}=\hat{H}_0+\hat{H}_{LS}-(\hat{M}_L\cdot B+\hat{M}_s\cdot B)=-\frac{\hbar^2}{2m_{\mathrm{e}}}\nabla^2+V(r)+\xi(r)\hat{L}\cdot\hat{S}+\omega_L(\hat{L}_z+2\hat{S}_z) \tag{4.7.27}$$

式中，$\hat{H}_{LS}$是电子自旋与轨道耦合能；$\hat{M}_L\cdot B$和$\hat{M}_s\cdot B$分别是电子轨道运动与磁场相互作用能以及自旋与磁场相互作用能。如果外磁场B很强，以致于$(\hat{M}_L\cdot B+\hat{M}_s\cdot B)$远大于$\hat{H}_{LS}$，则$\hat{H}_{LS}$可以略去不计，此时价电子的哈密顿算符为

$$\hat{H}=-\frac{\hbar^2}{2m_{\mathrm{e}}}\nabla^2+V(r)+\omega_L(\hat{L}_z+2\hat{S}_z) \tag{4.7.28}$$

由于$\hat{H}$不含自旋轨道耦合，波函数自旋部分和空间部分分离，本征函数用$\hat{H}$，$\hat{L}^2$，$\hat{L}_z$，$\hat{S}_z$的共同本征函数，即

$$\psi_{nlmm_s}(r,\theta,\varphi,s_z)=R_{nl}(r)Y_{lm}(\theta,\varphi)\chi_{m_s}(s_z) \tag{4.7.29}$$

相应的能量本征值为

$$E_{nlmm_s}=E_{nl}+(m+2m_s)\omega_L\hbar,\quad m_s=\pm\frac{1}{2} \tag{4.7.30}$$

式中，$\omega_L=\dfrac{eB}{2m_ec}$。在电偶极近似下，$\Delta l=\pm1$，$\Delta m=0,\pm1$，$\Delta m_s=0$，所以原子在磁场中，原来满足$\Delta l=\pm1$的光谱线分裂为$\Delta m=0,\pm1$等三条光谱线，这是正常塞曼效应。

如果外磁场B不很强，以致于自旋与轨道相互耦合$\hat{H}_{LS}$不能忽略，这时需要把$\hat{H}'=\hat{H}_{LS}-(\hat{M}_L\cdot B+\hat{M}_s\cdot B)$一起作微扰处理，这种考虑自旋和轨道耦合能的原子在外磁场中的能级分裂现象，称为反常塞曼效应。电子哈密顿算符仍表示为式(4.7.27)。在无外磁场（$B=0$）的情况下，只计及自旋轨道耦合，电子总角动量守恒，本征函数选$\hat{H}$，$\hat{L}^2$，$\hat{J}^2$，$\hat{J}_z$对易的共同本征态波函数。而在有外磁场时，虽然$\hat{J}_z$仍为守恒量，$[\hat{L}^2,\hat{S}_z]=0$，$[\hat{J}_z,\hat{S}_z]=0$，但$[\hat{J}^2,\hat{S}_z]\neq0$，$\hat{J}_x$，$\hat{J}_y$和$\hat{J}^2$均不是守恒量。由于外磁场很弱，$2\omega_L\hat{S}_z$视为微扰。此时不含微扰的定态薛定谔方程为

$$\left[-\frac{\hbar^2}{2m_e}\nabla^2+V(r)+\frac{1}{2}\xi(r)\left(\hat{J}^2-\hat{L}^2-\frac{3}{4}\hbar^2\right)+\omega_L\hat{J}_z\right]\Psi^{(0)}(r,s_z)=E^{(0)}\Psi^{(0)}(r,s_z) \tag{4.7.31}$$

式中，$\hat{L}^2$，$\hat{J}^2$，$\hat{J}_z$相互对易，它们共同的本征函数为$\phi_{ljm}(\theta,\varphi,s_z)$，$j=l\pm\dfrac{1}{2}$，式（4.7.31）的解为

$$\Psi^{(0)}(r,s_z)=R_{nljm_j}(r)\phi_{ljm_j}(\theta,\varphi,s_z) \tag{4.7.32}$$

相应的能量为

$$E^{(0)}=E_{nlj}+m_j\hbar\omega_L \tag{4.7.33}$$

$E^{(0)}$与量子数n，l，j都有关，是$2j+1$度简并的。$\Psi^{(0)}(r,s_z)$是零级近似波函数，能量的一级修正为

$$E^{(1)}=\int(\Psi^{(0)})^*2\omega_LS_z\Psi^{(0)}\mathrm{d}\tau=\begin{cases}\dfrac{m_j}{j}\hbar\omega_L, & j=l+\dfrac{1}{2}\\[2ex] -\dfrac{m_j}{(j+1)}\hbar\omega_L, & j=l-\dfrac{1}{2}\end{cases} \tag{4.7.34}$$

弱磁场中定态能量的近似值为

$$E_{nljm_j}=E_{nlj}+\begin{cases}m_j\hbar\omega_L\left(1+\dfrac{1}{2j}\right), & j=l+\dfrac{1}{2}\\[2ex] m_j\hbar\omega_L\left(1-\dfrac{1}{2(j+1)}\right), & j=l-\dfrac{1}{2}(l\neq0)\end{cases} \tag{4.7.35}$$

式中，$m_j = 0, \pm 1, \pm 2, \cdots, \pm j$。原来给定某个 l 能级首先由于自旋轨道耦合分裂成两个能级，这两个能级的 j 不同，分别为 $j = l \pm \frac{1}{2}$（$l = 0$ 除外）。没有外磁场时，能级 $2j+1$ 度简并。在外磁场作用下，对于每个相同 j 值，分裂成 $2j+1$ 个 m_j 不同的能级，因此能级简并被解除。这就解释了反常塞曼效应。

参 考 文 献

[1]　汪德新. 数学物理方法. 3 版. 北京：科学出版社，2006：121.

[2]　派斯 A. 基本粒子物理学史. 关洪，杨建邺，王自华，等，译，武汉：武汉出版社，2002：344-351.

[3]　林辛未，殷传宗. 量子力学中的角动量. 2 版. 重庆：西南师范大学出版社，2008：109-111.

第 5 章 中心力场以及带电粒子在电磁场中的运动

自然界中存在多种性质的相互作用，如引力相互作用、电磁相互作用等。其中，地球在太阳的万有引力场中运动，电子在原子核的库仑场中运动等，这类问题属于有心力场问题。有心力场问题无论在经典力学中还是在量子力学中，都占有特别重要的地位。在有心力场中，其势能函数V只与矢径r有关，而与角量θ，φ无关。这样的势场具有中心对称性，也称为中心力场。本章首先讨论中心力场问题，其次讨论带电粒子在电磁场中的运动。

5.1 粒子在有心力场中的运动

5.1.1 有心力场的一般情况

在有心力场中，势能是考察点到力心距离的函数（球对称势），即$V=V(r)$。一质量为m的粒子在有心力场中运动，哈密顿算符为

$$\hat{H}=\frac{\hat{p}^2}{2m}+V(r)=-\frac{\hbar^2}{2m}\nabla^2+V(r) \tag{5.1.1}$$

由于势能函数$V(r)$球对称的特点，采用球坐标系表示比较合适，∇^2算符在球坐标系（图 5.1.1）中的表示为

$$\nabla^2=\frac{1}{r^2}\frac{\partial}{\partial r}\left(r^2\frac{\partial}{\partial r}\right)+\frac{1}{r^2}\left[\frac{1}{\sin\theta}\frac{\partial}{\partial\theta}\left(\sin\theta\frac{\partial}{\partial\theta}\right)+\frac{1}{\sin^2\theta}\frac{\partial^2}{\partial\varphi^2}\right] \tag{5.1.2}$$

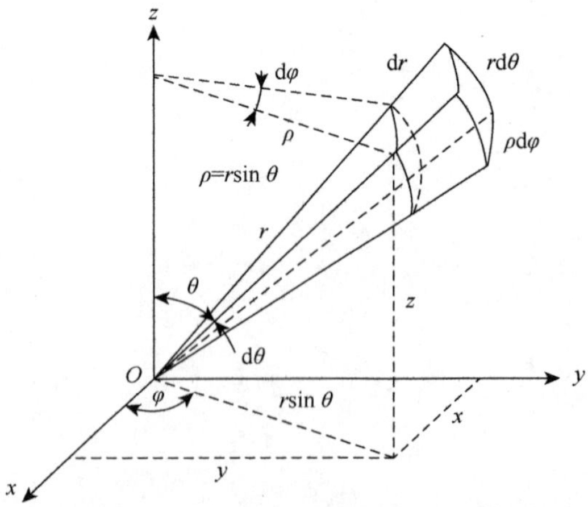

图 5.1.1 球坐标系及球坐标系中的体积元

球坐标系中哈密顿算符为

$$\hat{H}=-\frac{\hbar^2}{2m}\frac{1}{r^2}\frac{\partial}{\partial r}\left(r^2\frac{\partial}{\partial r}\right)+\frac{\hat{L}^2}{2mr^2}+V(r) \tag{5.1.3}$$

由于空间转动对称，角动量守恒且$\hat{L}^2$与$\hat{L}$的各个分量都对易，因此，体系的一组完全力学量集取为（$\hat{H}$，$\hat{L}^2$，$\hat{L}_z$）。体系的定态薛定谔方程表示为

$$\left[-\frac{\hbar^2}{2m}\frac{1}{r^2}\frac{\partial}{\partial r}\left(r^2\frac{\partial}{\partial r}\right)+\frac{\hat{L}^2}{2mr^2}+V(r)\right]\psi(r,\theta,\varphi)=E\psi(r,\theta,\varphi) \tag{5.1.4}$$

定态解选为$\hat{H}$，$\hat{L}^2$，$\hat{L}_z$的共同本征态，即

$$\psi(r,\theta,\varphi)=R(r)Y(\theta,\varphi) \tag{5.1.5}$$

其中，$R(r)$仅是r的函数；$Y_{lm}(\theta,\varphi)$仅是θ和φ的函数。将式（5.1.5）代入式（5.1.4）中，整理后得

$$\frac{1}{R}\frac{\mathrm{d}}{\mathrm{d}r}\left(r^2\frac{\mathrm{d}R}{\mathrm{d}r}\right)+\frac{2mr^2}{\hbar^2}[E-V(r)]=\frac{1}{Y}\frac{1}{\hbar^2}\hat{L}^2Y \tag{5.1.6}$$

方程式（5.1.6）左边仅与r有关，右边仅与θ,φ有关，而且r，θ，φ都是独立的变量，所以只有当等式两边同时等于同一个常数时，方程式（5.1.6）才能成立。以λ表示这个常数，则方程式（5.1.6）分离为以下两个方程：

$$\frac{1}{r^2}\frac{\mathrm{d}}{\mathrm{d}r}\left(r^2\frac{\mathrm{d}R}{\mathrm{d}r}\right)+\left[\frac{2m}{\hbar^2}(E-V(r))-\frac{\lambda}{r^2}\right]R=0 \tag{5.1.7}$$

及

$$\hat{L}^2Y(\theta,\varphi)=\lambda\hbar^2Y(\theta,\varphi),\quad \hat{L}^2Y=\lambda\hbar^2Y \tag{5.1.8}$$

式（5.1.7）称为径向方程，式（5.1.8）与中心力场的具体形式无关，它是 4.3 节中讨论的方程式（4.3.13），即粒子角动量平方的本征值方程，其解是属于本征值$\lambda\hbar^2$的球谐函数，其中

$$\lambda=l(l+1),\quad l=0,1,2,3,\cdots \tag{5.1.9}$$

作如下变换

$$R(r)=\frac{u(r)}{r} \tag{5.1.10}$$

把式（5.1.9）和式（5.1.10）代入径向方程式（5.1.7）中，得到$u(r)$满足的方程

$$\frac{\mathrm{d}^2u}{\mathrm{d}r^2}+\left[\frac{2m}{\hbar^2}(E-V(r))-\frac{l(l+1)}{r^2}\right]u=0 \tag{5.1.11}$$

不同中心力场中粒子的能量本征函数的差别仅在于径向波函数$R(r)$或$u(r)$，它们由中心力场中势能$V(r)$的性质所决定。在方程式（5.1.11）中令

$$V_l(r)=V(r)+\frac{\hbar^2}{2m}\frac{l(l+1)}{r^2} \tag{5.1.12}$$

$V_l(r)$称为等效势，方程式（5.1.11）写为

$$\frac{\mathrm{d}^2u}{\mathrm{d}r^2}+\frac{2m}{\hbar^2}[E-V_l(r)]u=0 \tag{5.1.13}$$

这相当于粒子在势能 V_l 中运动，在 $r=0$ 处有一无限高势垒，粒子运动范围是“半”空间 $[0,\infty)$。式（5.1.12）中第二项与角动量有关，是正的，代表了排斥势。角动量 l 越大，排斥势也就越大。

方程式（5.1.11）中不出现磁量子数 m，因此能量本征值 E 与 m 无关，由于 m 可取 $2l+1$ 个值，于是能级至少是 $2l+1$ 重简并的，这种简并源于系统的球对称性。从等效势表示式（5.1.12）可以看出，排斥势是正的，角动量越大，排斥势也就越大，等效位势升高，其他量子数一样时，角动量愈大，能级就愈高。图 5.1.2 所示是等效势图，V_0 为不存在排斥势（$l=0$），V_1（$l=1$）、V_2（$l=2$）为存在排斥作用的等效势。

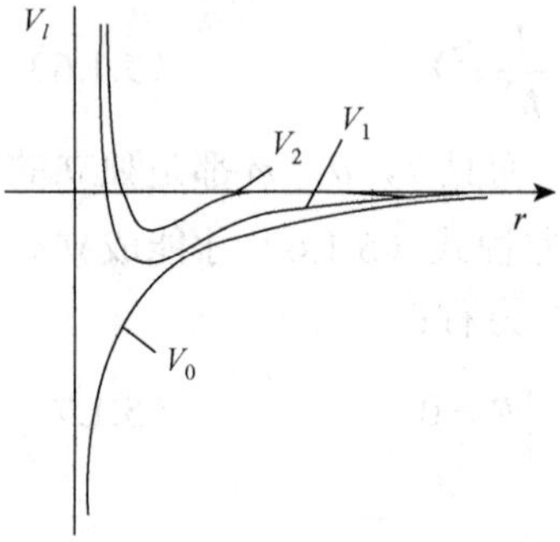

图 5.1.2　一维等效势

各种球对称势：

（1）球势阱

$$V(r)=\begin{cases}0, & r<a\\ V_0, & r>a\end{cases}$$

若 $V_0=\infty$，则为无限深球势阱；V_0 为有限值，则表示有限深球势阱，是一维势阱的推广。

（2）三维各向同性谐振子

$$V(r)=\frac{1}{2}m\omega^2r^2$$

（3）惰性气体分子的 Lennard-Jones 势

$$V(r)=4D\left[\left(\frac{\sigma}{r}\right)^{12}-\left(\frac{\sigma}{r}\right)^{6}\right]$$

（4）球面转子

$$V(r)=\begin{cases}0, & r=a\\ \infty, & r\neq a\end{cases}$$

（5）对数势

$$V(r)=V_0\ln\left(\frac{r}{r_0}\right),\quad V_0>0$$

（6）双原子分子的 Kratzer 势

$$V(r)=-2D\left(\frac{a}{r}-\frac{1}{2}\frac{a^2}{r^2}\right)$$

（7）δ 球壳势阱（灰球壳势）

$$V(r) = -V_0\delta(r-a) \quad (V_0, a>0)$$

5.1.2　两体问题化为单体问题

实际的中心力场问题，常常是两体问题。例如，最简单的氢原子由原子核（一个质子）及一个核外电子组成，是两体问题。电子偶素和μ子素是两体问题，电子偶素是由一个电子和正电子组成的束缚态，μ子素是由一个μ子和相反电荷的电子，即μ^+e或μ^-e^+组成的束缚态。奇特原子是质子或其他原子核和带负电的μ子、π介子、K介子、Σ超子或者反质子等组成的二体束缚态。

两体问题中粒子的运动可以看成两种运动的组成，一是两体粒子整体质心的平动，二是组成两体的粒子之间的相对运动。假设两个质量分别为m_1，m_2的粒子，它们间的相互作用势能$V(|\boldsymbol{r}_{12}|)$只依赖于它们的相对距离$\boldsymbol{r}_{12}=|\boldsymbol{r}_1-\boldsymbol{r}_2|$。两粒子体系的能量本征值方程为

$$\left[-\frac{\hbar^2}{2m_1}\nabla_1^2-\frac{\hbar^2}{2m_2}\nabla_2^2+V(|\boldsymbol{r}_{12}|)\right]\Psi(\boldsymbol{r}_1,\boldsymbol{r}_2)=E_{\mathrm{T}}\Psi(\boldsymbol{r}_1,\boldsymbol{r}_2) \tag{5.1.14}$$

式中，E_{T}是系统的总能量。引进质心坐标$\boldsymbol{R}(X,Y,Z)$和相对坐标$\boldsymbol{r}(x,y,z)$

$$\boldsymbol{R}=\frac{m_1\boldsymbol{r}_1+m_2\boldsymbol{r}_2}{m_1+m_2} \tag{5.1.15a}$$

$$\boldsymbol{r}=\boldsymbol{r}_1-\boldsymbol{r}_2 \tag{5.1.16a}$$

将式（5.1.15a）和式（5.1.16a）写成分量式形式

$$X=\frac{m_1x_1+m_2x_2}{m_1+m_2},\quad Y=\frac{m_1y_1+m_2y_2}{m_1+m_2},\quad Z=\frac{m_1z_1+m_2z_2}{m_1+m_2} \tag{5.1.15b}$$

$$x=x_1-x_2,\quad y=y_1-y_2,\quad z=z_1-z_2 \tag{5.1.16b}$$

总质量M和折合质量m分别为

$$M=m_1+m_2,\quad m=\frac{m_1m_2}{m_1+m_2} \tag{5.1.17}$$

用X和x表示微商$\dfrac{\partial^2}{\partial x_1^2}$和$\dfrac{\partial^2}{\partial x_2^2}$，则

$$\frac{\partial x}{\partial x_1}=1,\quad \frac{\partial X}{\partial x_1}=\frac{m_1}{M};\quad \frac{\partial x}{\partial x_2}=-1,\quad \frac{\partial X}{\partial x_2}=\frac{m_2}{M}$$

把对两个粒子坐标的微商变换成对质心坐标R和相对坐标r的微商

$$\frac{\partial}{\partial x_1}=\frac{\partial}{\partial X}\frac{\partial X}{\partial x_1}+\frac{\partial}{\partial x}\frac{\partial x}{\partial x_1}=\frac{m_1}{M}\frac{\partial}{\partial X}+\frac{\partial}{\partial x}$$

$$\frac{\partial^2}{\partial x_1^2}=\frac{\partial}{\partial x_1}\left(\frac{m_1}{M}\frac{\partial}{\partial X}+\frac{\partial}{\partial x}\right)$$

$$=\frac{m_1}{M}\left[\frac{\partial}{\partial X}\frac{\partial X}{\partial x_1}\left(\frac{\partial}{\partial X}\right)+\frac{\partial}{\partial x}\frac{\partial x}{\partial x_1}\left(\frac{\partial}{\partial X}\right)\right]+\left[\frac{\partial}{\partial X}\frac{\partial X}{\partial x_1}\left(\frac{\partial}{\partial x}\right)+\frac{\partial}{\partial x}\frac{\partial x}{\partial x_1}\left(\frac{\partial}{\partial x}\right)\right]$$

$$=\frac{m_1^2}{M^2}\frac{\partial^2}{\partial X^2}+2\frac{m_1}{M}\frac{\partial^2}{\partial X\partial x}+\frac{\partial^2}{\partial x^2}$$

类似地有

$$\frac{\partial}{\partial x_2}=\frac{m_2}{M}\frac{\partial}{\partial X}-\frac{\partial}{\partial x},\quad \frac{\partial^2}{\partial x_2^2}=\frac{m_2^2}{M^2}\frac{\partial^2}{\partial X^2}-2\frac{m_2}{M}\frac{\partial^2}{\partial X\partial x}+\frac{\partial^2}{\partial x^2}$$

以及$\frac{\partial^2}{\partial y_1^2}$，$\frac{\partial^2}{\partial y_2^2}$，$\frac{\partial^2}{\partial z_1^2}$，$\frac{\partial^2}{\partial z_2^2}$的变换式（请读者自己推导），由此得到

$$\frac{1}{m_1}\nabla_1^2=\frac{m_1}{M^2}\nabla_R^2+\frac{2}{M}\left(\frac{\partial^2}{\partial X\partial x}+\frac{\partial^2}{\partial Y\partial y}+\frac{\partial^2}{\partial Z\partial z}\right)+\frac{1}{m_1}\nabla^2 \tag{5.1.18}$$

$$\frac{1}{m_2}\nabla_2^2=\frac{m_2}{M^2}\nabla_R^2-\frac{2}{M}\left(\frac{\partial^2}{\partial X\partial x}+\frac{\partial^2}{\partial Y\partial y}+\frac{\partial^2}{\partial Z\partial z}\right)+\frac{1}{m_2}\nabla^2 \tag{5.1.19}$$

将式（5.1.18）和式（5.1.19）相加，得

$$\frac{1}{m_1}\nabla_1^2+\frac{1}{m_2}\nabla_2^2=\frac{1}{M}\nabla_R^2+\frac{1}{m}\nabla^2 \tag{5.1.20}$$

式中

$$\nabla_R^2=\frac{\partial^2}{\partial X^2}+\frac{\partial^2}{\partial Y^2}+\frac{\partial^2}{\partial Z^2},\quad \nabla^2=\frac{\partial^2}{\partial x^2}+\frac{\partial^2}{\partial y^2}+\frac{\partial^2}{\partial z^2}$$

把式（5.1.20）代入式（5.1.14）中，得到用相对坐标和质心坐标表示的两粒子体系的薛定谔方程

$$\left[-\frac{\hbar^2}{2M}\nabla_R^2-\frac{\hbar^2}{2m}\nabla^2+V(r)\right]\Psi(r,R)=E_{\mathrm{T}}\Psi(r,R) \tag{5.1.21}$$

此方程可分离变换，令

$$\Psi=\phi(R)\psi(r) \tag{5.1.22}$$

代入式（5.1.21）中，得到以下两个方程

$$-\frac{\hbar^2}{2M}\nabla_R^2\phi(R)=E_{\mathrm{c}}\phi(R) \tag{5.1.23}$$

$$\left[-\frac{\hbar^2}{2m}\nabla^2+V(r)\right]\psi(r)=E\psi(r) \tag{5.1.24}$$

式（5.1.23）描述质心的运动，是自由粒子的能量本征值方程，波函数 $\phi(R)$ 是平面波，相应的能量是 $E_c(=E_T-E)$，质心运动与体系的内部结构无关。式（5.1.24）描述相对运动，相当于一个折合质量为 m 的粒子在势场 $V(r)$ 中运动，E 是相对运动能量。因此，对于一个两体问题关键是求解相对运动方程。

5.1.3　在直角坐标系和球坐标系中算符 ∇ 和 ∇² 的表示

直角坐标系中算符 ∇ 和 ∇^2 的表示为

$$\nabla=\frac{\partial}{\partial x}\boldsymbol{i}+\frac{\partial}{\partial y}\boldsymbol{j}+\frac{\partial}{\partial z}\boldsymbol{k} \tag{5.1.25}$$

$$\nabla^2=\frac{\partial^2}{\partial x^2}+\frac{\partial^2}{\partial y^2}+\frac{\partial^2}{\partial z^2} \tag{5.1.26}$$

根据球坐标与直角坐标的关系[第 4 章中式（4.3.3）和式（4.3.4）]，用 $\frac{\partial}{\partial r}$，$\frac{\partial}{\partial \theta}$，$\frac{\partial}{\partial \varphi}$ 表示 $\frac{\partial}{\partial x}$，$\frac{\partial}{\partial y}$，$\frac{\partial}{\partial z}$，得到了式（4.3.8）～式（4.3.10），重新写为

$$\frac{\partial}{\partial x}=\sin\theta\cos\varphi\frac{\partial}{\partial r}+\frac{1}{r}\cos\theta\cos\varphi\frac{\partial}{\partial\theta}-\frac{1}{r}\frac{\sin\varphi}{\sin\theta}\frac{\partial}{\partial\varphi} \tag{5.1.27}$$

$$\frac{\partial}{\partial y}=\sin\theta\sin\varphi\frac{\partial}{\partial r}+\frac{1}{r}\cos\theta\sin\varphi\frac{\partial}{\partial\theta}+\frac{1}{r}\frac{\cos\varphi}{\sin\theta}\frac{\partial}{\partial\varphi} \tag{5.1.28}$$

$$\frac{\partial}{\partial z}=\cos\theta\frac{\partial}{\partial r}-\frac{1}{r}\sin\theta\frac{\partial}{\partial\varphi} \tag{5.1.29}$$

直角坐标系中的单位矢量（$\boldsymbol{i}$，$\boldsymbol{j}$，$\boldsymbol{k}$）在球坐标系中表示为

$$\boldsymbol{i}=\sin\theta\cos\varphi\hat{e}_r+\cos\theta\cos\varphi\hat{e}_\theta-\sin\varphi\hat{e}_\varphi \tag{5.1.30}$$

$$\boldsymbol{j}=\sin\theta\sin\varphi\hat{e}_r+\cos\theta\sin\varphi\hat{e}_\theta-\cos\varphi\hat{e}_\varphi \tag{5.1.31}$$

$$\boldsymbol{k}=\cos\theta\hat{e}_r-\sin\theta\hat{e}_\theta \tag{5.1.32}$$

把式（5.1.27）～式（5.1.32）代入式（5.1.25）中得到 ∇ 在球坐标系中的形式

$$\begin{aligned}\nabla=&[\sin\theta(\sin\varphi+\cos\varphi)+\cos\theta]\frac{\partial}{\partial r}\hat{e}_r+\frac{1}{r}[\cos\theta(\sin\varphi+\cos\varphi)-\sin\theta]\frac{\partial}{\partial\theta}\hat{e}_\theta\\&+\frac{1}{r}\left(-\frac{\sin\varphi-\cos\varphi}{\sin\theta}\right)\frac{\partial}{\partial\varphi}\hat{e}_\varphi\end{aligned} \tag{5.1.33}$$

继续根据式（4.3.3）和式（4.3.4），用 $\frac{\partial}{\partial r}$，$\frac{\partial}{\partial\theta}$，$\frac{\partial}{\partial\varphi}$；$\frac{\partial^2}{\partial r^2}$，$\frac{\partial^2}{\partial\theta^2}$，$\frac{\partial^2}{\partial\varphi^2}$ 表示 $\frac{\partial^2}{\partial x^2}$，$\frac{\partial^2}{\partial y^2}$，$\frac{\partial^2}{\partial z^2}$，得

$$
\begin{aligned}
\frac{\partial^2}{\partial x^2} = {} & \sin^2\theta\cos^2\varphi\frac{\partial^2}{\partial r^2} + \frac{1}{r}\cos^2\theta\cos^2\varphi\frac{\partial^2}{\partial\theta^2} + \frac{1}{r^2}\frac{1}{\sin^2\theta}\sin^2\varphi\frac{\partial^2}{\partial\varphi^2} \\
& + \frac{1}{r}\sin 2\theta\cos^2\varphi\frac{\partial^2}{\partial r\partial\theta} - \frac{1}{r}\sin 2\varphi\frac{\partial^2}{\partial r\partial\varphi} - \frac{1}{r^2}\cot\theta\sin 2\varphi\frac{\partial^2}{\partial\theta\partial\varphi} \\
& + \frac{1}{r}(\cos^2\theta\cos^2\varphi + \sin^2\varphi)\frac{\partial}{\partial r} - \frac{1}{r^2}(\sin 2\theta\cos^2\varphi - \cot\theta\sin^2\varphi)\frac{\partial}{\partial\theta} \\
& + \frac{1}{r^2}\frac{1}{\sin^2\theta}\sin 2\varphi\frac{\partial}{\partial\varphi}
\end{aligned} \quad (5.1.34)
$$

$$
\begin{aligned}
\frac{\partial^2}{\partial y^2} = {} & \sin^2\theta\sin^2\varphi\frac{\partial}{\partial r^2} + \frac{1}{r}\cos^2\theta\sin^2\varphi\frac{\partial^2}{\partial\theta^2} + \frac{1}{r^2}\frac{1}{\sin^2\theta}\cos^2\varphi\frac{\partial^2}{\partial\varphi^2} \\
& + \frac{1}{r}\sin 2\theta\sin^2\varphi\frac{\partial^2}{\partial r\partial\theta} + \frac{1}{r}\sin 2\varphi\frac{\partial^2}{\partial r\partial\varphi} + \frac{1}{r^2}\cot\theta\sin 2\varphi\frac{\partial^2}{\partial\theta\partial\varphi} \\
& + \frac{1}{r}(\cos^2\varphi + \cos^2\theta\sin^2\varphi)\frac{\partial}{\partial r} - \frac{1}{r^2}(\sin 2\theta\sin^2\varphi - \cot\theta\cos^2\varphi)\frac{\partial}{\partial\theta} \\
& - \frac{1}{r^2}\frac{1}{\sin^2\theta}\sin 2\varphi\frac{\partial}{\partial\varphi}
\end{aligned} \quad (5.1.35)
$$

$$
\frac{\partial^2}{\partial z^2} = \cos^2\theta\frac{\partial^2}{\partial r^2} + \frac{1}{r^2}\sin^2\theta\frac{\partial^2}{\partial\theta^2} - \frac{1}{r}\sin 2\theta\frac{\partial^2}{\partial r\partial\theta} + \frac{1}{r}\sin^2\theta\frac{\partial}{\partial r} + \frac{1}{r^2}\sin 2\theta\frac{\partial}{\partial\theta} \quad (5.1.36)
$$

将式（5.1.34）～式（5.1.36）代入式（5.1.26）中，得

$$
\nabla^2 = \frac{1}{r^2}\left[\frac{\partial}{\partial r}\left(r^2\frac{\partial}{\partial r}\right) + \frac{1}{\sin\theta}\frac{\partial}{\partial\theta}\left(\sin\theta\frac{\partial}{\partial\theta}\right) + \frac{1}{\sin^2\theta}\frac{\partial^2}{\partial\varphi^2}\right] \quad (5.1.37)
$$

5.2　氢原子及碱金属原子

5.2.1　电子在库仑场中的运动

运动粒子是电子，在正点电荷+Ze 的库仑场中运动，取正点电荷为坐标原点，电子受到的吸引势能为

$$
V(r) = -\frac{Ze_s^2}{r} \quad (5.2.1)
$$

式中，e_s 与电子电荷 e 的关系（国际单位 SI 制）是

$$
e_s = e(4\pi\varepsilon_0)^{-1/2} \quad (5.2.2)
$$

当 $Z=1$ 时，这个体系是氢原子；当 $Z>1$ 时，体系是类氢离子，如 $He^+(Z=2)$，Li^{2+}（$Z=3$）等以及碱金属原子。

电子运动的定态薛定谔方程为

$$\left[-\frac{\hbar^2}{2m}\frac{1}{r^2}\frac{\partial}{\partial r}\left(r^2\frac{\partial}{\partial r}\right)+\frac{\hat{L}^2}{2mr^2}-\frac{Ze_s^2}{r}\right]\psi(r,\theta,\varphi)=E\psi(r,\theta,\varphi) \tag{5.2.3}$$

式中，$\psi(r,\theta,\varphi)=R(r)Y(\theta,\varphi)$ 是总的波函数。通过分离变量法可以得到径向波函数满足的方程

$$\frac{1}{r^2}\frac{\mathrm{d}}{\mathrm{d}r}\left(r^2\frac{\mathrm{d}R}{\mathrm{d}r}\right)+\left[\frac{2m}{\hbar^2}\left(E+\frac{Ze_s^2}{r}\right)-\frac{l(l+1)}{r^2}\right]R=0 \tag{5.2.4}$$

令

$$R(r)=\frac{u(r)}{r} \tag{5.2.5}$$

$$\frac{\mathrm{d}^2u}{\mathrm{d}r^2}+\left[\frac{2m}{\hbar^2}\left(E+\frac{Ze_s^2}{r}\right)-\frac{l(l+1)}{r^2}\right]u=0 \tag{5.2.6}$$

对于 $E>0$，上述方程对 E 的任意值都存在满足波函数标准条件的解，E 为连续谱，电子可以脱离原子核而运动到无穷远，属于电离可散射过程。

对于 $E<0$，电子的状态为束缚态，令

$$\alpha=\left(\frac{8m|E|}{\hbar^2}\right)^{1/2},\quad \beta=\frac{2mZe_s^2}{\alpha\hbar^2}=\frac{Ze_s^2}{\hbar}\left(\frac{m}{2|E|}\right)^{1/2} \tag{5.2.7}$$

作代换 $\xi=\alpha r$，方程式（5.2.6）写为

$$\frac{\mathrm{d}^2u}{\mathrm{d}\xi^2}+\left[\frac{\beta}{\xi}-\frac{1}{4}-\frac{l(l+1)}{\xi^2}\right]u=0 \tag{5.2.8}$$

首先考察方程的渐近行为，当 $\xi\to\infty$ 时，有

$$\frac{\mathrm{d}^2u}{\mathrm{d}\xi^2}-\frac{1}{4}u=0 \tag{5.2.9}$$

其解为 $u(\xi)=\mathrm{e}^{\pm\frac{\xi}{2}}$。当 $\xi\to\infty$ 时，$\mathrm{e}^{\frac{\xi}{2}}\to\infty$。所以方程的解设为

$$u(\xi)=\mathrm{e}^{-\frac{\xi}{2}}f(\xi) \tag{5.2.10}$$

$f(\xi)$ 为待定函数，把 $u(\xi)$ 代入式（5.2.8），得 $f(\xi)$ 的方程

$$\frac{\mathrm{d}^2f}{\mathrm{d}\xi^2}-\frac{\mathrm{d}f}{\mathrm{d}\xi}+\left[\frac{\beta}{\xi}-\frac{l(l+1)}{\xi^2}\right]f=0 \tag{5.2.11}$$

应用级数解法求 $f(\xi)$ 的解，设

$$f(\xi)=\sum_{v=0}^{\infty}b_v\xi^{s+v},\quad (b_0\neq 0\ ,\ s<1) \tag{5.2.12}$$

对 b_0，s 的限定是为了保证 $R=\dfrac{u}{r}$ 在 $r=0$ 处为有界。将 $f(\xi)$ 代入式（5.2.11）中，由 ξ^{s+v-1} 的系数等于零，得到 b_v 所满足的关系式

$$b_{\nu+1}=\frac{s+\nu-\beta}{(\nu+s+1)(\nu+s)-l(l+1)}b_\nu \tag{5.2.13}$$

若 $f(\xi)$ 为无穷级数，当 $\nu\to\infty$ 时，相邻两项之比为

$$\frac{b_{\nu+1}}{b_\nu}\xrightarrow{\nu\to\infty}\frac{1}{\nu} \tag{5.2.14}$$

它与级数

$$\mathrm{e}^{\xi}=1+\frac{\xi}{1!}+\frac{\xi^2}{2!}+\cdots+\frac{\xi^\nu}{\nu!}+\cdots$$

的相邻两项之比相同，即

$$\frac{\nu!}{(\nu+1)!}\xrightarrow{\nu\to\infty}\frac{1}{\nu} \tag{5.2.15}$$

因此，$f(\xi)$ 与 e^{ξ} 在 $\xi\to\infty$ 时的渐近行为相同。由于

$$R=\frac{u}{r}=\frac{\alpha}{\xi}u(\xi)=\frac{\alpha}{\xi}\mathrm{e}^{-\frac{\xi}{2}}f(\xi)\xrightarrow{\xi\to\infty}\infty \tag{5.2.16}$$

不满足波函数有界的条件，从而 $f(\xi)$ 不能为无穷级数，而必须是含有限项的多项式。设其最高次项是 $b_{n_r}\xi^{s+n_r}$，则 $b_{n_r+1}=0$，以 $\nu=n_r$ 代入式（5.2.13）中，得

$$\beta=n_r+s \tag{5.2.17}$$

另一方面，$f(\xi)$ 的级数是从 $\nu=0$ 开始的，显然不包含 $\nu=-1$ 的项，即 $b_{-1}=0$。用 $\nu=-1$ 代入式（5.2.13），$b_0\neq0$，故该式的分母必须为零，得

$$s(s-1)-l(l+1)=0 \tag{5.2.18}$$

解之得，$s_1=l+1$，$s_2=-l$。为了使波函数在原点处保持有限，只能取 $s_1=l+1$。代入式（5.2.17）中，以 n 标记 n_r+l+1，得

$$\beta=n_r+l+1=n \tag{5.2.19}$$

式中，n_r 称为径量子数；l 为角量子数；n 为主量子数。由于 n_r 和 l 都为整数或零，所以 $n=1$，2，3，…。将式（5.2.19）代入式（5.2.7）中，得到能量本征值

$$E_n=-\frac{mZ^2e_s^4}{2\hbar^2n^2},\quad n=1,2,3,\cdots \tag{5.2.20}$$

由此可见，在 $E<0$ 的束缚态情况下，粒子能量是量子化的，波函数才有满足有限性条件的解。由于势能 $V(r)$ 的长程作用，定态能级有无数多个。

为了求 $f(\xi)$，将 $\beta=n$，$s=l+1$ 代入式（5.2.13）中，得

$$b_{\nu+1}=\frac{\nu+l-1-n}{(\nu+1)(\nu+2l+2)}b_\nu \tag{5.2.21}$$

利用这一关系可将 b_1，b_2，…，b_{n-l-1} 用 b_0 表示，从而得到 $f(\xi)$ 的多项式，即

$$\begin{aligned}f(\xi)&=b_0\xi^{l+1}\left[1-\frac{n-l-1}{1!\ (2l+2)}\xi+\frac{(n-l-1)(n-l-2)}{2!(2l+2)(2l+3)}\xi^2+\cdots\right.\\&\left.+(-1)^{n-l-1}\frac{(n-l-1)(n-l-2)\cdots1}{(n-l-1)!(2l+2)(2l+3)\cdots(n+l)}\xi^{n-l-1}\right]\\&=-b_0\frac{(2l+1)!(n-l-1)!}{[(n+l)!]^2}\xi^{l+1}L_{n+1}^{2l+1}(\xi)\end{aligned}\tag{5.2.22}$$

其中

$$L_{n+l}^{2l+1}(\xi)=\sum_{v=0}^{n-l-1}\frac{[(n+l)!]^2}{(n-l-1-v)!(2l+1+v)!v!}\xi^v\tag{5.2.23}$$

式（5.2.23）称为缔合（广义）拉盖尔（Laguerre）多项式。

缔合拉盖尔多项式 $L_{n+l}^{2l+1}(x)$ 和拉盖尔多项式 $L_{n+l}(x)$ 的关系为

$$L_{n+l}(x)=\mathrm{e}^x\frac{\mathrm{d}^{n+l}}{\mathrm{d}x^{n+l}}(\mathrm{e}^{-x}x^{n+l})\tag{5.2.24}$$

由于 $\xi=\alpha r$，由式（5.2.7）得

$$\alpha=\frac{2mZe_s^2}{n\hbar^2}=\frac{2Z}{na_0}\tag{5.2.25}$$

式中，$a_0=\dfrac{\hbar^2}{me_s^2}$ 是氢原子第一玻尔轨道半径，因而有

$$\xi=\alpha r=\frac{2Z}{na_0}r\tag{5.2.26}$$

把式（5.2.23）和式（5.2.10）代入式（5.2.5）中，并注意式（5.2.26），于是得到粒子的径向波函数为

$$R_{nl}(r)=N_{nl}\mathrm{e}^{-\frac{Z}{na_0}r}\left(\frac{2Z}{na_0}r\right)^lL_{n+l}^{2l+1}\left(\frac{2Z}{na_0}r\right)\tag{5.2.27}$$

式中，N_{nl} 为归一化常数，代入径向波函数的归一化条件

$$\int_0^\infty|R_{nl}(r)|^2r^2\mathrm{d}r=1\tag{5.2.28}$$

得到

$$N_{nl}=-\left\{\left(\frac{2Z}{na_0}\right)^3\frac{(n-l-1)!}{2n[(n+l)!]^3}\right\}^{\frac12}\tag{5.2.29}$$

总结以上结果，粒子在库仑场中受到吸引势能运动具有束缚态，其波函数为

$$\psi_{nlm}(r,\theta,\varphi)=R_{nl}(r)Y_{lm}(\theta,\varphi) \tag{5.2.30}$$

相应的能级由式（5.2.20）给出。由于$\psi_{nlm}(r,\theta,\varphi)$与$n$，$l$，$m$三个量子数有关，而$E_n$只与主量子数$n$有关，所以能级$E_n$是简并的。当主量子数$n$确定后，粒子的能量就完全确定下来，但波函数还不能确定，因为对应一个n，l可以取$l=0$，1，2，3，…，$n-1$等n个值，而对应一个l，m还可以取$m=0$，±1，±2，±3，…$\pm l$等$2l+1$个值。因此，对于第n个能级E_n有

$$\sum_{l=0}^{n-1}(2l+1)=n^2 \tag{5.2.31}$$

个波函数，粒子第n个能级是n^2度简并的。以下是主量子数$n=1$，2，3情况下的径向波函数

$$R_{1,0}(r)=\left(\frac{Z}{a_0}\right)^{\frac{3}{2}}2\exp\left(-\frac{Zr}{a_0}\right)$$

$$R_{2,0}(r)=\left(\frac{Z}{2a_0}\right)^{\frac{3}{2}}\left(2-\frac{Zr}{a_0}\right)\exp\left(-\frac{Zr}{2a_0}\right)$$

$$R_{2,1}(r)=\left(\frac{Z}{2a_0}\right)^{\frac{3}{2}}\left(\frac{Zr}{\sqrt{3}a_0}\right)\exp\left(-\frac{Zr}{2a_0}\right)$$

$$R_{3,0}(r)=\left(\frac{Z}{3a_0}\right)^{\frac{3}{2}}\left[2-\frac{4Zr}{3a_0}+\frac{4}{27}\left(\frac{Zr}{a_0}\right)^2\right]\exp\left(-\frac{Zr}{3a_0}\right)$$

$$R_{3,1}(r)=\left(\frac{2Z}{a_0}\right)^{\frac{3}{2}}\left(\frac{2}{27\sqrt{3}}-\frac{Zr}{81\sqrt{3}a_0}\right)\exp\left(-\frac{Zr}{3a_0}\right)$$

$$R_{3,2}(r)=\left(\frac{2Z}{a_0}\right)^{\frac{3}{2}}\frac{1}{81\sqrt{15}}\left(\frac{Zr}{a_0}\right)^2\exp\left(-\frac{Zr}{3a_0}\right)$$

5.2.2　氢原子

氢原子是由一个电子和一个原子核（质子）通过静电相互作用而组成的稳定系统，它存在束缚态。氢原子的薛定谔方程是量子力学中为数不多的可以严格求解的，解氢原子的薛定谔方程，可以得到氢原子的能级和波函数，从而定量地解释氢原子光谱线规律以及其他一些重要性质。氢原子是一个两体问题。

设核（质子）质量为m_N，坐标为r_N；电子质量为m_e，坐标为r_e。用R表示氢原子质心坐标，r表示电子相对于原子核的坐标（图 5.2.1），$M=m_e+m_N$为氢原子的总质量，则有

$$M\boldsymbol{R} = m_{\mathrm{N}}\boldsymbol{r}_{\mathrm{N}} + m_{\mathrm{e}}\boldsymbol{r}_{\mathrm{e}}, \quad \boldsymbol{r} = \boldsymbol{r}_{\mathrm{e}} - \boldsymbol{r}_{\mathrm{N}} \tag{5.2.32}$$

氢原子的总能量 E_{T} 包括电子的动能 $\frac{\boldsymbol{p}_{\mathrm{e}}^2}{2m_{\mathrm{e}}}$ 和核（质子）的动能 $\frac{\boldsymbol{p}_{\mathrm{N}}^2}{2m_{\mathrm{N}}}$ 以及它们之间的相互作用能 $V(r_{\mathrm{e}}-r_{\mathrm{N}})$，相互作用能只是电子和核（质子）相对距离的函数。

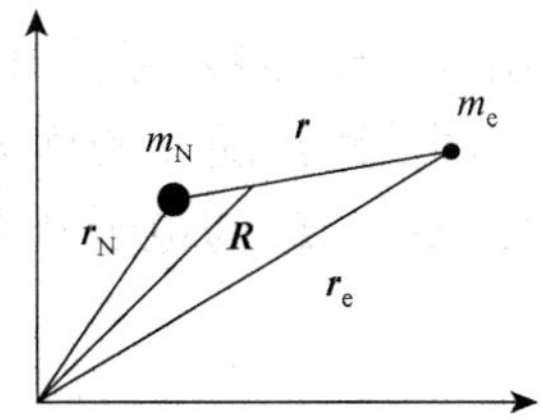

图 5.2.1　氢原子

$$E_{\mathrm{T}} = \frac{\boldsymbol{p}_{\mathrm{e}}^2}{2m_{\mathrm{e}}} + \frac{\boldsymbol{p}_{\mathrm{N}}^2}{2m_{\mathrm{N}}} + V(\boldsymbol{r}_{\mathrm{e}} - \boldsymbol{r}_{\mathrm{N}}) \tag{5.2.33}$$

式中，$\boldsymbol{p}_{\mathrm{e}}$ 是电子动量；$\boldsymbol{p}_{\mathrm{N}}$ 是原子核动量。

氢原子的定态薛定谔方程为

$$\left[-\frac{\hbar^2}{2m_{\mathrm{e}}}\nabla_{\mathrm{e}}^2 - \frac{\hbar^2}{2m_{\mathrm{N}}}\nabla_{\mathrm{N}}^2 + V(|\boldsymbol{r}_{\mathrm{e}} - \boldsymbol{r}_{\mathrm{N}}|)\right]\Psi(\boldsymbol{r}_{\mathrm{e}},\boldsymbol{r}_{\mathrm{N}}) = E_{\mathrm{T}}\Psi(\boldsymbol{r}_{\mathrm{e}},\boldsymbol{r}_{\mathrm{N}}) \tag{5.2.34}$$

把核坐标 $\boldsymbol{r}_{\mathrm{N}}$ 和电子坐标 $\boldsymbol{r}_{\mathrm{e}}$ 变换成质心坐标 R 和相对坐标 r 后，方程式（5.2.34）为

$$\left[-\frac{\hbar^2}{2M}\nabla_R^2 - \frac{\hbar^2}{2m}\nabla^2 + V(\boldsymbol{r})\right]\Psi(\boldsymbol{R},\boldsymbol{r}) = E_{\mathrm{T}}\Psi(\boldsymbol{R},\boldsymbol{r}) \tag{5.2.35}$$

式中，M 是氢原子的质量；$m = \frac{m_{\mathrm{e}}m_{\mathrm{N}}}{m_{\mathrm{e}} + m_{\mathrm{N}}}$ 是折合质量，通过分离变量法来解。令

$$\Psi(\boldsymbol{R},\boldsymbol{r}) = \phi(\boldsymbol{R})\psi(\boldsymbol{r}) \tag{5.2.36}$$

将式（5.2.36）代入式（5.2.35），得到 ϕ 和 ψ 分别满足的方程

$$\left[-\frac{\hbar^2}{2m}\nabla^2 + V(\boldsymbol{r})\right]\psi(\boldsymbol{r}) = E\psi(\boldsymbol{r}) \tag{5.2.37}$$

$$-\frac{\hbar^2}{2m}\nabla_R^2\phi(\boldsymbol{R}) = (E_{\mathrm{T}} - E)\phi(\boldsymbol{R}) \tag{5.2.38}$$

其中，E 是电子相对于原子核运动的能量。

方程式（5.2.38）是描写质心运动状态的波函数 ϕ 所满足的方程，这是能量为 $E_{\mathrm{T}}-E$ 的自由粒子的定态薛定谔方程。由此可见，氢原子质心按能量为 $E_{\mathrm{T}}-E$ 的自由粒子的方式运动。方程式（5.2.37）描写氢原子中电子相对于核的运动的波函数所满足的方程，相对运动的能量 E 就是电子的能级。应用前边的讨论结果，令 $Z=1$，由于质子质量约为电子质量的 1840 倍，所以折合质量与电子质量的差别很小，于是可以得到氢原子的能级

$$E_n = -\frac{m_{\mathrm{e}}e_s^4}{2\hbar^2 n^2} = -\frac{e_s^2}{2a_0}\frac{1}{n^2} \tag{5.2.39}$$

由式（5.2.39）可看出，氢原子能量随着 n 增大而加大（绝对值减小），两相邻能级间的距离随 n 的增大而减小。当 $n\to\infty$时，$E_\infty\to 0$，电子完全脱离原子核，即开始电离。E_∞与电子基态能量之差称为电离能。氢原子的电离能为

$$E_1=-\frac{me_s^4}{2\hbar^2}=-13.60\text{eV}$$

氢原子中电子相对于原子核运动波函数为

$$\begin{cases}\psi_{nlm}(r,\theta,\varphi)=R_{nl}(r)Y_{lm}(\theta,\varphi)\\ n=1,\ 2,\cdots\\ l=0,1,2,\cdots,n-1\\ m=\ 0,1,2,\cdots,\pm l\end{cases}\tag{5.2.40}$$

当电子处于$\psi_{nlm}(r,\theta,\varphi)$描写的状态时，根据波函数的概率解释，位于空间点$(r,\theta,\varphi)$附近体积元$\mathrm{d}\tau=r^2\sin\theta\mathrm{d}r\mathrm{d}\theta\mathrm{d}\varphi$的概率为

$$w_{nlm}(r,\theta,\varphi)r^2\sin\theta\mathrm{d}r\mathrm{d}\theta\mathrm{d}\varphi=\left|\psi_{nlm}(r,\theta,\varphi)\right|^2r^2\sin\theta\mathrm{d}r\mathrm{d}\theta\mathrm{d}\varphi\tag{5.2.41}$$

在半径 r 到 $\mathrm{d}r$ 的球壳内找到电子的概率为

$$\begin{aligned}w_{nl}(r)\mathrm{d}r&=\int_0^{2\pi}\int_0^{\pi}|R_{nl}(r)Y_{lm}(\theta,\varphi)|^2r^2\sin\theta\mathrm{d}r\mathrm{d}\theta\mathrm{d}\varphi\\&=\left|R_{nl}(r)\right|^2r^2\mathrm{d}r\end{aligned}\tag{5.2.42}$$

图 5.2.2 表示在不同的 n，l 值时，径向分布 w_{nl} 相对于 r/a_0 的关系。图中虚线代表 R_{nl}，实线代表 w_{nl}，$n_r=n-l-1$ 是径向波函数 R_{nl} 的节点数。

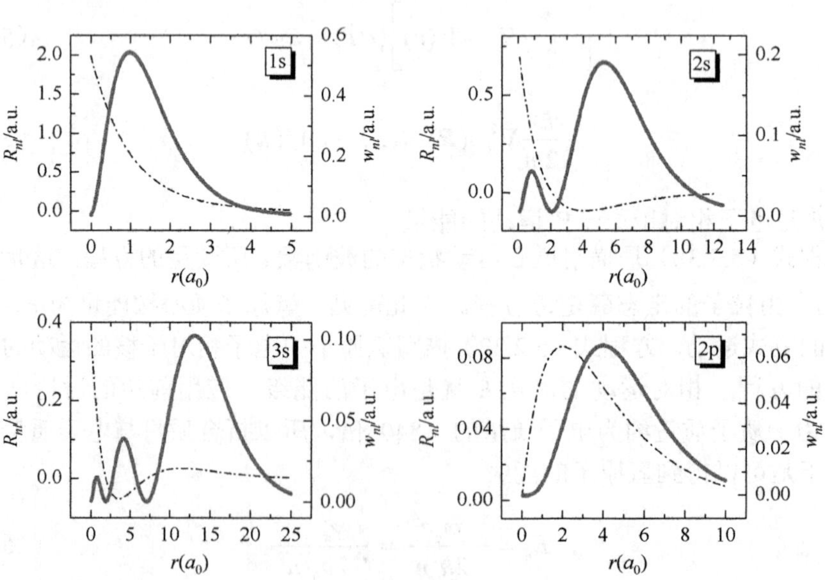

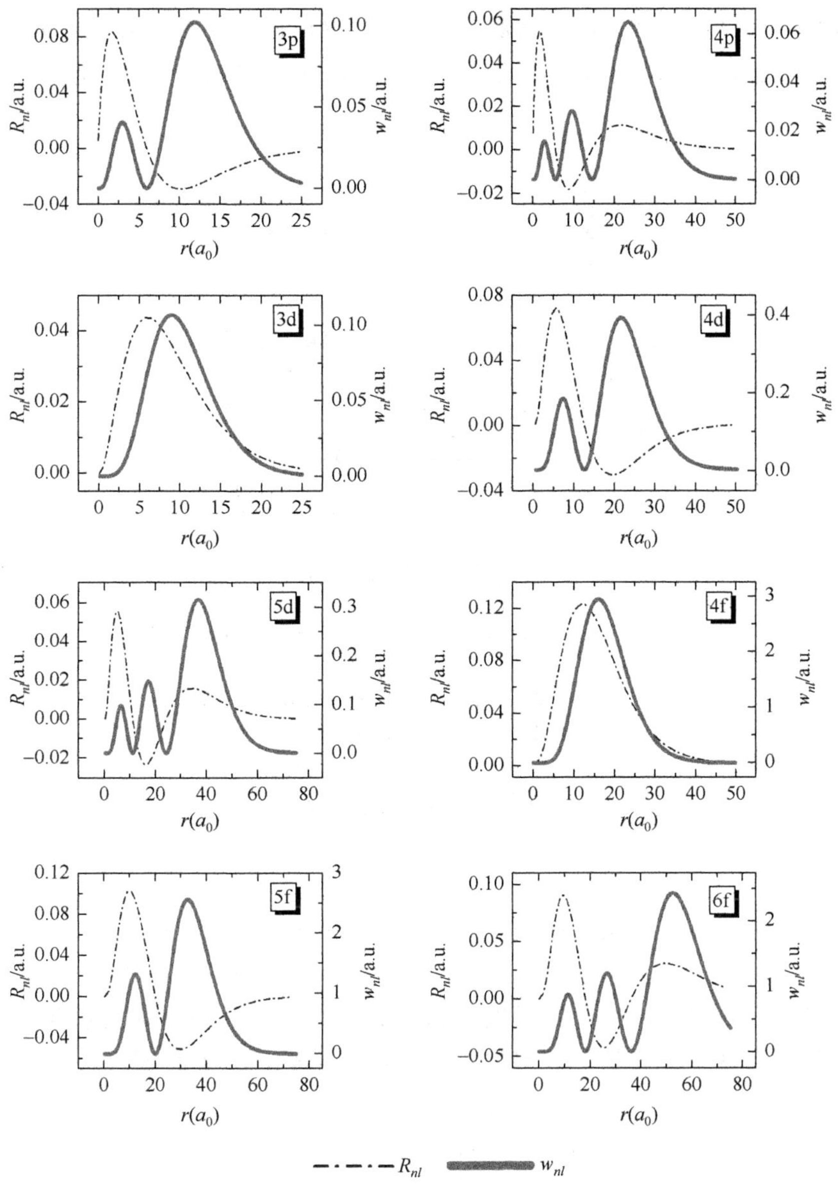

图 5.2.2　电子径向概率

电子在方向 (θ,φ) 附近立体角元 $\mathrm{d}\Omega=\sin\theta\mathrm{d}\theta\mathrm{d}\varphi$ 内出现的概率为

$$
\begin{aligned}
w_{lm}(\theta,\varphi)\mathrm{d}\Omega &= \mathrm{d}\Omega\int_{r=0}^{\infty}|R_{nl}(r)|^2 r^2\mathrm{d}r\,|Y_{lm}(\theta,\varphi)|^2 \\
&=|Y_{lm}(\theta,\varphi)|^2\ \mathrm{d}\Omega = N_{lm}^2[P_l^m(\cos\theta)]^2\mathrm{d}\Omega
\end{aligned}
\tag{5.2.43}
$$

图 5.2.3 表示在各种 l，m 的态中 $w_{lm}(\theta)$ 对 θ 的函数关系，由于 $w_{lm}(\theta)$ 与 φ 角无关，即对坐标 z 轴是旋转对称的，波函数的角向分布，即在各个方向上的概率分布。

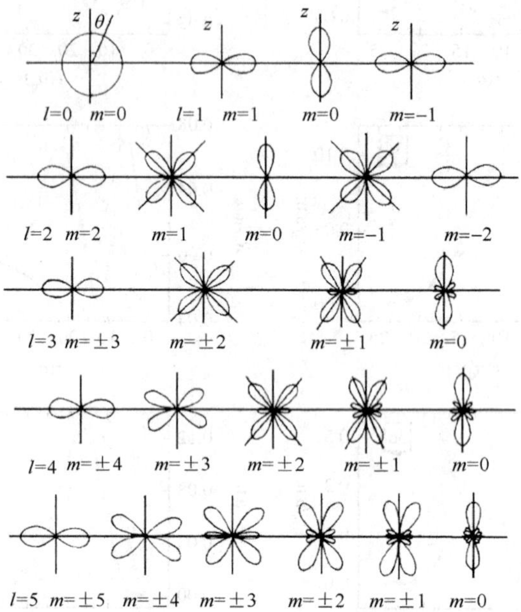

图 5.2.3　电子角向分布

5.2.3　碱金属原子

碱金属原子由一个满壳层的原子实和一个外围价电子组成。原子实是一个球对称的结构，它由带正电荷 Ze 的原子核和带电荷 $-(Z-1)e$ 的电子组成。当价电子在它外围运动时，由于原子实的极化和价电子的轨道贯穿的影响，价电子感受到的有效电荷就不是一个单位正电荷。因此在碱金属问题中把原子实的库仑场修改为

$$V(r)=-\frac{e_s^2}{r}\left(1+\frac{b}{r}\right),\quad b>0 \tag{5.2.44}$$

代入径向方程式（5.1.7）中，并注意 $u=rR(r)$，则有

$$\frac{\mathrm{d}^2u}{\mathrm{d}r^2}+\left\{\frac{2m}{\hbar^2}\left[E+\frac{e_s^2}{r}\left(1+\frac{b}{r}\right)\right]-\frac{l(l+1)}{r^2}\right\}u=0 \tag{5.2.45}$$

或

$$\frac{\mathrm{d}^2u}{\mathrm{d}\xi^2}+\left[\frac{\beta}{\xi}-\frac{1}{4}-\frac{l(l+1)-\alpha\beta b}{\xi^2}\right]u=0 \tag{5.2.46}$$

式中，$\xi=\alpha r$，参数α，β的定义和 5.2 节中式（5.2.7）一致。

将方程式（5.2.46）和式（5.2.8）比较，两者的形式完全相同，其差别仅在于最后一项。引入非整数参数l^*，令

$$l^*(l^*+1)=l(l+1)-\alpha\beta b \tag{5.2.47}$$

从而有

$$n^*=n_r+l^*+1=n_r+l+1-(l-l^*)=n-\Delta_l \tag{5.2.48}$$

式中，n^*称为有效量子数；$\Delta_l=(l-l^*)$是修正项；有效量子数n^*略小于量子数n。套用式（5.2.8）的解法，便可得到碱金属原子的能级和波函数，分别为

$$E_{n^*}=-\frac{mZ^2e_s^4}{2\hbar^2n^{*2}} \tag{5.2.49}$$

$$R_{n^*l^*}(r)=N_{n^*l^*}\mathrm{e}^{-\frac{Z}{n^*a_0}r}\left(\frac{2Z}{n^*a_0}r\right)^{l^*}L_{n^*+l^*}^{2l^*+1}\left(\frac{2Z}{n^*a_0}r\right) \tag{5.2.50}$$

5.3　球 形 势 阱

当一个质量为m的粒子被限制在半径为a的刚性球内运动时，这相当于粒子在一个无限深势阱中运动，相应的势能为

$$V(r)=\begin{cases}0, & r<a\\ \infty, & r>a\end{cases} \tag{5.3.1}$$

它是一维无限深势阱的推广，粒子只能在该球内运动，只存在束缚态，因此球外的波函数为零。在球内，等效一维定态薛定谔方程为

$$\frac{1}{r^2}\frac{\mathrm{d}}{\mathrm{d}r}\left[r^2\frac{\mathrm{d}R(r)}{\mathrm{d}r}\right]+\left[\frac{2mE}{\hbar^2}-\frac{l(l+1)}{r^2}\right]R(r)=0 \tag{5.3.2}$$

先考虑$l=0$的态，阱内方程式（5.3.2）写为

$$\frac{\mathrm{d}^2u_0(r)}{\mathrm{d}r^2}+k^2u_0=0 \tag{5.3.3}$$

式中，$u_0(r)=R(r)r$。令

$$k^2=\frac{2mE}{\hbar^2} \tag{5.3.4}$$

波函数满足的边界条件为

$$u_0(0)=0,\quad u_0(a)=0 \tag{5.3.5}$$

由边界条件式（5.3.5）的第一式可知，式（5.3.3）的解表示为

$$u_0(r) = A\sin kr \tag{5.3.6}$$

式中，A 是归一化常数。由边界条件式（5.3.5）第二式，有 $A\sin ka = 0$，即

$$ka = (n_r + 1)\pi, \quad n_r = 0, 1, 2, \cdots \tag{5.3.7}$$

利用式（5.3.4），可得粒子的能量本征值

$$E_{n_r,0} = \frac{\pi^2\hbar^2(n_r+1)^2}{2ma^2}, \quad n_r = 1, 2, 3, \cdots \tag{5.3.8}$$

把式（5.3.7）代入式（5.3.6）中，由归一化条件 $\int_0^a |u_0(r)|^2\,\mathrm{d}r = 1$，求得归一化常数 $A = \sqrt{\dfrac{2}{a}}$。相应的归一化波函数表示为

$$u_{n_r,0}(r) = \sqrt{\frac{2}{a}}\sin\frac{(n_r+1)\pi}{a}r, \quad 0 \leqslant r \leqslant a \tag{5.3.9}$$

其次，考虑 $l \neq 0$ 的情况，这时径向方程式（5.3.2）写为

$$\frac{\mathrm{d}^2R_l(r)}{\mathrm{d}r^2} + \frac{2}{r}\frac{\mathrm{d}R_l(r)}{\mathrm{d}r} + \left[k^2 - \frac{l(l+1)}{r^2}\right]R_l(r) = 0 \tag{5.3.10}$$

边界条件为

$$R_l(a) = 0 \tag{5.3.11}$$

引入无量纲变量 $\rho = kr$，式（5.3.10）化为

$$\frac{\mathrm{d}^2R_l(\rho)}{\mathrm{d}\rho^2} + \frac{2}{\rho}\frac{\mathrm{d}R_l(\rho)}{\mathrm{d}\rho} + \left[1 - \frac{l(l+1)}{\rho^2}\right]R_l(\rho) = 0 \tag{5.3.12}$$

将式（5.3.12）进一步化为标准球贝塞尔方程，即

$$\frac{\mathrm{d}^2R_l(\rho)}{\mathrm{d}\rho^2} + \frac{1}{\rho}\frac{\mathrm{d}R_l(\rho)}{\mathrm{d}\rho} + \left[1 - \frac{\left(l+\frac{1}{2}\right)^2}{\rho^2}\right]R_l(\rho) = 0 \tag{5.3.13}$$

其解是球贝塞尔函数 $j_l(kr)$ 和球诺伊曼函数 $n_l(kr)$，于是方程式（5.3.10）的解可表示为

$$R_l(r) = kr[Cj_l(kr) + Dn_l(kr)] \tag{5.3.14}$$

$n_l(kr)$ 在 $r \to 0$ 时发散，令 $D = 0$，因而符合物理要求的解取为 $j_l(kr)$。球方势阱内的解表示为

$$R_l(r) = krCj_l(kr) \tag{5.3.15}$$

当 $r = a$ 时，$R_l(r)$ 满足边界条件式（5.3.11），即

$$j_l(ka) = 0 \tag{5.3.16}$$

记 $x_n^{(l)}$ ($n=0,1,2,\cdots$)是函数 $j_l(kr)$ 的第 n 个零点，则粒子的能量本征值为

$$E_{n,l}=\frac{\hbar^2}{2ma^2}(x_n^{(l)})^2,\quad n=0,1,2,\cdots \tag{5.3.17}$$

与 $E_{n,l}$ 相应的波函数表示为

$$R_l(r)=C_{n,l}krj_l\left(\frac{n_n^{(l)}}{a}r\right) \tag{5.3.18}$$

式中，$C_{n,l}$ 是归一化常数。

几个低阶球贝塞尔函数为

$$j_0(x)=\frac{\sin x}{x},\quad j_1(x)=\frac{\sin x}{x^2}-\frac{\cos x}{x},\quad j_2(x)=-3\frac{\cos x}{x^2}+\frac{1}{x}\left(\frac{3}{x^2}-1\right)\sin x,\quad \cdots$$

表 5.3.1 列出相应的几个低阶球贝塞尔函数的根。

表 5.3.1　几个低阶球贝塞尔函数的零点

l \ n	0	1	2	3
0	π	2π	3π	4π
1	4.493	7.725	10.904	14.066
2	5.764	9.095	12.323	
3	6.988	10.417	13.698	
4	8.183	11.705		

图 5.3.1（a）是几个低阶第一类贝塞尔函数，（b）是几个低阶第二类贝塞尔函数。第一类贝塞尔函数在原点都有界，只有 $J_0(x)$ 在原点不为零；第二类贝塞尔函数在原点都是负无限大。因而物理问题中通常只取第一类贝塞尔函数。

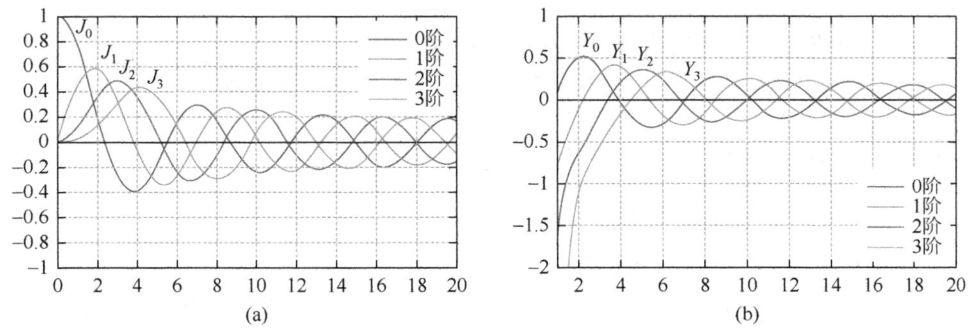

图 5.3.1　几个低阶第一类（a）和第二类（b）贝塞尔函数

第一类贝塞尔函数在原点都有界，只有 $J_0(kr)$ 在原点不为零；第二类贝塞尔函数在原点都是负无限大。因而物理问题中通常只取第一类贝塞尔函数

5.4 三维各向同性谐振子

5.4.1 球坐标系中求解

考虑质量为 m 的粒子在三维各向同性谐振子势 $V(r)$

$$V(r)=\frac{1}{2}m\omega^2r^2 \tag{5.4.1}$$

中运动，由于 $V(\infty)=\infty$，粒子能量 E 为有限时存在束缚态。体系的定态薛定谔方程为

$$-\frac{\hbar^2}{2m}\nabla^2+\frac{1}{2}m\omega^2r^2\ \psi(r,\theta,\varphi)=E\psi(r,\theta,\varphi) \tag{5.4.2}$$

波函数为

$$\psi(r,\theta,\varphi)=R(r)Y_{lm}(\theta,\varphi) \tag{5.4.3}$$

边界条件为

$$R(0)=\text{有限},\quad R(\infty)=0 \tag{5.4.4}$$

将式（5.4.3）代入式（5.4.2）中，分离变量得到 $R(r)$ 满足的径向方程

$$\frac{\mathrm{d}^2R(r)}{\mathrm{d}r^2}+\frac{2}{r}\frac{\mathrm{d}R(r)}{\mathrm{d}r}+\left[\frac{2m}{\hbar^2}\left(E-\frac{1}{2}m\omega^2r^2\right)-\frac{l(l+1)}{r^2}\right]R(r)=0 \tag{5.4.5}$$

引入无量纲变量 ε 和 ρ

$$E=\frac{1}{2}\hbar\omega\varepsilon,\quad \rho=ar \tag{5.4.6}$$

用 a^{-2} 乘式（5.4.5），得到

$$\frac{\mathrm{d}^2R(\rho)}{\mathrm{d}\rho^2}+\frac{2}{\rho}\frac{\mathrm{d}R(\rho)}{\mathrm{d}\rho}+\left[\frac{2m}{\hbar^2}\frac{\hbar\omega}{2a^2}\varepsilon-\frac{m^2\omega^2}{\hbar^2}\frac{1}{a^4}\rho^2-\frac{l(l+1)}{\rho^2}\right]R(\rho)=0 \tag{5.4.7}$$

令 $\dfrac{m^2\omega^2}{\hbar^2}\dfrac{1}{a^4}=1$，则 $a=\sqrt{\dfrac{m\omega}{\hbar}}$，于是方程式（5.4.7）化为

$$\frac{\mathrm{d}^2R(\rho)}{\mathrm{d}\rho^2}+\frac{2}{\rho}\frac{\mathrm{d}R(\rho)}{\mathrm{d}\rho}+\left[\varepsilon-\rho^2-\frac{l(l+1)}{\rho^2}\right]R(\rho)=0 \tag{5.4.8}$$

考察 $\rho\to\infty$ 的渐近性质，当 $\rho\to\infty$ 时，方程式（5.4.8）的渐近形式为

$$\frac{\mathrm{d}^2R(\rho)}{\mathrm{d}\rho^2}-\rho^2R(\rho)=0 \tag{5.4.9}$$

其解为

$$R(\rho) \sim \mathrm{e}^{\pm\frac{1}{2}\rho^2} \tag{5.4.10}$$

波函数的边界条件要求 $\rho \to \infty$ 时，$R(\infty)=0$，所以取符合物理要求的解：$\mathrm{e}^{-\rho^2/2}$。设方程的解为

$$R(\rho) = \mathrm{e}^{-\frac{1}{2}\rho^2} u(\rho) \tag{5.4.11}$$

代入式（5.4.8）中得

$$\frac{\mathrm{d}^2 u(\rho)}{\mathrm{d}\rho^2} + \left(\frac{2}{\rho} - 2\rho\right)\frac{\mathrm{d}u(\rho)}{\mathrm{d}\rho} + \left[\varepsilon - 3 - \frac{l(l+1)}{\rho^2}\right]u(\rho) = 0 \tag{5.4.12}$$

令

$$u(\rho) = \rho^l g(\rho) \tag{5.4.13}$$

代入式（5.4.12）中，整理后得到

$$\frac{\mathrm{d}^2 g}{\mathrm{d}\rho^2} + \frac{2}{\rho}(l+1-\rho^2)\frac{\mathrm{d}g}{\mathrm{d}\rho} + \left[\varepsilon - 2\left(l + \frac{3}{2}\right)\right]g = 0 \tag{5.4.14}$$

作变换 $\xi = \rho^2$，则

$$\xi\frac{\mathrm{d}^2 g}{\mathrm{d}\xi^2} + \left[\left(l + \frac{3}{2}\right) - \xi\right]\frac{\mathrm{d}g}{\mathrm{d}\xi} + \left(\frac{\varepsilon}{4} - \frac{l+3/2}{2}\right)g = 0 \tag{5.4.15}$$

这是合流超几何方程

$$\xi\frac{\mathrm{d}^2 g}{\mathrm{d}\xi^2} + (\gamma - \xi)\frac{\mathrm{d}g}{\mathrm{d}\xi} - \alpha g = 0 \tag{5.4.16}$$

其中

$$\alpha = \frac{1}{2}\left(l + \frac{3}{2} - \frac{\varepsilon}{2}\right), \quad \gamma = l + \frac{3}{2}, \quad l = 0, 1, 2, \cdots \tag{5.4.17}$$

方程式(5.4.16)有两个解，$g_1 \sim F(\alpha,\gamma,\xi)$，$g_2 \sim \xi^{1-\gamma}F(\alpha-\gamma+1\,,\ 2-\gamma\,,\ \xi)$。在 $\xi \to 0$，g 有限。因此，符合物理要求的解只能取 $F(\alpha,\gamma,\xi)$，即

$$g \sim F(\alpha,\gamma,\xi) = F\left[\frac{1}{2}\left(l + \frac{3}{2} - \frac{\varepsilon}{2}\right),\ l + \frac{3}{2},\ \xi\right] \tag{5.4.18}$$

把式（5.4.18）及式（5.4.13）代入式（5.4.11），得到方程式（5.4.8）的解，即

$$R(\rho) = \mathrm{e}^{-\frac{1}{2}\rho^2}\rho^l g(\rho) \tag{5.4.19}$$

在 $\xi \to \infty$ 时，$F(\alpha,\gamma,\xi) \to e^{\xi} = e^{\rho^2}$，不满足束缚态边界条件。因此，对于束缚态无穷级数 $F(\alpha,\gamma,\xi)$ 必须中断为多项式。因为 $F(\alpha,\gamma,\xi)$ 表示成无穷级数为

$$F(\alpha,\gamma,\xi) = 1 + \frac{\alpha}{\gamma}\xi + \frac{\alpha(\alpha+1)}{2!\gamma(\gamma+1)}\xi^2 + \frac{\alpha(\alpha+1)(\alpha+2)}{3!\gamma(\gamma+1)(\gamma+2)}\xi^3 + \cdots$$
$$= \sum_{k=0}^{\infty}\frac{\alpha_k}{k!\gamma_k}\xi^k \tag{5.4.20}$$

其中

$$\alpha_k = \alpha(\alpha+1)\cdots(\alpha+k-1), \quad \gamma_k = \gamma(\gamma+1)\cdots(\gamma+k-1)$$

所以，$F(\alpha,\gamma,\xi)$ 中断为多项式的条件为 $\alpha = 0$ 或负整数，即

$$\alpha = \frac{1}{2}\left(l + \frac{3}{2} - \frac{\varepsilon}{2}\right) = -n_r, \quad n_r, l = 0, 1, 2, \cdots \tag{5.4.21}$$

即

$$\varepsilon = 2\left(2n_r + l + \frac{3}{2}\right)$$

将上式代入式（5.4.6）中第一式，得到

$$E_{n_r,l} = E = \frac{1}{2}\hbar\omega\varepsilon = \hbar\omega\left(2n_r + l + \frac{3}{2}\right) \tag{5.4.22}$$

令 $N = 2n_r + l$，则

$$E = E_N = \frac{1}{2}\hbar\omega\varepsilon = \hbar\omega\left(N + \frac{3}{2}\right), \quad N = 0, 1, 2, \cdots \tag{5.4.23}$$

此即三维各向同性谐振子的能量本征值。与之相应的径向波函数为

$$R_{n_r l}(\rho) \sim e^{-\frac{1}{2}a^2r^2}(ar)^l F(-n_r,\ l+3/2,\ a^2r^2) \tag{5.4.24}$$

三维各向同性谐振子的本征函数为

$$\psi_{n_r lm}(r,\theta,\varphi) = Ce^{-\frac{1}{2}a^2r^2}(ar)^l F(-n_r,\ l+3/2,\ a^2r^2)Y_{lm}(\theta,\varphi) \tag{5.4.25}$$

对于给定能级 E_N，n_r 取值为：$n_r = 0$，1，2，…，（N–1）/2 或 N/2；l 取值为：$l = N$，N–2，N–4，…，1（N 为奇）或0（N 为偶）。

能级 E_N 的简并度为

$$f_N = \frac{1}{2}(N+1)(N+2) \tag{5.4.26}$$

合流超几何函数与缔合（广义）拉盖尔多项式的关系为

$$L_N^{\alpha}(x) = \frac{\Gamma(N+\alpha+1)}{N!\Gamma(\alpha+1)}F(-N,\alpha+1;x) \tag{5.4.27}$$

三维各向同性谐振子的径向波函数式（5.4.24）可以化为

$$R_{n_r l}(ar) \sim \mathrm{e}^{-\frac{1}{2}a^2r^2}(ar)^l \frac{n_r!\Gamma(l+3/2)}{\Gamma(n_r+l+3/2)} L_{n_r}^{l+1/2}(a^2r^2) \tag{5.4.28}$$

5.4.2　直角坐标系中求解

采用直角坐标系，由于$r^2 = x^2 + y^2 + z^2$，三维各向同性谐振子可以分解为ω相同的三个彼此独立的一维谐振子，即

$$V(x) = \frac{1}{2}m\omega^2x^2,\quad V(y) = \frac{1}{2}m\omega^2y^2,\quad V(z) = \frac{1}{2}m\omega^2z^2 \tag{5.4.29}$$

哈密顿量为

$$\hat{H} = \hat{H}_x + \hat{H}_y + \hat{H}_z \tag{5.4.30}$$

这里

$$\hat{H}_x = -\frac{\hbar^2}{2m}\frac{\mathrm{d}^2}{\mathrm{d}x^2} + \frac{1}{2}m\omega^2x^2$$

$$\hat{H}_y = -\frac{\hbar^2}{2m}\frac{\mathrm{d}^2}{\mathrm{d}y^2} + \frac{1}{2}m\omega^2y^2$$

$$\hat{H}_z = -\frac{\hbar^2}{2m}\frac{\mathrm{d}^2}{\mathrm{d}z^2} + \frac{1}{2}m\omega^2z^2$$

体系定态薛定谔方程

$$\hat{H}\psi(x,y,z) = E\psi(x,y,z) \tag{5.4.31}$$

采用分离变量可以得到x，y，z方向独立的三个一维谐振子方程，本征函数为这三个一维谐振子的本征函数之积

$$\psi_{n_xn_yn_z}(x,y,z) = \varphi_{n_x}(x)\varphi_{n_y}(y)\varphi_{n_z}(z),\quad n_x, n_y, n_z = 0,1,2,\cdots \tag{5.4.32}$$

相应的能量本征值为

$$\begin{aligned} E &= E_x + E_y + E_z \\ &= \hbar\omega(n_x+1/2) + \hbar\omega(n_y+1/2) + \hbar\omega(n_z+1/2) = \hbar\omega(N+3/2) \end{aligned} \tag{5.4.33}$$

它的能级也是简并的，对于给定能级E_N，N_x取值为：$n_x = 0$，1，2，…，$N-1$，N；相应的$N_y + N_z$取值为：$n_y + n_z = N$，$N-1$，$N-2$，…，1，0。而（N_y，N_z）可能取值的数目为：$N+1$，N，$N-1$，…，2，1。能级的简并度为

$$f_N = 1 + 2 + \cdots + N + (N+1) = \frac{1}{2}(N+1)(N+2) \tag{5.4.34}$$

与式（5.4.26）相同。

能量简并情况下，能量本征函数的选取不唯一，这相当于选择不同的守恒量完全集。在球坐标系中求解得的本征函数 $\psi_{n_r lm}(r,\theta,\varphi)$，是对易守恒量完全集（$H$，$L^2$，$L_z$）的共同本征态；在直角坐标系中求解得到的本征函数 $\psi_{n_x n_y n_z}(x,y,z)$，则是对易守恒量完全集（$H_x$，$H_y$，$H_z$）的共同本征态。它们通过一个幺正变换相联系。

5.5 电磁场中的荷电粒子运动

5.5.1 电磁场中荷电粒子运动的薛定谔方程

考虑质量为 m，带电量为 q 的荷电粒子以速度 $\boldsymbol{v}$ 在电磁场中的运动。在经典力学中，荷电粒子的运动由牛顿方程描述，即

$$m\ddot{\boldsymbol{r}} = q(\boldsymbol{E} + \boldsymbol{v}\times\boldsymbol{B}) \tag{5.5.1}$$

磁感应强度 $\boldsymbol{B}$ 和电场强度 $\boldsymbol{E}$ 表示为

$$\boldsymbol{B} = \nabla\times\boldsymbol{A},\quad \boldsymbol{E} = -\frac{\partial\boldsymbol{A}}{\partial t} - \nabla\phi \tag{5.5.2}$$

式中，$\boldsymbol{A}$ 是矢势和 ϕ 是标（电）势。

量子力学中荷电粒子的哈密顿量为

$$H = \frac{1}{2m}(\boldsymbol{p} - q\boldsymbol{A})^2 + q\phi \tag{5.5.3}$$

式中，动量 $\boldsymbol{p}$ 是正则动量，它不等于粒子的机械动量。二者的关系为

$$\boldsymbol{p} = m\boldsymbol{v} + q\boldsymbol{A} \tag{5.5.4}$$

用动量算符 $\hat{p} = -\mathrm{i}\hbar\nabla$ 替换式（5.5.3）中正则动量 $\boldsymbol{p}$，得到荷电粒子的哈密顿算符

$$\hat{H} = \frac{1}{2m}(\hat{p} - q\boldsymbol{A})^2 + q\phi \tag{5.5.5}$$

相应的薛定谔方程为

$$\begin{aligned}\mathrm{i}\hbar\frac{\partial}{\partial t}\psi &= \left[\frac{1}{2m}(\hat{p} - q\boldsymbol{A})^2 + q\phi\right]\psi \\ &= \left[\frac{1}{2m}\hat{p}^2 - \frac{q}{2m}(\hat{p}\cdot\boldsymbol{A} + \boldsymbol{A}\cdot\hat{p}) + \frac{q^2}{2m}\boldsymbol{A}^2 + q\phi\right]\psi\end{aligned} \tag{5.5.6}$$

一般情况下，$\hat{p}$ 与 $\boldsymbol{A}$ 不对易，即有

$$[\hat{p},\boldsymbol{A}]=\hat{p}\boldsymbol{A}-\boldsymbol{A}\hat{p}=-\mathrm{i}\hbar\nabla\cdot\boldsymbol{A} \tag{5.5.7}$$

采用库仑规范，即 $\nabla\cdot\boldsymbol{A}=0$，便有 $\hat{p}\cdot\boldsymbol{A}=\boldsymbol{A}\cdot\hat{p}$，则方程式（5.5.6）写成

$$\mathrm{i}\hbar\frac{\partial}{\partial t}\psi=\left[\frac{1}{2m}\hat{p}^2-\frac{q}{m}\boldsymbol{A}\cdot\hat{p}+\frac{q^2}{2m}\boldsymbol{A}^2+q\phi\right]\psi \tag{5.5.8}$$

由于磁感应强度 $\boldsymbol{B}$ 和电场强度 $\boldsymbol{E}$ 是关于矢势 $\boldsymbol{A}$ 和标势 ϕ 的微分量，是表征电磁场局域性质的物理量，因而在一些电磁过程中，电磁场的 $\boldsymbol{B}$ 和 $\boldsymbol{E}$ 已不能有效地描述荷电粒子的量子行为。例如，处在螺线管附近的电荷 $\boldsymbol{q}$（图 5.5.1 所示），未通电流时螺线管内外的磁场为零，矢势也为零。$t=0$ 时螺线管通以电流 I 后，管内立即有磁感应强度 $\boldsymbol{B}$ 产生，螺线管外磁场依然为零，但螺线管外的矢势由零突变为 $\boldsymbol{A}$。由式（5.5.3）可知，这必然导致哈密顿量 H 的突变，相应的哈密顿算符 $\hat{H}$ 也产生突变。由薛定谔方程式（5.5.6）可见，$\partial\psi/\partial t$ 也必然发生突变。但在 $t=0$ 时，ψ 还来不及变化，因而 $\nabla\psi$ 也来不及变化。由式（5.5.2）可知，当不存在电场时，$\boldsymbol{E}=-\partial\boldsymbol{A}/\partial t$，由于矢势 $\boldsymbol{A}$ 的突变将导致很强的感应电场 $\boldsymbol{E}$，因而对带电粒子产生了一个很大的冲力 $q\boldsymbol{E}$。根据动量定理，粒子机械动量的改变为 $\mathrm{d}p$，应等于外力在 δt 瞬时给予粒子的冲量，即 $\mathrm{d}p=qE\delta t=-q\mathrm{d}A$（矢势突变过程中总的机械动量为 $p=-qA$），而正则动量保持不变。在此过程中 $\nabla\psi$ 来不及变化，因此将正则动量换成 $\hat{p}=-\mathrm{i}\hbar\nabla$。

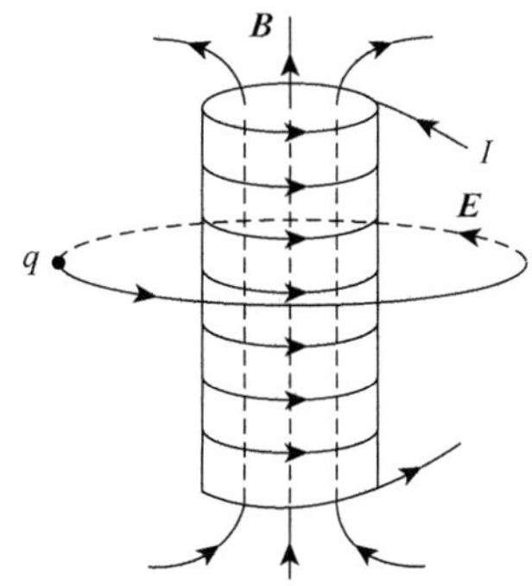

图 5.5.1　螺线管附近的电荷

5.5.2　定域的概率守恒与粒子流密度

取式（5.5.8）的复共轭，并注意矢势 $\boldsymbol{A}$ 和标势 ϕ 均为实数，在坐标表象中 $\hat{p}^*=-\hat{p}$，有

$$-\mathrm{i}\hbar\frac{\partial}{\partial t}\psi^*=\left[\frac{1}{2m}\hat{p}^2+\frac{q}{m}\boldsymbol{A}\cdot\hat{p}+\frac{q^2}{2m}\boldsymbol{A}^2+q\phi\right]\psi^* \tag{5.5.9}$$

$\psi^*\times$式（5.5.8）$-\psi\times$式（5.5.9），并根据 $\nabla\cdot\boldsymbol{A}=0$，得

$$\begin{aligned}\mathrm{i}\hbar\frac{\partial}{\partial t}(\psi^*\psi)&=\frac{1}{2m}(\psi^*\hat{p}^2\psi-\psi\hat{p}^2\psi^*)-\frac{q}{m}(\psi^*\boldsymbol{A}\cdot\hat{p}\psi+\psi\boldsymbol{A}\cdot\hat{p}\psi^*)\\&=\frac{1}{2m}\hat{p}\cdot(\psi^*\hat{p}\psi-\psi\hat{p}\psi^*)-\frac{q}{m}\hat{p}\cdot(\psi^*\boldsymbol{A}\psi)\\&=-\frac{1}{2m}\nabla\cdot[(\psi^*\hat{p}\psi-\psi\hat{p}\psi^*)-2q\psi^*\boldsymbol{A}\psi]\end{aligned}$$

即

$$\frac{\partial}{\partial t}\rho+\nabla\cdot\boldsymbol{j}=0 \tag{5.5.10}$$

式中

$$\rho=\psi^*\psi \tag{5.5.11}$$

$$\begin{aligned}\boldsymbol{j}&=\frac{1}{2m}(\psi^*\hat{p}\psi-\psi\hat{p}\psi^*)-\frac{q}{m}\boldsymbol{A}\psi^*\psi\\&=\frac{1}{2m}[\psi^*(\hat{p}-q\boldsymbol{A})\psi+\psi(\hat{p}-q\boldsymbol{A})^*\psi^*]\\&=\frac{1}{2}(\psi^*\hat{v}\psi+\psi\hat{v}^*\psi^*)=\mathrm{Re}(\psi^*\hat{v})\end{aligned} \tag{5.5.12}$$

而

$$\hat{v}=\frac{1}{m}(\hat{p}-q\boldsymbol{A})=\frac{1}{m}(-\mathrm{i}\hbar\nabla-q\boldsymbol{A}) \tag{5.5.13}$$

其中，ρ 为粒子密度，$\boldsymbol{j}$ 为粒子流密度，比较式（5.5.13）和式（5.5.4），$\hat{v}$ 可理解为粒子的速度算符，而式（5.5.10）称为定域粒子的概率守恒方程。

5.5.3　规范不变性

电磁场具有规范不变性，即通过选择适当的规范变换，可使物理量和物理规律在该规范变换下保持形式不变。由于电磁场的 $\boldsymbol{A}$ 和 ϕ 的选择不是唯一的，对同一个电磁场，$\boldsymbol{A}$ 和 ϕ 可以有多组不同的选择，每一组 $\boldsymbol{A}$ 和 ϕ 都称为一种规范，不同规范对应着同一个电磁场。当 $\boldsymbol{A}$ 和 ϕ 作下面规范变换时

$$\begin{cases}\boldsymbol{A}\to\boldsymbol{A}'=\boldsymbol{A}+\nabla\chi(r,t)\\\phi\to\phi'=\phi-\dfrac{\partial}{\partial t}\chi(r,t)\end{cases} \tag{5.5.14}$$

磁感应强度 $\boldsymbol{B}$ 和电场强度 $\boldsymbol{E}$ 都不改变。

当选择不同的 $\boldsymbol{A}$ 和 ϕ 时，是否违反规范不变性？对此进行讨论。波函数 ψ 作如下变换

$$\psi=\psi'\mathrm{e}^{-\mathrm{i}\frac{q}{\hbar}\chi} \tag{5.5.15}$$

代入方程（5.5.6），注意以下运算

$$\mathrm{i}\hbar\frac{\partial}{\partial t}\psi=\mathrm{i}\hbar\frac{\partial}{\partial t}\left(\psi'\mathrm{e}^{-\mathrm{i}\frac{q}{\hbar}\chi}\right)=\mathrm{e}^{-\mathrm{i}\frac{q}{\hbar}\chi}\left(\mathrm{i}\hbar\frac{\partial\psi'}{\partial t}+q\frac{\partial\chi}{\partial t}\psi'\right) \tag{5.5.16}$$

$$(\hat{p}-q\boldsymbol{A})\psi=\mathrm{e}^{-\mathrm{i}\frac{q}{\hbar}\chi}[\hat{p}-q(\boldsymbol{A}+\nabla\chi)]\psi' \tag{5.5.17}$$

可以证明波函数ψ'满足的薛定谔方程形式上与ψ相同，即

$$\mathrm{i}\hbar\frac{\partial}{\partial t}\psi'=\left[\frac{1}{2m}(\hat{p}-q\boldsymbol{A}')^2+q\phi'\right]\psi' \tag{5.5.18}$$

变换前后的波函数ψ和ψ'相差一个指数因子$\mathrm{e}^{-\mathrm{i}\frac{q}{\hbar}\chi}$，而物理观测量不受因子$\mathrm{e}^{-\mathrm{i}\frac{q}{\hbar}\chi}$的影响，波函数$\psi$和$\psi'$描述的是同一个量子状态。当存在电磁势时，由于$\chi$是$x$，$t$的函数，指数因子$\mathrm{e}^{-\mathrm{i}\frac{q}{\hbar}\chi}$随时空点而变，相当于在不同时空点对波函数$\psi$进行相位调整，这种规范变换称为定域规范变换。

5.6　简单（正常）塞曼效应

4.7.2 节中已经了讨论塞曼效应，本节再次讨论强外磁场中原子的轨道磁矩与外磁场相互作用的简单塞曼效应。简单塞曼效应原子的电子可以近似看成在一个中心平均场中运动，能级一般有m度简并，光谱线的分裂反映原子的简并能级被解除或部分解除。

在原子尺度范围内，实验室常用磁场视为均匀的，记为$\boldsymbol{B}$，取矢势为

$$\boldsymbol{A}=\frac{1}{2}\boldsymbol{B}\times\boldsymbol{r} \tag{5.6.1}$$

式中，$\boldsymbol{B}$是常矢量，容易验证$\boldsymbol{B}=\nabla\times\boldsymbol{A}$及$\nabla\cdot\boldsymbol{A}=0$。设磁场方向沿$z$轴正方向，则

$$A_x=-\frac{1}{2}By,\quad A_y=\frac{1}{2}Bx,\quad A_z=0 \tag{5.6.2}$$

为简单起见，仅考虑只有一个价电子的原子（如碱金属原子），并假设价电子在原子实所产生的屏蔽库仑势$V(r)$中运动，价电子的哈密顿量表示为

$$\begin{aligned}\hat{H}&=\frac{1}{2m_{\mathrm{e}}}\left[\left(\hat{p}_x-\frac{eB}{2c}y\right)^2+\left(\hat{p}_y+\frac{eB}{2c}x\right)^2+\hat{p}_z^2\right]+V(r)\\&=\frac{1}{2m_{\mathrm{e}}}\hat{p}^2+\omega_{\mathrm{L}}\hat{L}_z+\frac{m_{\mathrm{e}}}{2}\omega_{\mathrm{L}}^2(x^2+y^2)+V(r)\end{aligned} \tag{5.6.3}$$

$$\hat{L}_z = x\hat{p}_y - y\hat{p}_x = -\mathrm{i}\hbar\frac{\partial}{\partial\varphi},\quad \omega_{\mathrm{L}} = \frac{eB}{2m_{\mathrm{e}}c} \tag{5.6.4}$$

式中，m_{e}是电子的质量；$\hat{L}_z$是角动量z分量；ω_{L}为拉莫尔（Larmor）频率。

在塞曼效应中，由于电子被限制在原子内部运动，在通常实验室所用的磁场强度下，可以估算出$B^2 \ll B$，

$$\left|\frac{B^2}{B}\right| \approx \frac{e^2B^2a^2}{4c^2}\bigg/\frac{eB}{c}\hbar < 10^{-4}$$

通常可以略去B^2项，因而式（5.6.3）写为

$$\hat{H} = \frac{1}{2m_{\mathrm{e}}}\hat{p}^2 + V(r) + \omega_{\mathrm{L}}\hat{L}_z \tag{5.6.5}$$

因此，原子中价电子满足的定态薛定谔方程为

$$\left[-\frac{\hbar^2}{2m_{\mathrm{e}}}\nabla^2 + V(r) + \omega_{\mathrm{L}}\hat{L}_z\right]\psi = E\psi \tag{5.6.6}$$

在外加均匀磁场中，原子的球对称性被破坏，$\hat{L}$不再是守恒量，但$\hat{L}^2$和$\hat{L}_z$仍为守恒量。因此，能量本征函数仍可以选为对易守恒量完全集（$\hat{H}$，$\hat{L}^2$，$\hat{L}_z$）的共同本征函数，即

$$\begin{cases}\psi_{n_r lm}(r,\theta,\varphi) = R_{n_r l}(r)Y_{lm}(\theta,\varphi)\\ l = 0,1,2,\cdots;\quad m = 0,\pm1,\pm2,\cdots,\pm l\end{cases} \tag{5.6.7}$$

相应的能量本征值为

$$E_{n_r,l,m} = E_{n_r,l} + \frac{eB}{2m_{\mathrm{e}}c}m\hbar = E_{n_r,l} + m\omega_{\mathrm{L}}\hbar \tag{5.6.8}$$

式中，$E_{n_r,l}$为价电子处于中心势$V(r)$中的能量；$m\hbar\omega_{\mathrm{L}}$是电子轨道运动与磁场相互作用的附加能量，与磁量子数m成正比。

屏蔽库仑场只具有空间转动不变性，其能量本征值与径向量子数n_r和角量子数l有关，记为$E_{n_r,l}$，简并度为$m = 2l+1$。但在加上外磁场后，球对称性被破坏，能级简并被全部解除，能量本征值与n_r，l，m都有关，原来能级$E_{n_r,l}$分裂成$2l+1$条，分裂后的相邻能级间距为$\hbar\omega_{\mathrm{L}}$。

对于正常塞曼效应，波长为589.3nm的钠黄光谱线是$3\mathrm{P}\rightarrow3\mathrm{S}$态之间的跃迁。加上强磁场后，3S态不分裂，3P态能级分裂成三个能级，相应的频率为ω，$\omega\pm\omega_{\mathrm{L}}$。分裂后$3\mathrm{P}\rightarrow3\mathrm{S}$态间的跃迁产生了三条谱线（图5.6.1）。相邻能级间距为$\hbar\omega_{\mathrm{L}}$，磁场越强，塞曼分裂越大。

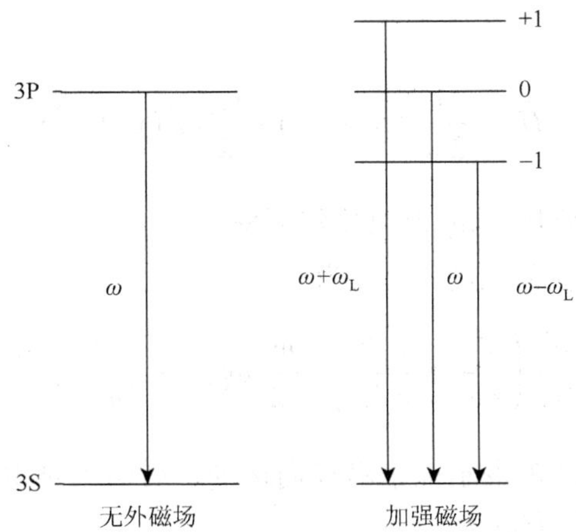

图 5.6.1　钠原子 3P → 3S 的跃迁

5.7　朗 道 能 级

朗道（Landau）是苏联理论物理学家，诺贝尔物理学奖获得者。1930 年创立了金属中电子抗磁性的量子理论（被称为朗道抗磁性），解释了强磁场中金属在低温下磁化率的变化问题。朗道抗磁性中，电子的相应能级称为朗道能级。

5.7.1　柱坐标系中问题的解

考虑质量为 m_e，荷电为 $-e$ 的电子在均匀磁场 $\boldsymbol{B}$ 中的运动。在原子范围内，实验室中能够产生的磁场变化很小，可以视为均匀磁磁场。与上节相同，磁场沿 z 轴正方向，矢势 $\boldsymbol{A}$ 仍用式（5.6.1）表示，则

$$A_x = -\frac{1}{2}By, \quad A_y = \frac{1}{2}Bx, \quad A_z = 0$$

电子的哈密顿算符 $\hat{H}$ 表示为

$$\begin{aligned}\hat{H} &= \frac{1}{2m_e}\left[\left(\hat{p}_x - \frac{eB}{2c}y\right)^2 + \left(\hat{p}_y + \frac{eB}{2c}x\right)^2 + \hat{p}_z^2\right] \\ &= \frac{1}{2m_e}(p_x^2 + p_y^2) + \frac{m_e}{2}\omega_L^2(x^2+y^2) + \omega_L \hat{L}_z + \frac{1}{2m_e}\hat{p}_z^2\end{aligned} \tag{5.7.1}$$

电子的运动被限制在 xy 平面内，沿 z 轴方向是自由运动，将其分离出去，此时

$$\hat{H} = \hat{H}_0 + \omega_L \hat{L}_z \tag{5.7.2}$$

其中

$$\hat{H}_0 = \frac{1}{2m_e}(p_x^2 + p_y^2) + \frac{m_e}{2}\omega_L^2(x^2 + y^2) \tag{5.7.3}$$

式中，$\hat{L}_z$ 是角动量 z 分量；ω_L 为拉莫尔频率。

在平面极坐标系中式（5.7.1）写为

$$\hat{H} = -\frac{\hbar^2}{2m_e}\left(\frac{\partial^2}{\partial\rho^2} + \frac{1}{\rho}\frac{\partial}{\partial\rho}\right) + \frac{m_e}{2}\omega_L^2\rho^2 + \frac{1}{2m_e\rho^2}\hat{L}_z^2 - \omega_L\hat{L}_z \tag{5.7.4}$$

在哈密顿量 $\hat{H}$ 中，前两项表示电子沿径向运动，后两项是电子围绕磁场方向的转动。相应的能量本征值方程为

$$\left[-\frac{\hbar^2}{2m_e}\left(\frac{\partial^2}{\partial\rho^2} + \frac{1}{\rho}\frac{\partial}{\partial\rho}\right) + \frac{m_e}{2}\omega_L^2\rho^2 + \frac{1}{2m_e\rho^2}\hat{L}_z^2 - \omega_L\hat{L}_z\right]\psi(\rho,\varphi) = E\psi(\rho,\varphi) \tag{5.7.5}$$

其中，E 是体系的总能级。

选取对易守恒量完全集（$\hat{H}$，$\hat{L}_z$）的共同本征态，即

$$\psi(\rho,\varphi) = R(\rho)e^{im\varphi}, \quad m = 0, \pm 1, \pm 2, \cdots \tag{5.7.6}$$

将式（5.7.6）代入式（5.7.5），得到径向方程

$$\left[-\frac{\hbar^2}{2m_e}\left(\frac{d^2}{d\rho^2} + \frac{1}{\rho}\frac{d}{d\rho}\right) + \frac{m_e}{2}\omega_L^2\rho^2 + \frac{m^2\hbar^2}{2m_e\rho^2}\right]R(\rho) = E_\rho R(\rho) \tag{5.7.7}$$

$$E = E_\rho + \omega_L m\hbar \tag{5.7.8}$$

整理，得

$$\frac{d^2}{d\rho^2}R(\rho) + \frac{1}{\rho}\frac{d}{d\rho}R(\rho) + \left[\frac{2m_e}{\hbar^2}E_\rho - \frac{m_e^2\omega_L^2}{\hbar^2}\rho^2 - \frac{m^2}{\rho^2}\right]R(\rho) = 0 \tag{5.7.9}$$

令

$$\xi = \alpha\rho, \quad \alpha = \sqrt{\frac{eB}{2\hbar c}} \tag{5.7.10}$$

则方程式（5.7.9）化为

$$\frac{d^2}{d\xi^2}R(\xi) + \frac{1}{\xi}\frac{d}{d\xi}R(\xi) + \left(\beta - \xi^2 - \frac{m^2}{\xi^2}\right)R(\xi) = 0 \tag{5.7.11}$$

其中

$$\beta=\frac{2m_{\mathrm{e}}}{\hbar^2\alpha^2}E_\rho \tag{5.7.12}$$

讨论方程（5.7.11）的渐近行为，当$\xi\to\infty$（$\rho\to\infty$）时，方程可写为

$$\frac{\mathrm{d}^2}{\mathrm{d}\xi^2}R(\xi)+(\beta-\xi^2)R(\xi)=0 \tag{5.7.13}$$

它的解是$R(\xi)\sim \mathrm{e}^{\pm\frac{\xi^2}{2}}$，根据波函数的标准条件要求，当$\xi\to\infty$时$R(\xi)$应有限，所以符合波函数条件的解只能取为$R(\xi)\sim \mathrm{e}^{-\frac{\xi^2}{2}}$。在$\xi\to 0$（$\rho\to 0$）时$R(\xi)$亦有限，方程（5.7.11）写为

$$\frac{\mathrm{d}^2}{\mathrm{d}\xi^2}R(\xi)+\frac{1}{\xi}\frac{\mathrm{d}}{\mathrm{d}\xi}R(\xi)-\frac{m^2}{\xi^2}R(\xi)=0 \tag{5.7.14}$$

其解是$R(\xi)\sim\xi^{|m|}$。故令

$$R(\xi)=\xi^{|m|}\mathrm{e}^{-\frac{\xi^2}{2}}u(\xi) \tag{5.7.15}$$

代入式（5.7.15），得

$$\frac{\mathrm{d}^2}{\mathrm{d}\xi^2}u(\xi)+2\left(\frac{|m|+1}{\xi}-\xi\right)\frac{\mathrm{d}}{\mathrm{d}\xi}u(\xi)+(\beta-2|m|-2)u(\xi)=0 \tag{5.7.16}$$

令

$$\eta=\xi^2,\quad u(\xi)=g(\eta) \tag{5.7.17}$$

则

$$\eta\frac{\mathrm{d}^2}{\mathrm{d}\eta^2}g(\eta)+\left(|m|+\frac{3}{2}-\eta\right)\frac{\mathrm{d}}{\mathrm{d}\eta}g(\eta)+n_\rho g(\eta)=0 \tag{5.7.18}$$

式（5.7.18）为合流超几何方程，其解为合流超几何函数，即

$$g\sim F\left(-n_\rho,|m|+\frac{3}{2},\eta\right) \tag{5.7.19}$$

其中

$$n_\rho=\frac{\beta}{4}-\frac{|m|}{2}-\frac{1}{2} \tag{5.7.20}$$

只有当 $n_\rho = 0, 1, 2, \cdots$ 时，方程才有正则解。于是，由式（5.7.12）和式（5.7.20）得到

$$E_\rho = \frac{\hbar^2 \alpha^2}{2m_e}\beta = \frac{\hbar}{2}\omega_L(2n_\rho + |m| + 1) \tag{5.7.21}$$

将式（5.7.21）代入式（5.7.8），得

$$\begin{cases} E = E_\rho + \omega_L m\hbar = \hbar\omega_L(n+1) \\ n = 2n_\rho + |m| + m, \quad n_\rho = 0, 1, 2, \cdots \end{cases} \tag{5.7.22}$$

能量本征函数为

$$\psi(\rho,\varphi) = C\alpha^{|m|}\rho^{|m|}e^{-\alpha^2\rho^2/2}F\left(-n_\rho, |m| + \frac{3}{2}, \alpha^2\rho^2\right)e^{im\varphi} \tag{5.7.23}$$

5.7.2 朗道规范

考虑朗道规范

$$A_x = -By, \quad A_y = 0, \quad A_z = 0 \tag{5.7.24}$$

电子在 xy 平面内运动的哈密顿量为

$$\hat{H} = \frac{1}{2m_e}\left(\hat{p}_x - \frac{eB}{c}y\right)^2 + \frac{1}{2m_e}\hat{p}_y^2 \tag{5.7.25}$$

$\hat{H}$ 的本征态取为对易守恒量完全集（$\hat{H}$，$\hat{p}_x$）的共同本征态，即

$$\psi(x,y) = e^{ip_x x/\hbar}\varphi(y), \quad -\infty < p_x < \infty \tag{5.7.26}$$

将式（5.7.26）代入式（5.7.25）中，得到 $\varphi(y)$ 满足的方程

$$\frac{1}{2m_e}\left[\left(p_x - \frac{eB}{c}y\right)^2 - \hbar^2\frac{d^2}{dy^2}\right]\varphi(y) = E\varphi(y) \tag{5.7.27}$$

令 $y_0 = p_x c / eB$，并定义回旋频率 $\omega_c = eB / m_e c = 2\omega_L$，则式（5.7.27）化为

$$-\frac{1}{2m_e}\frac{d^2\varphi(y)}{dy^2} + \frac{1}{2}m_e\omega_c^2(y-y_0)^2\varphi(y) = E\varphi(y) \tag{5.7.28}$$

这是一个平衡位置在 y_0 处的谐振子方程，能量本征值为

$$E_n = \hbar\omega_c\left(n + \frac{1}{2}\right) = (N+1)\hbar\omega_L, \quad N = 2n = 0, 2, 4, \cdots \tag{5.7.29}$$

电子处于这样的分立能级，称为朗道能级。相应的本征函数为

$$\varphi(y) = C_n e^{-\alpha^2 (y-y_0)^2/2} H_n[\alpha(y-y_0)] \tag{5.7.30}$$

式中，$\alpha = \sqrt{m_e \omega_c / \hbar}$，$H_n$ 是厄米多项式，C_n 是归一化常数。波函数 $\varphi(y)$ 依赖于 n 和 y_0，而 y_0 依赖于 p_x，但能级与 y_0 无关，因此朗道能级是连续简并的。电子可以出现在 $y_0 \to \pm\infty$ 处而成为非束缚态，同时在 x 方向电子波函数也是连续的（平面波），而所有状态下电子的能级却是量子化的。

第 6 章 量子力学中的近似方法

量子体系的行为，很大程度上是求解薛定谔方程。只要知道了量子体系的哈密顿量，通过解薛定谔方程求出体系的能级和波函数，就了解了体系的运动情况。由于薛定谔方程中势能函数形式的多样性（粒子处于不同的势场），只有少数情况可以精确求解。大量实际问题中，微观粒子体系比较复杂，往往不能求出精确解，因此发展关于求解量子力学问题的近似方法，在实际应用中占有重要的地位。

近似方法都是从简单问题的精确解出发，求出复杂问题的近似解，一般分为两类：一是体系的哈密顿量不显含时间，这是定态问题，求解哈密顿算符的定态本征方程，如氢原子哈密顿的本征值和本征函数；另一类是体系的哈密顿量是时间的显函数，求解波函数随时间变化的薛定谔方程，处理体系从一个状态跃迁到另一个状态的问题，与时间有关的微扰及其光在发射和吸收问题上的应用，就属于这一类。

各种近似方法只是在一定范围内、一定条件下适用，在应用时要注意各种近似方法适用的物理条件，然后根据问题的性质，决定采用最适当的方法。

6.1 定态微扰理论

当一个定态体系受到外界微小扰动，而且扰动与时间无关，体系的运动状态就会发生变化，但整个系统仍为定态系统，因此定态微扰论就是用来讨论扰动后体系新的能级和波函数的。

6.1.1 非简并态微扰

1）基本方程

定态微扰论的基本思想是：从难以精确求解的哈密顿算符 $\hat{H}$ 中划分出无微扰项 $\hat{H}_0$ 和微扰项 $\hat{H}'$，即

$$\hat{H} = \hat{H}_0 + \hat{H}' \tag{6.1.1}$$

$\hat{H}_0$ 的本征函数和本征值已知或能够精确求解，以 $\hat{H}_0$ 的本征函数和本征值为基础和出发点，以逐级近似的方法考虑 $\hat{H}'$ 的影响，给出 $\hat{H}$ 的本征函数和本征值的逐级近似解（又称微扰修正），直至达到需要的精度为止。

假设体系的哈密顿算符 $\hat{H}$ 不显含时间，$\hat{H}$ 是扰动前（无微扰）的 $\hat{H}_0$ 和受到微小扰动的 $\hat{H}'$ 之和，相应的薛定谔方程为

$$\hat{H}\psi_n = E_n\psi_n \tag{6.1.2}$$

式中，E_n 和 ψ_n 是 $\hat{H}$ 的本征值和本征函数。体系扰动前 $\hat{H}_0$ 的薛定谔方程为

$$\hat{H}^{(0)}\psi_n^{(0)} = E_n^{(0)}\psi_n^{(0)} \tag{6.1.3}$$

$\psi_n^{(0)}$ 是属于 $\hat{H}_0$ 的本征值 $E_n^{(0)}$ 的本征函数，假设 $E_n^{(0)}$ 是非简并的。

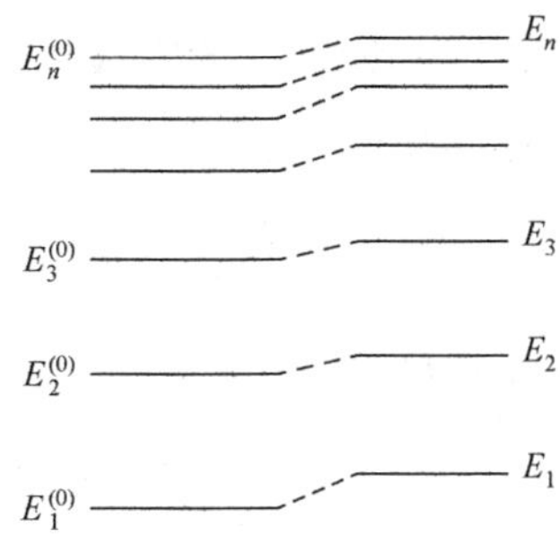

图 6.1.1　受扰动能级的移动

微扰 $\hat{H}'$ 的引入使得体系的能级由 $E_0^{(0)}$ 变为 E_n，即能级发生移动（图 6.1.1 所示），波函数由 $\psi_n^{(0)}$ 变为 ψ_n。为了明显地表示微扰项 $\hat{H}'$ 的微扰程度，将 $\hat{H}'$ 表示为 $\hat{H}' = \lambda\hat{H}^{(1)}$，其中 λ 是一个很小的实参数。由于 E_n、ψ_n 都和微扰有关，可以把它们看作表征微扰程度参数 λ 的函数，将它们展开为 λ 的幂级数

$$E_n = E_n^{(0)} + \lambda E_n^{(1)} + \lambda^2 E_n^{(2)} + \cdots \tag{6.1.4}$$

$$\psi_n = \psi_n^{(0)} + \lambda\psi_n^{(1)} + \lambda^2\psi_n^{(2)} + \cdots \tag{6.1.5}$$

式中，$\psi_n^{(0)}$ 和 $E_n^{(0)}$ 分别为体系未受微扰时的能量和波函数，称为零级近似能量和零级近似波函数。$\lambda E_n^{(1)}$ 和 $\lambda\psi_n^{(1)}$ 分别为能量和波函数的一级修正，依次类推。

将 $\hat{H}' = \lambda\hat{H}^{(1)}$ 代入式（6.1.1）后再代入式（6.1.2），同时把式（6.1.4）和式（6.1.5）代入式（6.1.2）中，得

$$\begin{aligned}&(\hat{H}^{(0)} + \lambda\hat{H}^{(1)})(\psi_n^{(0)} + \lambda\psi_n^{(1)} + \lambda^2\psi_n^{(2)} + \cdots)\\&= (E_n^{(0)} + \lambda E_n^{(1)} + \lambda^2 E_n^{(2)} + \cdots)(\psi_n^{(0)} + \lambda\psi_n^{(1)} + \lambda^2\psi_n^{(2)} + \cdots)\end{aligned} \tag{6.1.6}$$

展开式（6.1.6），令等式两边 λ 同次幂系数相等，由此得到下列方程

$$\lambda^0：\ (\hat{H}^{(0)} - E_n^{(0)})\psi_n^{(0)} = 0 \tag{6.1.7}$$

$$\lambda^1：\ (\hat{H}^{(0)} - E_n^{(0)})\psi_n^{(1)} = -(\hat{H}^{(1)} - E_n^{(1)})\psi_n^{(0)} \tag{6.1.8}$$

$$\lambda^2：\ (\hat{H}^{(0)} - E_n^{(0)})\psi_n^{(2)} = -(\hat{H}^{(1)} - E_n^{(1)})\psi_n^{(1)} + E_n^{(2)}\psi_n^{(0)} \tag{6.1.9}$$

$$\vdots$$

式（6.1.7）是扰动前（无微扰）的薛定谔方程式（6.1.3），它的解已知或容易精确求解。引入 λ 是为了更清晰地由式（6.1.6）按数量级分出式（6.1.8）和式（6.1.9）

等，达到目的后将λ省去，把$\hat{H}^{(1)}$理解为$\hat{H}'$。式（6.1.8）是$\psi_n^{(1)}$所满足的微分方程，由它可以求出$E_n^{(1)}$和$\psi_n^{(1)}$，它们理解为能量和波函数的一级修正；式（6.1.9）是$\psi_n^{(2)}$所满足的微分方程，解此方程可以求得$E_n^{(2)}$和$\psi_n^{(2)}$，它们理解为能量和波函数的二级修正；……。

2）能量和波函数的修正

能量的一级修正$E_n^{(1)}$和波函数的一级修正$\psi_n^{(1)}$

$\hat{H}^{(0)}$的本征值和本征函数分别为$E_n^{(0)}$和$\psi_n^{(0)}$，本征函数$\psi_n^{(0)}$组成正交归一完备系，它作为ψ_n的零级近似。为了求$E_n^{(1)}$，用$\psi_n^{(0)*}$左乘式（6.1.8）两边，并对整个空间积分，得

$$\int\psi_n^{(0)^*}(\hat{H}^{(0)}-E_n^{(0)})\psi_n^{(1)}\mathrm{d}\tau=E_n^{(1)}\int\psi_n^{(0)*}\psi_n^{(0)}\mathrm{d}\tau-\int\psi_n^{(0)*}\hat{H}'\psi_n^{(0)}\mathrm{d}\tau \tag{6.1.10}$$

由于$\hat{H}^{(0)}$是厄米算符，$E_n^{(0)}$是实数，因此，式（6.1.10）左边有

$$\int\psi_n^{(0)^*}(\hat{H}^{(0)}-E_n^{(0)})\psi_n^{(1)}\mathrm{d}\tau=\int[(\hat{H}^{(0)}-E_n^{(0)})\psi_n^{(0)}]^*\psi_n^{(1)}\mathrm{d}\tau=0 \tag{6.1.11}$$

利用$\psi_n^{(0)}$的正交归一性，由式（6.1.10）得到

$$E_n^{(1)}=H'_{nn}=\int\psi_n^{(0)*}\hat{H}'\psi_n^{(0)}\mathrm{d}\tau \tag{6.1.12}$$

即能量的一级修正$E_n^{(1)}$等于$\hat{H}'$在$\psi_n^{(0)}$态下的平均值。

把$\psi_n^{(1)}$按$\hat{H}^{(0)}$的本征函数系$\psi_n^{(0)*}$展开，有

$$\psi_n^{(1)}=\sum_{l\neq n}c_l^{(1)}\psi_l^{(0)} \tag{6.1.13}$$

由于$\psi_n^{(1)}+c\psi_n^{(0)}$仍是式（6.1.8）的解，因此可以通过选择常数$c$使得式（6.1.13）的展开式中不含$\psi_n^{(0)}$，把式（6.1.13）代入式（6.1.8）中，得

$$\sum_{l\neq n}c_l^{(1)}\hat{H}^{(0)}\psi_l^{(0)}-E_n^{(0)}\sum_{l\neq n}c_l^{(1)}\psi_l^{(0)}=E_n^{(1)}\psi_n^{(0)}-\hat{H}'\psi_n^{(0)}$$

即

$$\sum_{l\neq n}E_l^{(0)}c_l^{(1)}\psi_l^{(0)}-E_n^{(0)}\sum_{l\neq n}c_l^{(1)}\psi_l^{(0)}=E_n^{(1)}\psi_n^{(0)}-\hat{H}'\psi_n^{(0)} \tag{6.1.14}$$

用$\psi_m^{(0)*}$ $(m\neq n)$左乘式（6.1.14）两边，并对整个空间积分，并利用$\psi_l^{(0)}$的正交归一性，得

$$\sum_{l\neq n}E_l^{(0)}c_l^{(1)}\int\psi_m^{(0)*}\psi_l^{(0)}\mathrm{d}\tau-E_n^{(0)}\sum_{l\neq n}c_l^{(1)}\int\psi_m^{(0)*}\psi_l^{(0)}\mathrm{d}\tau=E_n^{(1)}\int\psi_m^{(0)*}\psi_n^{(0)}\mathrm{d}\tau-\int\psi_m^{(0)*}\hat{H}'\psi_n^{(0)}\mathrm{d}\tau$$

即

$$\sum_{l\neq n}E_l^{(0)}c_l^{(1)}\delta_{ml}-E_n^{(0)}\sum_{l\neq n}c_l^{(1)}\delta_{ml}=E_n^{(1)}\delta_{mn}-\int\psi_m^{(0)*}\hat{H}'\psi_n^{(0)}\mathrm{d}\tau \tag{6.1.15}$$

由于 $m\neq n$，$\delta_{mn}=0$，令

$$H'_{mn}=\int\psi_m^{(0)*}\hat{H}'\psi_n^{(0)}\mathrm{d}\tau \tag{6.1.16}$$

H'_{mn} 称为微扰矩阵元

$$(E_m^{(0)}-E_n^{(0)})c_m^{(1)}=-H'_{mn}$$

或写为

$$c_m^{(1)}=\frac{H'_{mn}}{(E_n^{(0)}-E_m^{(0)})} \tag{6.1.17}$$

于是

$$\psi_n^{(1)}=\sum_{m\neq n}\frac{H'_{mn}}{(E_n^{(0)}-E_m^{(0)})}\psi_m^{(0)} \tag{6.1.18}$$

能量的二级修正 $E_n^{(2)}$ 和波函数的二级修正 $\psi_n^{(2)}$。

将 $\psi_n^{(2)}$ 按 $\hat{H}^{(0)}$ 的本征函数展开，有

$$\psi_n^{(2)}=\sum_{l=1}c_l^{(2)}\psi_l^{(0)} \tag{6.1.19}$$

把式（6.1.19）和式（6.1.13）代入式（6.1.9）中，得

$$\sum_{l=1}c_l^{(2)}(\hat{H}^{(0)}-E_n^{(0)})\psi_l^{(0)}=-(\hat{H}'-E_n^{(1)})\sum_{l=1}c_l^{(1)}\psi_l^{(0)}+E_n^{(2)}\psi_n^{(0)} \tag{6.1.20}$$

用 $\psi_m^{(0)*}$ 左乘式（6.1.20）两边后，对整个空间积分，得

$$\begin{aligned}\sum_{l=1}c_l^{(2)}\int\psi_m^{(0)*}(\hat{H}^{(0)}-E_n^{(0)})\psi_l^{(0)}\mathrm{d}\tau=&-\sum_{l=1}c_l^{(1)}\int\psi_m^{(0)*}\hat{H}'\psi_l^{(0)}\mathrm{d}\tau\\&+E_n^{(1)}\sum_{l=1}c_l^{(1)}\int\psi_m^{(0)*}\psi_l^{(0)}\mathrm{d}\tau+E_n^{(2)}\int\psi_m^{(0)*}\psi_n^{(0)}\mathrm{d}\tau\end{aligned} \tag{6.1.21}$$

当 $m=n$ 时，可以得到

$$\begin{aligned}&\sum_{l=1}c_l^{(2)}\int\psi_n^{(0)*}(\hat{H}^{(0)}-E_n^{(0)})\psi_n^{(2)}\mathrm{d}\tau\\&=-\sum_{l=1}c_l^{(1)}\int\psi_n^{(0)*}\hat{H}'\psi_l^{(0)}\mathrm{d}\tau+E_n^{(1)}\sum_{l=1}c_l^{(1)}\int\psi_n^{(0)*}\psi_l^{(0)}\mathrm{d}\tau+E_n^{(2)}\int\psi_n^{(0)*}\psi_n^{(0)}\mathrm{d}\tau\end{aligned} \tag{6.1.22}$$

由 $\hat{H}^{(0)}$ 的厄米性和 $\psi_n^{(0)}$ 的正交归一性，可知式（6.1.22）左边为零，即

$$\int\psi_n^{(0)*}(\hat{H}^{(0)}-E_n^{(0)})\psi_n^{(2)}\mathrm{d}\tau=\int(\hat{H}^{(0)}\psi_n^{(0)})^*\psi_n^{(2)}\mathrm{d}\tau-E_n^{(0)}\int\psi_n^{(0)*}\psi_n^{(0)}\mathrm{d}\tau=0$$

式（6.1.22）中右边第一项和第二项可分别写为

$$\sum_{l=1} c_l^{(1)} \int \psi_n^{(0)*} \hat{H}' \psi_l^{(0)} \mathrm{d}\tau = \sum_{l=1} c_l^{(1)} H'_{nl}, \quad E_n^{(1)} \sum_{l=1} c_l^{(1)} \int \psi_n^{(0)*} \psi_l^{(0)} \mathrm{d}\tau = E_n^{(1)} \sum_{l=1} c_l^{(1)} \delta_{ln}$$

因此有

$$E_n^{(2)} = \sum_{l=1} c_l^{(1)} (H'_{nl} - E_n^{(1)} \delta_{ln}) \tag{6.1.23}$$

式（6.1.23）中当$l = n$时，H'_{nl}就是式（6.1.12）中的$E_n^{(1)}$，这时$E_n^{(2)} = 0$；当$l \neq n$时，把式（6.1.17）代入得到能量二级修正

$$E_n^{(2)} = \sum_{l \neq n} c_l^{(1)} H'_{nl} = \sum_{l \neq n} \frac{|H'_{nl}|^2}{E_n^{(0)} - E_l^{(0)}} \tag{6.1.24}$$

当$m \neq n$时，式（6.1.21）左边为

$$\begin{aligned} \sum_{l=1} c_l^{(2)} \int \psi_m^{(0)*} (\hat{H}^{(0)} - E_n^{(0)}) \psi_l^{(0)} \mathrm{d}\tau &= \sum_{l=1} c_l^{(2)} (E_m^{(0)} - E_n^{(0)}) \int \psi_m^{(0)*} \psi_l^{(0)} \mathrm{d}\tau \\ &= \sum_{l=1} c_l^{(2)} (E_m^{(0)} - E_n^{(0)}) \delta_{ml} \end{aligned} \tag{6.1.25a}$$

式（6.1.21）右边为

$$-\sum_{l=1} c_l^{(1)} \int \psi_m^{(0)*} \hat{H}' \psi_l^{(0)} \mathrm{d}\tau + E_n^{(1)} \sum_{l=1} c_l^{(1)} \int \psi_m^{(0)*} \psi_l^{(0)} \mathrm{d}\tau = -\sum_{l=1} c_l^{(1)} H'_{ml} + E_n^{(1)} \sum_{l=1} c_l^{(1)} \delta_{ml} \tag{6.1.25b}$$

由式（6.1.25），可以得到

$$c_l^{(2)} (E_n^{(0)} - E_m^{(0)}) = \sum_{l=1} c_l^{(1)} H'_{lm} - E_n^{(1)} c_m^{(1)} \tag{6.1.26}$$

把式（6.1.12）和式（6.1.17）代入式（6.1.26），得

$$c_l^{(2)} = \sum_{l=1} \frac{H'_{ml} H'_{ln}}{(E_n^{(0)} - E_m^{(0)})(E_n^{(0)} - E_l^{(0)})} + \frac{H'_{nn} H'_{mn}}{(E_n^{(0)} - E_m^{(0)})^2} \tag{6.1.27}$$

式（6.1.27）给出了除$c_m^{(2)}$外的所有$c_l^{(2)}$，而$c_m^{(2)}$由归一化条件来确定。由于

$$\int [\psi^{(0)^*} \psi^{(2)} + \psi^{(1)^*} \psi^{(1)} + \psi^{(2)^*} \psi^{(0)}] \mathrm{d}\tau = 0$$

即

$$\sum_n c_l^{(2)} \int \psi_m^* \psi_n \mathrm{d}\tau + \sum_{n,n'} c_n^{(1)} c_{n'}^{(1)} \int \psi_n^* \psi_n \mathrm{d}\tau + \sum_n c_n^{(2)^*} \int \psi_n^* \psi_n \mathrm{d}\tau = 0 \tag{6.1.28}$$

由于$c_m^{(2)}$取实数，则

$$c_m^{(2)} = -\frac{1}{2} \sum_m |c_m^{(1)}| = -\frac{1}{2} \sum_l \frac{|H'_{ml}|^2}{(E_m^{(0)} - E_l^{(0)})^2} \tag{6.1.29}$$

因此，波函数的二级修正 $\psi_n^{(2)}$ 为

$$\psi_n^{(2)} = \sum_{m\neq l}\left[\sum_{n\neq l}\frac{H'_{ml}H'_{ln}}{(E_n^{(0)}-E_m^{(0)})(E_n^{(0)}-E_l^{(0)})}-\frac{H'_{mn}H'_{mn}}{(E_k^{(0)}-E_m^{(0)})}\right]\psi_l^{(0)} - \frac{1}{2}\left[\sum_{n\neq l}\frac{|H'_{ml}|^2}{(E_m^{(0)}-E_l^{(0)})^2}\right]\psi_m^{(0)} \tag{6.1.30}$$

用类似的步骤可求得能量和波函数的更高级修正，有兴趣的读者可以自己完成。

总结上述一级微扰和二级微扰的结果，系统的能量和波函数为

$$E_n = E_n^{(0)} + H'_{nn} + \sum_{l\neq n}\frac{|H'_{nl}|^2}{E_n^{(0)}-E_l^{(0)}} + \cdots \tag{6.1.31}$$

$$\begin{aligned}\psi_n = {} & \psi_n^{(0)} + \sum_{m\neq n}\frac{H'_{mn}}{(E_n^{(0)}-E_m^{(0)})}\psi_m^{(0)} \\ & + \sum_{m\neq l}\left[\sum_{n\neq l}\frac{H'_{ml}H'_{ln}}{(E_l^{(0)}-E_m^{(0)})(E_l^{(0)}-E_n^{(0)})}-\frac{H'_{mn}H'_{mn}}{(E_l^{(0)}-E_m^{(0)})}\right]\psi_m^{(0)} \\ & - \frac{1}{2}\left[\sum_{n\neq l}\frac{|H'_{ml}|^2}{(E_l^{(0)}-E_n^{(0)})^2}\right]\psi_l^{(0)} + \cdots\end{aligned} \tag{6.1.32}$$

微扰虽然很小，但它引起的作用是以未微扰系统 $\hat{H}^{(0)}$ 是否稳定为依据的，仅当 $\hat{H}^{(0)}$ 的本征态是稳定的，微扰引起的修正才是小的，此时微扰级数收敛很快。要判断级数的收敛，必须知道一般项，从式（6.1.31）和式（6.1.32）可以看出，微扰理论适用的条件为

$$\left|\frac{H'_{mn}}{E_n^{(0)}-E_m^{(0)}}\right| \ll 1, \quad m\neq n \tag{6.1.33}$$

即微扰矩阵元 H'_{mn} 相对于能级间隔 $|E_n^{(0)}-E_m^{(0)}|$ 而言要很小，这时级数 E_n 和 ψ_n 收敛得很快，只需要计算前几项就可以得到相当准确的结果。因此，微扰理论是否适用，不仅取决于矩阵元 H'_{mn} 的大小，而且还取决于能级间隔 $|E_n^{(0)}-E_m^{(0)}|$。例如，在库仑场中，体系能级 E_n 与量子数 n 的平方成反比，当 n 很大时，能级间隔 $|E_n^{(0)}-E_m^{(0)}|$ 却很小，微扰论并不适用，或所得结果不精确，近似程度不好。所以微扰理论常适用于计算低能级（n 小）的修正，而不能用来计算高能级（n 大）的修正。另外微扰论只能处理分立谱的情况，因为连续谱 $\Delta E = E_n^{(0)}-E_m^{(0)} \to 0$，微扰论失去意义。

3）Lennard-Jones 微扰

当 H'_{mn} 比较大时，用 Lennard-Jones 微扰理论处理（这里仅考虑非简并情况）。存在微扰时体系的本征值方程为

$$(\hat{H}_0 + \hat{H}')\psi = E\psi \tag{6.1.34}$$

其中，$\hat{H}_0$ 是体系扰动前的哈密顿，它的本征值 $E_n^{(0)}$ 和本征函数 $\psi_n^{(0)}$ 已知或能够精确求解。现在要求出 E 和 ψ，令

$$\psi = \sum_k a_k \psi_k^{(0)} \tag{6.1.35}$$

将式（6.1.35）代入式（6.1.34）中，则

$$(\hat{H}_0 + \hat{H}')\sum_k a_k \psi_k^{(0)} = E\sum_k a_k \psi_k^{(0)} \tag{6.1.36}$$

$$-\sum_k a_k (E - E_k^{(0)})\psi_k^{(0)} + \sum_k a_k \hat{H}' \psi_k^{(0)} = 0 \tag{6.1.37}$$

用 $\psi_m^{(0)*}$ 左乘式（6.1.37）并积分，得

$$-\sum_k a_k (E - E_k^{(0)})\delta_{mk} + \sum_k a_k H'_{mk} = 0 \tag{6.1.38}$$

其中

$$H'_{mk} = \int \psi_m^{(0)*} \hat{H}' \psi_k^{(0)} \mathrm{d}\tau \tag{6.1.39}$$

式（6.1.38）是一组联立方程，即

$$\begin{cases} [H'_{11} - (E - E_1^{(0)})]a_1 + H'_{12}a_2 + H'_{13}a_3 + \cdots = 0 \\ H'_{21}a_1 + [H'_{22} - (E - E_2^{(0)})]a_2 + H'_{13}a_3 + \cdots = 0 \\ \vdots \end{cases} \tag{6.1.40}$$

式（6.1.40）有非零解的条件是系数行列式为零，即久期方程

$$\begin{vmatrix} H'_{11} - (E - E_1^{(0)}) & H'_{12} & H'_{13} & \cdots \\ H'_{21} & H'_{22} - (E - E_2^{(0)}) & H'_{23} & \cdots \\ H'_{31} & H'_{32} & H'_{33} - (E - E_3^{(0)}) & \cdots \\ \vdots & \vdots & \vdots & \end{vmatrix} = 0 \tag{6.1.41}$$

求解式（6.1.41）即可得到 E，然后代入式（6.1.40）求得 a_k，进而得到波函数 ψ。由于行列式有无穷多行与列，进行严格求解是不可能的。

若将所有的 H'_{mk}（$m \neq n, k \neq n$）项略去，考虑 $E_m^{(0)} = E_1^{(0)}$，即略去了 H'_{mk}（$m \neq 1$, $k \neq 1$）项，有

$$E = E_m^{(0)} + H'_{mm} \tag{6.1.42}$$

当 $E_m^{(0)} = E_1^{(0)}$ 时，$E = E_1^{(0)} + H'_{11}$，这正是一级能量微扰的结果。因此，前述的一级能量修正，实质上是略去了微扰矩阵元 $H'_{mk}\,(m \neq n, k \neq n)$的贡献。

若将 $H'_{mk}(m \neq k)$ 保留，略去其他的 $H'_{mk}(m \neq n,\ k \neq n)$，考虑 $E_m^{(0)} = E_1^{(0)}$，即保留 H'_{1k} 及 H'_{k1}，略去 $H'_{mk}(m \neq 1,\ k \neq 1)$，这时式（6.1.41）为

$$\begin{vmatrix} H'_{11} - (E - E_1^{(0)}) & H'_{12} & H'_{13} & \cdots \\ H'_{21} & -(E - E_2^{(0)}) & 0 & \cdots \\ H'_{31} & 0 & -(E - E_3^{(0)}) & \cdots \\ \vdots & \vdots & \vdots & \end{vmatrix} = 0 \tag{6.1.43}$$

即

$$H'_{11} - (E - E_1^{(0)}) - \sum_{k(k\neq 1)} \frac{H'_{1k} H'_{k1}}{E_k^{(0)} - E} (E_2^{(0)} - E)(E_3^{(0)} - E) \cdots = 0 \tag{6.1.44}$$

由 $(E_2^{(0)} - E) \neq 0$，$(E_3^{(0)} - E) \neq 0$，…，则

$$E = E_1^{(0)} + H'_{11} + \sum_{k(k\neq 1)} \frac{|H'_{1k}|^2}{E - E_k^{(0)}} \tag{6.1.45}$$

一般有

$$E = E_m^{(0)} + H'_{mm} + \sum_{k(k\neq m)} \frac{|H'_{mk}|^2}{E - E_m^{(0)}} \tag{6.1.46}$$

显然，这一结果与二级能量修正的结果式（6.1.31）相似，但差别在于式（6.1.46）中以 E 代替了式（6.1.31）中的 $E_n^{(0)}$。因此，微扰二级修正中实质上是略去了 H'_{mk}（$m \neq n$，$k \neq n$）项，但保留了 H'_{mn} 和 H'_{kn} 的结果。

Lennard-Jones 微扰在一定近似条件下可以得到非简并态微扰论的结果，揭示了各级微扰近似究竟略去了哪些项，虽然 Lennard-Jones 微扰理论比非简并态微扰理论复杂，但对于某些问题却得到了较非简并态微扰理论更为精确的结果。

6.1.2　简并态微扰

式（6.1.10）以后的结果只适用于能量 $E_n^{(0)}$ 是非简并的情况。实际问题中，常常遇到简并态或近似简并态，此时 6.1.1 节讨论的微扰理论将不再适用。由于零级能量确定，波函数不唯一，需要用简并态微扰理论来解决。

假设 $E_n^{(0)}$ 是 f 度简并，属于 $\hat{H}^{(0)}$ 的本征值 $E_n^{(0)}$ 有 f 个本征函数：ϕ_1，ϕ_2，…，ϕ_f，它们都满足

$$\hat{H}^{(0)}\phi_i = E_n^{(0)}\phi_i, \quad i = 1, 2, 3, \cdots, f \tag{6.1.47}$$

在这种情况下，首先是如何从这 f 个本征函数 ϕ_i 中挑选出零级近似波函数，它必须使式（6.1.8）有解。根据这个条件，把零级近似波函数 $\psi_n^{(0)}$ 写成 f 个 ϕ_i 的线性组合，即

$$\psi_n^{(0)} = \sum_{i=1}^{f} c_i^{(0)} \phi_i \tag{6.1.48}$$

式中，系数按以下步骤由式（6.1.8）定出。

将式（6.1.48）代入式（6.1.8）中，有

$$(\hat{H}^{(0)} - E_n^{(0)})\psi_n^{(1)} = E_n^{(1)} \sum_{i=1}^{f} c_i^{(0)} \phi_i - \sum_{i=1}^{f} c_i^{(0)} \hat{H}' \phi_i$$

用 ϕ_l^* 左乘上式两边，并对整个空间积分，上式左边为零，于是有

$$\sum_{i=1}^{f} (\hat{H}'_{li} - E_n^{(1)} \delta_{li}) c_i^{(0)} = 0, \quad l = 1, 2, \cdots, f \tag{6.1.49}$$

式中

$$\hat{H}'_{li} = \int \phi_l^* \hat{H}' \phi_i \mathrm{d}\tau \tag{6.1.50}$$

式（6.1.49）是以系数 $c_i^{(0)}$ 为未知量的齐次方程组，它有不全为零解的条件是系数行列式等于零

$$\det | \hat{H}'_{li} - E_n^{(1)} \delta_{li} | = 0$$

即

$$\begin{vmatrix} H'_{11} - E_n^{(1)} & H'_{12} & \cdots & H'_{1f} \\ H'_{21} & H'_{22} - E_n^{(1)} & \cdots & H'_{2f} \\ \vdots & \vdots & & \vdots \\ H'_{f1} & H'_{f2} & \cdots & H'_{ff} - E_n^{(1)} \end{vmatrix} = 0 \tag{6.1.51}$$

通过解久期方程式（6.1.51），可以得到能量的一级修正 $E_n^{(1)}$ 的 f 个根 $E_{nj}^{(1)}$（$j = 1, 2, \cdots, f$）。因为 $E_n = E_n^{(0)} + E_n^{(1)}$，若 $E_n^{(1)}$ 的 f 个根都不相等，则一级微扰可以将 f 度简并完全解除；若 $E_n^{(1)}$ 有多重根，说明简并被部分解除，必须进一步考虑能量的二级修正，才有可能使能级完全分裂开来。

为了确定能量 $E_n = E_n^{(0)} + E_{nj}^{(1)}$ 所对应的零级波函数，把 $E_{nj}^{(1)}$ 的值代入式(6.1.49)中解出一组 $c_i^{(0)}$，再代入式（6.1.48）即可得到零级波函数。

和非简并态不同，有简并的时候，不能同时决定能级和波函数的同级修正。前边讨论一级修正时，求出了能量的一级修正，而波函数只定出了零级，往后也是如此。由于后边的计算取决于前面的情况，因而没法给出一般公式。

简并态的一级修正，实际上是把微扰哈密顿算符 $\hat{H}'$ 在由能量 $E_n^{(0)}$ 标志的希尔伯特子空间中的表示矩阵 $[H']$ 对角化，对角后的对角元就是能量修正值。如果能量的一级修正不为零，那么原先简并的能级由于微扰的影响可能出现分裂，简并可能被解除。

6.2　微扰论的应用

6.2.1　非简并定态微扰论的应用

1）弱电场中的带电谐振子

一个质量为 m，频率为 ω 的一维线性谐振子，带电量为 q，处于均匀弱电场 ε 中，电场沿正 x 方向。体系的哈密顿量为

$$\hat{H} = -\frac{\hbar^2}{2m}\frac{\mathrm{d}^2}{\mathrm{d}x^2} + \frac{1}{2}m\omega^2 x^2 - q\varepsilon x \tag{6.2.1}$$

把 $\hat{H}$ 划分为

$$\hat{H}^{(0)} = -\frac{\hbar^2}{2m}\frac{\mathrm{d}^2}{\mathrm{d}x^2} + \frac{1}{2}m\omega^2 x^2, \quad \hat{H}' = -q\varepsilon x \tag{6.2.2}$$

其中，$\hat{H}^{(0)}$ 是线性谐振子的哈密顿算符，本征值和本征函数已在 2.7 节中解出，分别为

$$E_n^{(0)} = \left(n + \frac{1}{2}\right)\hbar\omega, \quad \psi_n^{(0)} = N_n \mathrm{e}^{-\frac{\alpha^2 x^2}{2}} H_n(\alpha x), \quad n = 1, 2, \cdots$$

计算能量的一级修正，把 H' 代入式（6.1.12），得

$$\begin{aligned} E_n^{(1)} &= H'_{nn} = \int_{-\infty}^{\infty} \psi_n^{(0)*} H' \psi_n^{(0)} \mathrm{d}x \\ &= -N_n^2 q\varepsilon \int_{-\infty}^{\infty} x[H_n(\alpha x)]^2 \mathrm{e}^{-\alpha^2 x^2} \mathrm{d}x = 0 \end{aligned} \qquad \text{（奇函数对称区间积分）}$$

能量的一级修正为零，必须计算能量的二级修正，先计算微扰矩阵元 H'_{mn}，即

$$H'_{mn} = -q\varepsilon \int_{-\infty}^{\infty} \psi_m^{(0)*} x \psi_n^{(0)} \mathrm{d}x = -q\varepsilon \int_{-\infty}^{\infty} \psi_m^{(0)} x \psi_n^{(0)} \mathrm{d}x \qquad (\psi_m^{(0)*} = \psi_m^{(0)} \text{ 是实函数})$$

利用谐振子波函数递推关系式（2.7.36），并利用 $\psi_n^{(0)}$ 的正交归一化，得

$$\begin{aligned} H'_{mn} &= -\frac{q\varepsilon}{\alpha} \int_{-\infty}^{\infty} \psi_m^{(0)*} x \psi_n^{(0)} \mathrm{d}x = -q\varepsilon \int_{-\infty}^{\infty} \psi_m^{(0)} x \left[\sqrt{\frac{n}{2}}\psi_{n-1}^{(0)} + \sqrt{\frac{n+1}{2}}\psi_{n+1}^{(0)}\right] \mathrm{d}x \\ &= -q\varepsilon \left(\frac{\hbar}{2m\omega}\right)^2 \left[\sqrt{n}\delta_{m,n-1} + \sqrt{n+1}\delta_{m,n+1}\right] \end{aligned}$$

能量的二级修正为

$$E_n^{(2)} = \sum_{m \neq n} \frac{|H'_{mn}|^2}{E_n^{(0)} - E_m^{(0)}} = \frac{q^2\varepsilon^2\hbar}{2m\omega}\left(\frac{n}{E_n^{(0)} - E_{n-1}^{(0)}} + \frac{n+1}{E_n^{(0)} - E_{n+1}^{(0)}}\right) = \frac{q^2\varepsilon^2\hbar}{2m\omega}\left(\frac{n}{\hbar\omega} - \frac{n+1}{\hbar\omega}\right) = -\frac{q^2\varepsilon^2}{2m\omega^2}$$

系统的能量为

$$E_n^{(0)}=\left(n+\frac{1}{2}\right)\hbar\omega-\frac{q^2\varepsilon^2}{2m\omega^2} \tag{6.2.3}$$

由式(6.2.3)可得出所有能量都下降了。如再计算高级近似，结果皆为零，式(6.2.3)就是该问题的精确解。波函数的一级修正为

$$\psi_n^{(1)}=\sum_{m\neq n}\frac{H'_{mn}}{(E_n^{(0)}-E_m^{(0)})}\psi_m^{(0)}=\frac{q\varepsilon}{\sqrt{2m\hbar\omega^3}}\left[\sqrt{n+1}\psi_{n+1}^{(0)}-\sqrt{n}\psi_{n-1}^{(0)}\right]\quad(n\geqslant 1) \tag{6.2.4}$$

若把弱电场中体系的哈密顿量改写为

$$\begin{aligned}\hat{H}(x)&=-\frac{\hbar^2}{2m}\frac{\mathrm{d}^2}{\mathrm{d}x^2}+\frac{1}{2}m\omega^2x^2-q\varepsilon x=-\frac{\hbar^2}{2m}\frac{\mathrm{d}^2}{\mathrm{d}x'^2}+\frac{1}{2}m\omega^2x'^2-\frac{q^2\varepsilon^2}{2m\omega^2}\\&=H(x')-\frac{q^2\varepsilon^2}{2m\omega^2}\end{aligned} \tag{6.2.5}$$

式中

$$x'=x-\frac{q\varepsilon}{m\omega^2} \tag{6.2.6}$$

$H(x')$描写了坐标平移后的谐振子，可以精确求解系统的本征值，结果亦为式（6.2.3）。由此可以看到，弱电场中的谐振子的能量整体降低了$\dfrac{q^2\varepsilon^2}{2m\omega^2}$，平衡点向右平移了$\dfrac{q\varepsilon}{m\omega^2}$。

2）非谐振子

谐振子一般只是真实力学体系的理想情况，在实际情况下，体系的势能是比较复杂的函数$V(x)$。例如，双原子分子的振动势能就是如此。设两原子间的相对距离为r，其振动势能只是r的函数，记为$V(r)$。将$V(r)$在振动平衡位置r_0附近展开，得

$$V(r)=V(r_0)+\frac{1}{2}\frac{\mathrm{d}^2V(r)}{\mathrm{d}r^2}\bigg|_{r_0}(r-r_0)^2+\frac{1}{3!}\frac{\mathrm{d}^3V(r)}{\mathrm{d}r^3}\bigg|_{r_0}(r-r_0)^3+\cdots$$

令

$$\frac{\mathrm{d}^2V(r)}{\mathrm{d}r^2}\bigg|_{r_0}=m\omega^2,\quad \frac{1}{3!}\frac{\mathrm{d}^3V(r)}{\mathrm{d}r^3}\bigg|_{r_0}=\beta,\quad r-r_0=x$$

则

$$V(x)=V(r_0)+\frac{1}{2}m\omega^2x^2+\beta x^3+\cdots \tag{6.2.7}$$

如果势能曲线和理想谐振子势能 $V(r_0)+\frac{1}{2}m\omega^2x^2$ 差别很小，则 $V(x)$ 展开式中取到 x^3 项就可以了。这就是说 $V(x)$ 可以表示为谐振子势加上微小的非谐项 βx^3，这样的振子称为非谐振子。

一个非谐振子体系的哈密顿算符可以写成

$$\hat{H}=-\frac{\hbar^2}{2m}\frac{\mathrm{d}^2}{\mathrm{d}x^2}+\frac{1}{2}m\omega^2x^2+\beta x^3=\hat{H}_0+\hat{H}' \tag{6.2.8}$$

式中，$\hat{H}_0$ 是线性谐振子的哈密顿算符，本征值和本征函数为已知，此即零级能量和零级波函数，$\hat{H}'=\beta x^3$ 是非谐项，可以视为微扰。

能量的一级修正为

$$E_n^{(1)}=H'_{nn}=-N_n^2q\varepsilon\int_{-\infty}^{\infty}\beta x^3[H_n(\alpha x)]^2\mathrm{e}^{-\alpha^2x^2}\mathrm{d}x=0 \quad \text{（奇函数对称区间积分）}$$

能量的一级修正为零，利用谐振子波函数的递推关系（2.7.36）和 $\psi_n^{(0)}$ 的正交归一化计算能量的二级修正。先计算微扰矩阵元 H'_{mn}，即

$$\begin{aligned}H'_{mn}&=\beta\int_{-\infty}^{\infty}\psi_m^{(0)*}x^3\psi_n^{(0)}\mathrm{d}x=\frac{\beta}{\sqrt{8\alpha^3}}\int_{-\infty}^{\infty}\psi_m^{(0)}\Big[\sqrt{n(n-1)(n-2)}\psi_{n-3}^{(0)}\\&\quad+3n^{\frac{3}{2}}\psi_{n-1}^{(0)}+3(n+1)^{\frac{3}{2}}\psi_{n+1}^{(0)}+\sqrt{(n+1)(n+2)(n+3)}\psi_{n+3}^{(0)}\Big]\mathrm{d}x\\&=\frac{\beta}{\sqrt{8\alpha^3}}\Big[\sqrt{n(n-1)(n-2)}\delta_{m,n-3}+3n^{\frac{3}{2}}\delta_{m,n-1}\\&\quad+3(n+1)^{\frac{3}{2}}\delta_{m,n+1}\sqrt{(n+1)(n+2)(n+3)}\delta_{m,n+3}\Big]\end{aligned} \tag{6.2.9}$$

从式（6.2.9）可知，H'_{mn} 中当 $m=n\pm3,\ n\pm1$ 时不为零，由此得到能量的二级修正

$$E_n^{(2)}=\sum_{m\neq n}\frac{|H'_{mn}|^2}{E_n^{(0)}-E_m^{(0)}}=-\frac{15}{4}\frac{\beta^2}{\alpha^6\hbar\omega}\left(n^2+n+\frac{11}{30}\right)$$

能量准确到二级近似的值为

$$E_n=E_n^{(0)}+H'_{nn}+\sum_{m\neq n}\frac{|H'_{mn}|^2}{E_n^{(0)}-E_m^{(0)}}=\left(n+\frac{1}{2}\right)\hbar\omega-\frac{15}{4}\frac{\beta^2}{\alpha^6\hbar\omega}\left(n^2+n+\frac{11}{30}\right) \tag{6.2.10}$$

波函数的一级修正为

$$\psi_n^{(1)} = \sum_{m \neq n} \frac{H'_{mn}}{(E_n^{(0)} - E_m^{(0)})} \psi_m^{(0)} = \frac{\beta}{\sqrt{8}\alpha\hbar\omega} \left[\frac{1}{3}\sqrt{n(n-1)(n-2)}\psi_{n-3}^{(0)} + 3n^{\frac{3}{2}}\psi_{n-1}^{(0)} - 3(n+1)^{\frac{3}{2}}\psi_{n+1}^{(0)} - \frac{1}{3}\sqrt{(n+1)(n+2)(n+3)}\psi_{n+3}^{(0)} \right] \tag{6.2.11}$$

6.2.2 简并定态微扰论的应用——氢原子的一级斯塔克效应

斯塔克（Stark）是一位有成就的实验物理学家，因发现“斯塔克效应”而获得 1919 年的诺贝尔物理学奖。斯塔克早期主要从事气体中的电传导问题的研究，他在哥廷根做类似于塞曼效应的电效应，发现了在外电场作用下，氢光谱线和氦光谱线的分裂现象。他对实验现象的描述为：“在蓝色氢谱线的位置，我观察到几条线，而在邻近的氢谱线处看来很简单。”氢原子中电子受到球对称库仑场的作用，加入外电场后，球对称的库仑场受到破坏，产生了谱线（能级）分裂的现象，这种现象称为氢原子的斯塔克效应[1]。

氢原子在外电场中，体系的哈密顿算符包括两部分：未加外电场时氢原子体系的哈密顿算符 $\hat{H}_0$，即

$$\hat{H}^{(0)} = -\frac{1}{2m_{\mathrm{e}}}\nabla^2 - \frac{e_s^2}{r} \tag{6.2.12}$$

式中，m_{e} 是电子质量；e_s 见式（5.2.2）。$\hat{H}^{(0)}$ 的本征值和本征函数在 5.2 节中解出。设所加外电场 $\boldsymbol{\varepsilon}$ 是均匀的，方向沿 z 轴，则外加电场的哈密顿算符可表示为

$$\hat{H}' = e\boldsymbol{\varepsilon} \cdot \boldsymbol{r} = e\varepsilon r\cos\theta \tag{6.2.13}$$

通常，外电场强度远小于原子内部的电场强度，因此可以把外电场看成微扰。

氢原子基态（$n=1$）能级不简并，把基态波函数代入式（6.1.12），计算其能量的一级修正，即

$$E_1^{(1)} = \int \psi_{100}^{(0)*}\hat{H}'\psi_{100}^{(0)}\mathrm{d}\tau = e\varepsilon\int \psi_{100}^{(0)*} r\psi_{100}^{(0)}\cos\theta\mathrm{d}\tau \tag{6.2.14}$$

计算得知式（6.2.14）的结果等于零，也就是 $E_1^{(1)} = 0$，表明氢原子基态不存在外加电场微扰的能量修正项，电场引起的能级偏移（斯塔克效应）将出现在 $n \geqslant 2$ 的激发态中。当 $n=2$ 时，本征值是

$$E_2^{(0)} = -\frac{m_{\mathrm{e}}e_s^4}{2\hbar^2 n^2} = -\frac{m_{\mathrm{e}}e_s^4}{8\hbar^2} = -\frac{e_s^2}{8a_0} \tag{6.2.15}$$

式中，$a_0 = \dfrac{\hbar^2}{m_{\mathrm{e}}e_s^2}$ 是第一玻尔轨道半径；属于 $E_2^{(0)}$ 能级的简并度是 4，它们相应的

波函数分别是

$$\phi_1=\psi_{200}=R_{20}(r)Y_{00}(\theta,\varphi)=\frac{1}{4\sqrt{2\pi}}\left(\frac{1}{a_0}\right)^{\frac{3}{2}}\left(2-\frac{r}{a_0}\right)\mathrm{e}^{-2\frac{r}{a_0}} \tag{6.2.16a}$$

$$\phi_2=\psi_{210}=R_{21}(r)Y_{10}(\theta,\varphi)=\frac{1}{4\sqrt{2\pi}}\left(\frac{1}{a_0}\right)^{\frac{3}{2}}\left(\frac{r}{a_0}\right)\mathrm{e}^{-2\frac{r}{a_0}}\cos\theta \tag{6.2.16b}$$

$$\phi_3=\psi_{211}=R_{21}(r)Y_{11}(\theta,\varphi)=-\frac{1}{8\sqrt{\pi}}\left(\frac{1}{a_0}\right)^{\frac{3}{2}}\left(\frac{r}{a_0}\right)\mathrm{e}^{-2\frac{r}{a_0}}\sin\theta\mathrm{e}^{\mathrm{i}\varphi} \tag{6.2.16c}$$

$$\phi_4=\psi_{21-1}=R_{21}(r)Y_{1-1}(\theta,\varphi)=\frac{1}{8\sqrt{\pi}}\left(\frac{1}{a_0}\right)^{\frac{3}{2}}\left(\frac{r}{a_0}\right)\mathrm{e}^{-2\frac{r}{a_0}}\sin\theta\mathrm{e}^{-\mathrm{i}\varphi} \tag{6.2.16d}$$

要求能量的一级修正，必须求解久期方程式（6.1.51）。为此，先求出$\hat{H}'$在$\hat{H}^{(0)}$表象中的矩阵元。利用球谐函数的性质和$\hat{H}'=e\varepsilon r\cos\theta=e\varepsilon r\sqrt{\frac{4\pi}{3}}Y_{10}$，可以看出，除矩阵元$H'_{12}$和$H'_{21}$不等于零外，其他矩阵元都等于零。所以只要计算$H'_{12}$和$H'_{21}$，即

$$\begin{aligned}H'_{12}=H'_{21}&=\int\phi_1^*\hat{H}'\phi_2\mathrm{d}\tau\\&=\frac{1}{32\pi}\frac{e\varepsilon}{a_0^3}\iiint\left(2-\frac{r}{a_0}\right)\frac{r}{a_0}\mathrm{e}^{-\frac{r}{a_0}}r\cos^2\theta r^2\sin\theta\mathrm{d}r\mathrm{d}\theta\mathrm{d}\varphi\\&=-3e\varepsilon a_0\end{aligned} \tag{6.2.17}$$

把以上结果代入久期方程式（6.1.51）中，得

$$\begin{vmatrix}-E_2^{(1)} & -3e\varepsilon a_0 & 0 & 0\\ -3e\varepsilon a_0 & -E_2^{(1)} & 0 & 0\\ 0 & 0 & -E_2^{(1)} & 0\\ 0 & 0 & 0 & -E_2^{(1)}\end{vmatrix}=0$$

即

$$(E_2^{(1)})^2[(E_2^{(1)})^2-(3e\varepsilon a_0)^2]=0$$

这个方程的四个根分别为

$$E_{21}^{(1)}=3e\varepsilon a_0,\quad E_{22}^{(1)}=-3e\varepsilon a_0,\quad E_{23}^{(1)}=E_{24}^{(1)}=0 \tag{6.2.18}$$

最后两个根是重根。由此可见，原来四度简并的能级，在一级修正中将分裂为三

个能级，简并部分地被消除。

图 6.2.1 表示在电场中氢原子的能级分裂。原来简并的能级在外电场的作用下分裂为三个能级，其能量相差$3e\varepsilon a_0$，这样没有外加电场时的一条光谱线，在外加电场中就分裂成三条光谱线，它们的频率一条比原来的稍小，一条比原来的稍大，另一条和原来的相等。

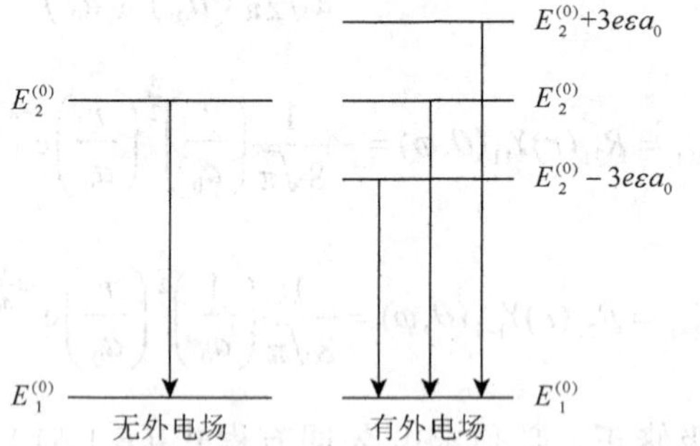

图 6.2.1　氢原子在外电场中能级的分裂

利用式（6.1.49）可以求得这些能级的零级近似波函数，把式（6.2.17）的结果分别代入式（6.1.49）中，可得到一组线性方程

$$\begin{cases}-3e\varepsilon a_0 c_2^{(0)}-E_2^{(1)}c_1^{(0)}=0\\-3e\varepsilon a_0 c_1^{(0)}-E_2^{(1)}c_2^{(0)}=0\\E_2^{(1)}c_3^{(0)}=0\\E_2^{(1)}c_4^{(0)}=0\end{cases} \tag{6.2.19}$$

再将式（6.2.18）的几个数值分别代入式（6.2.19）。

（1）当$E_2^{(1)}=E_{21}^{(1)}=3e\varepsilon a_0$时，解式（6.2.19），得$c_1^{(0)}=-c_2^{(0)}$，$c_3^{(0)}=c_4^{(0)}=0$，对应于能级$E_2^{(0)}+3e\varepsilon a_0$的零级近似波函数是

$$\psi_{21}^{(0)}=\frac{1}{\sqrt{2}}(\phi_1-\phi_2)=\frac{1}{\sqrt{2}}(\psi_{200}-\psi_{210}) \tag{6.2.20}$$

其中，$\frac{1}{\sqrt{2}}$是归一化常数。

（2）当$E_2^{(1)}=E_{22}^{(1)}=-3e\varepsilon a_0$时，解式（6.2.19），得$c_1^{(0)}=c_2^{(0)}$，$c_3^{(0)}=c_4^{(0)}=0$，对应于能级$E_2^{(0)}-3e\varepsilon a_0$的零级近似波函数是

$$\psi_{22}^{(0)}=\frac{1}{\sqrt{2}}(\phi_1+\phi_2)=\frac{1}{\sqrt{2}}(\psi_{200}+\psi_{210}) \tag{6.2.21}$$

（3）当$E_2^{(1)}=E_{23}^{(1)}=E_{24}^{(1)}=0$时，解式（6.2.19），得$c_1^{(0)}=c_2^{(0)}=0$，$c_3^{(0)}$，$c_4^{(0)}$为不同时等于零的常数。因而对应于能级$E_2^{(0)}$的零级近似波函数是

$$\left.\begin{matrix}\psi_{23}^{(0)}\\ \psi_{24}^{(0)}\end{matrix}\right\}=c_3^{(0)}\phi_3+c_4^{(0)}\phi_4=c_3^{(0)}\psi_{211}+c_4^{(0)}\psi_{21-1} \tag{6.2.22}$$

以上结果说明，处于零级近似状态$\psi_{21}^{(0)}$，$\psi_{22}^{(0)}$，$\psi_{23}^{(0)}$，$\psi_{24}^{(0)}$的氢原子就像具有大小为$3e\varepsilon a_0$的电偶极矩一样。在$\psi_{21}^{(0)}$和$\psi_{22}^{(0)}$中，电矩取向分别与外电场平行和反平行；在$\psi_{23}^{(0)}$和$\psi_{24}^{(0)}$态中电矩取向与外电场垂直。

6.3　晶体中一维近自由电子近似

一维近自由电子近似是能带理论中的一个简单模型。该模型的基本出发点是当晶体中周期势$V(x)$起伏很小，从而使电子的行为很接近于自由电子时，把周期势场的起伏看作是对自由电子（势场为常数）情形的微扰，这样就可以用微扰理论求解晶体电子的薛定谔方程。

6.3.1　近自由电子模型

设晶格由N个原子组成，其周期势表示为

$$V(x)=V(x+la) \tag{6.3.1}$$

其中，a是晶格周期；l是任意整数。把$V(x)$展开为泰勒（Taylor）级数

$$V(x)=V_0+\sum_{n\neq 0}V_n\mathrm{e}^{\mathrm{i}n\frac{2\pi}{a}x} \tag{6.3.2}$$

式中，V_0即为平均势场$\bar{V}$；V_n是展开式系数

$$V_n=\frac{1}{L}\int_0^L V(x)\mathrm{e}^{-\mathrm{i}\frac{2\pi}{a}nx}\mathrm{d}x \tag{6.3.3}$$

其中，$L=Na$是一维晶体线度。由于$V(x)$是实数，因而级数的系数满足$V_n^*=V_{-n}$，于是单电子满足的薛定谔方程为

$$\hat{H}\psi=\left(-\frac{\hbar^2}{2m}\frac{\mathrm{d}^2}{\mathrm{d}x^2}+V_0+\sum_{n\neq 0}V_n\mathrm{e}^{\mathrm{i}\frac{2\pi}{a}nx}\right)\psi=(\hat{H}^{(0)}+\hat{H}')\psi=E\psi \tag{6.3.4}$$

其中

$$\hat{H}'=\sum_{n\neq 0}V_n\mathrm{e}^{\mathrm{i}\frac{2\pi}{a}nx} \tag{6.3.5}$$

$\hat{H}'$代表周期势场的起伏，把它看作微扰。

$$\hat{H}^{(0)}=-\frac{\hbar^2}{2m}\frac{\mathrm{d}^2}{\mathrm{d}x^2}+V_0 \tag{6.3.6}$$

适当选择势能零点使$V_0=0$，得到零级近似波函数满足的薛定谔方程为

$$\hat{H}^{(0)}\varphi_n^{(0)}=E_n^{(0)}\varphi_n^{(0)} \tag{6.3.7}$$

解方程式（6.3.7）可得到电子零级本征值和相应的箱归一化的本征函数，即

$$E_n^{(0)} = \frac{\hbar^2 k^2}{2m}, \quad \varphi_n^{(0)} = \frac{1}{\sqrt{L}} \mathrm{e}^{ikx} \tag{6.3.8}$$

式中，波矢 k 在周期性边界条件下只能取

$$k = \frac{2\pi l}{L}, \quad l = 0, \pm 1, \pm 2, \cdots \tag{6.3.9}$$

由以上讨论可知，周期场的零级近似解是自由电子波函数（平面波），所以称为近自由电子近似。

6.3.2 微扰计算

由于周期势 $V(x)$ 为实数，零级近似解中能量是二度简并的，即 $E_n^{(0)}(k) = E_n^{(0)}(k')$，$k' = -k$。根据简并微扰论，零级近似波函数是相互简并的零级波函数的线性组合，因此

$$\psi_n^{(0)} = A\varphi_{n(k)}^{(0)} + B_{n(k')}^{(0)} = A\frac{1}{\sqrt{L}}\mathrm{e}^{ikx} + B\frac{1}{\sqrt{L}}\mathrm{e}^{-ikx} \tag{6.3.10}$$

将式（6.3.10）代入式（6.3.4）中，得

$$(\hat{H}^{(0)} + \hat{H}')\left(A\frac{1}{\sqrt{L}}\mathrm{e}^{ikx} + B\frac{1}{\sqrt{L}}\mathrm{e}^{-ikx}\right) = E\left(A\frac{1}{\sqrt{L}}\mathrm{e}^{ikx} + B\frac{1}{\sqrt{L}}\mathrm{e}^{-ikx}\right) \tag{6.3.11}$$

考虑到式（6.3.7），有

$$(E_{n(k)}^{(0)} - E + \hat{H}')A\varphi_{n(k)}^{(0)} + (E_{n(k')}^{(0)} - E + \hat{H}')B\varphi_{n(k')}^{(0)} = 0 \tag{6.3.12}$$

用 $\varphi_{n(k)}^{(0)*}$ 和 $\varphi_{n(k')}^{(0)*}$ 先后左乘式（6.3.12）两边，并在整个空间积分。这里先计算矩阵元

$$\begin{aligned}
\hat{H}'_{k,k} = \hat{H}'_{k',k'} &= \int_0^L \varphi_{n(k)}^{(0)*} \hat{H}' \varphi_{n(k)}^{(0)} \mathrm{d}x = \int_0^L \varphi_{n(k')}^{(0)*} \hat{H}' \varphi_{n(k')}^{(0)} \mathrm{d}x \\
&= \int_0^L \varphi_{n(k)}^{(0)*} \sum_{n \neq 0} V_n \mathrm{e}^{\mathrm{i}\frac{2\pi}{a}nx} \varphi_{n(k)}^{(0)} \mathrm{d}x \\
&= \int_0^L \varphi_{n(k)}^{(0)*} [V(x) - \bar{V}] \varphi_{n(k)}^{(0)} \mathrm{d}x = 0
\end{aligned} \tag{6.3.13}$$

以及

$$\begin{aligned}
\hat{H}'_{k,k'} = \hat{H}'_{k',k} &= \int_0^L \varphi_{n(k)}^{(0)*} \hat{H}' \varphi_{n(k')}^{(0)} \mathrm{d}x \\
&= \frac{1}{L}\int_0^L \sum_{n \neq 0} V_n \mathrm{e}^{\mathrm{i}\left(k' - k + \frac{2\pi}{a}nx\right)} \mathrm{d}x = \begin{cases} V_n, & k - k' = n\dfrac{2\pi}{a} \\ 0, & k - k' \neq n\dfrac{2\pi}{a} \end{cases}
\end{aligned} \tag{6.3.14}$$

由式（6.3.13）和式（6.3.14）可知，晶体中周期性微扰的一级能量修正等于零 $(\hat{H}'_{k,k}=\hat{H}'_{k',k'}=0)$，二级能量修正在 $k'=k+n\dfrac{2\pi}{a}$ 和 k 态之间才有非零矩阵元，而这两个态的零级能量相等，能级简并。对于 $-n\dfrac{\pi}{a}$ 附近的 k 态以及与之对应的 $n\dfrac{\pi}{a}$ 附近的 k' 态，例如，$k=-\dfrac{n\pi}{a}(1-\varDelta)$，$k'=\dfrac{n\pi}{a}(1+\varDelta)$，$0<\varDelta\ll 1$，也具有周期性结构，其周期为 $\dfrac{2\pi}{a}$。$k=-n\dfrac{2\pi}{a}$ 和 $k'=n\dfrac{2\pi}{a}$ 正好处于 k 空间中晶格边界上，如图 6.3.1 所示。

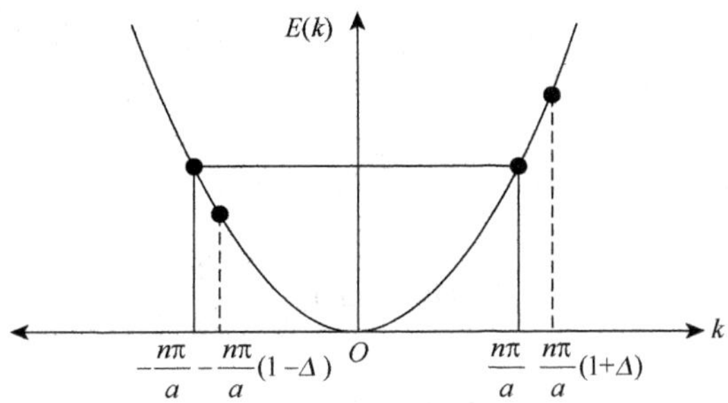

图 6.3.1　两个简并能态

由式（6.3.12）得到如下关于 A 和 B 的线性齐次方程组

$$\begin{cases}(E-E^{(0)}_{n(k)})A-V_nB=0\\ -V_nA+(E-E^{(0)}_{n(k')})B=0\end{cases}\tag{6.3.15}$$

运用式（6.3.14）结果，方程（6.3.15）有非零解的条件是系数行列式等于零，即

$$\begin{vmatrix}E-E^{(0)}_{n(k)} & -V_n\\ -V_n & E-E^{(0)}_{n(k')}\end{vmatrix}=0\tag{6.3.16}$$

由此得到

$$E_{\pm}=\frac{1}{2}\{(E^{(0)}_{n(k)}+E^{(0)}_{n(k')})\pm[(E^{(0)}_{n(k)}-E^{(0)}_{n(k')})^2+4|V_n|^2]^{1/2}\}\tag{6.3.17}$$

把 $E_{\pm}$ 分别代入式（6.3.15），求得系数 A 和 B，再代入式（6.3.10），即可得到 $E_{\pm}$ 所对应的本征函数。

（1）$|E^{(0)}_{n(k)}-E^{(0)}_{n(k')}|\gg|V_n|$。这表示 k 偏离 $-\dfrac{n\pi}{a}$ 较大，即 k 态和 k' 态能量有较大

的差别。对于这种情形，把式（6.3.17）按$\dfrac{|V_n|}{(E_{n(k)}^{(0)}-E_{n(k')}^{(0)})}$展开，取一级近似，得

$$E \approx E_{n(k')}^{(0)} + \frac{|V_n|^2}{(E_{n(k')}^{(0)}-E_{n(k)}^{(0)})},\quad E \approx E_{n(k)}^{(0)} - \frac{|V_n|^2}{(E_{n(k')}^{(0)}-E_{n(k)}^{(0)})} \tag{6.3.18}$$

因为$k=-\dfrac{n\pi}{a}(1-\varDelta)$和$k'=\dfrac{n\pi}{a}(1+\varDelta)$，故有$E_{n(k)}^{(0)}<E_{n(k')}^{(0)}$，结果使原来能量较高的$k'$态的能量升高，原来能量较低的$k$态的能量降低。

（2）$|E_{n(k)}^{(0)}-E_{n(k')}^{(0)}| \ll |V_n|$。这表示$k$很接近$-\dfrac{n\pi}{a}$，对$\dfrac{(E_{n(k)}^{(0)}-E_{n(k')}^{(0)})}{|V_n|}$展开到一级近似得

$$E_{\pm} = \frac{1}{2}\left\{(E_{n(k)}^{(0)}+E_{n(k')}^{(0)}) \pm \left[2|V_n| + \frac{(E_{n(k)}^{(0)}-E_{n(k')}^{(0)})^2}{4V_n}\right]\right\} \tag{6.3.19}$$

把式（6.3.8）及$k=-\dfrac{n\pi}{a}(1-\varDelta)$，$k'=\dfrac{n\pi}{a}(1+\varDelta)$代入上式，得到

$$E_{\pm} = T_n \pm |V_n| \pm \varDelta^2 T_n\left(1 \pm \frac{2T_n}{|V_n|}\right) \tag{6.3.20}$$

式中，$T_n=\dfrac{\hbar^2}{2m}\left(\dfrac{n\pi}{a}\right)^2$，表示$k=\dfrac{n\pi}{a}$时的动能。

图 6.3.2 给出该结果与零级能量的比较。当$n=1$时，$k'=\dfrac{\pi}{a}$及$k=-\dfrac{\pi}{a}$，$k'-k=\dfrac{2\pi}{a}$，这正是第一布里渊（Brillouin）区的宽度，又称为第一个能带。在每个布里渊区的边界及其附近，能量是不连续的；在远离布里渊区边界，能量是准连续的（由一系列能级间隔很小的分立能级构成），最终形成能带结构。这是晶体能级结构的重要特征，也是固体物理学中重要的研究内容之一。

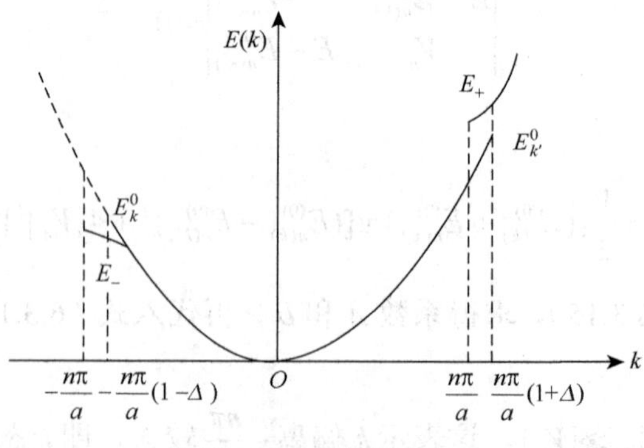

图 6.3.2　能量微扰

6.4　变分法及其应用

微扰法求解问题的前提条件是体系的哈密顿算符 $\hat{H}$ 可分为 $\hat{H}_0$ 和 $\hat{H}'$ 两部分，而主体部分 $\hat{H}_0$ 可以精确求解，扰动部分 $\hat{H}'$ 很小。其次，如果应用微扰法计算高级近似，其计算工作量非常大。再次，计算二级或高级修正后，微扰矩阵元的积分发散，需要用重整化方法，而微扰积分的收敛性经常是很难证明的。人们往往只计算一级或二级修正，然后将所得结果与实验结果比较，看它的符合程度。另外，有时哈密顿量极不易精确求解，又不方便分为两部分，这时微扰法就不再适用。因此，有必要再建立其他的近似方法解决薛定谔方程的求解问题。变分法是量子力学中求解薛定谔方程的又一种近似方法，它是一种整体的方法，该方法的应用不受上述条件的限制。

6.4.1　变分法

设体系的哈密顿算符 $\hat{H}$ 的本征值由小到大的顺序排列为

$$E_0 < E_1 < E_2 < \cdots < E_n < \cdots \tag{6.4.1}$$

与这些本征值相应的本征函数为

$$\psi_0,\ \psi_1,\ \psi_2,\ \cdots,\ \psi_n,\ \cdots \tag{6.4.2}$$

式中，E_0 和 ψ_0 分别为基态能量和基态波函数。假设 $\hat{H}$ 的本征值 E_n 是分立的，本征函数组成正交归一系，则

$$\hat{H}\psi_n = E_n\psi_n,\quad \int\psi_m^*\psi_n\mathrm{d}\tau = \delta_{mn} \tag{6.4.3}$$

设 ψ 是一任意归一化波函数，将 ψ 按 ψ_n 展开，得

$$\psi = \sum_n c_n\psi_n \tag{6.4.4}$$

在 ψ 描写的状态中，体系能量的平均值是

$$\bar{H} = \int\psi^*\hat{H}\psi\mathrm{d}\tau \tag{6.4.5}$$

把式（6.4.4）代入式（6.4.5），得

$$\bar{H} = \sum_{m,n} c_m^* c_n E_n\int\psi^*\psi\mathrm{d}\tau = \sum_{m,n} c_m^* c_n E_n\delta_{mn} = \sum_n |c_n|^2 E_n \tag{6.4.6}$$

由于 E_0 是基态能量，所以 $E_0 < E_n$（$n=1,2,\cdots$），在式（6.4.6）中用 E_0 替换 E_n，则

$$\bar{H} \geqslant E_0\sum_n |c_n|^2 = E_0 \tag{6.4.7}$$

最后一步用了ψ的归一化条件：$\sum_n |c_n|^2 = 1$。

由式（6.4.6）和式（6.4.7）给出

$$E_0 \leqslant \int \psi^* \hat{H} \psi \mathrm{d}\tau \tag{6.4.8}$$

这个不等式说明，用任意波函数ψ算出$\hat{H}$的平均值总是大于体系的基态能量E_0，只有当ψ恰好是基态波函数ψ_0，$\hat{H}$的平均值才等于体系基态能量E_0。

若波函数ψ不是归一化的，平均值表示为

$$\bar{H} = \frac{\int \psi^* \hat{H} \psi \mathrm{d}\tau}{\int \psi^* \psi \mathrm{d}\tau} \tag{6.4.9}$$

式（6.4.8）应写为

$$E_0 \leqslant \frac{\int \psi^* \hat{H} \psi \mathrm{d}\tau}{\int \psi^* \psi \mathrm{d}\tau} \tag{6.4.10}$$

根据波函数ψ算出$\hat{H}$的平均值总是不小于基态能量E_0，可以选取很多ψ并算出$\hat{H}$的平均值，这些平均值中最小的一个最接近于基态能量E_0。在数学上，就是把$\bar{H}$看成波函数的泛函而对ψ求变分，令$\delta \bar{H}(\lambda) = 0$以使$\bar{H}$取最小值。

采用变分法求体系基态能量的步骤是：

（1）选择合适的含变分参数λ的试探波函数$\psi(\lambda)$，代入式（6.4.5）或式（6.4.9）中，计算平均值$\bar{H}(\lambda)$，即

$$\bar{H}(\lambda) = \int \psi^* \hat{H} \psi \mathrm{d}\tau$$

（2）$\bar{H}(\lambda)$的极值条件为

$$\frac{\mathrm{d}\bar{H}(\lambda)}{\mathrm{d}\lambda} = 0 \tag{6.4.11}$$

由式（6.4.11）求解变分参数λ的表达式。

（3）将λ的表达式代入$\bar{H}(\lambda)$中，求其最小值，即得体系基态能量的近似值。λ代入$\psi(\lambda)$中便得到与该近似能量相应的近似波函数。

里兹变分法 若选择包含多个独立参量（变分参数）（$\lambda_1, \lambda_2, \cdots$）的函数$\psi(\lambda_1, \lambda_2, \cdots)$作为试探波函数，则系统的平均值$\bar{H}(\lambda_1, \lambda_2, \cdots)$是这些参数的函数，极值条件要求

$$0 = \delta \bar{H}(\lambda_1, \lambda_2, \cdots) = \sum \frac{\delta \bar{H}}{\delta \lambda_i} \delta \lambda_i = \sum \frac{\partial \bar{H}}{\partial \lambda_i} \delta \lambda_i \tag{6.4.12}$$

从这组方程中解出各个 λ_i，代入 $\bar{H}(\lambda_1, \lambda_2, \cdots)$ 中，即得系统基态能量近似值，用这组参数表示的试探函数即为近似波函数。

6.4.2　变分法的应用

1）氢原子基态能量

氢原子的哈密顿算符为

$$\hat{H} = \frac{\hat{p}^2}{2m_e} - \frac{e_s^2}{r} = -\frac{\hbar^2}{2m_e}\nabla^2 - \frac{e_s^2}{r} \tag{6.4.13}$$

（1）试探波函数选为洛伦兹（Lorentz）型函数 $\psi = e^{-\lambda r}$（实函数），λ 为变分参数，则

$$\bar{H} = \frac{\int \psi^* \hat{H} \psi \, d\tau}{\int \psi^* \psi \, d\tau} = \frac{\int e^{-\lambda r}\left(-\frac{\hbar^2}{2m_e}\nabla^2 - \frac{e_s^2}{r}\right) e^{-\lambda r} d\tau}{\int e^{-2\lambda r} d\tau} = \frac{\hbar^2}{2m_e}\lambda^2 - e_s^2 \lambda$$

将上式代入变分条件式（6.4.11）中，得

$$\frac{\hbar^2}{m_e}\lambda - e_s^2 = 0$$

即

$$\lambda = \frac{m_e e_s^2}{\hbar^2} = \frac{1}{a_0}$$

将上式代入 $\bar{H}$ 中得到氢原子能量近似值

$$E = \bar{H}(\lambda) = -\frac{1}{2}\frac{e_s^2}{a_0} = -\frac{e^2}{8\pi\varepsilon_0 a_0} \tag{6.4.14}$$

这实际上是氢原子基态能量的精确值。

（2）试探波函数选取为高斯（Gauss）型函数 $\psi = e^{-\lambda r^2}$（实函数），则

$$\bar{H} = \frac{\int \psi^* \hat{H} \psi \, d\tau}{\int \psi^* \psi \, d\tau} = \frac{\int e^{-\lambda r^2}\left(-\frac{\hbar^2}{2m_e}\nabla^2 - \frac{e_s^2}{r}\right) e^{-\lambda r^2} d\tau}{\int e^{-2\lambda r^2} d\tau} = \frac{3\hbar^2}{2m_e}\lambda - 2e_s^2\sqrt{\frac{2\lambda}{\pi}}$$

将上式代入变分条件（6.4.11）中，得

$$\frac{3\hbar^2}{2m_e} - \sqrt{\frac{2}{\lambda\pi}} e_s^2 = 0$$

即

$$\lambda = \left(\frac{\sqrt{8}}{3}\frac{m_e e_s^2}{\hbar^2\sqrt{\pi}}\right)^2 = \frac{8}{9\pi}\frac{1}{a_0}$$

将上式代入 $\bar{H}$ 中得到氢原子能量的近似值为

$$E = \bar{H}(\lambda) = -\left(\frac{8}{3\pi}\right)\frac{1}{2}\frac{e_s^2}{a_0} = -0.849\frac{e^2}{8\pi\varepsilon_0 a_0} \tag{6.4.15}$$

这个结果比式（6.4.14）给出的结果（精确值）高出 15%。由此可以看到，如果波函数类型选取合适，是很可能得到精确解的。

2）氦原子基态能量

氦原子是由带电荷 +2e 的原子核与核外两个电子组成的体系，由于核的质量远大于电子质量，因此可以认为核是固定不动的，它的哈密顿算符写为

$$\hat{H} = -\frac{\hbar^2}{2m_e}\nabla_1^2 - \frac{\hbar^2}{2m_e}\nabla_2^2 - \frac{2e_s^2}{r_1} - \frac{2e_s^2}{r_2} + \frac{e_s^2}{r_{12}} \tag{6.4.16}$$

式中，m_e 是电子质量；$e_s = \frac{e^2}{4\pi\varepsilon_0}$；$r_1$ 和 r_2 分别是第一个电子和第二个电子到核的距离；r_{12} 是两个电子之间的距离；式（6.4.16）中等号右边第一项和第二项分别是第一个电子和第二电子的动能，第三项和第四项分别是第一个电子和第二个电子在核电场中的势能，最后一项是两个电子的静电相互作用势能。

应用变分法求氦原子基态能量。首先选取适当的试探波函数，式（6.4.16）中若不存在最后一项，$\hat{H}$ 变为

$$\hat{H}_0 = -\frac{\hbar^2}{2m_e}\nabla_1^2 - \frac{\hbar^2}{2m_e}\nabla_2^2 - \frac{2e_s^2}{r_1} - \frac{2e_s^2}{r_2}$$

这时两个电子互不相关地绕核运动，$\hat{H}_0$ 的基态本征函数可用分离变量法解薛定谔方程得到，它是两个类氢原子基态本征函数的乘积，即

$$\Psi(r_1,r_2) = \psi_{100}(r_1)\psi_{100}(r_2) \tag{6.4.17}$$

式中，$\psi_{100}(r_1)$ 是类氢原子的基态波函数，即

$$\psi_{100}(r) = \frac{1}{\sqrt{\pi}}\left(\frac{z}{a_0}\right)^{\frac{3}{2}} e^{-\frac{z}{a_0}r} \tag{6.4.18}$$

式中，z 是原子序数，对于核原子 $z=2$。把式（6.4.18）代入式（6.4.17）中，得

$$\Psi(r_1,r_2) = \frac{z^3}{\pi a_0^3} e^{-\frac{z}{a_0}(r_1+r_2)} \tag{6.4.19}$$

两个电子有相互作用时，由于两个电子相互屏蔽，核的有效电荷不是+2e。因此，把式（6.4.19）作为试探波函数，其中 z 作为变分参数，把式（6.4.19）代入式（6.4.5）中得

$$
\begin{aligned}
\bar{H}(z) &= \iint \Psi^*(r_1,r_2)\hat{H}\Psi(r_1,r_2)\,\mathrm{d}\tau_1\mathrm{d}\tau_2 \\
&= \left(\frac{z^3}{\pi a_0^3}\right)^2 \iint \Bigg[-\frac{\hbar^2}{2m_\mathrm{e}}\mathrm{e}^{-\frac{z}{a_0}(r_1+r_2)}(\nabla_1^2+\nabla_2^2)\mathrm{e}^{-\frac{z}{a_0}(r_1+r_2)} \\
&\quad -2e_s^2\left(\frac{1}{r_1}+\frac{1}{r_2}\right)\mathrm{e}^{-\frac{2z}{a_0}(r_1+r_2)}+\frac{e_s^2}{r_{12}}\mathrm{e}^{-\frac{2z}{a_0}(r_1+r_2)}\Bigg]\mathrm{d}\tau_1\mathrm{d}\tau_2 \\
&= \left(\frac{z^3}{\pi a_0^3}\right)^2 \iint \left[-\frac{\hbar^2}{2m_\mathrm{e}}\mathrm{e}^{-\frac{z}{a_0}(r_1+r_2)}(\nabla_1^2+\nabla_2^2)\mathrm{e}^{-\frac{z}{a_0}(r_1+r_2)}\right]\mathrm{d}\tau_1\mathrm{d}\tau_2 \\
&\quad -\left(\frac{z^3}{\pi a_0^3}\right)^2 \iint 2e_s^2\left(\frac{1}{r_1}+\frac{1}{r_2}\right)\mathrm{e}^{-\frac{2z}{a_0}(r_1+r_2)}\mathrm{d}\tau_1\mathrm{d}\tau_2+\left(\frac{z^3}{\pi a_0^3}\right)^2 \iint \frac{e_s^2}{r_{12}}\mathrm{e}^{-\frac{2z}{a_0}(r_1+r_2)}\mathrm{d}\tau_1\mathrm{d}\tau_2
\end{aligned}
\tag{6.4.20}
$$

式（6.4.20）右边的第一项及第二项积分很容易算出，其中第一项中

$$
\nabla_1^2\mathrm{e}^{-\frac{z}{a_0}r_1}=\left(-\frac{z}{a_0}\right)\left(\frac{2}{r_1}-\frac{z}{a_0}\right)\mathrm{e}^{-\frac{z}{a_0}r_1},\quad \nabla_2^2\mathrm{e}^{-\frac{z}{a_0}r_2}=\left(-\frac{z}{a_0}\right)\left(\frac{2}{r_2}-\frac{z}{a_0}\right)\mathrm{e}^{-\frac{z}{a_0}r_2}
$$

运算时用到关系式 $\int_0^\infty x^n\mathrm{e}^{-\alpha x}\mathrm{d}x=\dfrac{n!}{\alpha^{n+1}}$，积分结果为

$$
\left(\frac{z^3}{\pi a_0^3}\right)^2 \iint \left[-\frac{\hbar^2}{2m_\mathrm{e}}\mathrm{e}^{-\frac{z}{a_0}(r_1+r_2)}(\nabla_1^2+\nabla_2^2)\mathrm{e}^{-\frac{z}{a_0}(r_1+r_2)}\right]\mathrm{d}\tau_1\mathrm{d}\tau_2=\frac{e_s^2z^2}{a_0} \tag{6.4.21}
$$

$$
\left(\frac{z^3}{\pi a_0^3}\right)^2 \iint 2e_s^2\left(\frac{1}{r_1}+\frac{1}{r_2}\right)\mathrm{e}^{-\frac{2z}{a_0}(r_1+r_2)}\mathrm{d}\tau_1\mathrm{d}\tau_2=-\frac{4e_s^2z}{a_0} \tag{6.4.22}
$$

把式（6.4.20）右边最后一项写成下面形式

$$
\left(\frac{z^3e_s}{\pi a_0^3}\right)^2 \iint \frac{e_s^2}{r_{12}}\mathrm{e}^{-\frac{2z}{a_0}(r_1+r_2)}\mathrm{d}\tau_1\mathrm{d}\tau_2=-\frac{ez^3}{\pi a_0^3}\int\left[\int\frac{1}{4\pi\varepsilon_0 r_{12}}\left(-\frac{ez^3}{\pi a_0^3}\right)\mathrm{e}^{-\frac{2z}{a_0}r_1}\mathrm{d}\tau_1\right]\mathrm{e}^{-\frac{2z}{a_0}r_2}\mathrm{d}\tau_2 \tag{6.4.23}
$$

式中，$-\left(\dfrac{ez^3}{\pi a_0^3}\right)\mathrm{e}^{-\frac{2z}{a_0}r_1}=-e|\psi_{100}(r_1)|^2$ 是第一个电子在 r_1 处的电荷密度。方括号内的量是第一个电子在 r_2 处所产生的势$\left(\text{电势}V_\mathrm{p}=\dfrac{1}{4\pi\varepsilon_0}\displaystyle\int_{r_\mathrm{p}}^\infty\rho_\mathrm{e}\mathrm{d}\tau\right)$。$-\dfrac{ez^3}{\pi a_0^3}\mathrm{e}^{-\frac{2z}{a_0}r_2}=$

$-e|\psi_{100}(r_2)|^2$ 是第二个电子在 r_2 处的电荷密度，这些电荷密度都是径向对称，即它们只与 r_1、r_2 的大小有关而与 r_1、r_2 的方向无关。第一个电子在 r_2 处所产生的势可以按 r_1、r_2 的相对大小分为两部分

$$-\frac{ez^3}{\pi a_0^3}\int\frac{1}{4\pi\varepsilon_0 r_{12}}\mathrm{e}^{-\frac{2z}{a_0}r_1}\mathrm{d}\tau_1=-\frac{ez^3}{\pi a_0^3}\frac{1}{4\pi\varepsilon_0}\int\frac{r_1^2}{r_{12}}\mathrm{e}^{-\frac{2z}{a_0}r_1}\sin\theta_1\mathrm{d}r_1\mathrm{d}\theta_1\mathrm{d}\varphi_1$$
$$=-\frac{ez^3}{\pi a_0^3\varepsilon_0}\left[\int_0^{r_2}\frac{r_1^2}{r_{12}}\mathrm{e}^{-\frac{2z}{a_0}r_1}\mathrm{d}r_1+\int_{r_2}^{\infty}\frac{r_1^2}{r_{12}}\mathrm{e}^{-\frac{2z}{a_0}r_1}\mathrm{d}r_1\right]\tag{6.4.24}$$

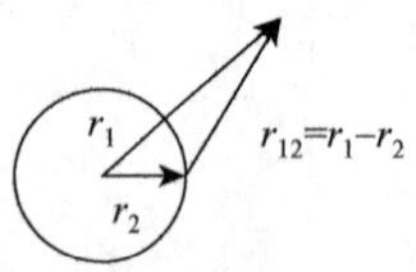

图 6.4.1　计算积分参考图

式（6.4.24）中右边第一项是以 r_2 为半径的球内第一个电子的电荷在 r_2 产生的电势 V_1，第二项是分布在这个球以外的第一个电子电荷在 r_2 产生的电势 V_2，如图 6.4.1 所示。根据电磁学原理可知电势 V_1 等于球内所有电荷集中在球心时在 r_2 处所产生的电势，即

$$-\frac{ez^3}{\pi a_0^3\varepsilon_0}\int_0^{r_2}\frac{r_1^2}{r_{12}}\mathrm{e}^{-\frac{2z}{a_0}r_1}\mathrm{d}r_1=-\frac{ez^3}{\pi a_0^3\varepsilon_0}\int_0^{r_2}\frac{r_1^2}{r_2}\mathrm{e}^{-\frac{2z}{a_0}r_1}\mathrm{d}r_1$$
$$=\left[-\frac{ez^2}{2\pi a_0^2\varepsilon_0}r_2+\frac{ez}{2\pi a_0\varepsilon_0}+\frac{e}{4\pi\varepsilon_0 r_2}\right]\mathrm{e}^{-\frac{2z}{a_0}r_2}-\frac{e}{4\pi\varepsilon_0 r_2}\tag{6.4.25}$$

按径向对称分布在球外的电荷在球内所产生的电势等于常量，其值可由在球心处的势得出

$$-\frac{ez^3}{\pi a_0^3\varepsilon_0}\int_{r_2}^{\infty}\frac{r_1^2}{r_{12}}\mathrm{e}^{-\frac{2z}{a_0}r_1}\mathrm{d}r_1=-\frac{ez^3}{\pi a_0^3\varepsilon_0}\int_{r_2}^{\infty}\mathrm{e}^{-\frac{2z}{a_0}r_1}r_1\mathrm{d}r_1=-\left[\frac{ez^2}{2\pi a_0^2\varepsilon_0}r_2+\frac{ez}{4\pi a_0\varepsilon_0}\right]\mathrm{e}^{-\frac{2z}{a_0}r_2}\tag{6.4.26}$$

把式（6.4.25）和式（6.4.26）代入式（6.4.24）得

$$-\frac{ez^3}{\pi a_0^3}\int\frac{1}{4\pi\varepsilon_0 r_{12}}\mathrm{e}^{-\frac{2z}{a_0}r_1}\mathrm{d}\tau_1=\frac{1}{4\pi\varepsilon_0}\left(\frac{ez}{a_0}+\frac{e}{r_2}\right)\mathrm{e}^{-\frac{2z}{a_0}r_1}-\frac{e}{4\pi\varepsilon_0 r_2}\tag{6.4.27}$$

将式（6.4.27）代入式（6.4.23）中再对 $\mathrm{d}\tau_2$ 积分，得

$$\left(\frac{z^3e_s}{\pi a_0^3}\right)^2\iint\frac{e_s^2}{r_{12}}\mathrm{e}^{-\frac{2z}{a_0}(r_1+r_2)}\mathrm{d}\tau_1\mathrm{d}\tau_2=-\frac{ez^3}{\pi a_0^3}\int\left[\frac{1}{4\pi\varepsilon_0}\left(\frac{ez}{a_0}+\frac{e}{r_2}\right)\mathrm{e}^{-\frac{2z}{a_0}r_1}-\frac{e}{4\pi\varepsilon_0 r_2}\right]\mathrm{e}^{-\frac{2z}{a_0}r_2}\mathrm{d}\tau_2$$
$$=\frac{5}{8}\frac{ze_s^2}{a_0}\tag{6.4.28}$$

把式（6.4.21），式（6.4.22）和式（6.4.28）代入式（6.4.20）中，得

$$\bar{H}(z)=\frac{e_s^2z^2}{a_0}-\frac{4e_s^2z}{a_0}+\frac{5}{8}\frac{ze_s^2}{a_0} \tag{6.4.29}$$

式（6.4.29）对参数 z 求变分，得到 $\bar{H}(z)$ 为最小值的条件是

$$\frac{\mathrm{d}\bar{H}(z)}{\mathrm{d}z}=\frac{e_s^2z^2}{a_0}-\frac{4e_s^2z}{a_0}+\frac{5}{8}\frac{ze_s^2}{a_0}=0 \tag{6.4.30}$$

由此得到，当 $z=27/16=1.69$ 时，$\bar{H}(z)$ 最小。把 $z=27/16=1.69$ 代入式（6.4.29），可得出氦原子基态能量的上限为

$$E_0\approx\frac{e_s^2}{a_0}\left(z^2-\frac{27}{8}z\right)\approx-2.85\frac{e_s^2}{a_0} \tag{6.4.31}$$

用实验方法得出的氦原子基态能量为 $-2.904\frac{e_s^2}{a_0}$。而用微扰理论计算，准确到一级近似的结果为 $-2.75\frac{e_s^2}{a_0}$。在这个问题中，用微扰理论计算的结果并不精确，原因是氦原子哈密顿中 $\frac{e_s^2}{r_{12}}$ 与 $-2\frac{e_s^2}{r}$ 相比，在数量级上并不一定很小，而在适当地选取试探波函数后，用变分法求得的氦原子基态能量比微扰理论更接近于实验结果。

氦原子基态近似波函数为

$$\Psi(r_1,r_2)=\frac{1}{\pi}\left(\frac{27}{16}\right)^3\mathrm{e}^{-\frac{27}{16a_0}(r_1+r_2)} \tag{6.4.32}$$

6.5　含时微扰与量子跃迁

可以严格求解的定态薛定谔方程为数不多，绝大多数情形下必须借助近似方法寻求近似解。当体系受到的外界微扰不随时间改变时，体系的总能量是运动积分，可以讨论能级和能级修正。当外界微扰与时间有关时，体系的哈密顿算符随时间而改变，能量不是运动积分，即体系能量不守恒。这时问题变为体系经过扰动从一个态跃迁到另一个态的可能性。本节讨论与时间有关的微扰理论，从而可以计算量子体系由一个量子态跃迁到另一个量子态的概率等物理性质。

6.5.1　含时微扰论

含时微扰系统的哈密顿算符是

$$\hat{H}=\hat{H}_0+\hat{H}'(t) \tag{6.5.1}$$

其中，$\hat{H}_0$ 与时间无关，仅微扰部分 $\hat{H}'(t)$ 与时间有关。相应的薛定谔方程是

$$\mathrm{i}\hbar\frac{\partial}{\partial t}\Psi=\hat{H}\Psi \tag{6.5.2}$$

由于 $\hat{H}(t)$ 与时间有关，要解出与时间相关的薛定谔方程式（6.5.2）是困难的，需要应用含时微扰理论，由无微扰体系 $\hat{H}_0$ 的定态波函数近似地计算出有微扰时的波函数。

设 $\hat{H}_0$ 的本征函数 ϕ_n 为已知

$$\hat{H}_0\phi_n=E_n^0\phi_n \tag{6.5.3}$$

将 Ψ 按 $\hat{H}_0$ 的定态波函数 $\Phi_n=\phi_n\mathrm{e}^{-\frac{\mathrm{i}}{\hbar}E_n^0t}$ 展开，得

$$\Psi(t)=\sum_n a_n(t)\Phi_n \tag{6.5.4}$$

将式（6.5.4）代入式（6.5.2），得

$$\mathrm{i}\hbar\sum_n\Phi_n\frac{\mathrm{d}}{\mathrm{d}t}a_n(t)+\mathrm{i}\hbar\sum_n a_n(t)\frac{\partial}{\partial t}\Phi_n=\sum_n a_n(t)\hat{H}_0\Phi_n+\sum_n a_n(t)\hat{H}'\Phi_n \tag{6.5.5}$$

利用 $\mathrm{i}\hbar\frac{\partial}{\partial t}\Phi_n=\hat{H}_0\Phi_n$，消去式（6.5.5）左边第二项和右边第一项，可得

$$\mathrm{i}\hbar\sum_n\Phi_n\frac{\mathrm{d}}{\mathrm{d}t}a_n(t)=\sum_n a_n(t)\hat{H}'\Phi_n \tag{6.5.6}$$

以 Φ_m^* 左乘式（6.5.6）两边，并对整个空间积分，得

$$\mathrm{i}\hbar\sum_n\frac{\mathrm{d}a_n(t)}{\mathrm{d}t}\int\Phi_m^*\Phi_n\mathrm{d}\tau=\sum_n a_n(t)\int\Phi_m^*\hat{H}'\Phi_n\mathrm{d}\tau \tag{6.5.7}$$

利用 Φ_n 的正交归一性，有

$$\mathrm{i}\hbar\frac{\mathrm{d}a_m(t)}{\mathrm{d}t}=\sum_n a_n(t)H'_{mn}(t)\mathrm{e}^{\mathrm{i}\omega_{mn}t} \tag{6.5.8}$$

其中

$$H'_{mn}=\int\Phi_m^*\hat{H}'(t)\Phi_n\mathrm{d}\tau \tag{6.5.9}$$

H'_{mn} 是微扰矩阵元，

$$\omega_{mn}=\frac{1}{\hbar}(E_m^0-E_n^0) \tag{6.5.10}$$

是体系从 E_n^0 能级跃迁到 E_m^0 能级的玻尔频率。方程式（6.5.8）是薛定谔方程的另一种形式，它是方程式（6.5.2）通过式（6.5.4）改写的结果。

引入参数 λ 来表征很小的微扰，最后令它等于 1，记 $\hat{H}'(t)=\lambda\hat{H}^{(1)}(t)$，将 $a_n(t)$ 展开为 λ 的幂级数，即

$$a_n(t)=a_n^{(0)}+\lambda a_n^{(1)}(t)+\lambda^2 a_n^{(2)}(t)+\cdots=\sum_\gamma \lambda^\gamma a_n^{(\gamma)}(t) \tag{6.5.11}$$

将式（6.5.11）代入式（6.5.8），得

$$\mathrm{i}\hbar\sum_\gamma \lambda^\gamma \frac{\mathrm{d}a_m^{(\gamma)}(t)}{\mathrm{d}t}=\sum_n\sum_\gamma \lambda^{\gamma+1}a_n^{(\gamma)}(t)H_{mn}^{(1)}(t)\mathrm{e}^{\mathrm{i}\omega_{mn}t} \tag{6.5.12}$$

式（6.5.12）中两相同幂次的 λ 项相等，可得到一组递推方程

$$\begin{cases}\mathrm{i}\hbar\dfrac{\mathrm{d}a_m^{(0)}}{\mathrm{d}t}=0\\ \mathrm{i}\hbar\dfrac{\mathrm{d}a_m^{(1)}(t)}{\mathrm{d}t}=\sum\limits_n a_n^{(0)}(t)H'_{mn}(t)\mathrm{e}^{\mathrm{i}\omega_{mn}t}\\ \mathrm{i}\hbar\dfrac{\mathrm{d}a_m^{(\gamma+1)}(t)}{\mathrm{d}t}=\sum\limits_n a_n^{(\gamma)}(t)H_{mn}^{(1)}(t)\mathrm{e}^{\mathrm{i}\omega_{mn}t},\quad \gamma=1,2,\cdots\end{cases} \tag{6.5.13}$$

由方程组（6.5.13）中第一个方程可给出

$$a_m^{(0)}\big|_{t=0}=a_m^{(0)}(0) \tag{6.5.14}$$

这对应于不存在微扰的情形，相当于体系所处的初始状态。设微扰 $t=0$ 时开始引入，这时体系处于 $\hat{H}_0$ 的第 k 个本征态 $\varPhi_k$，即处于能级 E_k^0，则由式（6.5.14）有

$$a_n^{(0)}=\delta_{nk} \tag{6.5.15}$$

把式（6.5.15）代入式（6.5.13）中第二个方程，积分得到一级修正

$$a_m^{(1)}(t)=\frac{1}{\mathrm{i}\hbar}\int_0^t H'_{mk}(t')\mathrm{e}^{\mathrm{i}\omega_{mk}t'}\mathrm{d}t' \tag{6.5.16}$$

把式（6.5.16）代入式（6.5.13）的其余方程中，依次可求得 $a_m^{(2)}(t)$ 和 $a_m^{(3)}(t)$ 等高阶修正。

得到一阶修正后，体系在 t 时刻的波函数为

$$\varPsi=\varPhi_n+\lambda\sum_m a_m^{(1)}(t)\phi_m\mathrm{e}^{-\frac{\mathrm{i}}{\hbar}E_m^0 t}=\phi_n\mathrm{e}^{-\frac{\mathrm{i}}{\hbar}E_n^0 t}+\sum_m a_m^{(1)}(t)\phi_m\mathrm{e}^{-\frac{\mathrm{i}}{\hbar}E_m^0 t} \tag{6.5.17}$$

从式（6.5.17）可以看到，体系不再处于原来的状态。有了波函数就可以求出t时刻体系处于某个定态的概率，即

$$W_{k\to m}=|a_m^{(1)}(t)|^2 \tag{6.5.18}$$

式（6.5.18）表示体系在微扰$\hat{H}'$作用下，从原来的初态Φ_k在t时刻跃迁到末态Φ_m的概率，称为跃迁概率。

6.5.2 跃迁概率

1）常微扰$\hat{H}'$

微扰$\hat{H}'$在$0<t<t_1$这段时间内不为零，但与时间无关。设体系在$t=0$所处的状态为Φ_k，在$\hat{H}'$的作用下，体系跃迁到连续或接近连续分布的末态Φ_m。这些末态的能量E_m在初态能量E_k的上下分布，用$\rho(m)\mathrm{d}E_m$表示在$E_m\to E_m+\mathrm{d}E_m$能量范围内的这些末态的数目，则$\rho(m)$就是这些末态的态密度。从初态到末态的跃迁概率是各种可能的跃迁概率之和，所以根据式（6.5.18），从初态到末态跃迁的概率为

$$W=\sum_m|a_m^{(1)}(t)|^2\to\int_{-\infty}^{\infty}|a_m^{(1)}(t)|^2\,\rho(m)\mathrm{d}E_m \tag{6.5.19}$$

由式（6.5.16）得到

$$a_m^{(1)}(t)=-\frac{H'_{mk}}{\hbar\omega_{mk}}(\mathrm{e}^{\mathrm{i}\omega_{mk}t}-1) \tag{6.5.20}$$

于是

$$|a_m^{(1)}(t)|^2=\frac{|H'_{mk}|^2}{\hbar^2\omega_{mk}^2}(\mathrm{e}^{\mathrm{i}\omega_{mk}t}-1)(\mathrm{e}^{-\mathrm{i}\omega_{mk}t}-1)=\frac{4|H'_{mk}|^2}{\hbar^2\omega_{mk}^2}\sin^2\frac{\omega_{mk}t}{2} \tag{6.5.21}$$

把式（6.5.21）代入式（6.5.19）中，并注意$\mathrm{d}E_m=\hbar\mathrm{d}\omega_{mk}$，则得

$$W=\frac{4}{\hbar}\int_{-\infty}^{\infty}|H'_{mk}|^2\,\rho(m)\frac{\sin^2\dfrac{\omega_{mk}t}{2}}{\omega_{mk}^2}\mathrm{d}\omega_{mk} \tag{6.5.22}$$

式（6.5.22）中积分号下的因子$\dfrac{\sin^2\dfrac{\omega_{mk}t}{2}}{\omega_{mk}^2}$在$t$足够大时可以写成$\delta$函数的形式。为此证明公式

$$\lim_{t\to\infty}\frac{\sin^2 xt}{\pi t x^2}=\delta(x) \tag{6.5.23}$$

由于当 $x\neq 0$ 时，式（6.5.23）左边极限为零；当 $x=0$ 时，由于 $\dfrac{\sin xt}{xt}=1$，因而有

$$\lim_{t\to\infty}\frac{\sin^2 xt}{\pi t x^2}=\lim_{t\to\infty}\frac{t}{\pi}\left(\frac{\sin xt}{xt}\right)^2=\lim_{t\to\infty}\frac{t}{\pi}\to\infty$$

再作变量置换令 $xt=u$，把式（6.5.23）左边对 x 积分，得

$$\int_{-\infty}^{\infty}\frac{\sin^2 xt}{\pi t x^2}\mathrm{d}x=\frac{1}{\pi}\int_{-\infty}^{\infty}\frac{\sin^2 u}{u^2}\mathrm{d}u=1 \tag{6.5.24}$$

式（6.5.24）积分中运用了积分公式

$$\int_{-\infty}^{\infty}\frac{\sin^2 u}{u^2}\mathrm{d}u=\pi$$

因此，式（6.5.23）确实具有 δ 函数的所有性质，于是式（6.5.23）即为 δ 函数的一种形式。

利用式（6.5.23），令 $x=\dfrac{\omega_{mk}}{2}$，则式（6.5.22）改写为

$$W=\frac{2\pi t}{\hbar}\int_{-\infty}^{\infty}|H'_{mk}|^2\,\rho(m)\delta(\omega_{mk})\mathrm{d}\omega_{mk} \tag{6.5.25}$$

只考虑 $|H'_{mk}|$ 和 $\rho(m)$ 都随 E_m 平滑变化的情况，因此它们都可以移到积分号外面，于是

$$W=\frac{2\pi t}{\hbar}|H'_{mk}|^2\,\rho(m)$$

单位时间的跃迁概率为

$$w=\frac{W}{t}=\frac{2\pi t}{\hbar}|H'_{mk}|^2\,\rho(m) \tag{6.5.26}$$

这个公式被称为费米（Fermi）黄金规则。

式（6.5.26）中的态密度 $\rho(m)$ 的具体形式取决于体系末态的具体情况。设末态是自由粒子动量的本征态，采用箱归一化，

$$\varphi_m(\boldsymbol{r})=L^{-\frac{3}{2}}\mathrm{e}^{\frac{\mathrm{i}}{\hbar}\boldsymbol{p}\cdot\boldsymbol{r}}$$

箱内的动量的本征值是

$$p_x=n_x\frac{2\pi\hbar}{L},\quad p_y=n_y\frac{2\pi\hbar}{L},\quad p_z=n_z\frac{2\pi\hbar}{L}$$

式中，每一组（n_x，n_y，n_z）的值都确定一个态，所以动量在 $p_x \to p_x + \mathrm{d}p_x$，$p_y \to p_y + \mathrm{d}p_y$，$p_z \to p_z + \mathrm{d}p_z$ 范围内态的数目是

$$\left(\frac{L}{2\pi\hbar}\right)^3 \mathrm{d}p_x \mathrm{d}p_y \mathrm{d}p_z \tag{6.5.27}$$

在球坐标系中动量大小和方向在

$$p \to p + \mathrm{d}p, \quad \theta \to \theta + \mathrm{d}\theta, \quad \varphi \to \varphi + \mathrm{d}\varphi \tag{6.5.28}$$

范围内态的数目是

$$\left(\frac{L}{2\pi\hbar}\right)^3 p^2 \mathrm{d}p \sin\theta \mathrm{d}\theta \mathrm{d}\varphi \tag{6.5.29}$$

能量为 $E_m = \dfrac{p^2}{2m}$ 的末态有许多个。在这些末态中，动量大小都是 p，但方向不同。以 $\rho(m)\mathrm{d}E_m$ 表示动量在式（6.5.28）范围内的态数目，则

$$\rho(m)\mathrm{d}E_m = \left(\frac{L}{2\pi\hbar}\right)^3 p^2 \mathrm{d}p \sin\theta \mathrm{d}\theta \mathrm{d}\varphi \tag{6.5.30}$$

因为

$$E_m = \frac{p^2}{2m}, \quad \mathrm{d}E_m = \frac{p}{m}\mathrm{d}p$$

所以

$$\rho(m) = \left(\frac{L}{2\pi\hbar}\right)^3 p \sin\theta \mathrm{d}\theta \mathrm{d}\varphi \tag{6.5.31}$$

这就是动量大小为 p，方向在立体角 $\mathrm{d}\Omega = \sin\theta \mathrm{d}\theta \mathrm{d}\varphi$ 内的末态的态密度。

2）简谐微扰 $\hat{H}'$

假设微扰简谐地依赖于时间，即

$$\hat{H}'(t) = \hat{A}\cos\omega t \tag{6.5.32}$$

从 $t=0$ 时刻开始作用于体系。把微扰写成指数形式

$$\hat{H}'(t) = \hat{F}(\mathrm{e}^{\mathrm{i}\omega t} + \mathrm{e}^{-\mathrm{i}\omega t}) \tag{6.5.33}$$

式中，$\hat{F}$ 是与时间无关的微扰算符。

设体系的初态是未受微扰的 $\hat{H}_0$ 的能量为 E_k 的本征态 ϕ_k，受微扰作用后体系跃迁到末态，其能量为 E_m，本征态为 ϕ_m。初态 ϕ_k 和末态 ϕ_m 之间的微扰矩阵元是

$$\hat{H}'_{mk}=\int\phi_m^*\hat{H}'(t)\phi_k\mathrm{d}\tau=\hat{F}_{mk}(\mathrm{e}^{\mathrm{i}\omega t}+\mathrm{e}^{-\mathrm{i}\omega t})\tag{6.5.34}$$

式中

$$F_{mk}=\int\phi_m^*\hat{F}\phi_k\mathrm{d}\tau\tag{6.5.35}$$

把式（6.5.34）代入式（6.5.16）中，得

$$\begin{aligned}a_m^{(1)}(t)&=\frac{F_{mk}}{\mathrm{i}\hbar}\int_0^t(\mathrm{e}^{\mathrm{i}(\omega_{mk}+\omega)t'}+\mathrm{e}^{\mathrm{i}(\omega_{mk}-\omega)t'})\mathrm{d}t'\\&=-\frac{F_{mk}}{\hbar}\left(\frac{\mathrm{e}^{\mathrm{i}(\omega_{mk}+\omega)t}-1}{\omega_{mk}+\omega}+\frac{\mathrm{e}^{\mathrm{i}(\omega_{mk}-\omega)t}-1}{\omega_{mk}-\omega}\right)\end{aligned}\tag{6.5.36}$$

当 $\omega=\omega_{mk}$ 时，式（6.5.36）右边括号内第二项的分子分母都等于零，利用数学分析中求极限的法则，同时将分子与分母对 $(\omega_{mk}-\omega)$ 求微商，可以得出这一项与 t 成比例。第一项不随时间增加，表现为振荡，是有界的。因而当 $\omega=\omega_{mk}$ 时，第二项起主要作用。当 $\omega=-\omega_{mk}$ 时，通过同样的分析可以得出式（6.5.36）中右边括号内第一项随时间增加而增大，第二项表现为振荡，所以起主要作用的是第一项。当 $\omega\neq\omega_{mk}$ 时，式（6.5.36）中右边两项都不随时间增加。由此可见，只有当

$$\omega=\pm\omega_{mk}\quad\text{或}\quad E_m=E_k\pm\hbar\omega_{mk}\tag{6.5.37}$$

时才出现明显的跃迁。这就是说，只有当外界微扰含有频率 ω_{mk} 时，体系才能从态 ϕ_k 跃迁到 ϕ_m，这时体系吸收或发射的能量是 $\hbar\omega_{mk}$，这种跃迁是一个共振跃迁。因此只须讨论 $\omega=\pm\omega_{mk}$ 的情况。

把式（6.5.36）代入式（6.5.18），当 $\omega=\omega_{mk}$ 时，式（6.5.36）右边括号内只取第二项，当 $\omega=-\omega_{mk}$ 时，只取式（6.5.36）右边括号内第一项，于是得到由初态 ϕ_k 到末态 ϕ_m 的概率为

$$W_{k\to m}=|a_m(t)|^2=\frac{4|F_{mk}|^2\sin^2\frac{1}{2}(\omega_{mk}\pm\omega)t}{\hbar^2(\omega_{mk}\pm\omega)^2}\tag{6.5.38}$$

当 $\omega=-\omega_{mk}$ 时，式（6.5.36）右边都取正号；当 $\omega=\omega_{mk}$ 时，都取负号。

利用公式（6.5.23），令 $x=\frac{1}{2}(\omega_{mk}\pm\omega)$，并根据 δ 函数的性质 $\delta(ax)=\frac{1}{a}\delta(x)$，则式（6.5.38）改写为

$$W_{k\to m}=\frac{\pi t}{\hbar^2}|F_{mk}|^2\,\delta\left(\frac{\omega_{mk}\pm\omega}{2}\right)=\frac{2\pi t}{\hbar^2}|F_{mk}|^2\,\delta(\omega_{mk}\pm\omega)\tag{6.5.39}$$

将 $\omega_{mk}=\frac{1}{\hbar}(E_m-E_k)$ 代入式（6.5.39），有

$$W_{k\to m}=\frac{2\pi t}{\hbar}|F_{mk}|^2\,\delta(E_m-E_k\pm\hbar\omega) \tag{6.5.40}$$

用 t 除 $W_{k\to m}$ 得到单位时间内体系由 ϕ_k 态跃迁到 ϕ_m 态的概率

$$w_{k\to m}=\frac{2\pi}{\hbar}|F_{mk}|^2\,\delta(E_m-E_k\pm\hbar\omega) \tag{6.5.41}$$

对于确定的体系，单位时间内的跃迁概率不随时间改变。由于 δ 函数只有宗量等于零时本身才不为零，所以式（6.5.40）和式（6.5.41）中的 δ 函数把能量守恒条件式（6.5.37）明显地表现出来。当 $E_k>E_m$ 时，式（6.5.41）改写为

$$w_{k\to m}=\frac{2\pi}{\hbar}|F_{mk}|^2\,\delta(E_m-E_k+\hbar\omega) \tag{6.5.42}$$

因此，仅当 $E_m=E_k-\hbar\omega$ 时，跃迁概率才不为零，体系由 ϕ_k 态跃迁到 ϕ_m 态，辐射能量为 $\hbar\omega$ 的光子。

当 $E_k<E_m$ 时，式（6.5.41）给出

$$w_{k\to m}=\frac{2\pi}{\hbar}|F_{mk}|^2\,\delta(E_m-E_k-\hbar\omega) \tag{6.5.43}$$

这时只有当 $E_m=E_k+\hbar\omega$ 时，跃迁才为零，跃迁过程中吸收能量为 $\hbar\omega$ 的光子。

在式（6.5.40）或式（6.5.41）中将 m 和 k 对调，即得体系由 ϕ_m 态跃迁到 ϕ_k 态的跃迁概率，因为 $\hat{F}$ 是厄米算符，$|F_{mk}|^2=|F_{km}|^2$，所以有

$$W_{m\to k}=W_{k\to m} \tag{6.5.44}$$

即体系由 ϕ_m 态跃迁到 ϕ_k 态的跃迁概率与 ϕ_k 态跃迁到 ϕ_m 态的跃迁概率相等。

现在讨论初态 k 是分立的，末态 m 是连续的情况，这时 $E_m>E_k$。假设微扰 $\hat{H}'(t)=\hat{A}\cos\omega t$，只在 $t=0$ 到 $t=t'$ 这段时间内对体系有作用，由式（6.5.38）在 $t\geqslant t'$ 的时刻由 ϕ_k 态跃迁到 ϕ_m 态的跃迁概率为

$$W_{k\to m}=\frac{4|F_{mk}|^2\sin^2\frac{1}{2}(\omega_{mk}-\omega)t'}{\hbar^2(\omega_{mk}-\omega)^2} \tag{6.5.45}$$

以 $(\omega_{mk}-\omega)$ 为横轴，$W_{k\to m}$ 为纵轴，把函数式（6.5.45）画于图 6.5.1 中，由图可以看出跃迁概率主要在主峰范围内，即 $(\omega_{mk}-\omega)$ 从 $-\frac{2\pi}{t'}$ 到 $\frac{2\pi}{t'}$ 范围内明显不为零，在这个范围以外跃迁概率很小。在这个过程中能量守恒 $E_m=E_k+\hbar\omega$ 或 $\omega_{mk}=\omega$ 不是严格成立的，它只在图 6.5.1 中原点处严格成立。因为 $(\omega_{mk}-\omega)$ 只要在 $-\frac{2\pi}{t'}$ 到

$\frac{2\pi}{t'}$ 范围内，跃迁概率都不为零，所以 ω_{mk} 不仅可以取 ω 的值，还可以取 $\omega-\frac{2\pi}{t'}$ 到 $\omega+\frac{2\pi}{t'}$ 之间的任何值，即 ω_{mk} 的不确定范围是 $\Delta\omega_{mk}\sim t'^{-1}$。由于 k 是分立的，能量 E_k 是确定的，所以 ω_{mk} 的不确定也就是末态能量 E_m 的不确定，即

$$\Delta\omega_{mk}=\Delta\left(\frac{E_m-E_k}{\hbar}\right)=\frac{1}{\hbar}\Delta E_m \tag{6.5.46}$$

由此有

$$t'\Delta E_m\sim\hbar \tag{6.5.47}$$

把这个微扰过程看作测量末态能量 E_m 的过程，t' 是测量的时间间隔，那么式（6.5.47）说明能量的不确定范围 ΔE_m 与测量时间间隔 t' 的乘积有 $\hbar$ 的数量级。这个关系有普遍的意义，在一般情况下，体系受微扰作用的时间为 Δt，体系能量不确定范围为 ΔE 时，有

$$\Delta E\Delta t\sim\hbar \tag{6.5.48}$$

这个式子是能量时间的不确定关系。若微扰的影响时间 Δt 较小，图 6.5.1 中的最高峰较低而平缓，微扰引起的能级的弥散较大，其不确定度亦大。反之，若微扰作用时间 Δt 较长，图中曲线的最高峰变得很尖锐，末态能级的不确定度就很小。

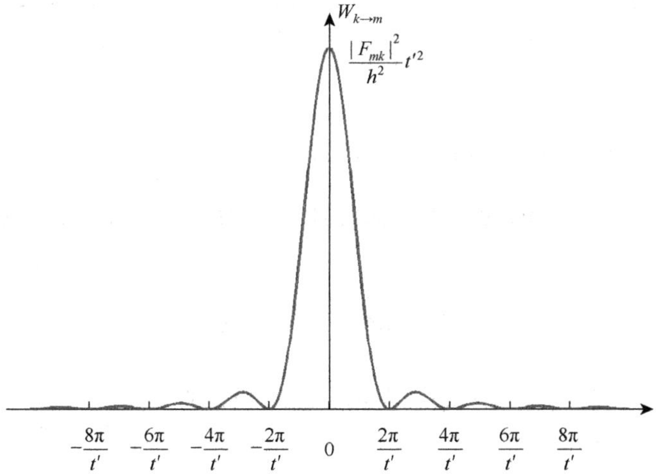

图 6.5.1　跃迁概率

物理学上感兴趣的是单位时间的跃迁概率，对于确定的量子体系而言，这个跃迁概率应是确定的值，而实验结果也正是这样的。对于跃迁概率式（6.5.45），

只有当末态是连续分布或接近连续分布时，才能得出单位时间的跃迁概率与时间无关的结论。这是因为，假如末态是一组连续分布或接近连续分布的 m 态，能量与 $E_k+\hbar\omega$ 相差不大，而微扰矩阵元 H'_{mk} 对这些末态可近似地看作与 m 无关，那么从初态 ϕ_k 跃迁到这组 m 态中的任意一个（不是其中固定的一个）态时的概率，就是对跃迁到这组 m 态中的不同态的概率求和，这相应于图 6.5.1 中 $(\omega_{mk}-\omega)$ 不是一个点，而是在 0 附近的一段 $\Delta(\omega_{mk}-\omega)$，总的跃迁概率比例于 $\dfrac{\sin^2\frac{1}{2}(\omega_{mk}-\omega)}{(\omega_{mk}-\omega)^2}\mathrm{d}(\omega_{mk}-\omega)$ 的积分，它是正比于曲线下的面积的，因而正比于时间 t，结果单位时间的跃迁概率就与时间 t 无关。

6.6　光的发射与吸收及其选择定则

含时微扰最早被用来研究物质的辐射问题。原子对光的发射和吸收是原子体系与光的相互作用。光照射到原子上就会发生吸收和发射现象。按照玻尔理论，这是因为能量为 $h\nu$ 的光子被原子吸收，原子从能级 E_k 跃迁到 E_m，反之原子发出能量为 $h\nu$ 的光子，原子从能级 E_m 跃迁到 E_k。玻尔理论只给出了辐射频率，不能给出辐射强度，而且频率公式也只是玻尔理论中的假设。严格处理光和原子体系相互作用问题的理论是量子电动力学，这已超出了本书的范围。本节采用半经典理论讨论光和原子的相互作用问题，用量子力学理论处理原子体系，光波用经典电磁波理论描写，这样的理论只能解释吸收与受激发射，而不能说明自发发射。

6.6.1　微扰理论对发射和吸收系数的计算

假设入射到原子上的光是沿 z 轴传播波长为 λ 的平面单色偏振光，它的电场为

$$E_x=E_0\cos\left(\frac{2\pi}{\lambda}z-\omega t\right) \tag{6.6.1}$$

这个电场对电子的作用存在于原子内部。以原子中心为坐标原点，则式（6.6.1）中 z 的变化范围就是原子的线度 a_0，假设光波波长远大于原子线度（可见光的波长范围 $\lambda=10^{-6}\mathrm{m}$，而 $a_0\approx10^{-10}\mathrm{m}$），即 $\lambda\gg a_0$，则 $\dfrac{2\pi}{\lambda}a_0\ll1$，因而略去式（6.6.1）中的 $\dfrac{2\pi}{\lambda}z$，于是

$$E_x=E_0\cos\omega t \tag{6.6.2}$$

电子在外电场中的势能写为

$$H' = exE_x \tag{6.6.3}$$

这个能量远小于电子在原子中的势能，故把 H' 视为微扰，利用上节的微扰论处理，把式（6.6.3）写成下面形式

$$H' = \frac{exE_0}{2}(\mathrm{e}^{\mathrm{i}\omega t} + \mathrm{e}^{-\mathrm{i}\omega t}) \tag{6.6.4}$$

上节中的算符 $\hat{F}$ 应表示为

$$\hat{F} = \frac{exE_0}{2} \tag{6.6.5}$$

将式（6.6.5）代入式（6.5.42）中，得到单位时间内原子由 ϕ_k 态跃迁到 ϕ_m 态的概率

$$w_{k\to m} = \frac{\pi e^2 E_0^2}{2\hbar} |x_{mk}|^2 \delta(E_m - E_k + \hbar\omega) = \frac{\pi e^2 E_0^2}{2\hbar^2} |x_{mk}|^2 \delta(\omega_{mk} - \omega) \tag{6.6.6}$$

光波的能量密度是

$$I = \frac{1}{2}\overline{\left(\varepsilon_0 E^2 + \frac{B^2}{\mu_0}\right)} \tag{6.6.7}$$

式中，横线表示一个周期内的时间平均，将式（6.6.2）代入式（6.6.7）中，并注意

$$\overline{\varepsilon_0 E^2} = \frac{\overline{B^2}}{\mu_0} = \frac{1}{2}\overline{\varepsilon_0 E_0^2}$$

得到

$$I = \frac{1}{2}\varepsilon_0 E_0^2 \tag{6.6.8}$$

于是式（6.6.6）写为

$$w_{k\to m} = \frac{4\pi^2 e_s^2}{\hbar^2} I |x_{mk}|^2 \delta(\omega_{mk} - \omega) \tag{6.6.9}$$

以上仅是对入射光是单色偏振光的情况进行了讨论。单色光只是一种理想情况，实际光源发出的光是在一定范围内连续分布的。这种光的能量密度按一定的频率间隔计算，通常把频率在 $\omega \to \omega + \mathrm{d}\omega$ 之间的能量密度用 $I(\omega)\mathrm{d}\omega$ 表示，用 $I(\omega)\mathrm{d}\omega$ 代替式（6.6.9）中的 I，并对入射光的频率分布范围积分，即得到在连续分布的入射光的作用下，原子在单位时间内由 ϕ_k 态跃迁到 ϕ_m 态的概率

$$w_{k\to m} = \frac{4\pi^2 e_s^2}{\hbar^2} |x_{mk}|^2 \int I(\omega)\delta(\omega_{mk} - \omega)\mathrm{d}\omega = \frac{4\pi^2 e_s^2}{\hbar^2} |x_{mk}|^2 I(\omega_{mk}) \tag{6.6.10}$$

以上计算中假设入射光的频率包含 ω_{mk} 在内。

在以上讨论中，假定光波中各种频率的分波都是沿 x 方向振动的，因此以上公式中只含有 x 的矩阵元。实际入射的光波是各向同性的自然光，则原子体系在单位时间内由 ϕ_k 态跃迁到 ϕ_m 态的概率，应是对式（6.6.10）中所有偏振方向求平均值，即

$$w_{k\to m}=\frac{4\pi^2e_s^2}{3\hbar^2}I(\omega_{mk})[|x_{mk}|^2+|y_{mk}|^2+|z_{mk}|^2]=\frac{4\pi^2e_s^2}{3\hbar^2}I(\omega_{mk})|\boldsymbol{r}_{mk}|^2 \quad (6.6.11)$$

由式（6.6.11）可以得到，跃迁频率与入射光中频率为 ω_{mk} 的光的强度 I 成正比，入射光中其他频率成分的光对电子由 ϕ_k 态跃迁到 ϕ_m 态的概率没有贡献。这个概率就是受激发射的概率 $B_{km}I(\omega_{mk})$[2]，所以有

$$B_{km}=\frac{4\pi^2e_s^2}{3\hbar^2}|\boldsymbol{r}_{mk}|^2=\frac{\pi}{3\varepsilon_0\hbar^2}|e\boldsymbol{r}_{mk}|^2 \quad (6.6.12)$$

式中，$e\boldsymbol{r}$ 是电子的电偶极矩，式（6.6.12）是略去光波中磁场作用并将电场近似地用式（6.6.2）表示后得到的，这种近似称为偶极近似，满足偶极近似条件的跃迁称为偶极跃迁。其余的两个爱因斯坦系数为

$$B_{km}=B_{mk}=\frac{4\pi^2e_s^2}{3\hbar^2}|\boldsymbol{r}_{mk}|^2 \quad (6.6.13)$$

$$A_{mk}=\frac{\hbar\omega_{mk}^3}{c^3\pi^2}B_{mk}=\frac{4e_s^2\omega_{mk}^3}{3\hbar c^3}|\boldsymbol{r}_{mk}|^2 \quad (6.6.14)$$

6.6.2 选择定则

由式（6.6.11）可知，原子在光波作用下由 ϕ_k 态跃迁到 ϕ_m 态的概率与 $|\boldsymbol{r}_{mk}|^2$ 成正比，若 $|\boldsymbol{r}_{mk}|=0$，则 $w_{k\to m}=0$，这种跃迁是不能实现的，称为禁戒跃迁。因而要实现 ϕ_k 态到 ϕ_m 态的跃迁，必须满足条件

$$|\boldsymbol{r}_{mk}|\neq 0 \quad (6.6.15)$$

由式（6.6.15）可以确定原子光谱线的选择定则。

原子中电子在中心力场中运动的波函数表示为

$$\psi_{nlm}(r,\theta,\varphi)=N_{lm}R_{nl}(r)P_l^{|m|}(\cos\theta)\mathrm{e}^{\mathrm{i}m\varphi} \quad (6.6.16)$$

式中，$R_{nl}(r)$ 是径向波函数，$P_l^{|m|}(\cos\theta)$ 是缔合勒让特多项式，N_{lm} 是归一化常数。设原子初态是 $\psi_{nlm}(r,\theta,\varphi)$，末态是 $\psi_{n'l'm'}(r,\theta,\varphi)$，以下计算 $\boldsymbol{r}_{mk}$ 的三个分量不为零的条件。

在球坐标系中有

$$\begin{aligned}x&=r\sin\theta\cos\varphi=\frac{r}{2}\sin\theta(\mathrm{e}^{\mathrm{i}\varphi}+\mathrm{e}^{-\mathrm{i}\varphi})\\ y&=r\sin\theta\sin\varphi=\frac{r}{2\mathrm{i}}\sin\theta(\mathrm{e}^{\mathrm{i}\varphi}-\mathrm{e}^{-\mathrm{i}\varphi})\\ z&=r\cos\theta\end{aligned} \quad (6.6.17)$$

先计算 $z_{n'l'm',nlm}$ 不为零的条件，

$$
\begin{aligned}
z_{n'l'm',nlm} &= \int \psi^*_{n'l'm'} r\cos\theta \psi_{nlm} \mathrm{d}\tau \\
&= N_{l'm'} N_{lm} \int_0^{\infty} R_{n'l'}(r) R_{nl}(r) r^3 \mathrm{d}r \\
&\quad \times \int_0^{\pi} P_{l'}^{|m'|}(\cos\theta) P_l^{|m|}(\cos\theta)\cos\theta\sin\theta\mathrm{d}\theta \int_0^{2\pi} \mathrm{e}^{\mathrm{i}(m-m')\varphi}\mathrm{d}\varphi
\end{aligned} \tag{6.6.18}
$$

（1）计算 φ 的积分：

$$
\int_0^{2\pi} \mathrm{e}^{\mathrm{i}(m-m')\varphi}\mathrm{d}\varphi = \begin{cases} 2\pi, & m' \neq m \\ 0, & m' = m \end{cases} \tag{6.6.19}
$$

（2）计算 θ 的积分：取 $m' = m$，利用勒让德函数的递推关系

$$
\cos\theta P_l^{|m|}(\cos\theta) = \frac{l+|m|}{2l+1} P_{l-1}^{|m|}(\cos\theta) + \frac{l-|m|+1}{2l+1} P_{l+1}^{|m|}(\cos\theta)
$$

和勒让德函数的正交性，则有

$$
\begin{aligned}
&\int_0^{\pi} P_{l'}^{|m'|}(\cos\theta) P_l^{|m|}(\cos\theta)\cos\theta\sin\theta\mathrm{d}\theta \\
&= \int_0^{\pi} P_{l'}^{|m'|}(\cos\theta)\left[\frac{l+|m|}{2l+1} P_{l-1}^{|m|}(\cos\theta) + \frac{l-|m|+1}{2l+1} P_{l+1}^{|m|}(\cos\theta)\right]\sin\theta\mathrm{d}\theta \\
&= \frac{l+|m|}{2l+1}\frac{(l-1+|m|)!}{(l-1-|m|)!}\frac{2}{2n-1}\delta_{l',l-1} + \frac{l-|m|+1}{2l+1}\frac{(l+1+|m|)!}{(l+1-|m|)!}\frac{2}{2n+3}\delta_{l',l+1}
\end{aligned} \tag{6.6.20}
$$

式（6.6.20）积分结果不为零的条件是 $l' = l \pm 1$。

（3）计算 r 的积分：取 $l' = l \pm 1$

$$
\begin{aligned}
&\int_0^{\infty} R_{n'l'}(r) R_{nl}(r) r^3 \mathrm{d}r \\
&= \int_0^{\infty} \mathrm{e}^{-\left(\frac{1}{n'}+\frac{1}{n}\right)\frac{z}{a_0}r} \left(\frac{2Z}{n'a_0}r\right)^{l\pm1} \left(\frac{2Z}{na_0}r\right)^{l} L_{n'+1}^{2(l\pm1)+1}\left(\frac{2Z}{n'a_0}r\right) L_{n+1}^{2l+1}\left(\frac{2Z}{na_0}r\right) r^3 \mathrm{d}r
\end{aligned} \tag{6.6.21}
$$

可以证明，式（6.6.21）中无论 n'，n 取任何值，积分结果总不为零，即全部允许能级之间发生跃迁的主量子数 n 可以任意变化[3]。

因此，$z_{n'l'm',nlm}$ 不为零的条件是

$$
m' = m, \quad l' = l \pm 1 \tag{6.6.22}
$$

再计算 $x_{n'l'm',nlm}$ 和 $y_{n'l'm',nlm}$ 不为零的条件，引入新变量 η 和 η^+

$$
\eta = x - \mathrm{i}y = r\sin\theta\mathrm{e}^{-\mathrm{i}\varphi}, \quad \eta^+ = x + \mathrm{i}y = r\sin\theta\mathrm{e}^{\mathrm{i}\varphi} \tag{6.6.23}
$$

显然，$x_{n'l'm',nlm}$ 和 $y_{n'l'm',nlm}$ 不为零的条件与 η 和 η^+ 的矩阵元不为零的条件相同。η 和 η^+ 的矩阵元依次为

$$
\begin{aligned}
\eta_{n'l'm',nlm} &= \int \psi^*_{n'l'm'} \eta\cos\theta \psi_{nlm} \mathrm{d}\tau \\
&= N_{l'm'} N_{lm} \int_0^{\infty} R_{n'l'}(r) R_{nl}(r) r^3 \mathrm{d}r \\
&\quad \times \int_0^{\pi} P_{l'}^{|m'|}(\cos\theta) P_l^{|m|}(\cos\theta)\sin^2\theta\mathrm{d}\theta \int_0^{2\pi} \mathrm{e}^{\mathrm{i}(m-m'-1)\varphi}\mathrm{d}\varphi
\end{aligned} \tag{6.6.24}
$$

$$
\begin{aligned}
\eta^{+}_{n'l'm',nlm} &= \int \psi^{*}_{n'l'm'} \eta^{+} \cos\theta \psi_{nlm} \mathrm{d}\tau \\
&= N_{l'm'} N_{lm} \int_0^\infty R_{n'l'}(r) R_{nl}(r) r^3 \mathrm{d}r \\
&\quad \times \int_0^\pi P_{l'}^{|m'|}(\cos\theta) P_l^{|m|}(\cos\theta) \sin^2\theta \mathrm{d}\theta \int_0^{2\pi} \mathrm{e}^{\mathrm{i}(m-m'+1)\varphi} \mathrm{d}\varphi
\end{aligned} \tag{6.6.25}
$$

式（6.6.24）和式（6.6.25）中对φ积分，前者仅当$m'=m-1$时不为零，后者仅当$m'=m+1$时不为零。利用勒让德函数的递推关系

$$
\sin\theta P_l^{|m|}(\cos\theta) = \frac{(l+|m|)(l+|m|-1)}{2l+1} P_{l-1}^{|m|-1}(\cos\theta) - \frac{(l-|m|+1)(l-|m|+2)}{2l+1} P_{l+1}^{|m|-1}(\cos\theta)
$$

和勒让德函数的正交性，可知式（6.6.24）和式（6.6.25）中对θ积分不为零的条件是$l'=l\pm1$。

对r积分无论n'取任何值，积分结果总不为零。故η和η^+矩阵元不同时为零的条件是

$$
m'=m\pm1,\quad l'=l\pm1 \tag{6.6.26}
$$

综合式（6.6.22）和式（6.6.26），得到r_{mk}不为零的条件是

$$
\Delta l = l'-l=\pm1,\quad \Delta m = m'-m = 0,\pm1 \tag{6.6.27}
$$

式（6.6.27）就是角量子数和磁量子数的选择定则。由于式（6.6.18）、式（6.6.24）和式（6.6.25）中对r的积分在n和n'取任何值时都不恒等于零，所以对总量子数n没有选择定则。如果跃迁概率为零，则需要计算比偶极近似更高的高级近似。如果在任何近似中跃迁概率均为零，则这种跃迁称为严格禁戒跃迁。

6.7　散射问题的近似理论

量子力学散射也称为碰撞，它是物理学探索自然获取规律的一种重要手段。在散射（碰撞）问题中，体系的能量是事先确定的，能量本征值具有连续谱，波函数在无限远处的情况也由已知条件定出，可利用此散射边界条件来确定粒子被散射的情形。散射过程可以区分为以下三大类：

弹性散射过程　　$\mathrm{A}+\mathrm{B}\longrightarrow \mathrm{A}+\mathrm{B}$

非弹性散射过程　　$\mathrm{A}+\mathrm{B}\longrightarrow \mathrm{A}^*+\mathrm{B}$（$\mathrm{A}^*$是A的某种内部激发态）

碰撞反应过程　　$\mathrm{A}+\mathrm{B}\longrightarrow \mathrm{C}+\mathrm{D}+\cdots$

在弹性散射过程中，不存在粒子种类的改变，不发生机械能（A、B 粒子总动能和相互作用势能之和）和粒子内能之间的转化，因此弹性散射中机械能守恒，粒子之间只有动量的交换；非弹性散射过程中存在机械能与粒子内能间的转化，如电子在原子上的散射造成原子内部状态激发（或退激发）；碰撞反应过程中复合粒子A、B间有粒子交换，或产生新粒子C，D，…，如电子在原子上散射造成靶

原子电离放出电子，或核与粒子反应等，有时也把除弹性散射以外的全部散射（碰撞）过程统称为非弹性散射。本节只研究弹性散射过程。

6.7.1　散射和截面

1）散射过程

图 6.7.1 所示为实验室里的散射过程示意图。被观察的粒子系统（称为靶粒子）安放在某个确定的位置，利用入射粒子（另外一种粒子束流）与待测粒子碰撞。入射粒子准备在远离靶粒子的地方，按照设计的能量经过一系列复杂的准直后射向靶粒子，开始时两粒子几乎相距无穷远，它们之间无相互作用，当入射粒子进入作用区后，两者发生相互作用。作用后入射粒子离开散射区向四处散开，在远离靶粒子的地方被探测到。散射过程可以确定入射粒子和散射后粒子的行为，散射过程蕴含了两粒子靠近时相互作用的信息，根据散射粒子的分布，可以推断出靶粒子组成、相互作用、结构、性质和运动规律等。

一般地，初始时刻入射粒子距离靶粒子（散射中心）很远，受靶粒子影响很弱，入射粒子流呈柱状沿同一方向（z 方向）运动，并且有着不同的碰撞参数。在入射粒子束流的横截面 $\sum$ 上，考虑碰撞参数介于 b 和 $b+\mathrm{d}b$ 之间的粒子，它们分布在图 6.7.2 所示的一个环形区域内。如果入射的粒子束流与靶粒子的相互作用相对于 z 轴是对称的，则入射粒子被散射后在空间的分布关于 z 轴是轴对称的，与方位角 φ 无关。所以只要和入射粒子具有相同的碰撞参数被散射后就有相同的散射角。设入射横截面上 $\mathrm{d}\sigma$ 面积元内的入射粒子被散射后位于大小为 $\mathrm{d}\Omega$ 的立体角中。显然，$\mathrm{d}\sigma$ 越大，$\mathrm{d}\Omega$ 也就越大，定义二者的比值为微分散射截面，即

$$D(\theta)=\frac{\mathrm{d}\sigma}{\mathrm{d}\Omega} \tag{6.7.1}$$

将微分散射截面对整个立体角积分，得到总散射截面，记为

$$\sigma(\theta)=\int D(\theta)\mathrm{d}\Omega \tag{6.7.2}$$

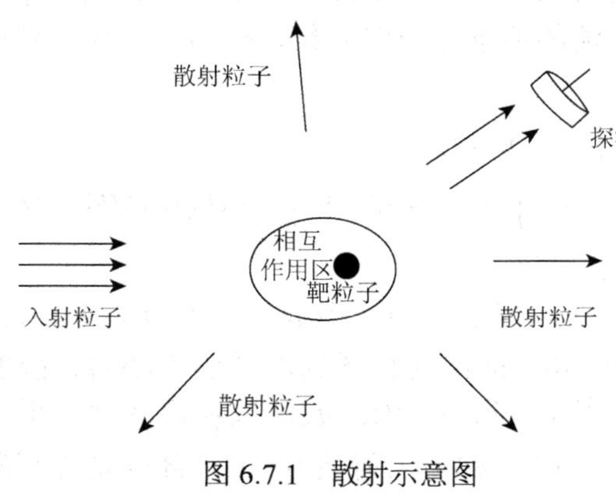

图 6.7.1　散射示意图

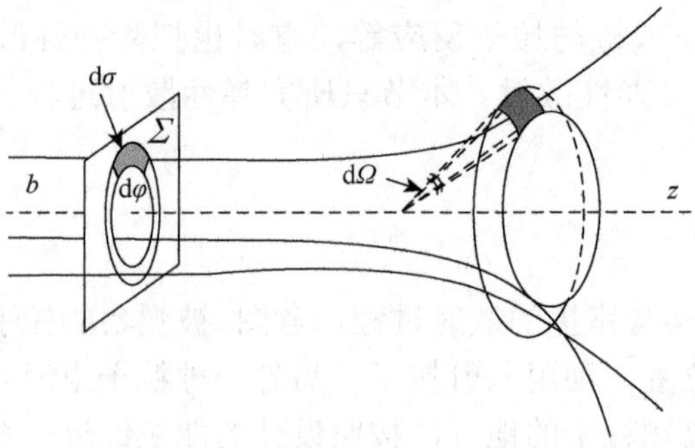

图 6.7.2　散射的轴对称分布

上述定义属于经典意义上的散射截面。由于微观粒子的波粒二象性，量子力学中一般不使用轨道概念，由式（6.7.1）定义的散射截面就不合适。在量子力学中，考虑入射和出射的粒子个数。设入射方向沿 z 轴正方向，入射粒子流横截面 Σ 上单位时间单位面积上有 J_1 个粒子穿过该截面，J_1 实际上就是入射粒子流数密度。这些粒子被散射而运动到足够远处时受到靶粒子的影响很小。在出射粒子的运动方向上放置的探测器记录下出射粒子的个数。设探测器和靶粒子间的距离为 r，探测器与入射粒子方向（z 轴方向）的夹角为 θ，探测器对出射粒子流的面积元为 $\mathrm{d}S$，探测器相对于靶粒子（散射中心）所张的立体角为 $\mathrm{d}\Omega$，即

$$\mathrm{d}\Omega=\frac{\mathrm{d}S}{r^2} \tag{6.7.3}$$

若单位时间内探测器接收到 $\mathrm{d}n$ 个粒子（单位时间内散射到 $\mathrm{d}S$ 上的粒子数），$\mathrm{d}n$ 应与 $\mathrm{d}S$（或 $\mathrm{d}\Omega$）成正比，还应与入射粒子流数密度 J_1 成正比，于是有

$$\mathrm{d}n=q(\theta,\varphi)J_1\mathrm{d}\Omega \tag{6.7.4}$$

当入射粒子数 J_1 一定时，单位时间内散射到 (θ,φ) 方向上的粒子数 $\mathrm{d}n$ 由 $q(\theta,\varphi)$ 决定。$q(\theta,\varphi)$ 与入射粒子、散射中心（靶粒子）的性质以及它们之间的相互作用和相对运动动能有关。它具有面积的量纲，因此称 $q(\theta,\varphi)$ 为微分散射截面。如果在垂直于入射粒子流的前进方向取面积 $q(\theta,\varphi)\mathrm{d}\Omega$，则单位时间内穿过这个面积的粒子数等于 $\mathrm{d}n$。

将 $q(\theta,\varphi)\mathrm{d}\Omega$ 对所有方向积分，得

$$Q(\theta,\varphi)=\int q(\theta,\varphi)\mathrm{d}\Omega=\int_0^{\pi}\int_0^{2\pi}q(\theta,\varphi)\sin\theta\mathrm{d}\theta\mathrm{d}\varphi \tag{6.7.5}$$

Q 称为总散射截面。

被散射的粒子都是在离开散射中心很远处，所以只需要讨论 $r\to\infty$ 时粒子的行为。假设 $r\to\infty$，$U(r)\to 0$，即散射粒子远离散射中心时，散射粒子和靶粒子间的相互作用趋于零。这样，在 $r\to\infty$ 处的波函数 ψ 由两部分组成：一部分是描写入射粒子的平面波 $\psi_1=A\mathrm{e}^{\mathrm{i}kz}$（称为入射波）；另一部分是描写散射粒子的球面波

$\psi_2 = \dfrac{f(\theta,\varphi)}{r}\mathrm{e}^{\mathrm{i}kr}$（称为散射波），这个波是由散射中心向外传播的。这样，定态波函数在无限远处的行为（渐近行为）可表示为

$$\psi \xrightarrow[r\to\infty]{} \psi_1 + \psi_2 = A\mathrm{e}^{\mathrm{i}kz} + f(\theta,\varphi)\frac{1}{r}\mathrm{e}^{\mathrm{i}kr} \tag{6.7.6}$$

这里只讨论弹性散射，所以散射波的能量没有改变，即波矢 k 的数值不变。散射波中的 $f(\theta,\varphi)$ 仅是 θ 和 φ 的函数，与 r 无关，它决定着不同方向散射粒子的数目，决定着散射粒子的角分布。

2）散射的薛定谔方程

散射（碰撞）问题一般是两体问题。假定两个质量分别为 m_1 和 m_2 的粒子发生碰撞，相互作用只与它们的相对位置有关，则描写两粒子体系的薛定谔方程为

$$\left(-\frac{\hbar^2}{2m_1}\nabla_1^2 - \frac{\hbar^2}{2m_2}\nabla_2^2\right)\psi + U(\boldsymbol{r}_1 - \boldsymbol{r}_2)\psi = E_{\mathrm{T}}\psi \tag{6.7.7}$$

其中，U 是两粒子间的相互作用势能。引入质心坐标和相对坐标，式（6.7.7）分解为两个方程：一个描写体系的质心运动，另一个描写两粒子间的相对运动，后一个方程的形式为

$$-\frac{\hbar^2}{2m}\nabla^2\psi(\boldsymbol{r}) + U(\boldsymbol{r})\psi(\boldsymbol{r}) = E\psi(\boldsymbol{r}) \tag{6.7.8}$$

式中，$m = \dfrac{m_1 m_2}{m_1 + m_2}$ 是两粒子体系的约化质量，E 是相对运动的能量。这个方程可以看成是描写质量为 m 的粒子在势场 $U(r)$中的运动。在散射问题中，它描写质量为 m 的粒子对散射中心的散射，E 就是入射能量，这种散射也称为势散射。为方便起见，令

$$k^2 = \frac{2mE}{\hbar^2} = \frac{p^2}{\hbar^2} \tag{6.7.9}$$

$$v = \frac{p}{m} = \frac{\hbar k}{m} \tag{6.7.10}$$

$$V(\boldsymbol{r}) = \frac{2m}{\hbar^2}U(\boldsymbol{r}) \tag{6.7.11}$$

则式（6.7.8）改写为

$$\nabla^2\psi(\boldsymbol{r}) + [k^2 - V(\boldsymbol{r})]\psi(\boldsymbol{r}) = 0 \tag{6.7.12}$$

散射问题都是在粒子远离散射中心很远处，所以只需要讨论 $r\to\infty$时 ψ 的行为。容易证明波函数式（6.7.6）在 $r\to\infty$时满足方程式（6.7.12）。

散射过程中测量的是粒子数的相对比值，而入射波是必不可少的，为了方便起见，通常取式（6.7.6）表示的入射波的系数 $A=1$，即假定单位体积中只有一个入射粒子，相应的入射波的概率是

$$J_1 = \frac{\mathrm{i}\hbar}{2m}\left[\psi_1 \frac{\partial \psi_1^*}{\partial z} - \psi_1^* \frac{\partial \psi_1}{\partial z}\right] = \frac{\mathrm{i}\hbar}{2m}[-\mathrm{i}k - \mathrm{i}k] = v \tag{6.7.13}$$

这也是入射粒子流强度。散射波的概率密度是

$$\begin{aligned} J_r &= \frac{\mathrm{i}\hbar}{2m}\left[\psi_2 \frac{\partial \psi_2^*}{\partial r} - \psi_2^* \frac{\partial \psi_2}{\partial r}\right] \\ &= \frac{\mathrm{i}\hbar}{2m}|f(\theta,\varphi)|^2\left[-\frac{\mathrm{i}k}{r^2} - \frac{\mathrm{i}k}{r^2}\right] = \frac{v}{r^2}|f(\theta,\varphi)|^2 \end{aligned} \tag{6.7.14}$$

$$J_\theta = \frac{\hbar}{m}\frac{1}{r^3}\mathrm{Re}\left[-\mathrm{i}f^*(\theta,\varphi)\frac{\partial}{\partial\theta}f(\theta,\varphi)\right] \tag{6.7.15}$$

$$J_\varphi = \frac{\hbar}{m}\frac{1}{r^3\sin\theta}\mathrm{Re}\left[-\mathrm{i}f^*(\theta,\varphi)\frac{\partial}{\partial\varphi}f(\theta,\varphi)\right] \tag{6.7.16}$$

当 $r\to\infty$ 时，相对于 J_r，J_θ 和 J_φ 都很小，故散射概率流密度主要是径向 J_r，J_r 表明单位时间内穿过球面上单位面积的粒子数，因而单位时间穿过面积 $\mathrm{d}S$ 的粒子数是

$$\mathrm{d}n = J_r\mathrm{d}S = \frac{v}{r^2}|f(\theta,\varphi)|^2\,\mathrm{d}S = v|f(\theta,\varphi)|^2\,\mathrm{d}\Omega \tag{6.7.17}$$

因为 $v = J_1$，比较式（6.7.17）与式（6.7.4），可知微分散射截面是

$$q(\theta,\varphi) = |f(\theta,\varphi)|^2 \tag{6.7.18}$$

这里 $f(\theta,\varphi)$ 称为散射振幅，知道了 $f(\theta,\varphi)$ 就可求得 $q(\theta,\varphi)$。量子散射的关键是求散射振幅 $f(\theta,\varphi)$，散射振幅来源于波函数的渐近行为，它的具体形式通过求薛定谔方程（6.7.12）的解，并要求 $r\to\infty$ 时解具有式（6.7.6）的形式而得出。通常用两种近似方法求解：一是分波法，适用于有心力场中的低能散射；另一种是玻恩近似法，适用于任意势场中的高能散射。

6.7.2　分波法

1）散射问题的薛定谔方程决定的渐近行为

在中心力场的情况下，势能 $U(r)$ 只与粒子到散射中心的距离 r 有关，与 r 的方向无关，因此，$V(r)$ 也只是距离的函数，方程式（6.7.12）写为

$$\nabla^2\psi(\boldsymbol{r}) + [k^2 - V(\boldsymbol{r})]\psi(\boldsymbol{r}) = 0 \tag{6.7.19}$$

取沿粒子入射方向并通过散射中心的轴线为极轴（图 6.7.2 中的 z 轴），这个轴是所讨论问题的旋转对称轴，波函数 ψ 和散射振幅 f 都与 φ 角无关。有心力场中角动量守恒，方程式（6.7.19）解的一般形式可以按轨道角动量的本征函数展开，即

$$\psi(r,\theta,\varphi) = \sum_{lm} R_l(r)Y_{lm}(\theta,\varphi) \tag{6.7.20}$$

由于波函数 ψ 与 φ 角无关，磁量子数 $m = 0$，于是

$$\psi(r,\theta,\varphi)=\psi(r,\theta)=\sum_l R_l(r)P_l(\cos\theta) \tag{6.7.21}$$

这个展开式中每一项称为一个分波，$R_l(r)P_l(\cos\theta)$ 是第 l 个分波，每一个分波都是方程式（6.7.19）的解。通常称 $l=0,1,2,\cdots$ 的分波分别为 $\mathrm{s,p,d},\cdots$ 分波。把波函数式（6.7.21）代入方程式（6.7.19）中得到径向函数 $R_l(r)$满足的方程，即

$$\frac{1}{r^2}\frac{\mathrm{d}}{\mathrm{d}r}\left(r^2\frac{\mathrm{d}R_l(r)}{\mathrm{d}r}\right)+\left[k^2-V(r)-\frac{l(l+1)}{r^2}\right]R_l(r)=0 \tag{6.7.22}$$

令

$$R_l(r)=\frac{u_l(r)}{r} \tag{6.7.23}$$

则 $u_l(r)$满足方程

$$\frac{\mathrm{d}^2u_l}{\mathrm{d}r^2}+\left[k^2-V(r)-\frac{l(l+1)}{r^2}\right]u_l=0 \tag{6.7.24}$$

由于 f 与 φ 无关，只是 θ 的函数，ψ 的渐近表示式为

$$\psi\xrightarrow[r\to\infty]{}A\mathrm{e}^{\mathrm{i}kz}+f(\theta)\frac{1}{r}\mathrm{e}^{\mathrm{i}kr} \tag{6.7.25}$$

由 $V(r)\xrightarrow[r\to\infty]{}0$，则 $r\to\infty$时 $u_l(r)$ 的渐近行为满足

$$\frac{\mathrm{d}^2u_l}{\mathrm{d}r^2}+k^2u_l=0 \tag{6.7.26}$$

它的解是

$$u_l(r)=A_l'\sin(kr+\delta_l') \tag{6.7.27}$$

由此有

$$R_l(r)\xrightarrow[r\to\infty]{}\frac{A_l'}{r}\sin(kr+\delta_l')=\frac{A_l}{kr}\sin\left(kr-\frac{l}{2}\pi+\delta_l\right) \tag{6.7.28}$$

式中，$A_l=kA_l'$，$\delta_l=\delta_l'+\frac{\pi}{2}l$ 是散射引起的分波的相位移动（简称相移）。由于散射过程中，能量守恒，k 不变；角动量守恒，l 不变，各分波独立散射；粒子数守恒，散射势不变化。因此可变化的只有相位。将式（6.7.28）代入式（6.7.21），得到式（6.7.19）的渐近解，即

$$\psi(r,\theta)\xrightarrow[r\to\infty]{}\sum_{l=0}\frac{A_l}{kr}\sin\left(kr-\frac{l}{2}\pi+\delta_l\right)P_l(\cos\theta) \tag{6.7.29}$$

式中，$P_l(\cos\theta)$ 是勒让德多项式，把式（6.7.29）写成式（6.7.25）的形式，就可以求得散射振幅 $f(\theta)$。

2）散射振幅和截面

将平面波 $\mathrm{e}^{\mathrm{i}kz}$ 按球面波展开，即

$$\mathrm{e}^{\mathrm{i}kz}=\mathrm{e}^{\mathrm{i}kr\cos\theta}=\sum_{l=0}^{\infty}(2l+1)\mathrm{i}^l j_l(kr)P_l(\cos\theta) \tag{6.7.30}$$

式中，$\mathrm{i}^l = \mathrm{e}^{\frac{\mathrm{i}}{2}l\pi}$，$j_l(kr)$ 是球面贝塞尔函数，它和贝塞尔函数 $J_{l+\frac{1}{2}}(kr)$ 的关系以及它们的渐近行为为

$$j_l(kr) = \sqrt{\frac{\pi}{2kr}} J_{l+\frac{1}{2}}(kr) \xrightarrow[r\to\infty]{} \frac{1}{kr}\sin\left(kr - \frac{l}{2}\pi\right) \tag{6.7.31}$$

将式（6.7.30）的渐近式代入式（6.7.25）中，并令它与式（6.7.29）相等，得

$$\begin{aligned} &\sum_{l=0}^{\infty}(2l+1)\mathrm{i}^l \frac{1}{kr}\sin\left(kr - \frac{l}{2}\pi\right)P_l(\cos\theta) + f(\theta)\frac{1}{r}\mathrm{e}^{\mathrm{i}kr} \\ &= \sum_{l=0} \frac{A_l}{kr}\sin\left(kr - \frac{l}{2}\pi + \delta_l\right)P_l(\cos\theta) \end{aligned} \tag{6.7.32}$$

利用公式 $\sin\alpha = \frac{1}{2\mathrm{i}}(\mathrm{e}^{\mathrm{i}\alpha} - \mathrm{e}^{-\mathrm{i}\alpha})$，将式（6.7.32）中的正弦函数写成指数函数，得

$$\begin{aligned} &\left[2k\mathrm{i}f(\theta) + \sum_{l=0}^{\infty}(2l+1)\mathrm{i}^l \mathrm{e}^{-\frac{\mathrm{i}}{2}l\pi}P_l(\cos\theta) - \sum_{l=0} A_l \mathrm{e}^{\mathrm{i}(\delta_l - \frac{1}{2}l\pi)}P_l(\cos\theta)\right]\mathrm{e}^{\mathrm{i}kr} \\ &+\left[\sum_{l=0}^{\infty}(2l+1)\mathrm{i}^l \mathrm{e}^{\frac{\mathrm{i}}{2}l\pi}P_l(\cos\theta) - \sum_{l=0} A_l \mathrm{e}^{-\mathrm{i}(\delta_l - \frac{1}{2}l\pi)}P_l(\cos\theta)\right]\mathrm{e}^{-\mathrm{i}kr} = 0 \end{aligned} \tag{6.7.33}$$

要使这个等式成立，式中 $\mathrm{e}^{\mathrm{i}kr}$ 和 $\mathrm{e}^{-\mathrm{i}kr}$ 前的系数必须分别等于零，于是有

$$2k\mathrm{i}f(\theta) + \sum_{l=0}^{\infty}(2l+1)\mathrm{i}^l \mathrm{e}^{-\frac{\mathrm{i}}{2}l\pi}P_l(\cos\theta) = \sum_{l=0} A_l \mathrm{e}^{\mathrm{i}(\delta_l - \frac{1}{2}l\pi)}P_l(\cos\theta) \tag{6.7.34}$$

$$\sum_{l=0}^{\infty}(2l+1)\mathrm{i}^l \mathrm{e}^{\frac{\mathrm{i}}{2}l\pi}P_l(\cos\theta) = \sum_{l=0} A_l \mathrm{e}^{-\mathrm{i}(\delta_l - \frac{1}{2}l\pi)}P_l(\cos\theta) \tag{6.7.35}$$

式（6.7.35）两边同乘 $P_{l'}(\cos\theta)$，对 θ 从 $0 \to \pi$ 积分，同时利用勒让德多项式的正交性

$$\int_0^{\pi} P_l(\cos\theta)P_{l'}(\cos\theta)\sin\theta\mathrm{d}\theta = \frac{2}{2l+1}\delta_{ll'} \tag{6.7.36}$$

可以得到

$$A_l = (2l+1)\mathrm{i}^l \mathrm{e}^{\mathrm{i}\delta_l} = (2l+1)\mathrm{e}^{\frac{\mathrm{i}}{2}l\pi}\mathrm{e}^{\mathrm{i}\delta_l} \tag{6.7.37}$$

将式（6.7.37）的结果代入式（6.7.34），得到

$$\begin{aligned} 2k\mathrm{i}f(\theta) &= \sum_{l=0}(2l+1)\mathrm{e}^{\frac{\mathrm{i}}{2}l\pi}\mathrm{e}^{\mathrm{i}\delta_l}\mathrm{e}^{\mathrm{i}(\delta_l - \frac{1}{2}l\pi)}P_l(\cos\theta) - \sum_{l=0}^{\infty}(2l+1)\mathrm{e}^{\frac{\mathrm{i}}{2}l\pi}\mathrm{e}^{-\frac{\mathrm{i}}{2}l\pi}P_l(\cos\theta) \\ &= \sum_{l=0}^{\infty}(2l+1)(\mathrm{e}^{2\mathrm{i}\delta_l} - 1)P_l(\cos\theta) \\ &= \sum_{l=0}^{\infty}(2l+1)P_l(\cos\theta)2\mathrm{i}\mathrm{e}^{\mathrm{i}\delta_l}\sin\delta_l \end{aligned} \tag{6.7.38}$$

$$f(\theta) = \frac{1}{k}\sum_{l=0}^{\infty}(2l+1)P_l(\cos\theta)\mathrm{e}^{\mathrm{i}\delta_l}\sin\delta_l \tag{6.7.39}$$

式（6.7.39）表明，可将求散射振幅 $f(\theta)$ 的问题归结为求 δ_l。从式（6.7.31）和式（6.7.28）可知，$\left(kr-l\dfrac{\pi}{2}\right)$ 是第 l 个分波的相移，$\left(kr-l\dfrac{\pi}{2}+\delta_l\right)$ 是散射波第 l 个分波的相移，所以 δ_l 是入射波经过散射后第 l 个分波的相移。δ_l 的具体数值要解出方程式（6.7.22）后才能求得。将式（6.7.39）代入式（6.7.18）中，得到微分散射截面的表示式为

$$q(\theta)=|f(\theta)|^2=\frac{1}{k^2}\left|\sum_{l=0}^{\infty}(2l+1)P_l(\cos\theta)\mathrm{e}^{\mathrm{i}\delta_l}\sin\delta_l\right|^2 \tag{6.7.40}$$

利用式（6.7.36），可得到总散射截面

$$\begin{aligned}
Q&=2\pi\int_0^{\pi}q(\theta)\sin\theta\mathrm{d}\theta\\
&=\frac{2\pi}{k^2}\sum_{l=0}^{\infty}\sum_{l'=0}^{\infty}(2l+1)(2l'+1)\\
&\quad\times\left[\int_0^{\pi}P_l(\cos\theta)P_{l'}(\cos\theta)\sin\theta\mathrm{d}\theta\right]\mathrm{e}^{\mathrm{i}\delta_l}\mathrm{e}^{\mathrm{i}\delta_{l'}}\sin\delta_l\sin\delta_{l'}\\
&=\frac{4\pi}{k^2}\sum_{l=0}^{\infty}\sum_{l'=0}^{\infty}(2l+1)(2l'+1)\frac{\delta_{ll'}}{2l+1}\mathrm{e}^{\mathrm{i}(\delta_l-\delta_{l'})}\sin\delta_l\sin\delta_{l'}\\
&=\frac{4\pi}{k^2}\sum_{l=0}^{\infty}(2l+1)\sin^2\delta_l\\
&=\sum_{l=0}^{\infty}Q_l
\end{aligned} \tag{6.7.41}$$

这里用到了勒让德多项式的正交性式（6.7.36），式（6.7.41）中

$$Q_l=\frac{4\pi}{k^2}(2l+1)\sin^2\delta_l \tag{6.7.42}$$

Q_l 是第 l 个分波的散射截面。

3）光学定理

由散射振幅表示式（6.7.39）可知，在 $\theta=0$ 处的散射振幅（向前的散射振幅）为

$$f(0)=\frac{1}{k}\sum_{l=0}^{\infty}(2l+1)\mathrm{e}^{\mathrm{i}\delta_l}\sin\delta_l P_l(1)=\frac{1}{k}\sum_{l=0}^{\infty}(2l+1)\mathrm{e}^{\mathrm{i}\delta_l}\sin\delta_l \tag{6.7.43}$$

$f(0)$的虚部是

$$\mathrm{Im}\,f(0)=\frac{1}{k}\sum_{l=0}^{\infty}(2l+1)\sin^2\delta_l \tag{6.7.44}$$

总散射截面又可写为

$$Q=\frac{4\pi}{k}\mathrm{Im}\,f(0) \tag{6.7.45}$$

式（6.7.45）称为光学定理。它表明向前（$\theta=0$）散射振幅的虚部与总散射截面成

正比，反映了散射中概率守恒的物理意义。在向前散射区域，入射平面波与散射球面波相消干涉，减少的概率流传播到其所有方向。这是碰撞过程中的一个普遍关系，适用于非弹性散射和吸收过程等各种情况。由此还可以得到向前散射的微分截面和总截面的关系

$$q(0)=|f(0)|^2=[\mathrm{Re}\,f(0)]^2+[\mathrm{Im}\,f(0)]^2\geqslant[\mathrm{Im}\,f(0)]^2=\left(\frac{k}{4\pi}\right)^2Q^2 \quad (6.7.46)$$

反过来可得到关于散射总截面的一个限制，即

$$Q\leqslant\frac{4\pi}{k}\sqrt{q(0)}=\frac{4\pi}{k}f(0) \quad (6.7.47)$$

4）分波近似

用分波法求散射截面问题可归为计算相移 δ_l。如果式（6.7.41）中级数收敛得很快，只须计算前几个分波的相移（δ_0，δ_1，δ_2，…）就可以得到足够准确的结果。但是，如果级数收敛得很慢，要得到较好的结果，就需要算出许多个分波的相移，通常计算相移是相当复杂的，这种情况下分波计算就变得很不方便。所以尽管从原则上说，分波法是解决散射问题的普遍方法，但在实际上，这个方法有一定的适用范围。以下对这问题进行具体分析。

设产生散射势 $U(r)$ 的作用范围是以散射中心为球心，以 a 为半径的球内区域，当 $r>a$ 时，$U(r)$ 的值可以略去不计，入射波主要在这个范围内受到散射，产生相移（图 6.7.3）。图中虚线表示入射波第 l 个分波的径向函数 $j_l(kr)$，实线表示散射波的第 l 个分波的径向函数 $R_l(r)$。

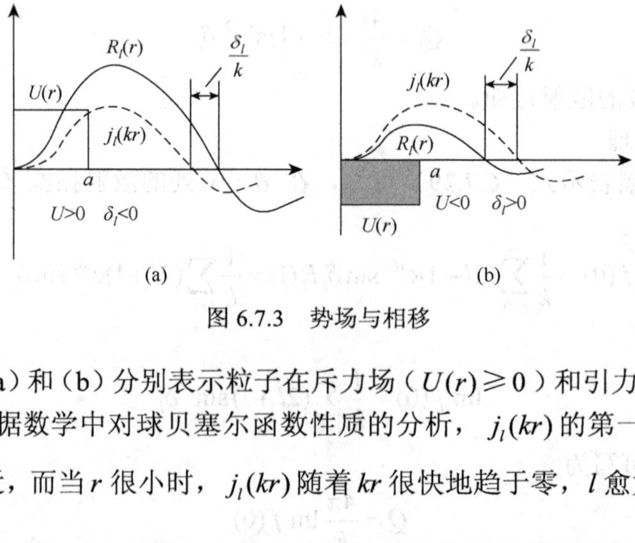

图 6.7.3　势场与相移

图 6.7.3（a）和（b）分别表示粒子在斥力场（$U(r)\geqslant 0$）和引力场（$U(r)\leqslant 0$）中的散射。根据数学中对球贝塞尔函数性质的分析，$j_l(kr)$ 的第一个极大值的位置在 $r=\frac{l}{k}$ 附近，而当 r 很小时，$j_l(kr)$ 随着 kr 很快地趋于零，l 愈大，$j_l(kr)$ 趋于零也就愈快。如果 $j_l(kr)$ 的第一个极大值位于势场作用的范围以外，即 $\frac{l}{k}>a$，则

在势场作用范围（$r \leqslant a$）内，$j_l(kr)$ 的值很小，亦即第 l 个分波受到势场的影响很小，散射所产生的相移 δ_l 可略去不计。这样，相移 δ_l 只要从 $l=0$ 算到 $\delta_l \sim ka$ 就够了。特别是当势场作用范围 a 小或是入射粒子能量低（波数小），致使 $ka \ll 1$ 时，只须计算一个相移 δ_l（s 波的相移 δ_0）就能很准确地得出散射截面。由此可见，分波法在低能散射的情况下最为适用。

这个结论也可以从准经典估计得出。当动量 $p=\hbar k$ 的入射粒子的角动量 L 大于 $pa=\hbar ka$ 时，粒子轨道与散射中心的距离大于 a，即轨道在势场作用球（范围）之外，势场对粒子不产生散射。量子力学中角动量 L 又可表示为 $l\hbar$（l 为轨道角动量量子数），势场散射的条件为

$$L \leqslant pa \text{ 或 } l \leqslant ka \tag{6.7.48}$$

这就是上述结论。

6.7.3　方形势阱与势垒的散射

分波法应用于低能粒子受到球对称方形势阱的散射，入射粒子能量很小，它的德布罗意波长比势场作用范围大得多，质子和中子的低能散射可以近似地归结为这种情况。不考虑自旋时，质子与中子的相互作用势场可以近似地表示为

$$U_l(r)=\begin{cases}U_0, & r<a\\ 0, & r>a\end{cases} \tag{6.7.49}$$

在势阱情况下 $U_0<0$。因为 $\hbar/p \gg 1/k \gg a$，即 $ka \ll 1$，所以只讨论 s 波（$l=0$）的散射。这时径向方程为

$$\frac{1}{r^2}\frac{\mathrm{d}}{\mathrm{d}r}\left(r^2\frac{\mathrm{d}R(r)}{\mathrm{d}r}\right)+\left(\frac{2mE}{\hbar^2}-\frac{2mU_0}{\hbar^2}\right)R(r)=0, \quad r<a \tag{6.7.50}$$

$$\frac{1}{r^2}\frac{\mathrm{d}}{\mathrm{d}r}\left(r^2\frac{\mathrm{d}R(r)}{\mathrm{d}r}\right)+\frac{2mE}{\hbar^2}R(r)=0, \quad r>a \tag{6.7.51}$$

令

$$\begin{cases}R(r)=\dfrac{u(r)}{r}\\ k^2=\dfrac{2mE}{\hbar^2}\\ k'^2=k^2-\dfrac{2mU_0}{\hbar^2}\end{cases} \tag{6.7.52}$$

将式（6.7.52）代入径向方程式（6.7.50）和式（6.7.51）中，得

$$\frac{\mathrm{d}^2u(r)}{\mathrm{d}r^2}+k'^2u(r)=0, \quad r<a \tag{6.7.53}$$

$$\frac{\mathrm{d}^2u(r)}{\mathrm{d}r^2}+k^2u(r)=0, \quad r>a \tag{6.7.54}$$

式（6.7.53）和式（6.7.54）的解分别为

$$u(r)=A\sin(k'r+\delta_0'), \quad r<a \tag{6.7.55}$$

$$u(r)=B\sin(kr+\delta_0), \quad r>a \tag{6.7.56}$$

由边界条件 $R(r)=\dfrac{u(r)}{r}$ 在 $r=0$ 时为有限，要求 $u(0)=\sin\delta_0'=0$，于是 $\delta_0'=0$。在 $r=a$ 处 $\dfrac{1}{u}\dfrac{\mathrm{d}u}{\mathrm{d}r}$ 连续（这个条件等同于 $\dfrac{1}{R}\dfrac{\mathrm{d}R}{\mathrm{d}r}$ 在 $r=a$ 处连续），可得

$$k'\cot k'a=k\cot(ka+\delta_0) \tag{6.7.57}$$

则得到相移

$$\delta_0=\tan^{-1}\left(\frac{k}{k'}\tan k'a\right)-ka \tag{6.7.58}$$

于是由式（6.7.41）得到总散射截面为

$$Q\approx Q_0=\frac{4\pi}{k^2}\sin^2\delta_0=\frac{4\pi}{k^2}\sin^2\left[\arctan\left(\frac{k}{k'}\tan k'a\right)-ka\right] \tag{6.7.59}$$

在粒子能量很低 $k\to0$ 的低能散射情况下，因为 $x\to0$ 时 $\tan^{-1}x\approx x$，所以相移式（6.7.58）可简化为

$$\delta_0=ka\left(\frac{\tan k'a}{k'a}-1\right)\approx ka\left(\frac{\tan k_0a}{k_0a}-1\right)\ll1 \tag{6.7.60}$$

式中

$$k_0=\frac{\sqrt{2m|U_0|}}{\hbar}\approx k' \tag{6.7.61}$$

相应的式（6.7.59）化为

$$Q\approx Q_0=\frac{4\pi}{k^2}\sin^2\delta_0=\frac{4\pi}{k^2}\delta_0^2\approx4\pi a^2\left(\frac{\tan k_0a}{k_0a}-1\right)^2 \tag{6.7.62}$$

这就得到了一个重要结果：对于低能散射（$k\to0$），散射截面与角度无关，散射是各向同性的，而且与入射粒子的能量无关。

势阱散射的两种特殊情况：

（1）如果势阱足够深，使得

$$\frac{\tan k'a}{k'a}=\frac{\tan ka}{ka} \tag{6.7.63}$$

由式（6.7.58）知，s 分波的相移 δ_0 接近于 0，从而散射截面为零。如果入射粒子的能量又很低，$k\ll1$，而 $l\geqslant1$ 的分波对散射截面的贡献都可以忽略不计，则总的散射截面等于零，即

$$Q\approx Q_0=0 \tag{6.7.64}$$

即对于特定能量值（特定的 k 值）的入射粒子，总散射截面为零。1921 年冉绍尔（Ramsauer）和汤森（Townsend）用低能电子碰撞惰性气体氩、氪、氙等原子，当入射电子能量分别为 0.37eV，0.60eV，0.65eV 时，就观察不到散射现象，这称为冉绍尔-汤森效应。

（2）在总散射截面公式（6.7.62）中，当

$$k_0 a = (2n+1)\frac{\pi}{2} \tag{6.7.65}$$

即 $k_0 a$ 是 $\pi/2$ 的奇数倍时，散射截面变为无穷大，这显然是没有物理意义的，这种情况下式（6.7.60）不再成立，这一特殊情况需要专门讨论。此情况中，入射粒子的能量 $k\to 0$ 时，也就是入射粒子能量十分接近于势阱束缚态的能量，几乎和束缚态产生共振，散射截面将变得很大，这种现象称为共振弹性散射。

如果散射场不是势阱而是方势垒，即 $U_0>0$，那么在式（6.7.62）中将 k_0 用 $\mathrm{i}k_0$ 表示，$k\to 0$ 时总散射截面为

$$Q \approx 4\pi a^2 \left(\frac{\mathrm{th}k_0 a}{k_0 a} - 1\right)^2 \tag{6.7.66}$$

当 $U_0\to 0$，$k_0\to 0$ 时，有

$$\mathrm{th}k_0 a = \frac{\mathrm{e}^{k_0 a} - \mathrm{e}^{-k_0 a}}{\mathrm{e}^{k_0 a} + \mathrm{e}^{-k_0 a}} \to 1 \tag{6.7.67}$$

将式（6.7.67）代入式（6.7.65）得

$$Q \approx 4\pi a^2 \tag{6.7.68}$$

在这种情况下，总散射截面等于半径为 a 的球面积，它与经典情况不同。在经典情况下，总散射截面就是作为散射中心的硬球的最大截面面积，即 πa^2，所以量子力学中计算得到的截面是经典的 4 倍。

以上讨论可以看到，在给定粒子相互作用的势场 $U(r)$后，用分波法可以求出低能散射的相移和散射截面。如果不知道势场 $U(r)$的具体形式，则可先由实验测定散射截面和相移，然后通过分波法所给出的势场和相移的关系来确定势场，这是研究基本粒子间相互作用常用的方法。

6.7.4　玻恩近似

1）微分散射截面

玻恩近似实际上就是连续谱的微扰论，即把碰撞粒子的相互作用势能 $U(r)$当作微扰来处理。

弹性散射哈密顿算符写为

$$\hat{H} = \hat{H}_0 + \hat{H}' \tag{6.7.69}$$

其中，$\hat{H}_0=\dfrac{\hat{p}^2}{2m}$ 是自由粒子的哈密顿算符；$\hat{H}'=\hat{U}(r)$ 是微扰（散射势）哈密顿算符。

取箱归一化的动量本征函数 $L^{-\frac{3}{2}}\mathrm{e}^{\mathrm{i}\boldsymbol{k}\cdot\boldsymbol{r}}$ 作为 $\hat{H}_0$ 的本征函数，这种归一化描写在体积 L^3 的箱内有一个粒子，微扰使粒子从动量为 $\hbar\boldsymbol{k}$ 的初态跃迁到动量为 $\hbar\boldsymbol{k}'$ 的末态。根据能量守恒，有

$$|\boldsymbol{k}'|^2=|\boldsymbol{k}|^2\equiv k^2 \tag{6.7.70}$$

入射粒子流强度为 vL^{-3}，其中 $v=\hbar k/m$，根据式（6.7.4），单位时间内散射到立体角 $\mathrm{d}\Omega$ 内的粒子数为

$$\mathrm{d}n=vL^{-3}q(\theta,\varphi)\mathrm{d}\Omega \tag{6.7.71}$$

另一方面根据式（6.5.31），动量大小为 $\hbar k$，方向在立体角 $\mathrm{d}\Omega$ 内的末态密度为

$$\rho(m)=\left(\frac{L}{2\pi\hbar}\right)^3 m\hbar k\mathrm{d}\Omega \tag{6.7.72}$$

入射粒子在散射势（微扰）作用下，单位时间内散射到立体角 $\mathrm{d}\Omega$ 内（跃迁到动量 $\hbar\boldsymbol{k}'$ 的末态）的粒子数

$$\begin{aligned}\mathrm{d}n&=\frac{2\pi}{\hbar}\left|-L^{-3}\int U(\boldsymbol{r})\mathrm{e}^{\mathrm{i}(\boldsymbol{k}'-\boldsymbol{k})\cdot\boldsymbol{r}}\mathrm{d}\boldsymbol{r}\right|^2\frac{L^3mk}{8\pi^3\hbar^3}\mathrm{d}\Omega\\&=vL^{-3}\frac{mk}{4\pi^2\hbar^3v}\left|-\int U(\boldsymbol{r})\mathrm{e}^{\mathrm{i}(\boldsymbol{k}'-\boldsymbol{k})\cdot\boldsymbol{r}}\mathrm{d}\boldsymbol{r}\right|^2\end{aligned} \tag{6.7.73}$$

比较式（6.7.71）和式（6.7.73），可得

$$q(\theta)=\frac{m^2}{4\pi^2\hbar^4}\left|-\int U(\boldsymbol{r})\mathrm{e}^{\mathrm{i}(\boldsymbol{k}'-\boldsymbol{k})\cdot\boldsymbol{r}}\mathrm{d}\boldsymbol{r}\right|^2 \tag{6.7.74}$$

式中，绝对值符号内保留负号是因为用其他方法计算出的散射振幅 $f(\theta)$ 有一负号。引入矢量

$$\boldsymbol{K}=\boldsymbol{k}'-\boldsymbol{k} \tag{6.7.75}$$

它的大小是

$$K=2k\sin\frac{\theta}{2} \tag{6.7.76}$$

式中，θ 是入射粒子方向和散射粒子方向间的夹角（图 6.7.4），称为散射角；$\hbar\boldsymbol{K}$ 是散射过程中的动量转移。

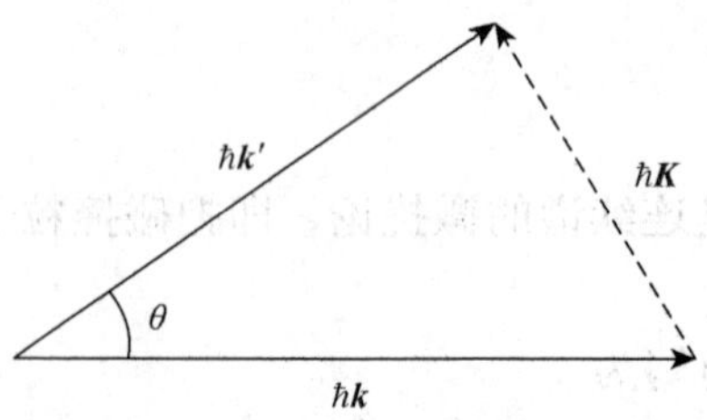

图 6.7.4　动量转移

对于中心势场，式（6.7.74）的积分简化为

$$\begin{aligned}\int U(\boldsymbol{r})\mathrm{e}^{\mathrm{i}(\boldsymbol{k}'-\boldsymbol{k})\cdot\boldsymbol{r}}\mathrm{d}\boldsymbol{r}&=2\pi\int_0^{\infty}U(r)r^2\mathrm{d}r\int_0^{\pi}\mathrm{e}^{-\mathrm{i}Kr\cos\theta}\sin\theta\mathrm{d}\theta\\&=\frac{4\pi}{K}\int_0^{\infty}rU(r)\sin(Kr)\mathrm{d}r\end{aligned}\tag{6.7.77}$$

这里利用了数学关系：$\sin x=\dfrac{\mathrm{e}^{\mathrm{i}x}-\mathrm{e}^{-\mathrm{i}x}}{2\mathrm{i}}$，因而

$$q(\theta)=\frac{4m^2}{K^2\hbar^4}\left|\int rU(r)\sin(Kr)\mathrm{d}r\right|^2\tag{6.7.78}$$

式（6.7.78）就是微分散射截面的玻恩近似，若 $U(\boldsymbol{r})$ 已知，即可求出微分散射截面。

2）玻恩近似的成立条件

由 6.7.2 节的讨论，如果散射波的相移很小，特别是 s 分波的相移很小，就说明势场对散射波的影响很小，因而把散射势场看作微扰是合理的，所以分析 s 分波相移就可以得出玻恩近似成立的条件。

由式（6.7.57），注意到 $k'=k\left(1-\dfrac{U_0}{E}\right)^{\frac{1}{2}}$，得

$$k\left(1-\frac{U_0}{E}\right)^{\frac{1}{2}}\cot\left[ka\left(1-\frac{U_0}{E}\right)^{\frac{1}{2}}\right]=k\cot(ka+\delta_0)\tag{6.7.79}$$

当粒子能量很高时，$E\gg U_0$，$\left(1-\dfrac{U_0}{E}\right)^{\frac{1}{2}}\approx1-\dfrac{U_0}{2E}$，于是式（6.7.79）左边余切宗量可以写为

$$ka\left(1-\frac{U_0}{2E}\right)=ka-\frac{kaU_0}{2E}\tag{6.7.80}$$

当此宗量与 ka 只相差一个小角时，则相移就很小，于是玻恩近似有效的条件是

$$\left|\frac{kaU_0}{2E}\right|=\left|\frac{aU_0}{\hbar v}\right|\ll1\tag{6.7.81}$$

式中，v 是入射粒子的经典速度。由此可见，玻恩近似适用于粒子的高能散射。分波法则适用于低能散射。

在势阱情况下（$U_0<0$），玻恩近似对低能散射也可能有效，由式（6.7.79），当 $ka\ll1,E\ll|U_0|$ 时，有

$$\tan\delta_0\approx\left(\frac{E}{U_0}\right)^{\frac{1}{2}}\tan\left[\frac{(-2mU_0)^{\frac{1}{2}}a}{\hbar}\right]\tag{6.7.82}$$

所以只要 $\dfrac{(-2mU_0)^{\frac{1}{2}}a}{\hbar}$ 不是很接近于 $\dfrac{\pi}{2}$，则 δ_0 就很小，于是玻恩近似就可以应用。

3）高速带电粒子被中性原子的散射

高速带电粒子（带电 $Z'e$）被一个中性原子散射，原子核所产生的电场被原子内部的电子所屏蔽，这种屏蔽库仑场可以表示为

$$U(r) = -\frac{ZZ'e_s^2}{r}\mathrm{e}^{-\frac{r}{a}} \tag{6.7.83}$$

式中，a 为原子半径；Z 为原子序数；e_s 的定义见式（5.2.2）。

将式（6.7.83）代入式（6.7.78）中，得

$$q(\theta) = \frac{4m^2Z^2Z'^2e_s^4}{K^2\hbar^4}\left|\int_0^\infty \sin Kr\mathrm{e}^{-\frac{r}{a}}\mathrm{d}r\right|^2 = \frac{4m^2Z^2Z'^2e_s^4}{\hbar^4}\frac{1}{\left(K^2+\dfrac{1}{a^2}\right)^2} \tag{6.7.84}$$

如果

$$Ka = 2ka\sin\frac{\theta}{2} \gg 1 \tag{6.7.85}$$

则式（6.7.84）中分母内的 $1/a^2$ 项可以略去，得到的微分散射截面为

$$q(\theta) = \frac{Z^2Z'^2e_s^4}{4m^2v^4}\csc^4\frac{\theta}{2} \tag{6.7.86}$$

式（6.7.86）就是卢瑟福散射公式，它首先由卢瑟福用经典力学的方法计算库仑散射（不考虑屏蔽作用）得出，这说明式（6.7.85）是经典力学方法可以适用的条件。式（6.7.85）要求散射角 θ 比较大，能量比较大，这时散射在原子核附近，即入射粒子深入到原子内部，因而核外电子不起屏蔽作用。当 θ 很小时，条件式（6.7.85）不被满足，卢瑟福散射公式不能成立，这时就必须用公式（6.7.84）。

6.8 质心系与实验室坐标系

在质心系中两粒子的碰撞问题可以归结为一个粒子在力场中散射的问题，因而使计算比较简单。但是实验结果的测量通常是在实验室坐标系（固定在实验室中的坐标系）中进行的。为了把计算得出的散射截面变换到实验室坐标系中去，必须把质心系中的角度 θ 变换到实验室坐标系中去。

设碰撞过程是质量为 m_1，速度为 $\boldsymbol{v}_1$ 的粒子沿 z 轴撞击质量为 m_2 的粒子，后者在被撞击前静止于实验室坐标系中，则两粒子的质量中心以速度

$$\boldsymbol{v}_M = \frac{m_1\boldsymbol{v}_1}{m_1+m_2} \tag{6.8.1}$$

运动（图 6.8.1（a））。

在质心坐标系中粒子 m_1 的运动速度是

$$\boldsymbol{v}_1' = \boldsymbol{v}_1 - \frac{m_1\boldsymbol{v}_1}{m_1 + m_2} = \frac{m_2\boldsymbol{v}_1}{m_1 + m_2} \tag{6.8.2}$$

粒子 m_2 的运动速度是（图 6.8.1（b））

$$\boldsymbol{v}_2' = -\frac{m_1\boldsymbol{v}_1}{m_1 + m_2} \tag{6.8.3}$$

碰撞后两粒子由质量中心向两边以相反的方向运动，每个粒子运动速度的大小与碰撞前相同（这可由动量守恒定律和能量守恒定律来证明）。设碰撞后粒子 m_1 的速度 $\boldsymbol{u}_1'$ 与 z 轴成 θ 角，它的大小为

$$u_1' = \frac{m_2 v_1}{m_1 + m_2} \tag{6.8.4}$$

设在实验室坐标系中，m_1 在碰撞后的速度 $\boldsymbol{u}_1$ 与 z 轴成 θ_0 角（图 6.8.1（c）），因为

$$\boldsymbol{u}_1 = \boldsymbol{v}_m + \boldsymbol{u}_1' \tag{6.8.5}$$

所以

$$u_1 \cos\theta_0 = v_m + u_1' \cos\theta \tag{6.8.6}$$

$$u_1 \cos\theta_0 = u_1' \sin\theta \tag{6.8.7}$$

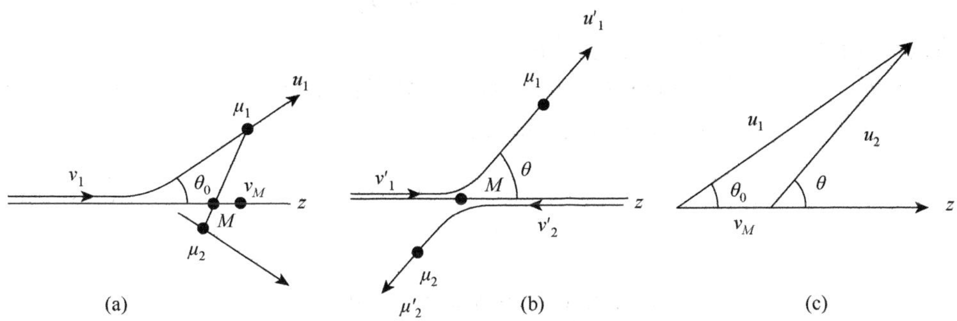

图 6.8.1　质心系与实验室坐标系

（a）在实验室坐标系中两粒子的碰撞；（b）在质心系中两粒子的碰撞；（c）实验室坐标系与质心系中散射角的关系

以式（6.8.6）两边除式（6.8.7）两边，并注意

$$\frac{u_1'}{v_m} = \frac{m_2}{m_1} \tag{6.8.8}$$

则得

$$\tan\theta_0 = \frac{m_2 \sin\theta}{m_1 + m_2 \cos\theta} \tag{6.8.9}$$

式（6.8.9）就是两坐标系中散射角之间的关系。

根据微分散射截面的定义式（6.7.4），由于$\frac{dn}{J_1}$在两坐标系中应该是相同的，因此

$$q(\theta,\varphi)d\Omega = q(\theta_0,\varphi_0)d\Omega_0 \tag{6.8.10}$$

即

$$q(\theta,\varphi)\sin\theta d\theta d\varphi = q(\theta_0,\varphi_0)\sin\theta_0 d\theta_0 d\varphi_0 \tag{6.8.11}$$

因为$d\varphi = d\varphi_0$，所以

$$q(\theta,\varphi)\sin\theta d\theta = q(\theta_0,\varphi_0)\sin\theta_0 d\theta_0 \tag{6.8.12}$$

由式（6.8.9）得

$$\cos\theta_0 = \frac{m_1 + m_2\cos\theta}{\sqrt{m_1^2 + m_2^2 + 2m_1m_2\cos\theta}} \tag{6.8.13}$$

将式（6.8.13）进行微分，得到

$$\sin\theta_0 d\theta_0 = \frac{m_2^2(m_2 + m_1\cos\theta)}{(m_1^2 + m_2^2 + 2m_1m_2\cos\theta)^{\frac{3}{2}}}\sin\theta d\theta \tag{6.8.14}$$

将式（6.8.14）代入式（6.8.12）中，得到两个坐标系中微分散射截面的变换关系

$$q(\theta_0,\varphi_0) = \frac{(m_1^2 + m_2^2 + 2m_1m_2\cos\theta)^{\frac{3}{2}}}{m_2^2|m_2 + m_1\cos\theta|}q(\theta,\varphi) \tag{6.8.15}$$

总散射截面在两个坐标系中是相同的。

当$m_2 \gg m_1$时，质心可以认为是在m_2上，这时两坐标系重合，即由式（6.8.9）与式（6.8.15）知$\theta = \theta_0$，$q(\theta_0,\varphi_0) = q(\theta,\varphi)$。

参 考 文 献

[1] 吴芝兰，郑钦贵. 诺贝尔物理学奖获得者. 福州：福建教育出版社，1983：90-94.

[2] 周世勋. 量子力学教程. 2 版. 北京：高等教育出版社，2009：146.

[3] 索科洛夫 A A，罗斯库托夫 Ю M，捷尔诺夫 И M. 量子力学原理及其应用. 上海：上海科学技术出版社，1983：268-269.

第 7 章　量子力学与原子、分子及量子阱

原子由原子核和核外电子构成，具有一定的稳定性，在周期表上有确定位置。各种原子的运动规律非常复杂，原子和原子又结合成了千百万形形色色的分子，它们具有更为复杂的运动规律。构成宏观物质世界的各种物体中，有较简单的由单原子组成的物质和单分子组成的物质，以及由数目巨大的比较复杂的分子组成的物质。这些宏观物质形态各异，但无论它们的结构层次还是其内部的运动变化，都是受量子力学理论支配的。因此，可以说量子力学是支配整个物质世界运动的根本规律。

把量子力学应用于各种具体问题，一般在数学上无法得到解析解，都需要作各种近似计算，对于原子、分子的应用证明，计算的精度越高（即近似计算的级次越高），同实验符合得越好。无数实验结果证明，量子力学在微观世界的低能领域是完全正确的理论。

7.1　原子的结构

两个粒子能够结合在一起，形成稳定的束缚态，二者之间需要引力的作用。如果二者远离时取引力势能为零，则二者相互靠近时引力势能要减小为负值。反之对于有斥力作用的两个粒子，若也取二者远离时势能为零，则二者靠近需要外力做功，这时势能为正，愈靠近势能愈大。考虑粒子运动过程中的动能，系统总会释放能量（对外做功）而使自己的总能量减少，当总能量减至最少时，便达到了稳定状态。

7.1.1　原子电子的壳层结构

原子是由一个带有 Z 个正电荷的原子核和核外的 Z 个电子组成的稳定的束缚态。Z 是原子序数，是不同原子的最重要的特征。原子核带有的正电荷量和核外电子的负电荷量完全相等，原子显示电中性。

原子的性质取决于原子的结构，也就是取决于原子中电子所处的状态。电子状态用下面四个量子数表征：

（1）主量子数 $n=1,2,3,\cdots$，代表电子运动区域的大小和原子能量的主要部分，即

$$E_n=-\frac{mZ^2e_s^4}{2\hbar^2n^2} \tag{7.1.1}$$

（2）轨道量子数 $l=0,1,2,\cdots,n-1$，代表轨道形状和轨道角动量，也和能量有关。

（3）磁量子数 $m_l=0,\pm1,\pm2,\cdots,\pm l$，代表轨道在空间的可能取向，也代表轨道角动量在某一特殊方向的分量。

（4）自旋取向量子数 $m_s=\pm\frac{1}{2}$，代表电子自旋的取向，也代表电子自旋在某一特殊方向的分量。

电子排布服从泡利不相容原理，即原子中不能有两个电子处于同一个状态，也就是说不能有两个电子具有相同的量子数。因此，核外电子是分布在不同状态的。

原子中主量子数 n 相同的电子构成一个壳层，同一个壳层中不同的轨道量子数 l，又分成了不同的次壳层。在每一个壳层中，可以有 $2l+1$ 个 m_l；每一个 m_l，又可有两个 m_s。由此，每一个 l，可以有 $l=0,1,2,\cdots,n-1$ 个不同的状态。也就是说每一个壳层中可以排布的最多电子数是 $N_l=2(2l+1)$ 个。

对于每一个主量子数 n，轨道量子数 l 可以有 n 个。因此，每一个 n 可以有的状态数，也就是可以容纳的最多电子数

$$N_n=\sum_{l=0}^{n-1}2(2l+1)=2n^2 \tag{7.1.2}$$

原子中主量子数 $n=1,2,3,4,5,6,7,\cdots$ 的壳层分别表示为 K，L，M，N，O，P，Q 等，轨道量子数 $l=0,1,2,\cdots,n-1$ 的次壳层分别表示为 s，p，d，f，g，h 等，每一壳层都可容纳一定的最多电子数。

7.1.2　原子的薛定谔方程

物质是由原子、分子组成的多荷电粒子体系，这个体系的能量包括核动能 $\hat{T}_{\mathrm{N}}$，电子动能 $\hat{T}_{\mathrm{e}}$，电子在核电场中的势能 V_{eN}，以及核外电子相互作用势能 V_{ee} 等项，它们分别为

$$\hat{T}_{\mathrm{N}}=-\sum_j\frac{\hbar^2}{2M_j}\nabla_{R_j}^2 \tag{7.1.3}$$

$$\hat{T}_{\mathrm{e}}=-\sum_i\frac{\hbar^2}{2m_i}\nabla_{r_i}^2 \tag{7.1.4}$$

$$V_{\mathrm{ee}}=\frac{1}{2}\sum_{i\neq j}\frac{e_s^2}{|r_i-r_j|} \tag{7.1.5}$$

$$V_{\mathrm{eN}}=-\sum_i\frac{Ze_s^2}{|r_i-R|} \tag{7.1.6}$$

在不考虑电子自旋的情况下，原子体系的哈密顿算符为 $\hat{H}=\hat{T}_{\mathrm{N}}+\hat{T}_{\mathrm{e}}+V_{\mathrm{NN}}+V_{\mathrm{ee}}+V_{\mathrm{eN}}$，体系的薛定谔方程

$$[\hat{T}_{\mathrm{N}}+\hat{T}_{\mathrm{e}}+V_{\mathrm{ee}}+V_{\mathrm{eN}}]\Psi(r,R)=E^{\mathrm{T}}\Psi(r,R) \tag{7.1.7}$$

式中，E^{T}、$\Psi(r,R)$分别是原子体系的能量和本征函数。该方程是多电子原子的非相对论量子力学的基本方程，$Z=1$是氢原子的薛定谔方程，5.2 节已严格求解。$Z=2$是氦原子的薛定谔方程，7.2 节给出氦原子基态问题的近似解。$Z\geqslant 3$必须经过合理的简化和近似求解。

7.2　氦　原　子

氦是首先在太阳光谱中被发现的。1868 年，法国天文学家让桑（Janssen）在分析太阳光谱时偶然注意到一条波长为 586.5nm 的黄色谱线，这条谱线不属于当时已知元素的光谱线，让桑认为这是一种未知元素的光谱线，他把这种未知的新元素命名为氦。氦元素的英文为“Helium”，这个词源于希腊文“Helios”，意思是“太阳”，因此氦元素也称为太阳元素。氦元素的这条谱线与钠原子的 D1 和 D2 线非常接近，因此又被称为 D3 线。

氦原子是由带正电荷 $2e$ 的原子核与核外两个电子组成的体系，是最简单的多电子原子。氦原子中除了核和两个电子的库仑相互作用外，还有两个电子之间的库仑相互作用，以及每个电子的自旋-轨道相互作用、一个电子的自旋和另一个电子的轨道相互作用、两个电子之间的轨道-轨道相互作用和自旋-自旋相互作用等。因此氦原子中的相互作用要远比氢原子复杂。在此不涉及氦原子的能级精细结构，则可以忽略较小的相互作用，只计及氦原子中的库仑相互作用。氦原子核的质量远大于核外电子的质量，因此可以认为核是固定不动的，氦原子的哈密顿算符可写为

$$\hat{H}=-\frac{\hbar^2}{2m_{\mathrm{e}}}\nabla_1^2-\frac{\hbar^2}{2m_{\mathrm{e}}}\nabla_2^2-\frac{2e_s^2}{r_1}-\frac{2e_s^2}{r_2}+\frac{e_s^2}{r_{12}} \tag{7.2.1}$$

式中，m_{e} 是电子质量，r_1和r_2分别是第一个电子和第二个电子到核的距离，$r_{12}=|\boldsymbol{r}_1-\boldsymbol{r}_2|$是两个电子之间的距离，$e_s$的定义见式（5.2.2）。等号右边第一项和第二项分别是第一个电子和第二电子的动能，第三项和第四项分别是第一个电子和第二电子在核库仑场中的势能，最后一项是两个电子的静电相互作用能量。$\hat{H}$ 中不含自旋变量，定态波函数写为

$$\Phi(\boldsymbol{r}_1,\boldsymbol{r}_2,s_{1z},s_{2z})=\psi(\boldsymbol{r}_1,\boldsymbol{r}_2)\chi(s_{1z},s_{2z}) \tag{7.2.2}$$

其中，坐标波函数$\psi(\boldsymbol{r}_1,\boldsymbol{r}_2)$是哈密顿算符$\hat{H}$的本征函数

$$\hat{H}\psi(\boldsymbol{r}_1,\boldsymbol{r}_2)=E\psi(\boldsymbol{r}_1,\boldsymbol{r}_2) \tag{7.2.3}$$

利用微扰法求氦原子的能量。令

$$\hat{H}^{(0)}=-\frac{\hbar^2}{2m_{\mathrm{e}}}\nabla_1^2-\frac{\hbar^2}{2m_{\mathrm{e}}}\nabla_2^2-\frac{2e_s^2}{r_1}-\frac{2e_s^2}{r_2} \tag{7.2.4}$$

$$\hat{H}' = \frac{e_s^2}{r_{12}} \tag{7.2.5}$$

则

$$\hat{H} = \hat{H}^{(0)} + \hat{H}' \tag{7.2.6}$$

算符 $\hat{H}^{(0)}$ 是两个类氢原子（$Z=2$）的哈密顿算符之和。因而它的本征值是两个类氢原子中电子能量之和，本征函数是两个类氢原子波函数之积。以 ε_i 和 ψ_i 表示类氢原子的能级和波函数

$$\left(-\frac{\hbar^2}{2m_e}\nabla^2 - \frac{2e_s^2}{r}\right)\psi_i = \varepsilon_i \psi_i \tag{7.2.7}$$

$\hat{H}^{(0)}$ 的本征值为

$$E_0 = \varepsilon_n + \varepsilon_m \tag{7.2.8}$$

相应的对称本征函数和反对称本征函数分别为

$$\psi_S^{(0)}(\boldsymbol{r}_1, \boldsymbol{r}_2) = \psi_n(\boldsymbol{r}_1)\psi_n(\boldsymbol{r}_2) \tag{7.2.9}$$

$$\psi_S^{(0)}(\boldsymbol{r}_1, \boldsymbol{r}_2) = \frac{1}{\sqrt{2}}[\psi_n(\boldsymbol{r}_1)\psi_m(\boldsymbol{r}_2) + \psi_m(\boldsymbol{r}_1)\psi_n(\boldsymbol{r}_2)] \quad (n \neq m) \tag{7.2.10}$$

$$\psi_A^{(0)}(\boldsymbol{r}_1, \boldsymbol{r}_2) = \frac{1}{\sqrt{2}}[\psi_n(\boldsymbol{r}_1)\psi_m(\boldsymbol{r}_2) - \psi_m(\boldsymbol{r}_1)\psi_n(\boldsymbol{r}_2)] \quad (n \neq m) \tag{7.2.11}$$

式（7.2.9）～式（7.2.11）表示 $\hat{H}$ 的零级近似波函数。由它们可以求出能量一级修正。对于基态氦原子的对称波函数只能是式（7.2.9）的形式，故

$$\psi_S^{(0)}(\boldsymbol{r}_1, \boldsymbol{r}_2) = \psi_{100}(\boldsymbol{r}_1)\psi_{100}(\boldsymbol{r}_2) = \frac{8}{\pi a_0^3}\mathrm{e}^{-\frac{2}{a_0}(r_1+r_2)} \tag{7.2.12}$$

能量的一级修正为

$$\begin{aligned} E_0^{(1)} &= \iint \psi_S^{(0)*}\frac{e_s^2}{r_{12}}\psi_S^{(0)}\mathrm{d}\tau_1\mathrm{d}\tau_2 \\ &= \iint \psi_{100}^*(\boldsymbol{r}_1)\psi_{100}^*(\boldsymbol{r}_2)\frac{e_s^2}{|\boldsymbol{r}_1 - \boldsymbol{r}_2|}\psi_{100}(\boldsymbol{r}_1)\psi_{100}(\boldsymbol{r}_2)\mathrm{d}\tau_1\mathrm{d}\tau_2 \\ &= \left(\frac{8e_s}{\pi a_0^3}\right)^2 \iint \frac{1}{|\boldsymbol{r}_1 - \boldsymbol{r}_2|}\exp\left[-\frac{4}{a_0}(r_1 + r_2)\right]\mathrm{d}\tau_1\mathrm{d}\tau_2 \\ &= \left(\frac{8e_s}{\pi a_0^3}\right)^2 \int I_2(r_1)\mathrm{e}^{-\frac{4}{a_0}r_1}\mathrm{d}\tau_1 \end{aligned} \tag{7.2.13}$$

式中

$$I_2 = \int \frac{1}{|\boldsymbol{r}_1 - \boldsymbol{r}_2|}\mathrm{e}^{-\frac{4r_2}{a_0}}\mathrm{d}\tau_2 \tag{7.2.14}$$

为计算积分 I_2，固定 $\boldsymbol{r}_1$ 不变，选择 $\boldsymbol{r}_2$ 的坐标系，使 $\boldsymbol{r}_1$ 沿 z_2 轴方向（图 7.2.1）。于是

$$r_{12}=|\boldsymbol{r}_1-\boldsymbol{r}_2|=\sqrt{r_1^2+r_2^2-2r_1r_2\cos\theta_2} \tag{7.2.15}$$

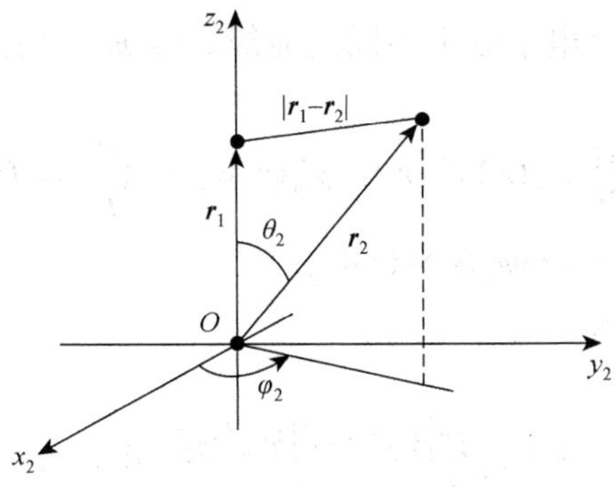

图 7.2.1　关于 r_2 的坐标系

将式（7.2.15）代入式（7.2.14）有

$$\begin{aligned}I_2&=\int\frac{1}{|\boldsymbol{r}_1-\boldsymbol{r}_2|}\mathrm{e}^{-\frac{4r_2}{a_0}}\mathrm{d}\tau_2\\&=\int\frac{1}{\sqrt{r_1^2+r_2^2-2r_1r_2\cos\theta_2}}\mathrm{e}^{-\frac{4r_2}{a_0}}r_2^2\sin\theta_2\mathrm{d}r_2\mathrm{d}\theta_2\mathrm{d}\varphi_2\\&=2\pi\int\mathrm{e}^{-\frac{4r_2}{a_0}}\mathrm{d}r_2\int_0^{\pi}\frac{\sin\theta_2\mathrm{d}\theta_2}{\sqrt{r_1^2+r_2^2-2r_1r_2\cos\theta_2}}\end{aligned} \tag{7.2.16}$$

其中

$$\int_0^{\pi}\frac{\sin\theta_2\mathrm{d}\theta_2}{\sqrt{r_1^2+r_2^2-2r_1r_2\cos\theta_2}}=\left.\frac{\sqrt{r_1^2+r_2^2-2r_1r_2\cos\theta_2}}{r_1r_2}\right|_0^{\pi}=\begin{cases}\dfrac{2}{r_1}, & r_1>r_2\\[2mm]\dfrac{2}{r_2}, & r_1<r_2\end{cases} \tag{7.2.17}$$

则

$$I_2=4\pi\left(\frac{1}{r_1}\int_0^{r_1}\mathrm{e}^{-\frac{4r_2}{a_0}}r_2^2\mathrm{d}r_2+\int_{r_1}^{\infty}\mathrm{e}^{-\frac{4r_2}{a_0}}r_2\mathrm{d}r_2\right)=\frac{\pi a_0^3}{8r_1}\left[1-\left(1+\frac{2}{a_0}r_1\right)\mathrm{e}^{-\frac{4r_1}{a_0}}\right] \tag{7.2.18}$$

把式（7.2.18）代入式（7.2.13），得

$$E_0^{(1)}=\frac{8e_s^2}{\pi a_0^3}\int\frac{1}{r_1}\left[1-\left(1+\frac{2}{a_0}r_1\right)\mathrm{e}^{-\frac{4r_1}{a_0}}\right]\mathrm{e}^{-\frac{4}{a_0}r_1}r_1^2\sin\theta_1\mathrm{d}r_1\mathrm{d}\theta_1\mathrm{d}\varphi_1=\frac{5}{4}\frac{e_s^2}{a_0} \tag{7.2.19}$$

因此，氦原子的基态能量为

$$E_0=E_0^{(0)}+E_0^{(1)}=-\frac{4m_\mathrm{e}e_s^4}{\hbar^2}+\frac{5m_\mathrm{e}e_s^4}{4\hbar^2}=-\frac{11m_\mathrm{e}e_s^4}{4\hbar^2} \tag{7.2.20}$$

把相应量的值代入式（7.2.20），计算可得 $E_0 = -74.83\text{eV}$，实验值为 $E_0 = -78.98\text{eV}$。一级微扰计算值与实验结果之间存在的误差为 5.3%，还需要进行高阶计算才能得到较好的结果。

对于激发态，设两个电子处于不同的能级（$n \neq m$），用式（7.2.10）和式（7.2.11）求能量一级修正

$$
\begin{aligned}
E^{(1)} &= \frac{1}{2}\iint[\psi_n^*(\boldsymbol{r}_1)\psi_m^*(\boldsymbol{r}_2) \pm \psi_m^*(\boldsymbol{r}_1)\psi_n^*(\boldsymbol{r}_2)]\frac{e_s^2}{r_{12}}[\psi_n(\boldsymbol{r}_1)\psi_m(\boldsymbol{r}_2) \\
&\quad \pm \psi_m(\boldsymbol{r}_1)\psi_n(\boldsymbol{r}_2)]\mathrm{d}\tau_1\mathrm{d}\tau_2 \\
&= K \pm J
\end{aligned}
\tag{7.2.21}
$$

式中

$$
\begin{aligned}
K &= e_s^2\iint\frac{|\psi_n(\boldsymbol{r}_1)|^2|\psi_m(\boldsymbol{r}_2)|^2}{r_{12}}\mathrm{d}\tau_1\mathrm{d}\tau_2 \\
&= e_s^2\iint\frac{|\psi_m(\boldsymbol{r}_1)|^2|\psi_n(\boldsymbol{r}_2)|^2}{r_{12}}\mathrm{d}\tau_1\mathrm{d}\tau_2
\end{aligned}
\tag{7.2.22}
$$

$$
\begin{aligned}
J &= e_s^2\iint\frac{\psi_n^*(\boldsymbol{r}_1)\psi_m^*(\boldsymbol{r}_2)\psi_m(\boldsymbol{r}_1)\psi_n(\boldsymbol{r}_2)}{r_{12}}\mathrm{d}\tau_1\mathrm{d}\tau_2 \\
&= e_s^2\iint\frac{\psi_m^*(\boldsymbol{r}_1)\psi_n^*(\boldsymbol{r}_2)\psi_n(\boldsymbol{r}_1)\psi_m(\boldsymbol{r}_2)}{r_{12}}\mathrm{d}\tau_1\mathrm{d}\tau_2
\end{aligned}
\tag{7.2.23}
$$

这两个式子的第二个等号都是由两个电子互换时积分结果不变而来的，与波函数式（7.2.10）和式（7.2.11）相应的本征能量分别是

$$
\begin{cases}
E_{\mathrm{S}} = \varepsilon_n + \varepsilon_m + K + J \\
E_{\mathrm{A}} = \varepsilon_n + \varepsilon_m + K - J
\end{cases}
\quad (n \neq m)
\tag{7.2.24}
$$

在式（7.2.9）～式（7.2.11）中，$\psi_{\mathrm{S}}^{(0)}$ 是对称态，$\psi_{\mathrm{A}}^{(0)}$ 是反对称态。氦原子的波函数式（7.2.2）描写两个电子的状态，电子是费米子，其波函数必须是反对称的。因此，与 $\psi_{\mathrm{S}}^{(0)}$ 相乘的自旋波函数应是反对称的 χ_{A}，与 $\psi_{\mathrm{A}}^{(0)}$ 相乘的自旋波函数应是对称的 χ_{S}，即氦原子波函数的形式是

$$
\varPhi_{\mathrm{I}}(\boldsymbol{r}_1, \boldsymbol{r}_2, s_{1z}, s_{2z}) = \psi_{\mathrm{S}}^{(0)}(\boldsymbol{r}_1, \boldsymbol{r}_2)\chi_{\mathrm{A}}(s_{1z}, s_{2z}) \tag{7.2.25}
$$

$$
\varPhi_{\mathrm{II}}(\boldsymbol{r}_1, \boldsymbol{r}_2, s_{1z}, s_{2z}) = \psi_{\mathrm{A}}^{(0)}(\boldsymbol{r}_1, \boldsymbol{r}_2)\chi_{\mathrm{S}}(s_{1z}, s_{2z}) \tag{7.2.26}
$$

χ_{A} 和 χ_{S} 由式（4.6.9）给出。$\varPhi_{\mathrm{I}}$ 是独态，处于单态的氦称为仲氦，$\varPhi_{\mathrm{II}}$ 是三重态，处于三重态的氦称为正氦。氦原子的基态是独态，或者说基态氦原子是仲氦。

图 7.2.2 所示是氦原子的能级示意图，图中 I 是不考虑电子相互作用时的能级，II 是考虑电子相互作用时仲氦的能级，III是考虑电子相互作用时正氦的能级。图 7.2.3 所示是氦原子仲氦和正氦的具体能级。

K 和 J 的物理意义

令

$$\rho_{nn}(\boldsymbol{r}_1) = -e\psi_n^*(\boldsymbol{r}_1)\psi_n(\boldsymbol{r}_1), \quad \rho_{mm}(\boldsymbol{r}_1) = -e\psi_m^*(\boldsymbol{r}_2)\psi_m(\boldsymbol{r}_2)$$
$$\rho_{mn}(\boldsymbol{r}_1) = -e\psi_m^*(\boldsymbol{r}_1)\psi_n(\boldsymbol{r}_1), \quad \rho_{mn}^*(\boldsymbol{r}_2) = -e\psi_m^*(\boldsymbol{r}_2)\psi_n(\boldsymbol{r}_2)$$

K 和 J 可以改写为

$$K = \iint \frac{\rho_{nn}(\boldsymbol{r}_1)\rho_{mm}(\boldsymbol{r}_2)}{4\pi\varepsilon_0 r_{12}} \mathrm{d}\tau_1 \mathrm{d}\tau_2 \tag{7.2.27}$$

$$J = \iint \frac{\rho_{mn}(\boldsymbol{r}_1)\rho_{mn}(\boldsymbol{r}_2)}{4\pi\varepsilon_0 r_{12}} \mathrm{d}\tau_1 \mathrm{d}\tau_2 \tag{7.2.28}$$

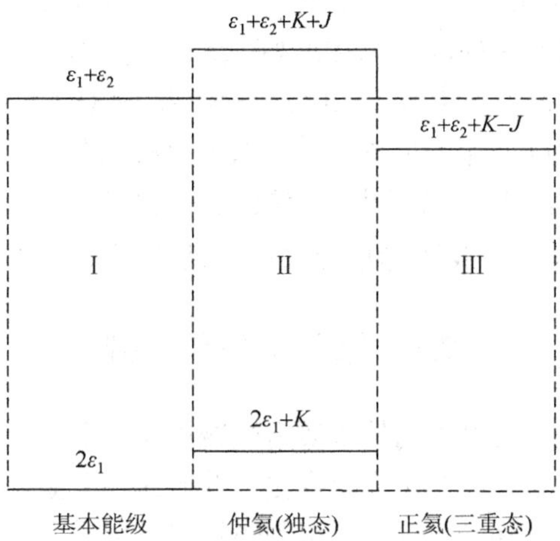

图 7.2.2　氦原子能级示意图

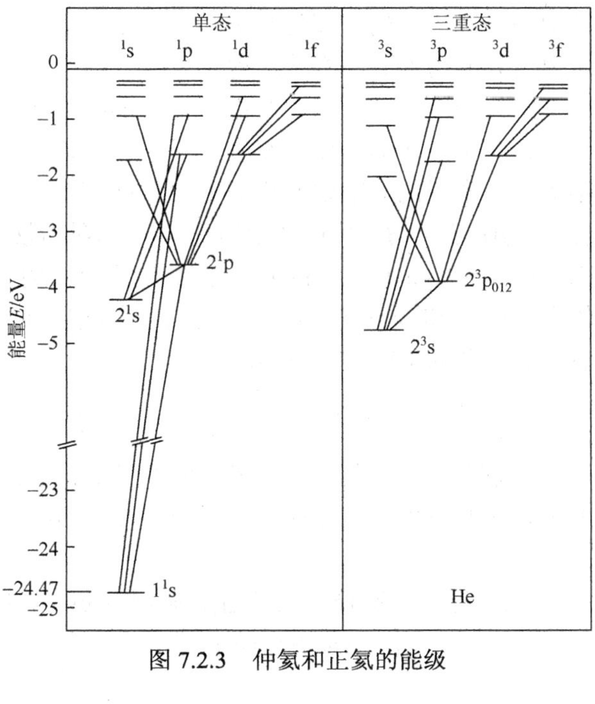

图 7.2.3　仲氦和正氦的能级

其中，$\rho_{nn}(\boldsymbol{r}_1)$ 是第一个电子处于 $\psi_n(\boldsymbol{r}_1)$ 态时在 $\boldsymbol{r}_1$ 所产生的平均电荷密度；$\rho_{mm}(\boldsymbol{r}_2)$ 是第二个电子处于 $\psi_m(\boldsymbol{r}_2)$ 态时在 $\boldsymbol{r}_2$ 所产生的平均电荷密度。因此，K 表示两个电子间相互作用的库仑能量，称 K 为库仑积分。$\rho_{mn}(\boldsymbol{r}_1)$ 和 $\rho^*_{mn}(\boldsymbol{r}_2)$ 不能理解为电荷密度，它是由波函数对称化性质，即全同性原理的要求而得出的，称为交换密度。它取决于态 ψ_m 和 ψ_n 的重叠程度，J 称为两个电子的交换积分。

本质上 K 和 J 都是通过电子的库仑作用而来的，由式（7.2.21）可以看出，微扰能量分为两部分，交换能的出现都是由于全同粒子波函数必须是对称或反对称波函数。交换能在经典力学中是没有的，它只能出现在量子力学中，是量子力学中特有的结果。

由于交换能 J 与交换密度 $\rho_{mn}(\boldsymbol{r}_1)=-e\psi^*_m(\boldsymbol{r}_1)\psi_n(\boldsymbol{r}_1)$ 有关，如果 $|\psi_m(\boldsymbol{r})|^2$ 和 $|\psi_n(\boldsymbol{r})|^2$ 分别集中在空间两个不同的区域，使 $\psi_m(\boldsymbol{r})$ 大的地方 $\psi_n(\boldsymbol{r})$ 很小，$\psi_n(\boldsymbol{r})$ 大的地方 $\psi_m(\boldsymbol{r})$ 很小，则交换能就很小。交换能不仅在计算原子能级、阐明原子谱线时很重要，而且在化学中如果不考虑交换能，两原子间的同极键就根本无法解释。

7.3　氢分子与化学键

原子结合成分子，其相互作用的本质为电磁相互作用。化学上将原子结合成分子的化学亲和力称为化学键，它是研究元素化学性质的一个基本概念。在量子力学建立后，人们才对化学键的本质和机理有了深刻的阐明，量子力学成为研究分子结构和能级的有效方法。化学键通常有离子键、共价键、金属键以及其他类型的结合等。

多原子分子的问题是很复杂的，即使是最简单的单原子分子——氢分子，它的定态能级和波函数也只能用近似的方法求得。

在双原子分子中，有两个原子核和一些电子，它们都在运动。由于原子核的质量大，核的运动比起电子的运动来要慢得多，所以在讨论电子能级时，一般先假定原子核固定不动，由电子的运动状态来研究原子间相互作用，尔后再讨论核运动（振动和转动）所引起的原子间相互作用的修正，这种方法常称为绝热近似。

以下用海特勒（Heitler）-伦敦（London）方法讨论分子的结合能。

假定氢分子的原子核 A 和 B 固定不动，略去电子自旋和轨道相互作用及自旋之间的相互作用后，氢分子的哈密顿算符为

$$\hat{H}=-\frac{\hbar^2}{2m_e}(\nabla_1^2+\nabla_2^2)-\frac{e_s^2}{r_{A1}}-\frac{e_s^2}{r_{B1}}-\frac{e_s^2}{r_{A2}}-\frac{e_s^2}{r_{B2}}+\frac{e_s^2}{r_{12}}+\frac{e_s^2}{R_{AB}} \tag{7.3.1}$$

式中，$r_{A1}(r_{A2})$表示核 A 和第一个（第二）电子之间的距离；$r_{B1}(r_{B2})$表示核 B 和第一个（第二）个电子之间的距离；r_{12} 表示两个电子之间的距离；R_{AB} 表示两个原子核之间的距离。

海特勒-伦敦方法的要点在于选择适当的近似波函数 Φ，然后用公式

$$E=\int\Phi^*\hat{H}\Phi\mathrm{d}\tau_1\mathrm{d}\tau_2 \tag{7.3.2}$$

计算能量。将两氢原子间的相互作用看作微扰，用氢原子的基态波函数在满足对称性的要求下构成近似波函数 $\varPhi$，这种方法称为原子轨道法。第一个电子和核 A 以及第二个电子和核 B 组成的原子基态波函数分别为

$$\psi(r_{\mathrm{A1}})=\frac{1}{\sqrt{\pi a_0^3}}\exp\left(-\frac{r_{\mathrm{A1}}}{a_0}\right) \tag{7.3.3}$$

$$\psi(r_{\mathrm{B2}})=\frac{1}{\sqrt{\pi a_0^3}}\exp\left(-\frac{r_{\mathrm{B2}}}{a_0}\right) \tag{7.3.4}$$

由它们可以构成以下两个反对称近似波函数

$$\varPhi_{\mathrm{I}}=C_1[\psi(r_{\mathrm{A1}})\psi(r_{\mathrm{B2}})-\psi(r_{\mathrm{A2}})\psi(r_{\mathrm{B1}})]\chi_{\mathrm{S}}(s_{1z},s_{2z}) \tag{7.3.5}$$

$$\varPhi_{\mathrm{II}}=C_2[\psi(r_{\mathrm{A1}})\psi(r_{\mathrm{B2}})+\psi(r_{\mathrm{A2}})\psi(r_{\mathrm{B1}})]\chi_{\mathrm{A}}(s_{1z},s_{2z}) \tag{7.3.6}$$

式中，C_1 和 C_2 是归一化常数；χ_{S} 和 χ_{A} 分别是体系的对称和反对称自旋波函数。由归一化条件可得

$$C_1^2=\frac{1}{2(1+\varDelta^2)},\quad C_2^2=\frac{1}{2(1-\varDelta^2)} \tag{7.3.7}$$

式中

$$\varDelta=\int\psi(r_{\mathrm{A1}})\psi(r_{\mathrm{B2}})\psi(r_{\mathrm{A2}})\psi(r_{\mathrm{B1}})\mathrm{d}\tau_1\mathrm{d}\tau_2 \tag{7.3.8}$$

式中，$\varDelta$ 为重叠积分，表征两个原子态的重叠程度。当两个原子完全重叠时 $\varDelta=1$；完全不重叠时 $\varDelta=0$；部分重叠时 $0<\varDelta<1$。$\varPhi_{\mathrm{I}}$ 是三重态，$\varPhi_{\mathrm{II}}$ 是独态。将式（7.3.5）、式（7.3.6）分别代入式（7.3.2）中，可以求出三重态能量 E_1 和独态能量 E_2，即

$$E_1=2E_{\mathrm{H}}+\frac{e_s^2}{R_{\mathrm{AB}}}+\frac{K-J}{1-\varDelta} \tag{7.3.9}$$

$$E_2=2E_{\mathrm{H}}+\frac{e_s^2}{R_{\mathrm{AB}}}+\frac{K+J}{1+\varDelta} \tag{7.3.10}$$

式中，E_{H} 是氢原子的基态能量；$\dfrac{e_s^2}{R_{\mathrm{AB}}}$ 为两氢核间的库仑作用。K 和 J 表示下列积分

$$K=e_s^2\iint\psi^2(r_{\mathrm{A1}})\psi^2(r_{\mathrm{B2}})\left(\frac{1}{r_{12}}-\frac{1}{r_{\mathrm{A2}}}-\frac{1}{r_{\mathrm{B1}}}\right)\mathrm{d}\tau_1\mathrm{d}\tau_2 \tag{7.3.11}$$

$$J=\frac{e_s^2}{2}\iint\psi(r_{\mathrm{A1}})\psi(r_{\mathrm{B2}})\psi(r_{\mathrm{B1}})\psi(r_{\mathrm{A2}})\left(\frac{2}{r_{12}}-\frac{1}{r_{\mathrm{A1}}}-\frac{1}{r_{\mathrm{A2}}}-\frac{1}{r_{\mathrm{B1}}}-\frac{1}{r_{\mathrm{B2}}}\right)\mathrm{d}\tau_1\mathrm{d}\tau_2 \tag{7.3.12}$$

把积分 K 括号展开后得到三个积分，第一个积分表示两电子间的库仑相互作用，第二项是第二个电子在核 A 的场中的平均势能，第三项是第一个电子在核 B 的场中的平均势能。积分 J 是交换能，它是波函数对称性的必然结果，其意义可以像上节中一样理解。

为了计算 K、J 和 $\varDelta$，选用共焦椭球坐标（ξ，η，θ），把坐标原点选在 A 核上，

并取 A 核到 B 核的连线为 z 轴，有

$$\xi=\frac{r_{A1}+r_{B1}}{R_{AB}},\quad \eta=\frac{r_{A1}-r_{B1}}{R_{AB}},\quad \theta=\arctan\left(\frac{y}{x}\right) \tag{7.3.13}$$

$$r_{A1}=\frac{1}{2}R_{AB}(\xi+\eta),\quad r_{B1}=\frac{1}{2}R_{AB}(\xi-\eta) \tag{7.3.14}$$

直角坐标系与共焦椭球坐标系之间的关系为

$$x=\frac{1}{2}R_{AB}[(\xi^2-1)(1-\eta^2)]^{\frac{1}{2}}\cos\theta \tag{7.3.15}$$

$$y=\frac{1}{2}R_{AB}[(\xi^2-1)(1-\eta^2)]^{\frac{1}{2}}\sin\theta \tag{7.3.16}$$

$$z_{A1}=\frac{1}{2}R_{AB}(1+\xi\eta),\quad z_{B1}=\frac{1}{2}R_{AB}(1-\xi\eta) \tag{7.3.17}$$

其中，z_{A1} 和 z_{B1} 分别为 r_{A1} 和 r_{B1} 在 z 轴上的投影。在该坐标系中

$$1\leqslant\xi\leqslant\infty,\quad -1\leqslant\eta\leqslant 1,\quad 0\leqslant\theta\leqslant 2\pi \tag{7.3.18}$$

$$\mathrm{d}r=\frac{\partial(x,y,z)}{\partial(\xi,\mu,\theta)}\mathrm{d}\xi\mathrm{d}\xi\mathrm{d}\theta=\frac{1}{8}R_{AB}^2(\xi^2-\eta^2)\mathrm{d}\xi\mathrm{d}\xi\mathrm{d}\theta \tag{7.3.19}$$

其中，$\dfrac{\partial(x,y,z)}{\partial(\xi,\mu,\theta)}$ 为雅可比行列式，即

$$\frac{\partial(x,y,z)}{\partial(\xi,\mu,\theta)}=\begin{vmatrix}\dfrac{\partial x}{\partial\xi} & \dfrac{\partial y}{\partial\xi} & \dfrac{\partial z}{\partial\xi}\\ \dfrac{\partial x}{\partial\eta} & \dfrac{\partial y}{\partial\eta} & \dfrac{\partial z}{\partial\eta}\\ \dfrac{\partial x}{\partial\theta} & \dfrac{\partial y}{\partial\theta} & \dfrac{\partial z}{\partial\theta}\end{vmatrix} \tag{7.3.20}$$

经过积分可得到

$$\varDelta=\left(1+\frac{R_{AB}}{a_0}+\frac{R_{AB}^2}{3a_0^2}\right)^2\mathrm{e}^{-2\frac{R_{AB}}{a_0}} \tag{7.3.21}$$

$$K=\frac{e^2}{R_{AB}}+\frac{e^2}{a_0}\mathrm{e}^{-2\frac{R_{AB}}{a_0}}\left(\frac{a_0}{R_{AB}}+\frac{5}{8}-\frac{3}{4}\frac{R_{AB}}{a_0}-\frac{1}{6}\frac{R_{AB}^2}{a_0^2}\right) \tag{7.3.22}$$

$$\begin{aligned}J&=-\frac{e^2}{a_0}\mathrm{e}^{-2\frac{R_{AB}}{a_0}}\left(\frac{11}{8}+\frac{103}{20}\frac{R_{AB}}{a_0}+\frac{49}{15}\frac{R_{AB}^2}{a_0^2}+\frac{11}{5}\frac{R_{AB}^3}{a_0^3}\right)\\&=\frac{6}{5}\frac{\mathrm{e}^2}{R_{AB}}\left[\varDelta\left(\gamma+\ln\frac{R_{AB}}{a_0}\right)+\varDelta'\varLambda\left(-4\frac{R_{AB}}{a_0}\right)-2(\varDelta\varDelta')^{\frac{1}{2}}\varLambda\left(-2\frac{R_{AB}}{a_0}\right)\right]\end{aligned} \tag{7.3.23}$$

式中，$\gamma=0.577\,2$ 是欧拉参数，参量 $\varDelta'$ 和 $\varLambda$ 分别为

$$\varDelta'=\left(1-\frac{R_{AB}}{a_0}+\frac{R_{AB}^2}{3a_0^2}\right)^2\mathrm{e}^{2\frac{R_{AB}}{a_0}} \tag{7.3.24}$$

$$\Lambda = \int_{-\infty}^{x} \frac{e^2}{t} dt \quad (x<0) \tag{7.3.25}$$

结果表明，K 和 J 都与 R_{AB} 有关，且 J 恒为负，K 为正或不太大的负值，从而有 $K-J>0$，$K+J<0$。将 K 和 J 代入式（7.3.9）和式（7.3.10），并将其写为氢分子中两原子间相互作用势能的形式，有

$$E_{1,2} = 2E_H + \frac{e_s^2}{R_{AB}} + \frac{K}{1 \pm \Delta} \pm \frac{J}{1 \pm \Delta} \tag{7.3.26}$$

图 7.3.1 所示是氢分子能与 R_{AB} 的关系曲线，图中也给出了实验曲线以资比较。由图可以看出，E_1 随 R_{AB} 的增加而单调地减小，这说明在三重态，原子间相互排斥，不能组成稳定的氢分子。在独态中，体系的能量 E_2 在 $R_{AB} = 1.518a_0$ 处有一极小值（a_0 是玻尔半径）。当 R_{AB} 大于这个值时，两原子相互吸引，而当 R_{AB} 小于这个值时，两原子间相互排斥，这表示两原子组成的氢分子是稳定的。由此可见，只有当两电子自旋反平行时，即两电子的自旋相互抵消时才能组成氢分子。

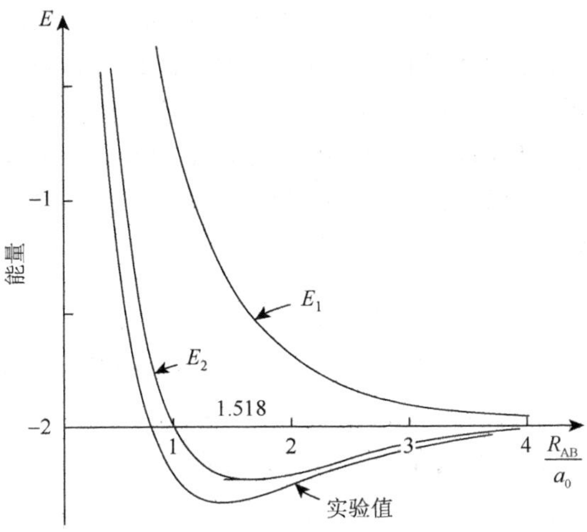

图 7.3.1 氢分子能与 R_{AB} 的关系曲线

由 E_2 的极小值可以计算出氢分子的结合能（或离解能）为 3.14eV，与实验值 4.48eV 数量级符合。这说明海特勒-伦敦方法的近似程度，用更精确的计算方法可以得到与实验值符合得非常好的结果。

氢分子的理论为同极键提供了解释。在量子力学出现之前，同极键的理解一直是物理学和化学中的一个困难。原子形成分子的键有两种：

（1）异极键（或称离子键）。这种键存在于形成分子的正负离子之间，如 Na^+ 和 Cl^- 之间。由于正负离子相互吸引，对这种键的理解没有什么困难。

（2）同极键（或称共价键）。这种键存在于形成分子的两个中性原子之间，如

H_2 分子中的两个 H 原子之间。同极键有饱和性，价的概念就是由这种性质而来的。H 原子是一价的，因为形成 H_2 分子的 H 原子和另一个 H 原子结合，而不能同时和两个 H 原子结合。

由式（7.3.9）和式（7.3.10）看出，E_1 和 E_2 的差别仅在于交换能 J 前面的符号，所以同极键是由量子力学中的交换现象而来的。这就是经典理论无法解释同极键的原因。H_2 分子形成于两个 H 原子的电子自旋相互抵消时，所以 H_2 分子一经形成后，第三个 H 原子的电子自旋就不能为 H_2 分子所抵消，则 H_2 分子不再与第三个 H 原子结合。详细计算也表明，H_2 分子与第三个 H 原子之间不可能产生交换能。这样，同极键的饱和性也可以从量子力学得到解释。

7.4　莫尔斯势与双原子分子

7.4.1　莫尔斯势

莫尔斯（Morse）势是一种双原子分子间势能的简易解析模型。一方面，用莫尔斯势求解薛定谔方程具有解析解，能够非常方便地分析问题；另一方面，由于它隐含地包括了键断裂这种现象，对于分子振动的微细结构具有良好的近似。莫尔斯势包含有谐振子模型所缺乏的特性，即非成键态。相对量子谐振子模型，莫尔斯势更加真实，因为它能够描述非谐效应、倍频，以及频率组合。

莫尔斯势表示为

$$V(r) = D\left[e^{-2\alpha\frac{r-r_0}{r_0}} - 2e^{-\alpha\frac{r-r_0}{r_0}}\right] \tag{7.4.1}$$

式中，D 是具有能量量纲的正参数；$V(r_0) = -D$ 是体系势能；α 是无量纲正参数；r 是两原子间的距离；r_0 是平衡时两原子间的距离，也是 $V(r)$ 取极小值的位置（图 7.4.1）。在 $r = 0$ 时，势取有限值 $V(0) = D(e^{2\alpha} - 2e^{\alpha})$，而在 $r \to \infty$ 时，$V(\infty) \to 0$。

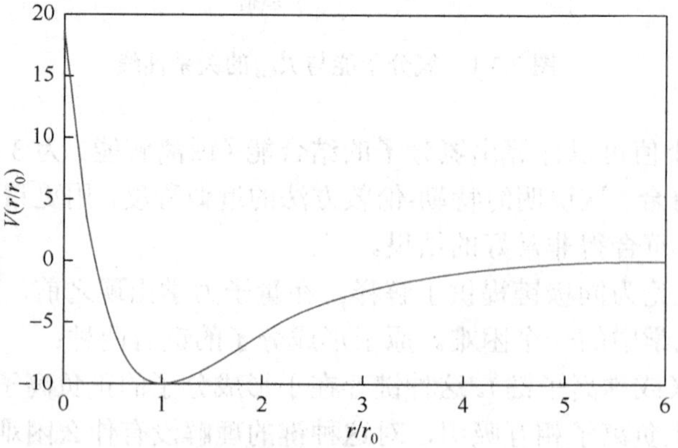

图 7.4.1　莫尔斯势（式（7.4.1）中，$D = 10$，$\alpha = 1$）

将 $V(r)$ 在 r_0 附近展成 $r-r_0$ 的幂级数，得

$$V(r)=-D+\alpha^2 D\left(\frac{r-r_0}{r_0}\right)^2+\cdots \tag{7.4.2}$$

莫尔斯势可以近似约化为抛物线形式，问题相应的简化为谐振子的问题（见 2.7.2 节），体系的振动能级为

$$E_\nu=-D+\hbar\omega\left(\nu+\frac{1}{2}\right),\quad (\nu=0,1,2,\cdots) \tag{7.4.3}$$

其中

$$\omega^2=\frac{2\alpha^2 D}{Mr_0} \tag{7.4.4}$$

式（7.4.3）是谐振子模型描述的双原子分子的能级。

7.4.2　莫尔斯势的精确解

莫尔斯势是与径向 r 有关的，双原子分子的径向波函数 $\phi(r)$ 满足的方程为

$$-\frac{\hbar^2}{2M}\frac{\mathrm{d}^2}{\mathrm{d}r^2}\phi+V(r)\phi=E\phi \tag{7.4.5}$$

式中，M 是约化质量；E 是体系的能量。把式（7.4.1）代入式（7.4.5）中，得

$$-\frac{\hbar^2}{2M}\frac{\mathrm{d}^2}{\mathrm{d}r^2}\phi+D(\mathrm{e}^{-2\alpha x}-2\mathrm{e}^{-\alpha x})\phi=E\phi \tag{7.4.6}$$

其中，$x=\frac{r-r_0}{r_0}$ 是无量纲参量。考察束缚态情况（$E<0$），引入无量纲参量

$$k^2=-\frac{2ME}{\hbar^2}r_0^2,\quad \gamma^2=\frac{2MD}{\hbar^2}r_0^2 \tag{7.4.7}$$

式（7.4.6）化为

$$\frac{\mathrm{d}^2}{\mathrm{d}x^2}\phi+(-k^2+2\gamma^2\mathrm{e}^{-\alpha x}-\gamma^2\mathrm{e}^{-2\alpha x})\phi=0 \tag{7.4.8}$$

再引入无量纲变量 $\xi=\eta\mathrm{e}^{-\alpha x}$，其中

$$\eta=\frac{2\gamma}{\alpha}=\frac{2}{\alpha}\sqrt{\frac{2MD}{\hbar^2}r_0^2} \tag{7.4.9}$$

式（7.4.8）化为

$$\xi^2\frac{\mathrm{d}^2}{\mathrm{d}\xi^2}\phi+\xi\frac{\mathrm{d}}{\mathrm{d}\xi}\phi+\left(-\lambda^2+\frac{\eta}{2}\xi-\frac{1}{4}\xi^2\right)\phi=0 \tag{7.4.10}$$

其中，$\lambda=k/\alpha$。$\xi=0$ 和 $\xi\to\infty$ 是方程式(7.4.10)的奇点。当 $\xi=0$ 时，方程(7.4.10)的渐近形式是

$$\xi\frac{\mathrm{d}}{\mathrm{d}\xi}\phi-\lambda^2\phi=0 \tag{7.4.11}$$

由此可知，$\phi \propto \xi^2$。当$\xi \to \infty$，方程（7.4.10）的渐近形式是

$$\frac{\mathrm{d}^2}{\mathrm{d}\xi^2}\phi - \frac{1}{4}\phi = 0 \tag{7.4.12}$$

其解是

$$\phi \sim \mathrm{e}^{\xi/2} + \mathrm{e}^{-\xi/2} \tag{7.4.13}$$

这样方程（7.4.10）的形式解可写为

$$\phi = \xi^{\lambda}\mathrm{e}^{-\xi/2}y(\xi) \tag{7.4.14}$$

其中，函数$y(\xi)$必须保证双原子分子体系的波函数ψ满足标准条件。将式（7.4.14）代入方程（7.4.10），便得到了关于$y(\xi)$的合流超几何方程

$$\xi\frac{\mathrm{d}^2 y}{\mathrm{d}\xi^2} + (c-\xi)\frac{\mathrm{d}y}{\mathrm{d}\xi} - ay = 0 \tag{7.4.15}$$

其中

$$a = \frac{1}{2}(c-\eta), \quad c = 2\lambda + 1 \tag{7.4.16}$$

这样方程（7.4.10）的通解为

$$\phi = \xi^{\lambda}\mathrm{e}^{-\xi/2}[AF(a,c,\xi) + B\xi^{1-c}F(a-c+1,2-c,\xi)] \tag{7.4.17}$$

其中，F 是合流超几何函数。式（7.4.17）中第二项中ξ的指数$1-c=-2\lambda<0$，为了满足$r\to\infty$（即$\xi=0$）时，ψ=0 的边界条件，式（7.4.17）中的常数B必须为零。式（7.4.17）写为

$$\phi = A\xi^{\lambda}\mathrm{e}^{-\xi/2}F(a,c,\xi) \tag{7.4.18}$$

由于$F(a,c,\xi)$为无穷级数，若取

$$a = -\nu, \quad \nu = 0,1,2,\cdots \tag{7.4.19}$$

则$F(a,c,\xi)$截断为ν次多项式。因此体系的径向波函数写为

$$\phi_\nu = C_\nu \mathrm{e}^{-\left[\nu x + \frac{\eta}{2}\mathrm{e}^{-\alpha x}\right]}F(-\nu, 2\lambda+1, \eta\mathrm{e}^{-\alpha x}) \tag{7.4.20}$$

式中，$C_\nu = A\eta^{\lambda}$是归一化常数。

束缚态中体系的能量取负值，但又不能低于势能的最小值$-D$。因此振动量子数ν的取值范围受到能量取值范围

$$-D < E < 0, \quad 即 0 < k < \gamma \tag{7.4.21}$$

的限制，这使得式（7.4.16）中的参数a和c限制于

$$\frac{1}{2}(1-\eta) < a < \frac{1}{2}, \quad 1 < c < 1+\eta \tag{7.4.22}$$

如此，式（7.4.19）中的振动量子数ν限于

$$\nu < V_m, \quad V_m = \frac{1}{2}(\eta - 1) \tag{7.4.23}$$

进而由式（7.4.19）和式（7.4.16）得到

$$-k^2=-\gamma^2+2\gamma\alpha\left(\nu+\frac{1}{2}\right)-\alpha^2\left(\nu+\frac{1}{2}\right)^2 \tag{7.4.24}$$

在式（7.4.24）基础上可以得到体系的能量

$$E_\nu=-D+\frac{\hbar^2}{2Mr_0^2}\left[2\gamma\alpha\left(\nu+\frac{1}{2}\right)-\alpha^2\left(\nu+\frac{1}{2}\right)^2\right] \tag{7.4.25}$$

利用式（7.4.4）和式（7.4.9），式（7.4.25）可以写为

$$E_\nu=-D+\hbar\omega\left[\left(\nu+\frac{1}{2}\right)-\frac{1}{\eta}\left(\nu+\frac{1}{2}\right)^2\right],\quad \nu<\frac{1}{2}(\eta-1) \tag{7.4.26}$$

式（7.4.26）是用莫尔斯势所描述的双原子分子的振动能级。

7.5　多粒子体系的玻恩-奥本海默近似

物理体系一般都是多粒子体系，在多粒子体系问题中，粒子间存在相互作用，多体问题的薛定谔方程一般无法求解，通常只能借助各种近似方法，按体系的各种不同性质以及实际要求的精度求近似解。

式（7.1.7）是多体问题的薛定谔方程，重写如下

$$(\hat{T}_{\rm N}+\hat{T}_{\rm e}+V_{\rm ee}+V_{\rm eN})\Psi(r,R)=E^{\rm T}\Psi(r,R) \tag{7.5.1}$$

该方程中，电子和核之间的相互作用势能项 $V_{\rm eN}$ 中核坐标 R 和电子坐标 r_i 同时出现，使得解多体问题的薛定谔方程变得复杂。若能将核运动和电子分开考虑，则薛定谔方程的解相对容易。由于原子核的质量远大于电子质量，原子核的运动速度比电子的运动速度小得多。电子处于高速运动中，而原子核只在它们的平衡位置附近振动。电子视为绝热于原子核的运动，原子核只能缓慢地跟上电子分布的变化。因此，完全可以将原子核的运动和电子的运动分开考虑，这就是玻恩和奥本海默（Oppenheimer）提出的绝热近似，或称为玻恩-奥本海默近似。

按照玻恩-奥本海默近似，若忽略原子核的动能项，电子哈密顿算符为

$$\hat{H}_0(r,R)=\hat{T}_{\rm e}(r)+V(r,R) \tag{7.5.2}$$

多粒子体系的波函数可以表示为

$$\Psi_n(r,R)=\sum_n f_n(R)\Phi_n(r,R) \tag{7.5.3}$$

其中，$f_n(R)$ 描述原子核的状态。原子核坐标的瞬时位置 R 已不再是量子力学的动力学变量了，它在电子波函数中只作为参数出现。$\Phi_n(r,R)$ 是多电子体系哈密顿算符式（7.5.2）所确定的薛定谔方程

$$\hat{H}_0(r,R)\Phi_n(r,R)=E_n(R)\Phi_n(r,R) \tag{7.5.4}$$

的解。

物质是由原子、分子组成的多粒子体系，原子核动能项 $\hat{T}_{\rm N}$ 对电子哈密顿量 $\hat{H}_0$ 有微扰，引入表示微扰程度的小量

$$\kappa=(m/M_0)^{1/4} \tag{7.5.5}$$

式中，M_0 是原子核的平均质量，并用 $\kappa u=R-R_0$ 表示原子核相对其平衡位置 R_0 的位移。这样可以将核动能项式（7.1.3）表示为

$$\hat{T}_{\rm N}=-\kappa^2\sum_j\left(\frac{M_0}{M_j}\right)\frac{\hbar^2}{2m}\nabla_{uj}^2=-\kappa^2\sum_j\xi_j\nabla_{uj}^2 \tag{7.5.6}$$

式中，$\xi_j=\left(\dfrac{M_0}{M_j}\right)\left(\dfrac{\hbar^2}{2m}\right)$。同时把 $\Phi_n(r,R)$ 展开成 u 的级数

$$\Phi_n(r,R)=\Phi_n(r,R_0+\kappa u)=\Phi_n^{(0)}+\kappa\Phi_n^{(1)}+\kappa^2\Phi_n^{(2)}+\cdots+\kappa^\nu\Phi_n^{(\nu)}+\cdots \tag{7.5.7}$$

其中，$\Phi_n^{(\nu)}$ 是关于 u 的 ν 次导数。

把式（7.5.2）代入式（7.1.7），并用 $\Phi_n^*(r,R)$ 左乘后对 r 积分（注意核位置 R 是参数），且利用电子的能量本征方程式（7.5.4），得

$$[\hat{T}_{\rm N}(R)+E_n(R)+C_n(u)]f_n(R)+\sum_{n'(\neq n)}\hat{C}_{nn'}(u)f_{n'}(R)=E^{\rm T}f_n(R) \tag{7.5.8}$$

式中

$$C_n(u)=-\kappa^2\sum_j\xi_j\int\Phi_n^*(r,u)\nabla_{uj}^2\Phi_{n'}(r,u)\mathrm{d}r \tag{7.5.9}$$

$$\begin{aligned}\hat{C}_{nn'}(u)&=-\kappa^2\sum_j\xi_j\int\mathrm{d}r\Phi_n^*(r,u)[\nabla_{uj}^2\Phi_{n'}(r,u)+2\nabla_{uj}\Phi_{n'}(r,u)\cdot\nabla_{uj}]\\&=-\kappa^2\sum_j\xi_j\left[\int\Phi_n^*(r,u)\nabla_{uj}^2\Phi_{n'}(r,u)\mathrm{d}r+2\int\mathrm{d}r\Phi_n^*(r,u)\nabla_{uj}\Phi_{n'}(r,u)\cdot\nabla_{uj}\right]\end{aligned} \tag{7.5.10}$$

式（7.5.10）中被积函数中方括号里的两项包含了 $\Phi_{n'}(r,R)$ 的二阶和一阶导数，算符 $\hat{C}_{nn'}(u)$ 的前一项是 κ 的四阶小量，后一项及 $C_n(u)$ 是 κ 的三阶小量，而 $T_{\rm N}$ 是 κ 的二阶小量。用微扰法，可先令算符 $\hat{C}_{nn'}(u)$ 为零（即零级近似），这样式（7.5.8）便是零级近似下原子核运动的本征方程，即

$$[\hat{T}_{\rm N}(R)+E_n(R)+C_n(u)]f_{n\mu}(R)=E_{n\mu}^{\rm T}f_{n\mu}(R) \tag{7.5.11}$$

式中，$E_{n\mu}^{\rm T}$ 和 $f_{n\mu}(R)$ 分别为零级近似下原子核运动的能量本征值和本征函数；μ 是振动量子数。描写原子核运动的波函数 $f_{n\mu}(R)$ 只与电子系统的第 n 个量子态有关，

而原子核运动对电子运动没有影响。对应能量本征值 $E_{n\mu}^{\mathrm{T}}$ 的波函数为

$$\Psi_{n\mu}(r,R)=f_{n\mu}(R)\Phi_n(r,R) \tag{7.5.12}$$

式（7.5.12）表示的就是绝热近似。$f_{n\mu}(R)$ 描写原子核的运动，原子核就像在 $E_n(R)+C_n(u)$ 的势场中运动。$\Phi_n(r,R)$ 描写电子的运动，电子运动时原子核是固定在其瞬时位置的。核的运动不影响电子的运动，即电子是绝热于核的运动。显然，算符 $\hat{C}_{nn'}(u)$ 是一个将原子核运动和电子运动耦合在一起的算符，即非绝热算符。

7.6　超晶格量子阱

7.6.1　超晶格量子阱

1970 年，江崎（Esaki）和朱兆祥（Tsu）在寻找长周期晶格时，提出了半导体超晶格的全新概念。他们设想用两种晶格匹配很好的半导体材料 A 和 B 交替生长，形成 ABABAB……的周期性结构（图 7.6.1），就可以得到半导体人工晶格结构。超晶格设想的实现，是材料生长技术工艺的不断创新以及人工设计制作晶体结构的新观念。在组成超晶格的两种晶体材料的交界面出现了能带失调现象，两种不同能带结构材料的禁带、导带、价带交错，当电子处于材料 A 的价带或导带中时，在材料的生长方向上，材料 B 的能隙（禁带）就形成一个势垒。两个相邻势垒之间是材料 A 的势阱，两个相邻势阱之间是材料 B 的势垒，这种“势垒－势阱”结构是超晶格能带结构的本质特征。

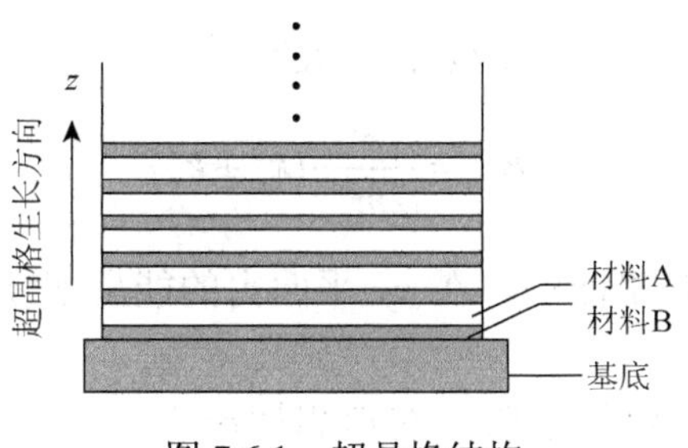

图 7.6.1　超晶格结构

超晶格有两个实现方案：一是由同种材料交替掺以 n 型和 p 型杂质材料，称为掺杂超晶格；二是用两种晶格常数匹配的材料（如 GaAs 和 $Al_xGa_{1-x}As$）交替生长成层，称为组分超晶格。掺杂超晶格和组分超晶格的能带边畸变不相同，可以把它们的势阱简化为抛物形势阱或直角势阱结构。超晶格是多层结构，只要超晶格势垒层足够厚，量子阱之间的相互作用就可以忽略，把超晶格视为单量子阱的

周期重复，超晶格的整体行为就可以视为单量子阱的线性叠加，超晶格量子阱的问题就退化为单量子阱问题。以下讨论理想的单量子阱情况。

7.6.2　直角势阱

超晶格量子阱中的载流子在垂直于量子阱生长方向的二维空间中自由运动，在量子阱生长方向上的运动受到限制，则系统是准二维的。不考虑电子与空穴的作用，采用有效质量近似，将周期势对电子的作用归并到电子质量中去，导带底附近电子的薛定谔方程为

$$\left[-\frac{\hbar^2}{2m^*}\nabla^2+V(z)\right]\psi(r)=E\psi(r) \tag{7.6.1}$$

式中，m^*是电子的有效质量；$V(z)$是超晶格生长方向（z 方向）的有效势。电子在 xy 平面内自由运动，在 z 方向受到有效势 $V(z)$的束缚。电子在 xy 平面内的运动模拟为理想界面，则电子的波函数$\psi(r)$为

$$\psi(r)=\varphi(x,y)\phi(z) \tag{7.6.2}$$

将$\psi(r)$代入式（7.6.1）中，得到电子在 xy 平面和 z 方向的薛定谔方程

$$-\frac{\hbar^2}{2m_{x,y}^*}\left(\frac{\partial^2}{\partial x^2}+\frac{\partial^2}{\partial y^2}\right)\varphi(x,y)=E_{x,y}\varphi(x,y) \tag{7.6.3}$$

$$\left[-\frac{\hbar^2}{2m_z^*}\frac{\mathrm{d}^2}{\mathrm{d}z^2}+V(z)\right]\phi(z)=E_z\phi(z) \tag{7.6.4}$$

式中，$m_{x,y}^*$ 和 m_z^* 分别是电子在 xy 平面和 z 方向的有效质量。解式（7.6.3）得到电子在 xy 平面运动的波函数和本征能量

$$\varphi(x,y)=A\mathrm{e}^{\mathrm{i}(k_x x+k_y y)} \tag{7.6.5}$$

$$E_{x,y}=\frac{\hbar^2}{2m_{x,y}^*}(k_x^2+k_y^2) \tag{7.6.6}$$

因此电子在 xy 平面内是平面波，在 xy 平面内的能量连续，在波矢空间的等能量曲线是一个圆。

掺杂超晶格形成直角量子阱，在理想情况下，有效势 $V(z)$取为无限深势阱近似，阱宽为 $2a$。解方程式（7.6.4）得到电子在单量子阱中的波函数和能级分别为

$$\phi_n(z)=\sqrt{\frac{1}{a}}\sin\frac{n\pi}{2a}z \tag{7.6.7}$$

$$E_{zn}=\frac{n^2\pi^2\hbar^2}{8m_z^{*2}a^2} \tag{7.6.8}$$

超晶格量子阱的能级与阱宽以及超晶格生长方向的电子有效质量等参数有关，沿超晶格生长方向能级为离散谱。

7.6.3　抛物形势阱

组分超晶格能带边畸变，用抛物势阱模型。若 $V(z)$ 取为理想的对称抛物势，即

$$V(z)=kz^2 \tag{7.6.9}$$

沿超晶格生长方向的薛定谔方程为

$$\left[-\frac{\hbar^2}{2m_z^*}\frac{\mathrm{d}^2}{\mathrm{d}z^2}+kz^2\right]\phi(z)=E_z\phi(z) \tag{7.6.10}$$

方程与 2.7 节中一维谐振子相似，套用一维谐振子的结果，能量本征值和波函数为

$$E_{zn}=\left(n+\frac{1}{2}\right)\hbar\sqrt{\frac{2k}{m_z^*}}(z),\quad n=1,2,3,\cdots \tag{7.6.11}$$

$$\phi(z)=N_n\mathrm{e}^{-\frac{1}{2}\alpha^2z^2}H_n(\alpha z) \tag{7.6.12}$$

式中，N_n 是归一化常数；$\alpha=\sqrt{\dfrac{\sqrt{2m_z^*k}}{\hbar}}$。

考虑到组分超晶格的能带边畸变等因素，实际有效势是非对称的，若 $V(z)$ 取为

$$V(z)=V_0\left(\frac{a}{z}-\frac{z}{a}\right)^2,\quad z>0 \tag{7.6.13}$$

其中，阱深为 V_0；阱宽为 $2a$，如图 7.6.2 所示。电子沿超晶格生长方向的薛定谔方程为

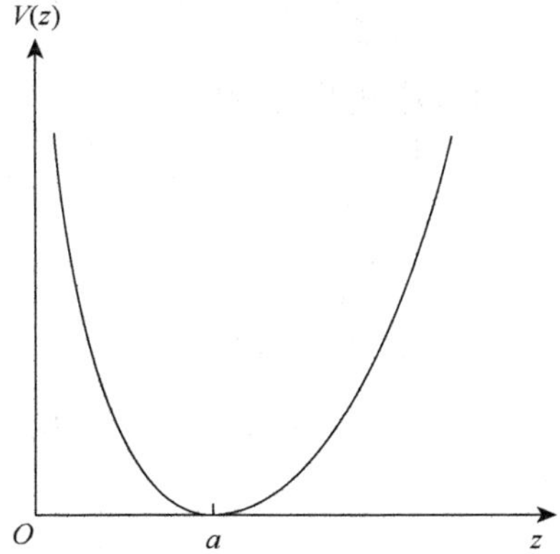

图 7.6.2　超晶格非对称抛物势阱

$$\left[-\frac{\hbar^2}{2m_z^*}\frac{\mathrm{d}^2}{\mathrm{d}z^2}+V_0\left(\frac{a}{z}-\frac{z}{a}\right)^2\right]\phi(z)=E_z\phi(z) \tag{7.6.14}$$

令

$$\alpha^2=\frac{2m_z^*V_0}{\hbar^2a^2},\quad \xi=\alpha z^2,\quad \beta=\frac{2m_z^*E_z}{\hbar^2} \tag{7.6.15}$$

方程（7.6.14）写为

$$\left[\frac{\mathrm{d}^2}{\mathrm{d}\xi^2}+\frac{1}{2\xi}\frac{\mathrm{d}}{\mathrm{d}\xi}-\frac{1}{4}\alpha^2a^4\frac{1}{\xi^2}-\frac{1}{4}+\left(\alpha a^2+\frac{\beta}{2\alpha}\right)\frac{1}{2\xi}\right]\phi(\xi)=0 \tag{7.6.16}$$

研究这个方程的渐近行为。当$\xi\to\infty$（$z\to0$）时，方程（7.6.16）的渐近形式为

$$\frac{\mathrm{d}^2}{\mathrm{d}\xi^2}\phi(\xi)-\frac{1}{4}\phi(\xi)=0 \tag{7.6.17}$$

它的解是$\phi(\xi)\sim \mathrm{e}^{\pm\frac{1}{2}\xi}$。由于$\phi(\xi)$在$\xi\to\infty$时有限，因此渐近解取为$\phi(\xi)\sim \mathrm{e}^{-\frac{\xi}{2}}$。当$\xi\to0$（$z\to0$）时，方程（7.6.16）的渐近形式为

$$\left(\frac{\mathrm{d}^2}{\mathrm{d}\xi^2}+\frac{1}{2\xi}\frac{\mathrm{d}}{\mathrm{d}\xi}-\frac{1}{4}\alpha^2a^4\frac{1}{\xi^2}\right)\phi(\xi)=0 \tag{7.6.18}$$

这是欧拉方程，其解为$\phi(\xi)\sim\xi^{\frac{v}{2}}$。代入方程（7.6.18），求得$v=\frac{1}{2}\left[1\pm\sqrt{1+4\alpha^2a^4}\right]$，但当$\xi\to\infty$时，$v$中取负号项不符合波函数有限性的要求，因此

$$v=\frac{1}{2}(1+\sqrt{1+4\alpha^2a^4}) \tag{7.6.19}$$

考虑方程（7.6.16）的渐近行为后，它的一般解取为

$$\phi(\xi)=\mathrm{e}^{-\frac{\xi}{2}}\xi^{\frac{v}{2}}u(\xi) \tag{7.6.20}$$

式中，$u(\xi)$为待定函数。把$\phi(\xi)$代入式（7.6.16）中，整理得到

$$\xi\frac{\mathrm{d}^2u(\xi)}{\mathrm{d}\xi^2}+\left(v+\frac{1}{2}-\xi\right)\frac{\mathrm{d}u(\xi)}{\mathrm{d}\xi}-\left[\frac{v}{2}+\frac{1}{4}-\frac{1}{2}\left(\alpha a^2+\frac{\beta}{\alpha}\right)\right]u(\xi)=0 \tag{7.6.21}$$

这是合流超几何方程，通解为合流超几何函数，即

$$u(\xi)=c_1F\left(\gamma,v+\frac{1}{2},\xi\right)+c_2F\left(\gamma-v+\frac{1}{2},\frac{3}{2}-v,\zeta\right)\xi^{\frac{1}{2}-v} \tag{7.6.22}$$

其中

$$\gamma=\frac{v}{2}+\frac{1}{4}-\frac{1}{2}\left(\alpha a^2+\frac{\beta}{\alpha}\right) \tag{7.6.23}$$

由于波函数$\phi(\xi)$在原点有限，而式（7.6.22）中第二项发散，因此取$c_2=0$，方程（7.6.21）符合物理条件的解为

$$u(\xi)=c_1F\left(\gamma,v+\frac{1}{2},\xi\right) \tag{7.6.24}$$

在无穷远处 $\phi(\xi)$ 有限，所以必须有

$$\gamma = \frac{\nu}{2} + \frac{1}{4} - \frac{1}{2}\left(\alpha a^2 + \frac{\beta}{\alpha}\right) = -n, \quad n = 0,1,2,\cdots \tag{7.6.25}$$

使合流超几何函数 $u(\xi)$ 截断为合流超几何多项式，才能满足波函数标准条件。由式（7.6.25）和式（7.6.19）求得体系的本征值

$$E_{zn} = \frac{\hbar}{a}\sqrt{\frac{2V_0}{m_z^*}}\left[n + \frac{1}{2} + \frac{1}{2}\left(\sqrt{\alpha^2 a^4 + \frac{1}{4}} - \alpha a^2\right)\right] \tag{7.6.26}$$

相应的本征函数

$$\phi(z) = c_n z^{\nu} \mathrm{e}^{-\frac{1}{2}\alpha z^2} F\left(-n, \nu + \frac{1}{2}, \alpha z^2\right) \tag{7.6.27}$$

式中，c_n 是归一化常数。

7.6.4　普薛尔-特勒势

应用较多的更适合模拟量子阱的势模型是普薛尔-特勒（Pöschl-Teller）势

$$V(z) = -\frac{\hbar^2}{2m^*}\frac{\lambda(\lambda+1)}{\cosh^2 z} \tag{7.6.28}$$

式中，λ 是量子阱的深度参数；m^* 是电子的有效质量。普薛尔-特勒势是量子力学中一个典型的对称势（图 7.6.3），当粒子能量 $E<0$ 时，体系存在束缚态，当粒子能量 $E>0$ 时，该势对入射粒子完全透射。

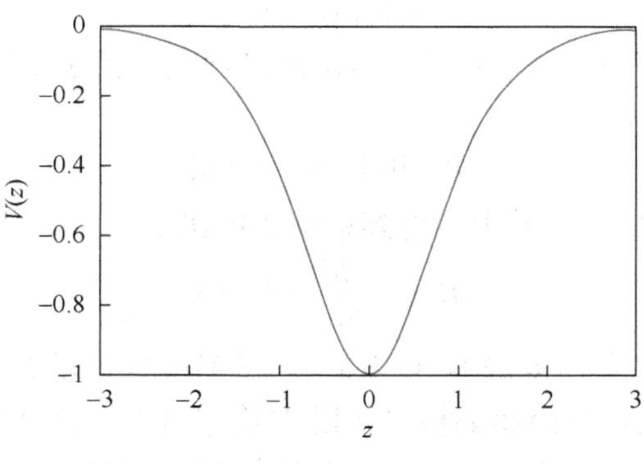

图 7.6.3　普薛尔-特勒势$\left(\text{式(7.6.28)中取}\frac{\hbar^2}{2m^*}\lambda(\lambda+1)=1\right)$

体系的薛定谔方程为

$$-\frac{\hbar^2}{2m^*}\frac{\mathrm{d}^2}{\mathrm{d}z^2}\psi(z) - \frac{\hbar^2}{2m^*}\frac{\lambda(\lambda+1)}{\cosh^2 z}\psi(z) = E\psi(z) \tag{7.6.29}$$

引入参数

$$\alpha=\left(-\frac{2m^{*}E}{\hbar^{2}}\right)^{1/2} \tag{7.6.30}$$

作变换，令 $y=\tanh z$。于是式（7.6.29）化为

$$(1-y^{2})\frac{\mathrm{d}^{2}}{\mathrm{d}y^{2}}\psi-2y\frac{\mathrm{d}}{\mathrm{d}y}\psi+\left[\lambda(\lambda+1)-\frac{\alpha^{2}}{1-y^{2}}\right]\psi=0 \tag{7.6.31}$$

这是连带勒让德方程，波函数的边界条件为：$\Psi\big|_{y=\pm1}=0$。再作变换，$\psi(y)=(1-y^{2})^{\alpha/2}\xi(y)$，得

$$(1-y^{2})\frac{\mathrm{d}^{2}}{\mathrm{d}y^{2}}\xi-2(\alpha+1)y\frac{\mathrm{d}}{\mathrm{d}y}\xi+[\lambda(\lambda-1)-\alpha(\alpha+1)]\xi=0 \tag{7.6.32}$$

$y=0$ 是方程的常点。取级数解 $\xi(y)=\sum\limits_{n}a_{n}y^{n}$ 代入式（7.6.32），得到系数的递推关系为

$$a_{k+1}=\frac{(k+\alpha)(k+\alpha+1)-\lambda(\lambda+1)}{(k+1)(k+2)}a_{k} \tag{7.6.33}$$

于是，得到方程式（7.6.32）两个线性无关的解为

$$\xi_{1}(y)=\sum_{k}a_{2k}y^{2k} \tag{7.6.34a}$$

$$\xi_{2}(y)=\sum_{k}a_{2k+1}y^{2k+1} \tag{7.6.34b}$$

当 $y=\pm1$ 时，级数 $\xi_{1}(y)$ 和 $\xi_{2}(y)$ 发散。要得到满足边界条件 $\Psi\big|_{y=\pm1}=0$ 的解，式（7.6.34）必须中断为多项式。由递推关系式（7.6.33）知

$$k+\alpha=\lambda \tag{7.6.35}$$

当 k 取偶数为偶次多项式，k 取奇数为奇次多项式。由于 $\alpha>0$，k 的最大值取为小于 λ 的最大正整数，即

$$k=0,1,2,\cdots,(\lambda) \tag{7.6.36}$$

把 $\alpha=\lambda+k$ 代入式（7.6.30）中，得到束缚态能级

$$E_{k}=-\frac{\hbar^{2}}{2m^{*}}(\lambda-k)^{2} \tag{7.6.37}$$

从式（7.6.11），式（7.6.26），以及式（7.6.37）等可以看出，无论是限制电子的“势”取什么形式，在沿超晶格量子阱生长方向能级分立且等间距，能级与量子阱阱宽以及超晶格生长方向电子的有效质量等参数有关，这是超晶格量子阱区别于体材料的本质特性。